机器人PLC控制及应用实例

黄志坚　编著

JIQIREN
PLC KONGZHI
JI YINGYONG SHILI

化学工业出版社
·北京·

PLC可实现对单轴和多轴的位置控制、速度控制及加速度控制，加上新运动模块的开发及相关软件的推出，选择PLC作机器人运动控制器是较好的方案。本书结合大量实例，系统介绍机器人PLC控制技术基本原理、控制系统、应用方法及技术成果。主要以三菱FX2N系列PLC和西门子S7-200系列PLC为例，在介绍常用PLC产品在机器人控制中应用的基础上，分别介绍步进电机、直流与交流伺服电机、液压与气压等机器人驱动机构的PLC控制系统，以及机器人PLC控制系统设计开发的思路、过程与方法。

本书取材新颖、实用，涉及机器人PLC控制技术广泛的应用领域，以及多种机器人和多种PLC。在技术知识表达上，尽量做到条理分明、深入浅出、通俗易读。读者可从书中明确技术要点，也可通过深入阅读典型案例了解相关实际问题的技术细节。

本书主要供机器人技术应用专业人员、PLC技术应用专业人员阅读，也可作大学相关专业师生的教学参考书。

图书在版编目（CIP）数据

机器人PLC控制及应用实例/黄志坚编著. —北京：化学工业出版社，2017.11（2020.2重印）
ISBN 978-7-122-30534-3

Ⅰ.①机… Ⅱ.①黄… Ⅲ.①PLC技术 Ⅳ.①TM571.61

中国版本图书馆CIP数据核字（2017）第211809号

责任编辑：张兴辉　　文字编辑：陈　喆
责任校对：宋　夏　　装帧设计：王晓宇

出版发行：化学工业出版社（北京市东城区青年湖南街13号　邮政编码100011）
印　　装：北京捷迅佳彩印刷有限公司
787mm×1092mm　1/16　印张 $14\frac{1}{2}$　字数356千字　2020年2月北京第1版第3次印刷

购书咨询：010-64518888　　售后服务：010-64518899
网　　址：http://www.cip.com.cn
凡购买本书，如有缺损质量问题，本社销售中心负责调换。

定　　价：89.00元

前言
FOREWORD

机器人是一种自动化的机器，这种机器具备一些与人或生物相似的智能能力，如感知能力、规划能力、动作能力和协同能力，是一种具有高度灵活性的自动化机器。工业机器人是集机械、电子、控制、计算机、传感器、人工智能等多学科先进技术于一体的现代制造业重要的自动化装备。自从1962年美国研制出世界上第一台工业机器人以来，机器人技术及其产品发展很快，已成为柔性制造系统（FMS）、自动化工厂（FA）、计算机集成制造系统（CIMS）的自动化工具。在工业、建筑业等领域中均有重要用途。机器人技术已从传统的工业领域快速扩展到其他领域，如物流、农业、家政服务、医疗康复、军事、外星探索、勘测勘探等。而无论是传统的工业领域还是其他领域，对机器人性能要求的不断提高，使机器人必须面对更极端的环境、完成更复杂的任务。因而，社会经济的发展也为机器人技术进步提供了新的动力。机器人是自动控制最有说服力的成就，是当代最高意义上的自动化。机器人技术综合了多学科的发展成果，代表了高技术的发展前沿。

《中国制造2025》将“高档数控机床和机器人”作为大力推动的重点领域之一，提出机器人产业的发展要“围绕汽车、机械、电子、危险品制造、国防军工、化工、轻工等工业机器人应用以及医疗健康、家庭服务、教育娱乐等服务机器人应用的需求，积极研发新产品，促进机器人标准化、模块化发展，扩大市场应用。突破机器人本体，减速器、伺服电动机、控制器、传感器与驱动器等关键零部件及系统集成设计制造技术等技术瓶颈。”

控制器作为机器人控制系统的核心，其选择的合适与否对整个系统来说十分重要，其性能直接影响了控制系统的可靠性、数据处理速度、数据采集的实时性等。机器人运行环境较恶劣，干扰源众多，对控制器的实时性和可靠性要求较高，所以选择一种稳定可靠的运动控制器至关重要，既要满足系统要求，又要具有良好的可扩展性和兼容性。PLC具有较强的抗干扰能力、丰富的I/O接口、模块通用性强、编程简单易学、维修方便等。PLC可实现对单轴和多轴的位置控制、速度控制及加速度控制，并可使运动控制和顺序控制合理地结合在一起，在进行运动控制的同时还可进行其他控制，再加上新运动模块的开发及相关软件的推出，PLC用于运动控制的比例正逐渐增加。多数情况下，选择PLC作机器人运动控制器是较好的方案。

本书结合大量实例，系统介绍机器人PLC控制技术基本内容、应用方法与最新实用成果。全书共4章。其中第1章是概论；第2章以三菱FX2N系列PLC和西门子S7-

200系列 PLC 为例，介绍常用 PLC 产品及其在机器人控制中的应用。第 3 章结合各类应用实例，介绍驱动机构分别为步进电动机、直流与交流伺服电动机、液压与气压的机器人的 PLC 控制系统。第 4 章通过一系列实例，更加详细地介绍机器人 PLC 控制系统设计开发的思路、过程与方法。

本书取材新颖、实用，涉及机器人 PLC 控制技术广泛的应用领域，以及多种机器人和多种 PLC。笔者在技术知识表达上，尽量做到条理分明、深入浅出、通俗易读。读者可从书中明确技术要点，也可通过深入阅读典型案例了解相关实际问题的技术细节。

本书主要供机器人技术应用专业人员、PLC 技术应用专业人员阅读，也可作大学相关专业师生的教学参考书。

编著者

目录
CONTENTS

第1章 机器人PLC控制概述

1.1 机器人的概念

机器人（Robot）是自动执行工作的机器装置。它既可以接受人类指挥，又可以运行预先编排的程序，也可以根据以人工智能技术制定的原则纲领行动。它的任务是协助或取代人类在某些领域的工作，例如生产业、建筑业，或是危险的工作。机器人是高级整合控制论、机械电子、计算机、材料和仿生学的产物，在工业、物流、医学、农业、建筑业甚至军事等领域中均有重要用途。

中国科学家对机器人的定义是："机器人是一种自动化的机器，所不同的是这种机器具备一些与人或生物相似的智能能力，如感知能力、规划能力、动作能力和协同能力，是一种具有高度灵活性的自动化机器。"在研究和开发未知及不确定环境下作业的机器人的过程中，人们逐步认识到机器人技术的本质是感知、决策、行动和交互技术的结合。

国际上对机器人的概念已经逐渐趋近一致。一般来说，人们也都可以接受这种说法，即机器人是靠自身的动力和控制能力来实现各种功能的一种机器。联合国标准化组织采纳了美国机器人协会给机器人下的定义："一种可编程和多功能的操作机；或是为了执行不同的任务而具有可用计算机改变和可编程动作的专门系统。"它能为人类带来许多方便之处。

机器人技术已从传统的工业领域快速扩展到其他领域，如医疗康复、家政服务、外星探索、勘测勘探等。而无论是传统的工业领域还是其他领域，对机器人的性能要求都在不断提高，需要机器人必须面对更极端的环境、完成更复杂的任务。因而，社会经济的发展也为机器人技术的进步提供了新的动力。

《中国制造 2025》将"高档数控机床和机器人"作为大力推动的重点领域之一，提出机器人产业的发展要围绕汽车、机械、电子、危险品制造、国防军工、化工、轻工等工业机器人应用以及医疗健康、家庭服务、教育娱乐等服务机器人应用的需求，积极研发新产品，促进机器人向标准化、模块化的方向发展，扩大市场应用。突破机器人本体，减速器、伺服电动机、控制器、传感器与驱动器等关键零部件及系统集成设计制造技术等技术瓶颈。

1.2 机器人的组成

1.2.1 机器人的基本组成

机器人一般由执行机构、驱动装置、检测装置和控制系统等组成，如图 1-1 所示为机器人的基本组成。

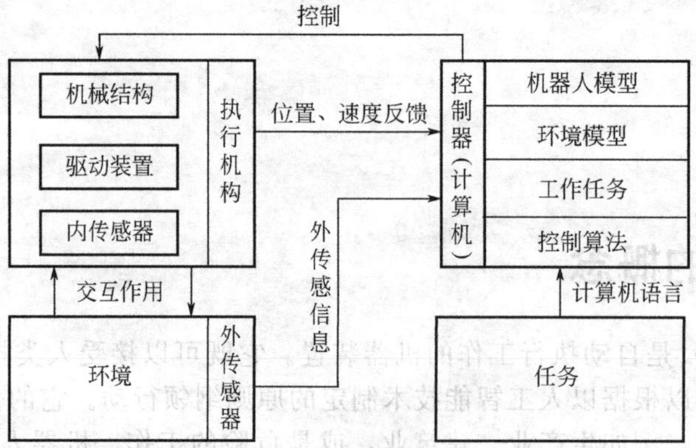

图 1-1 机器人的基本组成

（1）执行机构

执行机构即机器人本体，其臂部一般采用空间开式链连杆机构，其中的运动副（转动副或移动副）常称为关节，关节个数通常为机器人的自由度数。根据关节配置形式和运动坐标形式的不同，机器人的执行机构可分为直角坐标式、圆柱坐标式、极坐标式和关节坐标式等类型。出于拟人化的考虑，常将机器人本体的有关部位分别称为基座、腰部、臂部、腕部、手部（夹持器或末端执行器）和行走部（对于移动机器人）等。

（2）驱动装置

驱动装置是驱使执行机构运动的机构，按照控制系统发出的指令信号，借助于动力元器件使机器人进行动作。它输入的是电信号，输出的是线、角位移量。机器人使用的驱动装置主要是电力驱动装置，如步进电动机、伺服电动机等，也有采用液压、气动等驱动装置。

（3）检测装置

检测装置实时检测机器人的运动及工作情况，根据需要反馈给控制系统，与设定信息进行比较后，对执行机构进行调整，以保证机器人的动作符合预定的要求。作为检测装置的传感器大致可以分为两类：一类是内部信息传感器，用于检测机器人各部分的内部状况，如各关节的位置、速度、加速度等，并将所测得的信息作为反馈信号送至控制器，形成闭环控制。一类是外部信息传感器，用于获取有关机器人的作业对象及外界环境等方面的信息，使机器人的动作能适应外界情况的变化，使之达到更高层次的自动化，甚至使机器人具有某种“感觉”，并向智能化发展，例如视觉、声觉等外部传感器给出工作对象、工作环境的有关信息，利用这些信息构成一个大的反馈回路，从而大大提高机器人的工作精度。

（4）控制系统

机器人的控制方式有两种。一种是集中式控制，即机器人的全部控制由一台微型计算机完成。另一种是分散（级）式控制，即采用多台微型计算机来分担机器人的控制，如采用上、下两级微型计算机共同完成机器人的控制，主机常用于负责系统的管理、通信、运动学和动力学计算，并向下级微型计算机发送指令信息；作为下级从机，各关节分别对应一个CPU，进行插补运算和伺服控制处理，实现给定的运动，并向主机反馈信息。

根据作业任务要求的不同，机器人的控制方式又可分为点位控制、连续轨迹控制和力（力矩）控制。

1.2.2 机器人的执行机构

机器人的执行机构由传动部件和机械构件组成，可仿照生物的形态将其分成臂、手、足、翅膀、鳍、躯干等相应的部分。臂和手主要用于操作环境中的对象；足、翅膀、鳍主要用于使机器人“移动”；躯干是连接各个器官的基础结构，同时参与操作和移动等运动功能。

（1）臂和手

臂由杆件及关节构成，关节则由内部装有电动机等驱动器的运动副来实现。关节及其自由度的构成方法极大影响着臂的运动范围和可操作性等指标。如果机构像人的手臂那样将杆件与关节以串联的形式连接起来，则称为开式链机械手；如果机构像人的手部那样将杆件与关节并联配置起来，则称为闭式链机械手，如并联机器人机构作为机械臂的机构。

机械臂具有改变对象的位置和姿态的参数（在三维空间中有 6 个参数），或者对对象施加力的作用，因此手臂最少具有 3 个自由度。若考虑移动、转动（关节的旋转轴沿着杆件长度的垂直方向）、旋转（关节的旋转轴沿着杆件长度方向）3 种机构的不同组合可有 27 种形式，在此给出具有代表性的 4 类，如图 1-2 所示。

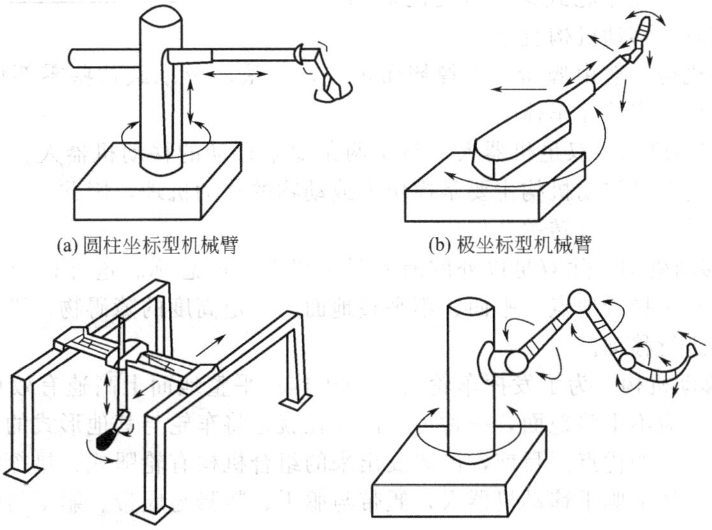

(a) 圆柱坐标型机械臂　(b) 极坐标型机械臂

(c) 直角坐标型机械臂　(d) 关节型机械臂

图 1-2　机械臂结构示意图

手部是抓握对象并将机械臂的运动传递给对象的机构。如果能将机器人的手部设计得如人手一样具有通用性、灵活性，使用起来则较为理想。但由于目前在机械和控制上存在诸多困难，而机械人手在生产实际中会随现场具体情况而各不同，因此这种万能手不具有普适性。如果任务仅是用手臂末端简单地固定对象，那么手部可以设计成单自由度的夹钳机构。可以抓取特定形状的物体、具有特制刚性手指的手部，称为机械手（mechanical hand 或 mechanical gripper）。如果手臂不运动，那么就需要使用手部来操纵对象，此时多自由度多指型机构就大有用武之地了。

（2）移动机构

移动机构是机器人的移动装置。由于在机器人出现以前，人类就已发明了许多移动装置，比如车辆、船舶、飞机等，因此在机器人中也借鉴了相关的成熟技术，如车轮、螺旋桨、推进器等。实用的移动机器人几乎都采用车轮，不过它的弱点是只限于平坦的地面环境。

为了实现人和动物所具备的对地形及环境的高度适应性，人们正在积极地开展对多种移动机理的研究。现就目前已研制出的部分移动机构进行分类介绍，详见表 1-1。

表 1-1　移动机构分类

移动机构应用环境	移动机构分类
陆地	车轮式移动机构
	履带式移动机构
	双足式移动机构
	蛇形移动机构
	壁面吸附式移动机构
	混合式移动机构
空中	螺旋桨移动机构
	翅膀移动机构
水下	推进器移动机构
	鳍移动机构

① 车轮式移动机　车轮式移动机构在地表面等移动环境中控制车轮的滚动运动，使移动体本体相对于移动面产生相对运动。该机构的特点是在平坦的环境下移动效率较履带式移动机构和腿式移动机构要高，且结构简单、可控性好。

车轮式移动机构由车体、车轮、处于轮子和车体之间的支撑机构组成。车轮根据其有无驱动力可分为主动轮和从动轮两大类。根据单个车轮的自由度，又可分为圆板形的一般车轮、球形车轮、合成全方位车轮几类。

② 履带式移动机构　履带式移动机构所用的履带是一种循环轨道，采用沿车轮前进方向边铺设移动面边移动的方式。该机构可在有台阶、壕沟等障碍物的空间中移动，比车轮式移动机构的应用范围广，但结构较车轮式移动机构复杂。

履带式移动机构一般由履带、支撑履带的链轮、滚轮及承载这些零部件的支撑框架构成，最后将支撑框架安装在车体上。

③ 双足式移动机构　双足机器人，是用两条腿来移动的移动机器人。鸟和人类是采取双足移动的。研究双足移动机构主要是模仿人或动物的移动机理，因此大多数双足机构的结构类型模仿了人类腿脚的旋转关节机构。

④ 多足式移动机构　除双足以外的所有足类机器人的总称。这种移动机构对环境的适应性强，能够任意选择着地点（平面、不平整地面、一定高度的障碍物、平缓斜坡地面、陡急斜坡地面等）进行移动。

⑤ 混合式移动机构　为了发挥车轮式移动机构在平整地面上高速有效移动的优点，又能在某种程度上适应不平整地面，一种可行的途径就是将车轮与其他形式的移动机构组合起来，有效地发挥两者的优点。目前，已研发出来的组合机构有轮腿式火星探测机器人，轮腿双足移动机器人，体节躯干移动机器人，履带与躯干、腿脚与履带、躯干与腿脚的组合机器人等。

a. 蛇形机构：串联连接多个能够主动弯曲的单元体，构成索状超冗余功能体的结构称为蛇形机构。由蛇形机构构成的机器人能产生类似蛇一样的运动。比如，穿过仅容头部能通过的弯曲狭窄的路径，爬越凹凸地形或翻越障碍物，在沙地等松软地面上移动等。蛇形机构的每一个独立单元体是由驱动器、行走结构、前后搭接结构（与前面单元体和后续单元体连接的结构）组成的。

b. 壁面吸附式移动机构：壁面吸附式移动机构是将移动机构（车轮、履带、腿）与将它吸附在壁面上的吸附机构（磁铁或吸盘）组合起来实现的，主要应用在结构物壁面检查或不便于搭脚手架之处。壁面吸附式移动机构主要是由移动机构、吸附机构和悬吊钢丝绳等安全装置构成。

另外，现在人们还在研究基于仿生学原理的各种机器人，来实现人类或动物的灵巧的动作和运动。

1.2.3 机器人的传感器

传感器的主要作用就是给机器人输入必要的信息，例如，测量角度和位移的传感器，对于掌握手和腿的速度、移动的方向，以及被抓持物体的形状和大小都是不可缺少的。

根据输入信息源是位于机器人的内部还是外部，传感器可以分为两大类：一类是为了感知机器人内部的状况或状态的内部测量传感器（简称内传感器），它是在机器人本身的控制中不可缺少的部分，虽然与作业任务无关，却在机器人制作时将其作为本体的一个组成部分；另一类是为了感知外部环境的状况或状态的外部测量传感器（简称外传感器），它是机器人适应外部环境所必需的传感器，按照机器人作业的内容，分别将其安装在机器人的头部、肩部、腕部、臀部、腿部和足部等。

为了便于理解机器人传感器的特征和区别，值得对传感器的检测内容、方式、种类和用途进行分类，如图 1-3、表 1-2 和表 1-3 所示。

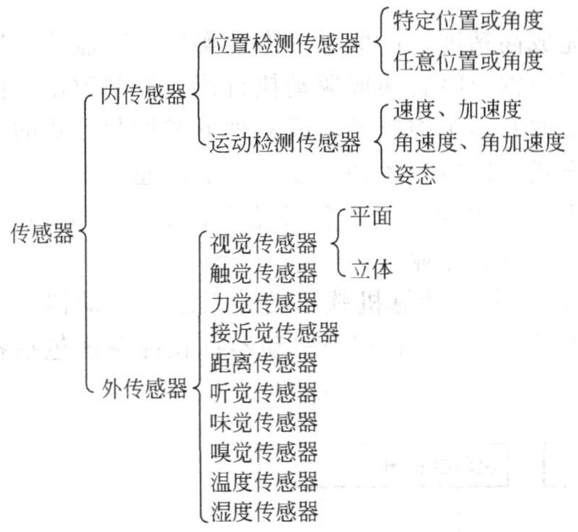

图 1-3 机器人传感器

表 1-2 内传感器按功能分类

检测内容	传感器的方式和种类
角度	旋转编码器
角速度	内置微分电路的编码器
角加速度	压电式、振动式、光相位差式
位置	电位计、直线编码器
速度	陀螺仪
加速度	应变仪式、伺服式
倾斜度	静电容式、导电式、铅垂振子式、浮动磁铁式、滚动球式
方位	陀螺仪式、地磁铁式、浮动磁铁式

表 1-3 外传感器按功能分类

检测内容	传感器的工作方式和种类
视觉传感器	单目、双目、主动、被动、实时视觉
触觉传感器	位移、压力、速度
力觉传感器	单轴、三轴、六轴力-力矩（转矩）传感器
接近觉传感器	接触式、电容式、电磁式、STM、AFM、流体、超声波、光学测距
距离传感器	超声波、激光和红外传感器
听觉传感器	语音、声音传感器
嗅觉传感器	气体识别传感器
温度传感器	电阻、热敏电阻、红外线、IC 温度传感器

内传感器大多与伺服控制元器件组合在一起使用。尤其是表 1-2 中的位置或角度传感器，一般安装在机器人的相应部位，对满足给定位置、方向及姿态的控制，而且大多采用数字式，以便计算机进行处理。

1.2.4 机器人的控制系统

机器人控制系统指的是使机器人完成各种任务和动作所执行的各种控制手段。

（1）原理和组成

机器人系统通常分为机构本体和控制系统两大部分。控制系统的作用是根据指令对机构本体进行操作和控制，从而完成作业。机器人控制器是影响机器人性能的关键部分之一，它从一定程度上影响着机器人的发展。一个良好的控制器要有灵活、方便的操作方式和多种形式的运动控制方式，并且要安全可靠。

控制系统是机器人的神经中枢，控制系统的性能在很大程度上决定了机器人的性能，因此其重要性不言而喻。构成机器人控制系统的主要要素是控制系统软、硬件，输入、输出，驱动器和传感器系统。为了解决机器人的高度非线性及强耦合系统的控制，要运用到最优控制，解耦、自适应控制，以及变结构滑模控制和神经元网络控制等现代控制理论。另外，一些机器人是机、电、液高度集成，是一个复杂的系统和结构，其作业环境又极为恶劣，在设计控制系统时必须考虑具有散热、防尘、防潮、抗干扰、抗振动和抗冲击等性能，才能确保机器人的高可靠性。

控制系统设计，既要为机器人末端执行器完成高精度、高效率的作业实行实时监控，通过所配备的控制系统软、硬件，将执行器的坐标数据及时转换成驱动执行器的控制数据，使之具有智能化、自适应系统变化的能力，还要采取有多个控制通路或多种形式控制方式的策略。必须拥有自动、半自动和手工控制等控制方式，以应对各种突发情况下，通过人机交互选择后，能完成定位、运移、变位、夹持、送进、退出与检测等各种施工作业的复杂动作，使机器人始终能按照人们所期望的目标保持正常运行和作业。

机器人的控制系统主要由输入/输出（I/O）设备，计算机软、硬件系统，驱动器，传感器等构成，如图1-4所示。硬件系统包括控制器、执行器和伺服驱动器；软件系统包括各种控制算法。

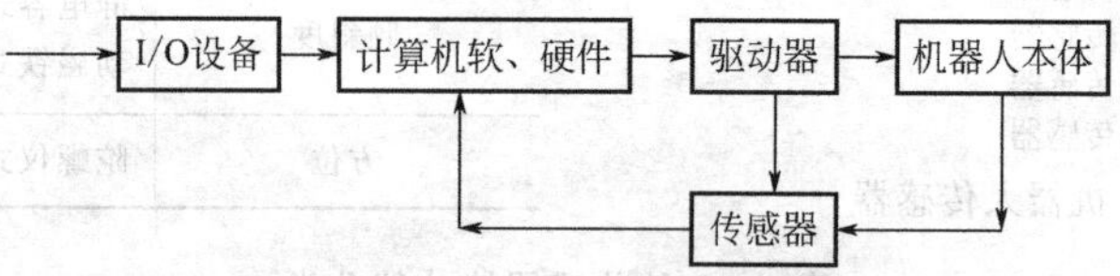

图1-4 机器人控制系统构成要素

最早的机器人采用顺序控制方式。随着计算机技术的发展，机器人采用计算机系统来综合实现机电装置的功能，并采用示教再现的控制方式。随着信息技术和控制技术的发展，以及机器人应用范围的扩大，机器人控制技术正朝着智能化的方向发展，出现了离线编程、任务级语言、多传感器信息融合、智能行为控制等新技术。多种技术的发展将促进智能机器人的实现。伴随着机器人技术的进步，控制技术也由基本控制技术发展到现代智能控制技术。

（2）最基本的控制方法

对机器人机构来说，最简单的控制就是分别实施各个自由度的运动（位置及速度）控制。这种控制可以通过对控制各个自由度运动的电动机实施PID控制来简单实现。在这种情况下，需要根据运动学理论将整个机器人的运动分解为各个自由度的运动来进行控制。这种系统常由上、下位机构成。从运动控制的角度来看，上位机进行运动规划，将要执行的运动转化为各个关节的运动，然后按控制周期传给下位机。下位机进行运动的插补运算及对关节进行伺服，所以常用多轴运动控制器作为机器人的关节控制器。多轴运动控制器的各轴伺服控制也是独立的，每一个轴对应一个关节。

若要求机器人沿着一定的目标轨迹运动，则是轨迹控制。对于工业生产线上的机械臂，轨迹控制常采用示教再现方式。示教再现分两种：点位控制（PTP），用于点焊、更换刀具等情况；连续路径控制（CP），用于弧焊、喷漆等作业。如果机器人本身能够主动地决定运动，那么可经常使用路径规划加上在线路径跟踪的方式，如移动机器人的车轮控制方法。

（3）利用传感器反馈的运动调整

对每个自由度实施运动控制时，也可能发生臂和手受到环境约束的情况。这时，机器人与环境之间或许会因为产生过大的力而造成自身损坏。在这样的状态下，机器人必须适应环境，修改预先规划的轨迹。在这种场合下，借助于力传感器反馈的力信息并调整运动，能够让整个机器人的行动符合任务的需求。当机器人靠腿、脚进行移动时，若地面的平整度有尺寸误差，则机器人可能会失去平衡。在这种情况下，也需要通过将着地点的力加以反馈，以调整机器人的运动，实现适应地面的平稳步行。

（4）现代控制方法

机器人是一个复杂的多输入、多输出非线性系统，具有时变、强耦合和非线性的动力学特征。由于建模和测量的不精确，再加上负载的变化及外部扰动的影响，因此实际上无法得到机器人精确完整的运动学模型。现代控制理论为机器人的发展提供了一些能适应系统变化能力的控制方法，自适应控制即是其中一种。

① 自适应控制　当机器人的动力学模型存在非线性和不确定因素，含未知的系统因素（如摩擦力）和非线性动态特性（重力、哥氏力、向心力的非线性），以及机器人在工作过程中环境和工作对象的性质与特征变化时，解决方法之一是在运行过程中不断测量受控对象的特征，根据测量的信息使控制系统按照新的特性实现闭环最优控制，即自适应控制。自适应控制分为模型参考自适应控制和自校正自适应控制，如图 1-5、图 1-6 所示。

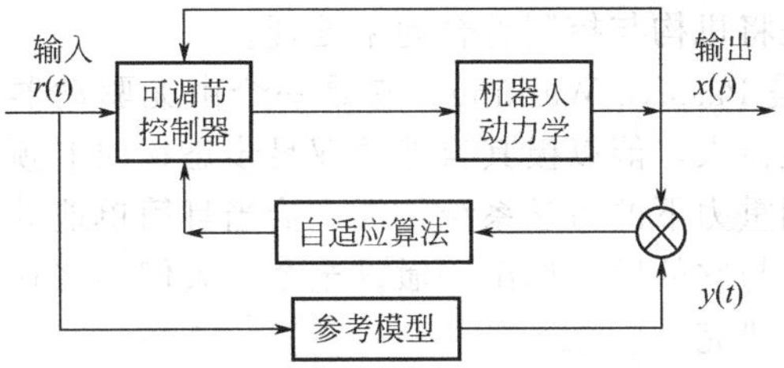

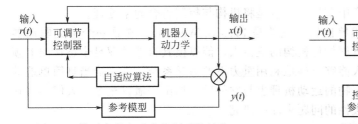

图 1-5　模型参考自适应控制系统结构

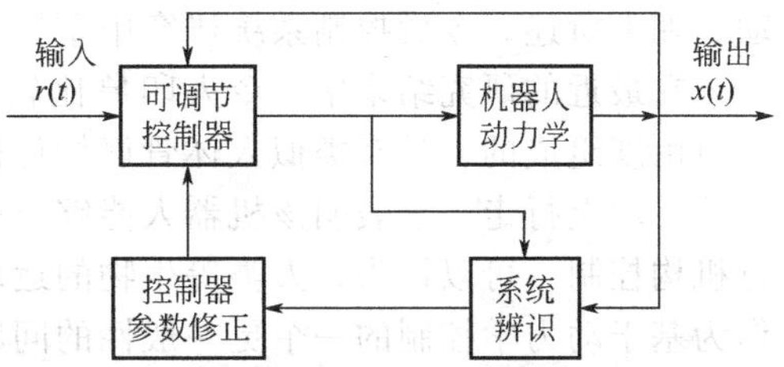

图 1-6　自校正自适应控制系统结构

自适应控制在受控系统参数发生变化时，通过学习、辨识和调整控制规律，可以达到一定的性能指标，但实现复杂、实时性的严格要求。当存在非参数不确定时，自适应控制难以保证系统的稳定性。鲁捧控制是针对机器人不确定性的另一种控制策略，可以弥补自适应控制的不足，适用于不确定因素在一定范围内变化的情况，保证系统稳定和维持一定的性能指标。如果将鲁棒控制与 H∞控制理论相结合，所得的控制器可实现对外界未知干扰的有效衰减，同时保证系统跟踪误差的渐近收敛性。

② 智能控制　随着科技的进步，计算机技术、新材料、人工智能、网络技术等的发展，出现了各种新型智能机器人。这些机器人具有由多种内、外传感器组成的感觉系统，不仅能感觉内部关节的运行速度、力的大小，还能通过外部传感器如视觉传感器、触觉传感器等，对外部环境信息进行感知、提取、处理并做出适当的决策，在结构或半结构化环境中自主完成一项任务。

智能机器人系统具有以下特征：

a. 模型的不确定性：一是模型未知或知之甚少；二是模型的结构或参数可能在很大范围内变化。智能机器人属于后者。

b. 系统的高度非线性：对于高度的非线性控制对象，虽然有一些非线性控制方法可用，但非线性控制技术目前还不成熟，有些方法也较复杂。

c. 控制任务的复杂性：对于智能系统，常要求系统对于复杂任务有自行规划与决策的能力，有自动躲避障碍物运动到规划目标位置的能力。这是常规控制方法所不能达到的。典型代表是自主移动机器人。这时，自主控制器要完成问题求解和规划、环境建模、传感器信息分析、底层的反馈控制等任务。学习控制是人工智能技术应用到机器人领域的一种智能控制方法。目前已提出多种机器人控制方法，如模糊控制、神经网络控制、基于感知器的学习控制、基于小脑模型的学习控制等。

(5) 其他控制

除了上述控制方法之外，人们也正在模仿生物体的控制机理，研究仿生型的而非模型的控制法。目前，基于神经振子所生成和引入的节奏模式已经实现了稳定的四足机器人、双足机器人的步行控制，基于行为的控制方法已与集中式控制方法相结合，应用到足球机器人的控制系统中。

上述介绍的传统方法，在大多数情况下，都假设杆件是刚体，不存储应变的能量，力的生成仅靠自由度来实现。利用该方法，能够比较简单地建立具有一般性的系统设计方法。但是，由于驱动器输出有限，响应速度也有限，因此在机器人的具体制作方面造成了很大的限制。为了弥补这一缺陷，人们尝试了多种办法，如使杆件具有弹簧或阻尼功能，以便它能无时间延迟地进行能量存储及耗散，或者以硬件的形式引入各个自由度中的弹簧或阻尼功能，以避免时间延迟，而非依靠软件（转矩控制）来实现。这是考虑“控制”机构设计的一个例子。另外，也有考虑“机构”的控制设计的例子。例如，在某些情况下因重量减轻而导致杆件变细，从而演变成柔性机构，这时就可以尝试通过控制来补偿由此在某些产生的误差或振动。如上所述，今后控制系统研究中重要的一点是将机构与控制整合起来处理。

在最近的研究结果中，令人印象比较深刻的是 Passive Walking。它是一个由无驱动器的自由度组成的、具有类似人体骨筋构件机构的机器人，能以极其自然的双足步态在向上倾斜的缓坡上行走。这表明该机器人能够巧妙地利用重力下的力学系统特性，恰当且简单地进行机构控制。可以认为，人类等生物的运动机理也与它的原理如出一辙。至今，人们还将它作为基于动力学控制的一个更一般性的问题来加以研究。

1.3 PLC 及其在机器人控制中的应用

1.3.1 可编程控制器的定义

PLC（Programmable Logic Controller）即可编程控制系统，国际电工委员会（IEC）对 PLC 做了如下定义：可编程控制器是一种数字运算操作的电子系统，专门为在工业环境下应用而设计。它采用可编制程序的存储器，用来在其内部存储执行逻辑运算、顺序控制、定时、计数和算术运算等操作的指令，并通过数字式、模拟式的输入和输出，控制各种类型的机械或生产过程。

可编程序控制器及其有关的外围设备，都应按易于与工业控制系统形成一个整体、易于扩充其功能的原则设计。

定义强调了 PLC 有以下特点：

① PLC 是数字运算操作的电子系统，也是一种计算机。
② PLC 专为在工业环境下应用而设计。
③ PLC 使用面向用户指令——编程方便。
④ PLC 进行逻辑运算、顺序控制、定时计算和算术操作。
⑤ PLC 进行数字量或模拟量输入输出控制。
⑥ PLC 易与控制系统联成一体。
⑦ PLC 易于扩充。

1.3.2　机器人 PLC 控制的优点

控制器作为机器人控制系统的核心，选择的合适与否对整个系统来说十分重要，其性能直接影响了控制系统的可靠性、数据处理速度、数据采集的实时性等。机器人的运行环境较恶劣，干扰源众多，对控制器的实时性和可靠性的要求较高，所以选择一种稳定且可靠的运动控制器至关重要，既要满足系统要求，又要具有良好的可扩展性和兼容性。常用的控制器种类及其特点分析对比如表 1-4 所示。

表 1-4　常见控制器性能比较

种类	DSP	单片机	嵌入式工控机	PLC
价格	☆	★	△	□
重量	★	★	△	☆
体积	★	★	△	☆
可靠性	□	△	★	★
实时性	☆	□	★	★
集成度	☆	△	☆	★
可扩展性	□	□	□	★
通信能力	□	□	★	★
抗干扰性	△	□	★	★
运行范围	□	□	☆	★
应用前景	□	△	☆	☆
总体评价	其特点决定了 DSP 多用于室内机器人的控制	适用于应用环境简单的开发环境	功能强大，系统稳定，但是开发难度大	新型 PLC 的功能强大，能满足绝大多数应用环境

注：△—一般，□—中等，☆—良好，★—优等。

PLC 具有较强的抗干扰能力、丰富的 I/O 接口、模块通用性强、编程简单易学、维修方便等优势。PLC 可实现对单轴和多轴的位置控制、速度控制及加速度控制，并可使运动控制和顺序控制合理地结合在一起，在进行运动控制的同时还可进行其他控制，再加上新运动模块的开发及相关软件的推出，PLC 用于运动控制的比例正逐渐增加。

由表 1-4 可知，多数情况下，选择 PLC 作机器人运动控制器是较好的方案。

第2章 PLC产品机器人的应用基础

PLC具有应用灵活、安装简便、编程简单、可靠性高、抗电磁干扰能力好、环境适应性强、功能完善、通信便捷、可扩展能力强、体积小、能耗低等特点，广泛应用于石油化工、冶金、汽车、机械制造、交通运输等领域。在国际知名PLC制造商中，具有代表性的公司有日本的MITSUBISHI（三菱）公司、OMRON（欧姆龙）公司，德国的SIEMENS（西门子）公司，法国的SCHNEIDER（施耐德）公司，以及美国的ALLEN-BRADLEY（AB）公司等，这些公司的销售额约占全球PLC总销售额的三分之二。在此，以三菱FX2N系列PLC和西门子S7-200系列PLC为例，介绍常用的PLC产品及其在机器人控制中的应用。

2.1 FX2N系列PLC

FX2N PLC是FX2系列PLC的取代产品。FX2N比FX2小50%，价格比FX2下降20%。FX2N系列PLC主机为FX2N-16、32、48、64、80和128六个型号，可扩展256点，在运算速度、功能和程序容量上比FX2有较大提升。FX2N有多种功能模块可选用，有新型的机能扩展板，通信能力大大提高，适合更多的用户。

2.1.1 FX2N系列PLC模块

（1）概况

FX2N的用户存储器容量可扩展到16KB，FX2N的I/O点数最大可扩展到256点。FX2N有多种模拟量I/O模块、高速计数器模块、脉冲输出模块、位置控制模块、RS-232C/RS-422/RS-485串行通信模块或功能扩展板、模拟定时器扩展板等。使用这些特殊功能模块和功能扩展板，可以实现模拟量控制、位置控制和联网通信等功能。

FX2N有3000多点辅助继电器、1000点状态、200多点定时器、200点16位加计数器、35点32位加/减计数器、8000多点16位数据寄存器、128点跳步指针、15点中断指针。

FX2N有128种功能指令，具有中断输入处理、修改输入滤波器常数、数学运算、浮点数运算、数据检索、数据排序、PID运算、开平方、三角函数运算、脉冲输出、脉宽调制、ASCII码输出、串行数据传送、校验码、比较触点等功能指令。FX2N内装实时钟，有时钟数据的比较、加减、读出/写入指令，可用于时间控制。FX2N还有矩阵输入、10键输入、

16 键输入、数字开关、方向开关、7 段显示器扫描显示等方便指令。

(2) FX2N 系列 PLC 型号的说明

FX2N 系列 PLC 型号的说明如图 2-1 所示。

其中系列总称中还有 FX0、FX2、FX0S、FX1S、FX0N、FX1N、FX2NC 等。

单元类型：M—基本单元；E—I/O 混合扩展单元；EX—扩展输入模块；EY—扩展输出模块。

输出形式：R—继电器输出；S—晶闸管输出；T—晶体管输出。

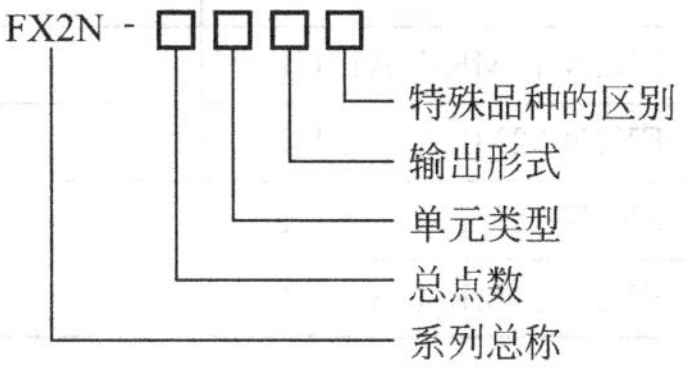

图 2-1　FX2N 系列 PLC 型号的说明

特殊品种：D—DC 电源，DC 输出；A1—AC 电源，AC（AC100～120V）输入或 AC 输出模块；H—大电流输出扩展模块；V—立式端子排的扩展模块；C—接插口 I/O 方式；F—输入滤波时间常数为 1ms 的扩展模块。

如果特殊品种一项无符号，为 AC 电源、DC 输入、横式端子排、标准输出。例如，FX2N-48MR-D 表示 FX2N 系列，48 个 I/O 点基本单元，继电器输出，使用直流电源，24V 直流输出型。

(3) FX2N 系列 PLC 硬件

FX2N 系列 PLC 的硬件包括基本单元、扩展单元、扩展模块、模拟量输入/输出模块、各种特殊功能模块及外部设备等。

① FX2N 系列的基本单元　FX2N 系列是 FX 家族中很常用的 PLC 系列。FX2N 基本单元有 16 点、32 点、48 点、64 点、80 点、128 点，共 6 种，FX2N 基本单元的每个单元都可以通过 I/O 扩展单元扩充到 256 个 I/O 点。FX2N 基本单以通过 I/O 扩展单元扩充到 256 个 I/O 点。FX2N 基本单元又可分为 AC 供电，DC 输入型、DC 供电，DC 输入型和 AC 供电，AC 输入型，共 3 种。其中 AC 供电，DC 输入型基本单元，有 17 个规格，见表 2-1。

表 2-1　FX2N 系列的基本单元（AC 供电，DC 输入型）

型号			输入点数	输出点数	扩展模块可用点数
继电器输出	晶闸管输出	晶体管输出			
FX2N-16MR	FX2N-16MS	FX2N-16MT	8	8	24～32
FX2N-32MR	FX2N-32MS	FX2N-32MT	16	16	24～32
FX2N-48MR	FX2N-48MS	FX2N-48MT	24	24	48～64
FX2N-64MR	FX2N-64MS	FX2N-64MT	32	32	48～64
FX2N-80MR	FX2N-80MS	FX2N-80MT	40	40	48～64
FX2N-128MR		FX2N-128MT	64	64	48～64

DC 供电，DC 输入型基本单元，有 10 个规格的产品，见表 2-2。

表 2-2　FX2N 系列的基本单元（DC 供电，DC 输入型）

型号		输入点数	输出点数	扩展模块可用点数
继电器输出	晶体管输出			
FX2N-32MR-D	FX2N-32MT-D	16	16	24～32
FX2N-48MR-D	FX2N-48MT-D	24	24	48～64
FX2N-64MR-D	FX2N-64MT-D	32	32	48～64
FX2N-80MR-D	FX2N-80MT-D	40	40	48～64

AC 供电，AC 输入型基本单元，有 4 个规格的产品，见表 2-3。

表 2-3 FX2N 系列的基本单元（AC 供电，AC 输入型）

型号	输入点数	输出点数	扩展模块可用点数
FX2N-16MR-UA1/UL	16	16	24～32
FX2N-32MR-UA1/UL	24	24	48～64
FX2N-48MR-UA1/UL	32	32	48～64
FX2N-64MR-UA1/UL	40	40	48～64

FX2N 具有丰富的元件资源，有 3072 点辅助继电器。提供了多种特殊功能模块，可实现过程控制位置控制。有 RS. 232C、RS-422、RS. 485 等多种串行通信模块或功能扩展板支持网络通信。FX2N 具有较强的数学指令集，使用 32 位处理浮点数。

② FX2N 系列的扩展单元　FX2N 系列的扩展单元见表 2-4。FX2N 系列的扩展模块见表 2-5。

表 2-4 FX2N 系列的扩展单元

型号	总 I/O 数目	输入			输出	
		数目	电压	类型	数目	类型
FX2N-32ER	32	16	24V 直流	漏型	16	继电器
FX2N-32ET	32	16	24V 直流	漏型	16	晶体管
FX2N-32ES	32	16	24V 直流	漏型	16	晶闸管
FX2N-48ER	48	24	24V 直流	漏型	24	继电器
FX2N-48ET	48	24	24V 直流	漏型	24	晶体管
FX2N-48ER-D	48	24	24V 直流	漏型	24	继电器(直流)
FX2N-48ET-D	48	24	24V 直流	漏型	24	晶体管(直流)

注：FX2N-48ER-D 的模块供电电源是 DC 24V，而其他模块供电电源是 AC 100～240V。

表 2-5 FX2N 系列的扩展模块

型号	总 I/O 数目	输入			输出	
		数目	电压	类型	数目	类型
FX2N-16EX	16	16	24V 直流	漏型		
FX2N-16EYT	16				16	晶体管
FX2N-16EYR	16				16	继电器

FX2N 系列还有其他模块，如模拟量输入模块（如 FX2N-4AD）、模拟量输出模块（如 FX2N-2DA）、PID 过程控制模块（如 FX2N-2LC）、定位控制模块（如定位控制器 FX2N-10GM）、通信模块（如通信扩展板 FX2N-232-BD 和通信扩展板 FX2N-485-BD）和高速计数模块（如 FX2N-1HC）等。

2.1.2 FX2N 系列 PLC 内部继电器和继电器编号

PLC 是以微处理器为核心的电子设备，使用时可将它看成是由继电器、定时器、计数器等器件构成的组合体。而 PLC 与继电器接触控制的根本区别在于 PLC 采用的是软器件，用程序来实现各器件之间的连接。在上述的器件中，无论是固体器件还是“软继电器”（或称内部继电器），都必须用编号予以识别。同时，由于 PLC 采用软件编程逻辑，许多诸如计数器、定时器、辅助继电器，都可用"软继电器"取代。

（1）输入继电器 X（X0～X177）

FX2N 系列 PLC 输入继电器采用八进制地址编号，其编号为 X0～X7、X10～X17、X20～X27、…、X170～X177，共 128 点，输入响应时间为 10ms。输入继电器示意图如图 2-2 所示。

输入继电器是 PLC 接收来自外部开关信号的"窗口"。输入继电器与 PLC 的输入端子相连，并带有许多常开和常闭触点供编程时使用。输入继电器只能由外部信号驱动，不能被程序指令驱动。

（2）输出继电器 Y（Y0～Y177）

FX2N 系列 PLC 输出继电器也是采用八进制地址编号，其编号为 Y0～Y7、Y10～Y17、Y20～Y27、…、Y170～Y177，共 128 点。除输入输出继电器外，后续的各种软继电器的编号都是按十进制编号。输出继电器示意图如图 2-3 所示。

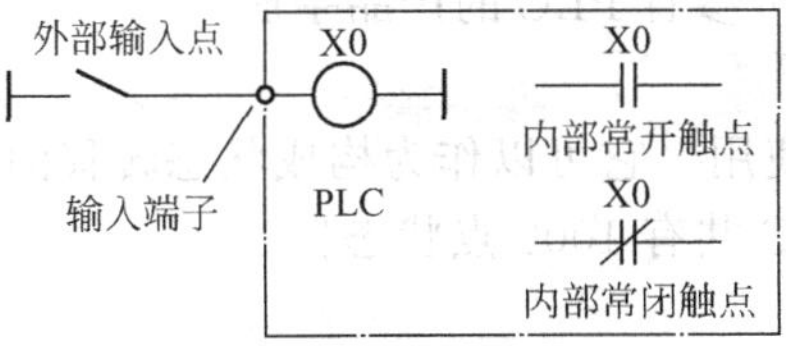

图 2-2　输入继电器示意图

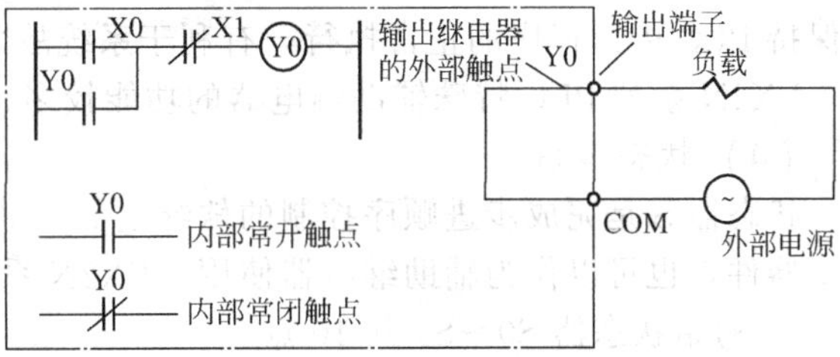

图 2-3　输出继电器示意图

（3）辅助继电器 M

PLC 内部有很多辅助继电器，它们不能直接驱动外围设备，它可由 PLC 中各种继电器的触点驱动，其作用与继电接触器控制的中间继电器相似，用于状态暂存、辅助位移运算及特殊功能等。每个辅助继电器带有若干对常开和常闭触点，供编程使用。PLC 内部辅助继电器一般有如下三种类型。

① 通用型辅助继电器　FX2N 系列 PLC 内部的通用型辅助继电器 M0～M499（按十进制编号）共 500 点。

② 保持辅助继电器　FX2N 系列 PLC 内部保持辅助继电器 M500～M3071（按十进制编号）共 2572 点。当 PLC 电源中断时，由于有后备锂电池保持供电，可以保持辅助继电器能够保持它们原来的状态，即具有掉电保持功能。这就是保持辅助继电器可用于要求保持断电前状态那种场合的原因所在。

③ 特殊辅助继电器　FX2N 系列 PLC 共有 M8000～M8255 共 256 点。这 256 点辅助继电器都有特殊功能，有时也称为专用辅助继电器。

a. M8000 运行监视继电器。当 PLC 运行时，M8000 自动处于接通状态，当 PLC 停止运行时，M8000 处于断开状态，如图 2-4(a) 所示。因此可利用 M8000 的触点经输出继电器 Y，在外部显示程序是否运行，达到运行监视的目的。

b. M8002 初始化脉冲继电器。当 PLC 开始投入运行时，M8002 就接通自动发出宽度为一个扫描周期的单脉冲，如图 2-4(b) 所示。M8002 常用作计数器、保持辅助继电器和数据寄存器等的初始化信号，即开机清零信号。

c. M8012 产生 100ms 时钟脉冲发生器。M8012 产生周期为 100ms 的时钟脉冲如图 2-4(c) 所示。可用于驱动计数器或数据寄存器，以便执行监视定时器功能。也可以和计数器联用，起到定时器的作用。

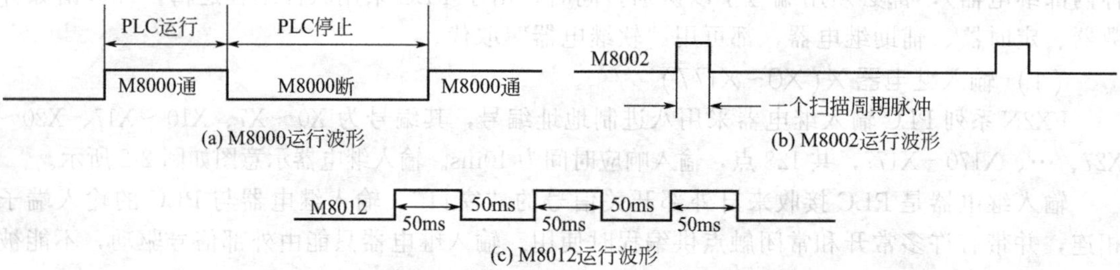

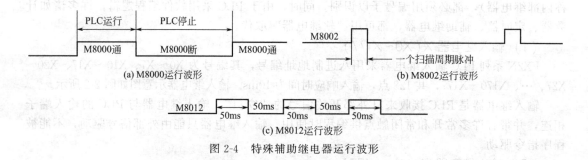

图 2-4　特殊辅助继电器运行波形

d. M8005 电池电压下降指示。如果 PLC 中供电电池电压下降，M8005 接通，并可以经输出继电器使外部指示灯亮。

e. M8034 禁止输出继电器。一旦 M8034 继电器接通时，则全部输出继电器 Y 的输出自动断开，但这不会影响 PLC 内部程序的执行。常用于 PLC 控制系统发生故障时切断输出，而保持 PLC 内部程序的正常执行，有利于系统故障的检查和排除。

FX2N 系列 PLC 特殊辅助继电器的功能较多，读者可参看 PLC 的产品手册。

(4) 状态器 S

状态器 S 是完成步进顺序控制的软继电器，供编程使用。它可以作为构成状态转移图的重要器件，也可以作为辅助继电器使用。FX2N 系列 PLC 共有 1000 点状态器。

① 初始状态器 S0～S9 共 10 点。

② 一般状态器 S10～S499 共 490 点。

③ 保持状态器 S500～S899 共 400 点。

④ 报警状态器 S900～S999 共 100 点。

(5) 定时器 T(T0～T255)

FX2N 系列 PLC 共有 256 点定时器，相当于继电接触控制系统中的时间继电器，都是通电延时型的。它的地址编号为 T0～1255，其中 T0～T199（200 点）、T250～T255（6 点）计时单位为 100ms，设定值范围是 0.1～3276.7s；T200～T245（46 点）计时单位为 10ms，设定值范围是 0.01～327.67s；T246～T249（4 点）计时单位 1ms，设定值范围是 0.001～32.767s。如果按其工作方式的不同可分为如下两种定时器。

① 非积算式定时器　在 FX2N 系列 PLC 中，非积算式定时器有以下两种计时单位：

计时单位为 100ms（0.1s）。地址号为 T0～T199，共 200 点。时间设定值范围是0.1～3276.7s。

计时单位为 10ms（0.01s）。地址号为 T200～T245，共 46 点。时间设定值范围是0.01～327.67s。

定时器应用时，都要设置一个十进制常数的时间设定值。在程序中，凡数字前面加有符号“K”的常数都表示十进制常数。定时器线圈通电被驱动后，就开始对时钟脉冲数进行累计，达到设定值时就输出，其所属的输出触点就动作，如图 2-5 所示。当定时器断开或断电时，定时器会立即停止定时计数并清零复位。

现以图 2-6 所示的非积算式定时器动作时序图为例说明其动作过程。

当 X1 接通时，非积算式定时器 T1 线圈被驱动，T1 的当前值对 100ms 脉冲进行加法累积计数，该值与设定值 K20 进行实时比较，当两值相等（100ms×20＝2s）时，T1 的输出触点接通，输出继电器 Y1 为 ON。当输入条件 X1 断开或发生断电时，定时器立即停止定时并清零复位。从图 2-6 中可以看出，当 X1 第一次接通后没有达到 T1 的设定值 X1 就断开了，所以 T1 的当前值立即清零，当 X1 第二次接通后，定时器又开始定时计数，定时器的当前值与设定值相等时，T1 的输出常开触点闭合使 Y1 为 ON，一旦 X1 为 OFF 时，定时器 T1 立即清零复位，当前值为零，输出继电器 Y1 为 OFF。

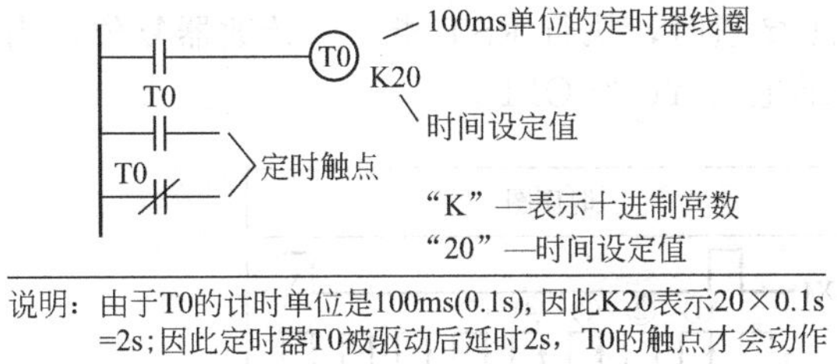

图 2-5　定时器使用说明

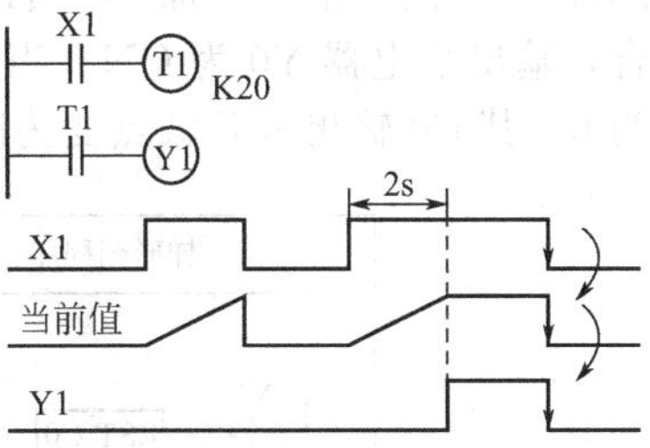

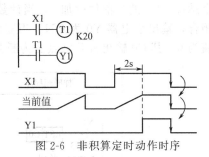

图 2-6　非积算定时动作时序

② 积算定时器　1ms 积算定时器 T246～T249 共 4 点，时间设定值范围是 0.001～32.767s。100ms 积算定时器 T250～T255 共 6 点，时间设定值范围是 0.1～3276.7s。积算定时器输入接通时，定时器线圈被驱动，定时器当前值的计数器开始脉冲累积计数，该值不断与定时器设定值进行比较，两值相等时，积算定时器的输出触点动作。积算定时器与上述非积算定时器的区别在于积算定时器定时计数中途，即使定时器的输入断开或断电，定时器线圈失电，它的定时计数当前值也能够保持。积算定时器再次接通或复电时，定时计数继续进行，直到累计延时到等于设定值时，积算定时器的输出触点就动作。现以图 2-7 所示的积算定时器动作时序图为例说明其动作过程。

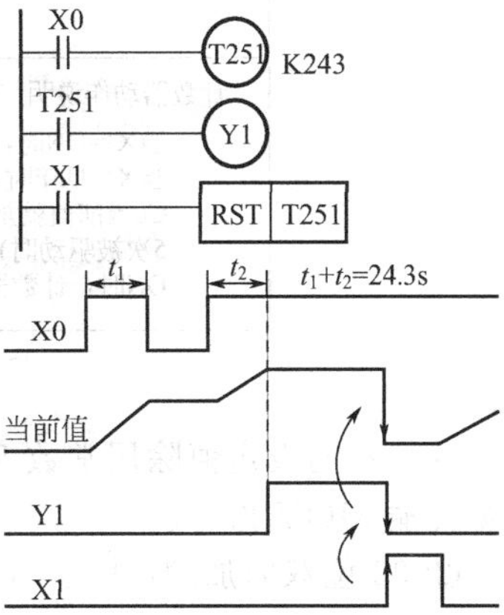

图 2-7　积算定时器动作时间

当 X0 接通时，积算定时器 T251 线圈被驱动，T251 的当前值对 100ms 脉冲进行加法累积计数，该值不断与设定值 K243 进行比较，两值相等时，T251 触点动作接通，输出继电器 Y1 为 ON。计数器中途即使 X0 断开或断电，T251 线圈失电，当前值也能保持。X0 再次接通或复电时，定时计数继续进行，直到累计延时到 100ms×243＝24.3s，T251 触点才输出动作。任何时刻只要复位信号 X1 接通，定时器与输出触点立即复位。这种积算定时器进行延时输出控制时，最大误差为两个扫描周期的时间。

（6）计数器 C（C0～C255）

FX2N 系列 PLC 有 256 个计数器。按它们的工作特点和计数方式可分两种计数器：一种是对内部继电器信号进行计数的计数器称为信号计数器；另一种是提供高速计数功能的高速计数器。

1）内部信号计数器　对内部继电器 X、Y、M、S 和 T 的信号进行计数的计数器称为信号计数器。为保证信号计数的准确性，要求对内部继电器的通断时间应比 PLC 的扫描周期长。内部信号计数器按工作方式可分为下面两种：

① 16 位单向加法计数器　C0～C99 共 100 点，计数范围是 0～32767，是通用型 16 位加法计数器。

C100～C199 共 100 点，计数范围是 0～32767，是掉电保持型 16 位加法计数器。

计数器应用时，都要用一个十进制常数作设定值，即计数器的设定值前面也要加符号“K”。计数器线圈每被驱动 1 次，计数器的当前值就增加 1，在当前值等于设定值时，计数器触点就动作。计数器动作后，即使计数输入仍在继续，但计数器已不再计数，保持在设定值上，直到使用 RST 指令复位清零。如图 2-8 所示是 16 位单向加法计数器动作过程。特殊辅助继电器 M8013 的触点以 1s 的频率作周期性振荡，产生 1s 的时钟脉冲。M8013 每发出 1 个脉冲，C0 的当前值就加 1，当计数器 C0 的当前值与设定值 K5 相等时，CO 的常开触点闭合，输出继电器 Y0 为 ON。当复位输入 X1 接通时，执行 RST 指令，计数器复位，当前值为 0，其 C0 输出常开触点变为断开，输出继电器 Y0 为 OFF。

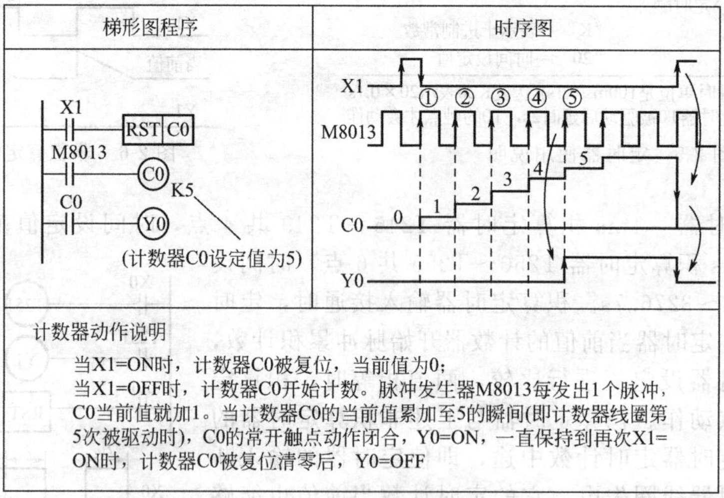

图 2-8　16 位单向加法计数器动作过程

计数器的设定值除用常数 K 设定外，也可以用指定的数据存储器来设定，这需要用到数据传输 MOV 指令。

② 32 位双向加/减计数　C200～C219 共 20 点，双向加/减计数器。C220～C234 共 15 点，的 32 位双向加/减计数器。

通用型 32 位双向加/减计数器计数范围：－2147483648～＋2147483647。

掉电保持型 32 位双向加/减计数器计数范围：－2147483648～＋2147483647。

32 位双向加/减计数器的设定值的设定方法如下：

a. 采用十进制常数 K 在上述设定值范围内直接设定。

b. 指定某两个地址号紧连在一起的数据寄存器 D 的内容为设定值的间接设定。

如图 2-9 所示为 32 位双向加/减计数器的动作过程。其中 X10 为计数方向设定信号（控制特殊内部辅助继电器 M8200 的 ON 与 OFF），X11 为计数器复位信号，X12 为计数器输入信号。若计数器从－2147483648 起再进行减计数，当前值就变成＋2147483647，同样从＋2147483647再加个当前值就变成－2147483648，称之为循环计数。

2）高速计数器

FX2N 系列 PLC 内有 21 个高速计数器，可分为如下 4 种类型：

C235～C240 共 6 点，为 1 相无启动/复位端子高速计数器。

C241～C245 共 5 点，为 1 相带启动/复位端子高速计数器。

C246～C250 共 5 点，为 1 相双向输入高速计数器。

C251～C255 共 5 点，为 2 相输入（A-B 型）高速计数器。

高速计数器信号可从 X0～X5 共 6 个端子输入，每一个端子只能作为一个高速计数器的输入，所以最多只能有 6 个高速计数器同时工作。高速计数器的最高计数频率会受到输入响应速度和高速计数器的处理速度的限制。由于高速计数器采用中断方式操作，所以计数器用得越少，计数频率越高。

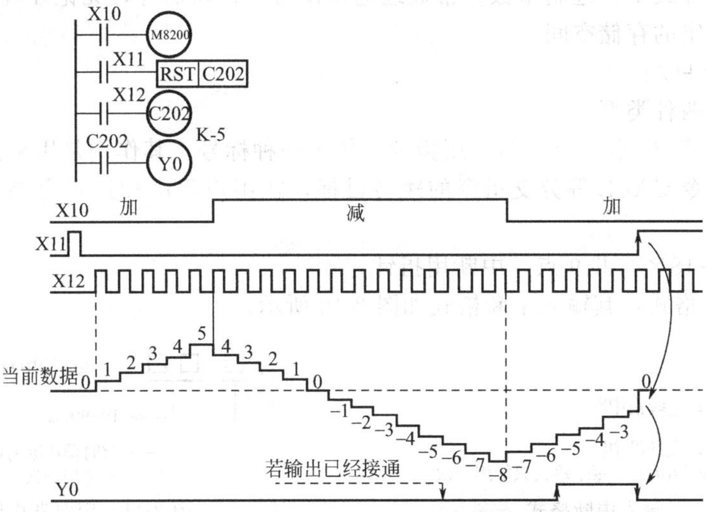

图 2-9　32 位双向加/减计数器的动作过程

（7）数据寄存器 D

PLC 内提供许多数据寄存器，供数据传送、数据比较、数字运算等操作使用。每个数据寄存器都有 16 位（最高位为符号位），两个数据寄存器串联使用可存储 32 位数据。FX2N 系列 PLC 有如下集中数据寄存器：

① D0～D199 共 200 点，通用数据寄存器。一般这类数据寄存器存入的数据不会改变，而当 PLC 状态由运行（RUN）变为停止（STOP）时，数据也全部清零。如果将特殊辅助继电器 M8033 置 1，PLC 由运行变为停止时，通用数据寄存器 D0～D199 中的数据可以保持。

② D200～D7999 共 7800 点，掉电保持数据寄存器。其中 D200～D511 共 312 点，为掉电保持一般用途型。D512～D7999 共 7488 点，为掉电保持专用型。这类数据寄存器只要不改写，数据不会丢失，无论电源接通与否或 PLC 运行与否都不会改变它的内容。如果用 PLC 外围设备的参数设定可以改变 D200～D511 的掉电保持性，而专用型想改为一般用途时，可在程序启动时采用 RST 或 ZRST 指令进行清零。

D1000～D7999 掉电保持型数据寄存器可以作为文件寄存器。文件寄存器是存放大量数据的专用数据寄存器，用以生成用户数据区。例如存放采集数据、统计计算数据、多组控制参数等。D1000～D7999 一部分设定为文件寄存器时，剩余部分仍作为掉电保持型数据存储器使用。

当 PLC 运行时，可以用 BMOV 指令将文件寄存器的数据读到通用数据寄存器中，但不能用指令将数据写入文件寄存器。

③ D8000～D8255 共 256 点，特殊数据寄存器。这类数据寄存器用于 PLC 内部各种继电器的运行监视。电源接通时，先将寄存器清零，然后写入初始值。未定义的特殊数据寄存器，用户不能使用。

（8）变址寄存器 V/Z

变址寄存器 V/Z 是一种特殊用途的数据寄存器，用于改变器件的地址编号（变址）。V 与 Z 都是 16 位数据寄存器，如需要 32 位数操作时，可将 V、Z 串联使用，规定 Z 为低 16 位，V 为高 16 位。

（9）常数继电器 K/H

常数继电器 K/H 中，K 是十进制常数继电器，只能存放十进制常数；H 是十六进制常数继电器，只能存放十六进制常数。常数继电器作为一种软器件，无论在程序中或在内部存储器中都占有一定的存储空间。

（10）指针 P/I

指针有如下两种类型：

① P0～P63 共 64 点，分支指令用指针。作为一种标号，其作用是用来指定跳转指令 CJ 或子程序调用指令 CALL 等分支指令的跳转目标，在用户程序和用户存储器中是占有一定空间的。

② 10××～18××共 9 点，中断用指针。

a. 输入中断格式：其输入中断格式如图 2-10 所示。

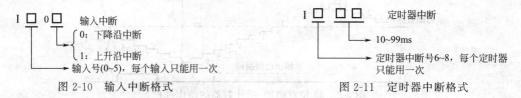

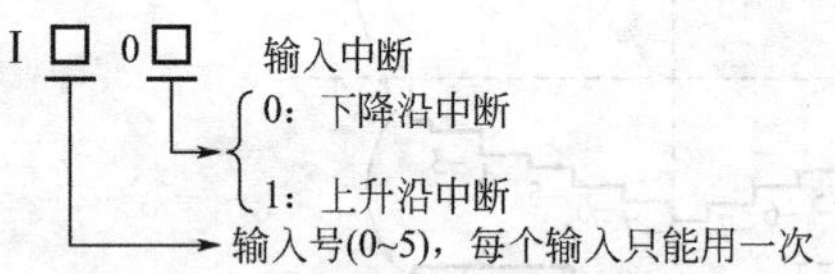

图 2-10 输入中断格式

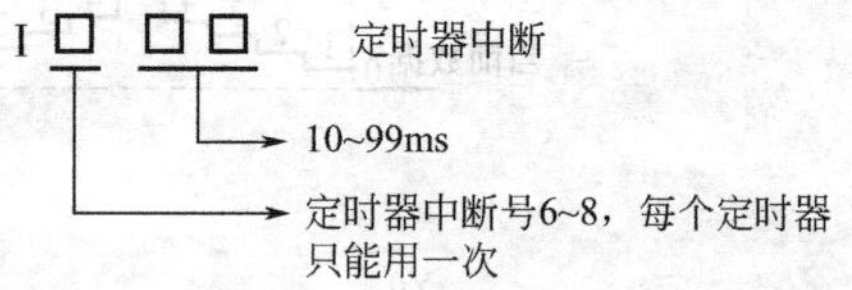

图 2-11 定时器中断格式

例如，1001 为输入 X0 从 OFF 向 ON 变化（上升沿中断）时，执行由该指针作为标号 1001 后面的中断程序，并根据 IRET 指令返回主程序。

b. 定时器中断格式：其定时器中断格式如图 2-11 所示。

例如，1610 为每隔 10ms 就执行标号为 1610 后面的中断程序，并根据 IRET 指令返回主程序。

2.1.3 FX2N 系列 PLC 模块的接线

FX2N 系列的接线端子（以 FX2N-32MT 为例）一般由上下两排交错分布，如图 2-12

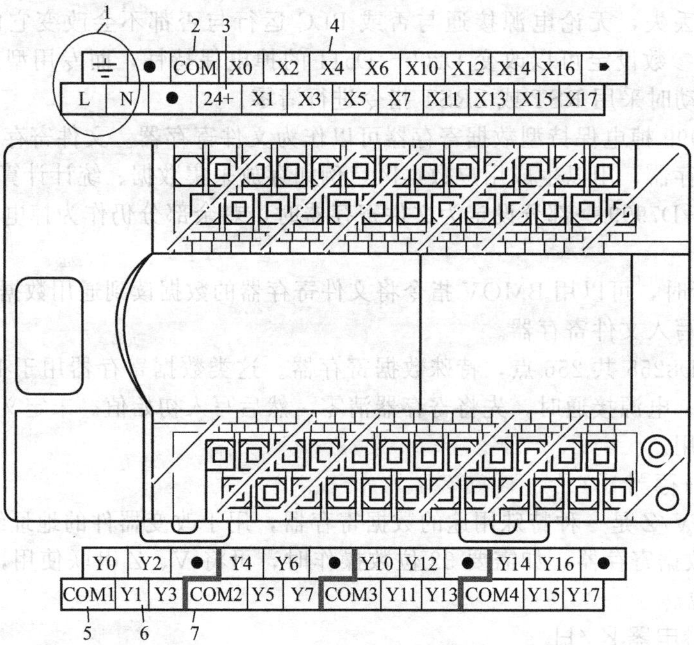

图 2-12 FX2N 系列 PLC 的接线端子

所示，这样排列方便接线，接线时一般先接下面一排（对于输入端，先接 X0、X2、X4、X6……接线端子，后接 X1、X3、X5、X7……接线端子）。图 2-12 中，“1”处的三个接线端子是基本模块的交流电源接线端子，其中 L 接交流电源的火线，N 接交流电源的零线，⏚接交流电源的地线；“2”处的 COM 是输入端子的公共端，同时当输入端要接传感器时，COM 也与传感器供电的直流电的 0V 相连；“3”处的 24＋是基本模块输出的 DC24V 电源的＋24V，这个电源可供传感器使用，也可供扩展模块使用，但通常不建议使用此电源；“4”处的接线端子是数字量输入接线端子，通常与按钮、开关量的传感器相连；“5”处的 COM1 是第一组输出端的公共接线端子，这个公共接线端子是输出点 Y0、Y1、Y2、Y3 的公共接线端子。“6”处是输出点 Y0、Y1、Y2、Y3。很明显“7”处的粗线将第一组输出点和第二组输出点分开。

FX2N 系列 PLC 的输入端是 NPN 输入，也就是低电平有效，当输入端与数字量传感器相连时，只能使用 NPN 型传感器，而不能使用 PNP 型传感器，FX2N 的输入端在连接按钮时，并不需要外接电源，这些都有别于西门子公司的 PLC。FX2N 系列 PLC 的输入端的接线示例如图 2-13 所示。

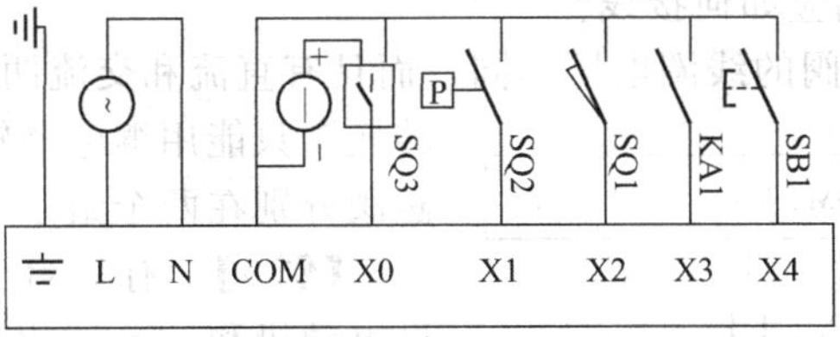

图 2-13　FX2N 系列 PLC 的输入端的接线示例

FX 系列 PLC 的输入端和 PLC 的供电电源很近，特别是在使用交流电源时，要注意不要把交流电误接入到信号端子。

【例 1】 有一台 FX2N-32MR，输入端有一只三线 NPN 接近开关和一只二线 NPN 式接近开关，应如何接线？

【解】 对于 FX2N-32MR，公共端接电源的负极。而对于三线 NPN 接近开关，只要将其正负极分别与电源的正负极相连，将信号线与 PLC 的“X1”相连即可；而对于二线 NPN 接近开关，只要将电源的负极分别与其蓝色线相连，将信号线（棕色线）与 PLC 的“X0”相连即可（图 2-14）。

FX2N 系列 PLC 的输出形式有 3 种：继电器输出、晶体管输出和晶闸管输出。继电器型输出用得比较多，输出端可以连接直流或者交流电源，无极性之分，但交流电源不超过 220V，FX2N 系列 PLC 的继电器型输出端的接线示例如图 2-15 所示。

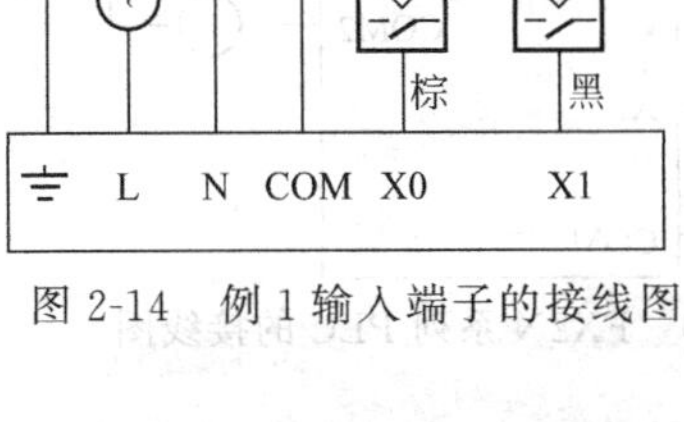

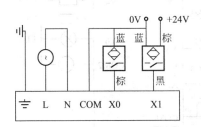

图 2-14　例 1 输入端子的接线图

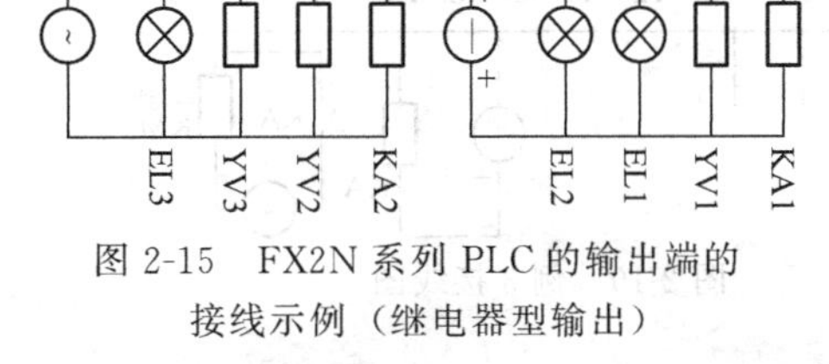

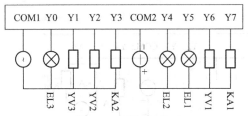

图 2-15　FX2N 系列 PLC 的输出端的接线示例（继电器型输出）

晶体管输出只有 NPN 输出一种形式，也就是低电平输出（西门子 PLC 多为 PNP 型输出），用于输出频率高的场合，通常，相同点数的三菱 PLC，晶体管输出形式的要比继电器输出形式的贵一点。晶体管输出的 PLC 的输出端只能使用直流电源，而且公共端子和电源的 0V 接在一起，FX2N 系列 PLC 的晶体管型输出端的接线示例如图 2-16 所示。

晶闸管输出的 PLC 的输出端只能使用交流电源，FX2N 系列 PLC 的晶闸管型输出端的接线示例如图 2-17 所示。

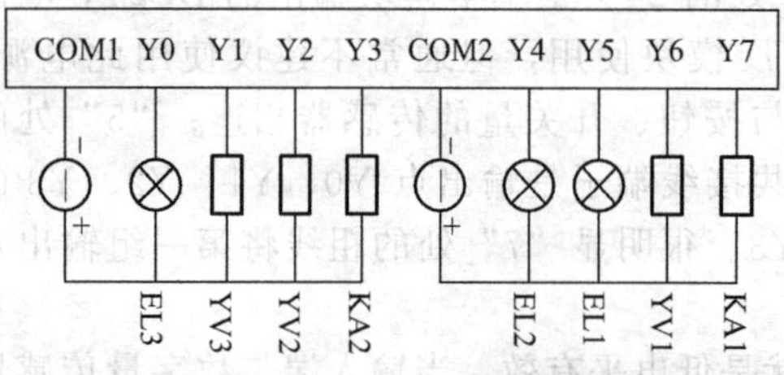

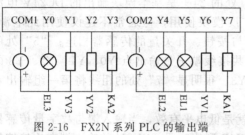

图 2-16 FX2N 系列 PLC 的输出端的接线示例（晶体管型输出）

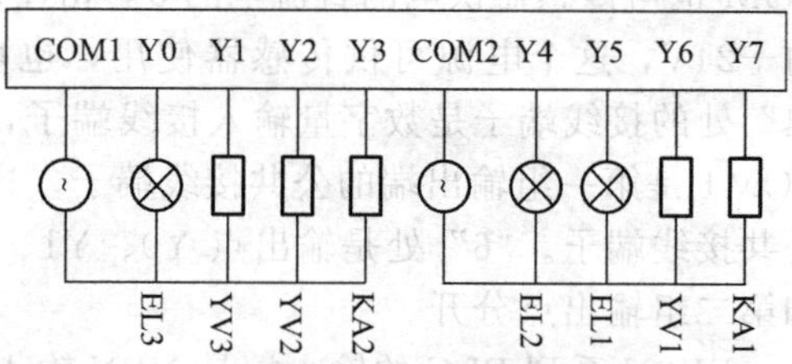

图 2-17 FX2N 系列 PLC 的输出端的接线示例（晶闸管型输出）

【例 2】 有一台 FX2N-32MR，控制一只线圈电压 24V DC 的电磁阀和一只线圈电压 220V AC 电磁阀，输出端应如何接线？

【解】 因为两个电磁阀的线圈电压不同，而且有直流和交流两种电压，所以如果不经过转换，只能用继电器输出的 PLC，而且两个电磁阀分别在两个组中。其接线如图 2-18 所示。

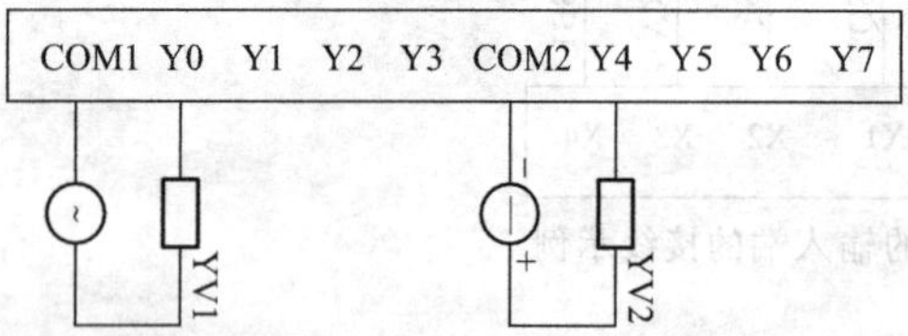

图 2-18 例 2 接线图

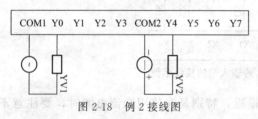

【例 3】 有一台 FX2N-32M，控制两台步进电动机和一台三相异步电动机的启停，三相电动机的启停由一只接触器控制，接触器的线圈电压为 220V AC，输出端应如何接线（步进电动机部分的接线可以省略）？

【解】 因为要控制两台步进电动机，所以要选用晶体管输出的 PLC，而且必须用 Y0 和 Y1 作为输出高速脉冲点控制步进电动机。但接触器的线圈电压为 220V AC，所以电路要经过转换，增加中间继电器 KA，其接线图如图 2-19 所示。

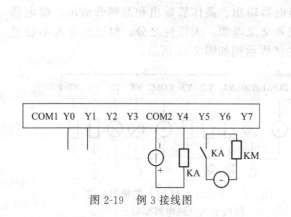

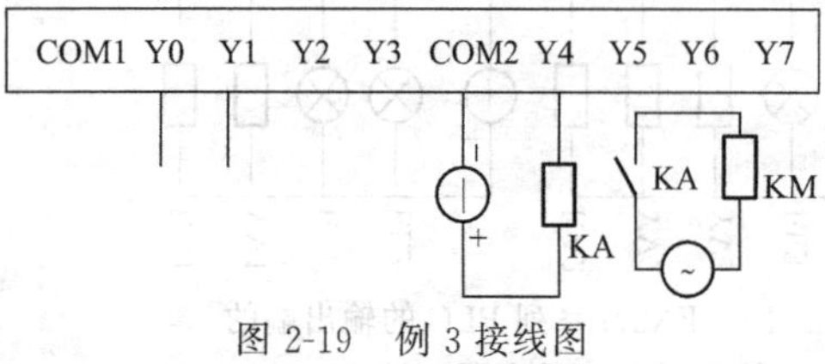

图 2-19 例 3 接线图

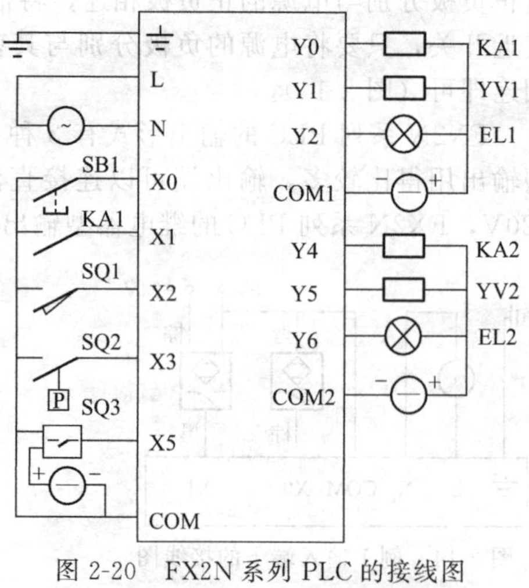

图 2-20 FX2N 系列 PLC 的接线图

FX2N 系列 PLC 输入端或输出端的接线图如图 2-20 所示，这是 FX2N-32MT 完整的输入输出接线图。

2.1.4　FX 系列 PLC 基本指令

FX 系列 PLC 指令共有 298 条，其中基本指令 27 条是完成 PLC 基本功能的常用指令，必须熟练掌握其符号、格式、功能及使用方法。为便于理解与记忆，现将 27 条指令分成 5 组并列表加以说明。

（1）原型指令（见表 2-6）

表 2-6　原型指令

序号	基本指令符号	功能	梯形图表示	指令表达
1	LD(取)	接左母线的常开触点 目标元件:X、Y、M、S、T、C	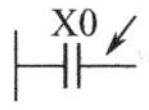	LD X0
2	LDI(取反)	接左母线的常闭触点 目标元件:X、Y、M、S、T、C	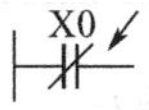	LDI X0
3	AND(与)	串联触点(常开触点) 目标元件:X、Y、M、S、T、C	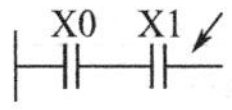	LD X0 AND X1
4	ANI(与反)	串联触点(常闭触点) 目标元件:X、Y、M、S、T、C	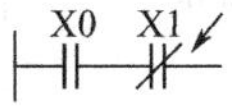	LD X0 ANI X1
5	OR(或)	并联触点(常开触点) 目标元件:X、Y、M、S、T、C	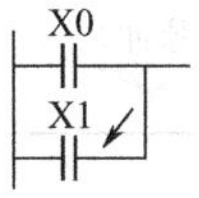	LD X0 OR X1
6	ORI(或反)	并联触点(常闭触点) 目标元件:X、Y、M、S、T、C	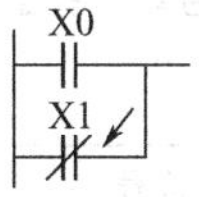	LD X0 ORI X1

（2）脉冲型指令（见表 2-7）

表 2-7　脉冲型指令

序号	基本指令符号	功能	梯形图表示	指令表达
1	LDP(取脉冲)	左母线开始,上升沿检测 目标元件:X、Y、M、S、T、C	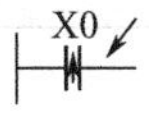	LDP X0
2	ANDP(取脉冲)	串联触点,上升沿检测 目标元件:X、Y、M、S、T、C	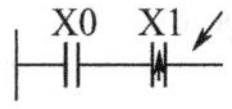	LD X0 ANDP X1
3	ORP(或脉冲)	并联触点,上升沿检测 目标元件:X、Y、M、S、T、C	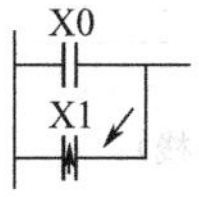	LD X0 ORP X1
4	LDF(取脉冲)	左母线开始,下降沿检测 目标元件:X、Y、M、S、T、C	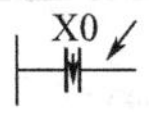	LDF X0
5	ANDF(与脉冲)	串联触点,下降沿检测 目标元件:X、Y、M、S、T、C	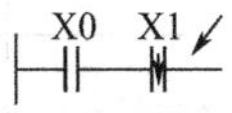	LD X0 ANDF X1
6	ORF(或脉冲)	并联触点,下降沿检测 目标元件:X、Y、M、S、T、C	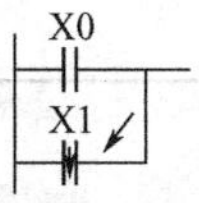	LD X0 ORF X1

（3）输出型指令（见表 2-8）

表 2-8 输出型指令

序号	基本指令符号	功能	梯形图表示	指令表达
1	OUT（输出）	驱动执行元件 目标元件：Y、M、S、T、C	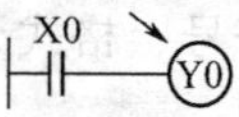	LD X0 OUT Y0
2	INV（取反）	运算结果反转 无操作目标元件	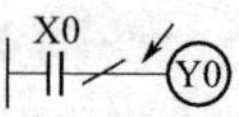	LD X0 INV OUT Y0
3	SET（置位）	接通执行元件并保持 目标元件：Y、M、S	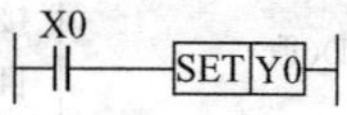	LD X0 SET Y0
4	RST（复位）	消除元件的置位目标元件： Y、M、S、D、V、Z、T、C	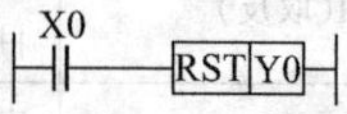	LD X0 RST Y0
5	PLS（输出脉冲）	上升沿输出（只接通一个扫描周期） 目标元件：Y、M（不含特辅继电器）	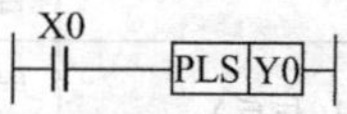	LD X0 PLS Y0
6	PLF（输出脉冲）	下降沿输出（只接通一个扫描周期） 目标元件：Y、M（不含特辅继电器）	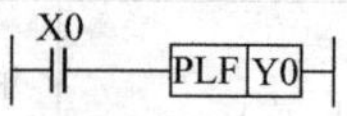	LD X0 PLF Y0

（4）块指令与堆栈指令（见表 2-9）

表 2-9 块指令与堆栈指令

序号	基本指令符号	功能	梯形图表示	指令表达
1	ANB（块与）	块串联	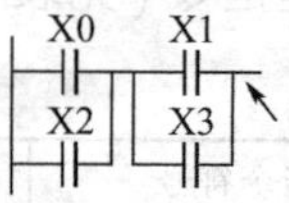	LD X0 OR X2 LD X1 OR X3 ANB
2	ORB（块或）	块并联	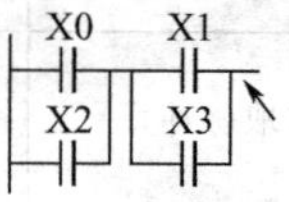	LD X0 AND X1 LD X2 AND X3 ORB
3	MPS（进栈）	将前面已运算的结果存储	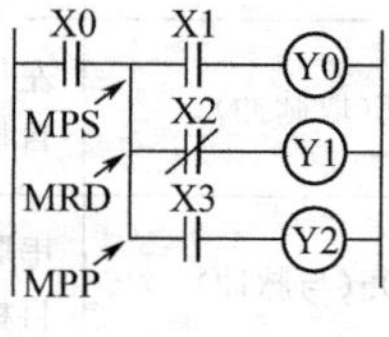	LD X0 MPS AND X1 OUT Y0 MRD ANI X2 OUT Y1 MPP AND X3 OUT Y2
4	MRD（读栈）	将已存储的运算结果读出		
5	MPP（出栈）	将已存储的运算结果读出并退出栈运算		

(5) 主控空操作与结束指令(见表 2-10)

表 2-10　主控空操作与结束指令

序号	基本指令符号	功能	梯形图表示	指令表达
1	MC(主控)	设置母线主控开关 目标元件:Y、M(不含特辅继电器)	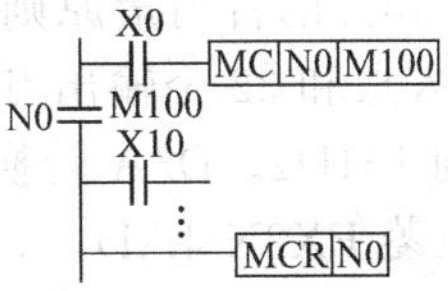	LD X0 MC N0 M100 LD X10 ⋮ MCR N0
2	MCR (主控复位)	母线主控开关解除 目标元件:Y、M(不含特辅继电器)		
3	END(结束)	程序结束并返回 0 步	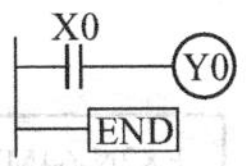	LD X0 OUT Y0 END
4	NOP(空操作)	空操作(留空、短接或删除部分触点或电路)		

2.2 FX2N 系列 PLC 机器人的应用实例

2.2.1 飞机部件自动制孔机器人的控制系统

机器人制孔技术是飞机柔性装配技术的一个重要应用和研究方向。机器人制孔系统一般采取工件不动、机器人移动的方式，灵活性较好，且对工件的适应性较好，同时能够极大地提高制孔效率和精度。

(1) 控制系统整体框架

如图 2-21 所示为北京航空航天大学机器人研究所与沈阳飞机工业集团联合研制的飞机部件级机器人制孔系统，该系统能够完成大型钛合金、铝合金以及叠层飞机零部件的自动制孔，主要由机器人系统、制孔执行器系统、视觉检测系统和上位机四部分组成。

该系统主要为开关量控制，且以逻辑顺序控制方式为主。另外，PLC 具有可靠性高、安装灵活、编程和扩展方便、性价比高等一系列优点，而且其总线与网络能力越来越强，可方便地与上位机组成控制和监控系统，因此本系统采用基于上位机和 PLC 的控制方式。如图 2-22 所示，控制系统主要分为上位机、机器人控制系统、制孔执行器控制系统，其中上位机的主要功能有机器人制孔系统的启/停控制、制孔参数设置、制孔状态监控等；机器人控制系统主要控制机器人的运动；制孔执行器控制系统采用 PLC 控制方式，主要控制主轴旋转、进给以及气缸的往复运动。

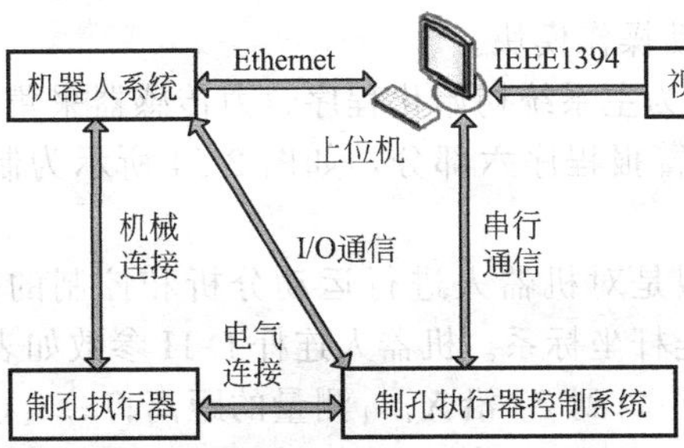

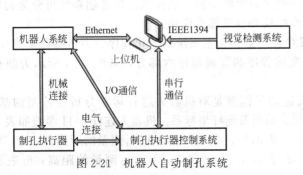

图 2-21　机器人自动制孔系统

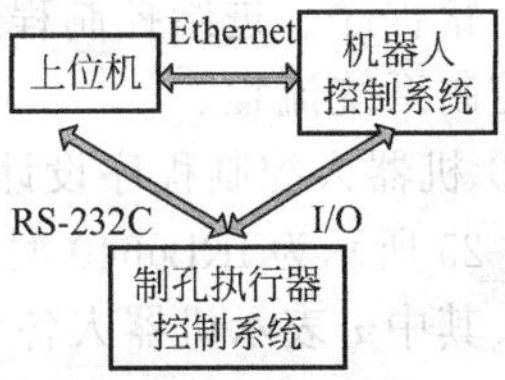

图 2-22　控制系统的结构

（2）硬件设计与实现

制孔执行器采用 PLC 控制，控制结构如图 2-23 所示。系统需要控制的元件主要包括电磁阀、进给电动机、主轴电动机、继电器和指示灯等。系统主要为开关量控制，经分析共有 17 个开关输入量，18 个开关输出量。根据 I/O 信号的数量、类型和控制要求，同时按照 I/O点数 20%～30%的备用量原则，系统选用了三菱 FX2N-64MT 型号的 PLC 作为控制核心，有 32 个输入点和 32 个输出点。脉冲输出模块选用三菱 FX2N-10PG，该模块的脉冲序列最大可以达到 1MHz。D/A 转换模块选用三菱 FX2N-4DA，其数字输入位为 12 位；A/D 转换模块选用三菱 FX2N-4AD，其数字输出位也为 12 位。制孔执行器控制系统配备一个电气控制柜。PLC、变压器、各种继电器、主轴和进给电动机伺服放大器等均安装在控制柜中。

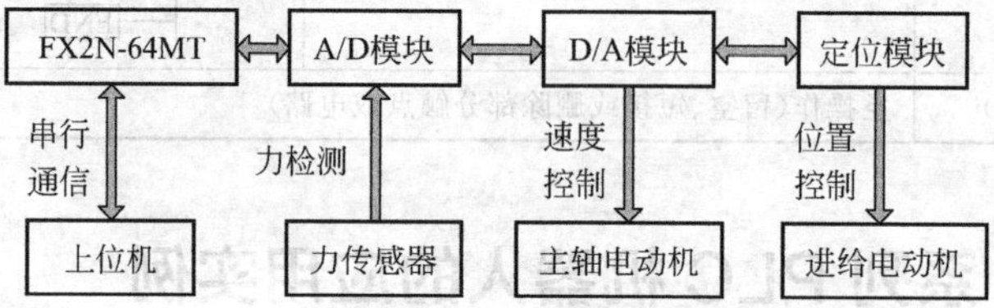

图 2-23 制孔执行器的控制结构

IRB6640 机器人采用 IRC5 M2004 控制系统，该控制系统为多处理器系统，含有 PCI 总线。机器人控制系统通过 I/O 板控制响应外围设备的输入信号，含有两个模拟量通道，两个数字量（16 位）通道，工作电压为 24V。机器人控制系统有三种工作模式：自动模式、手动减速模式和手动全速模式。手动模式下，主要是利用示教器控制机器人的运动；自动模式下，机器人按照 PAPID 语言程序运动。

机器人制孔系统的通信主要包括上位机与机器人、上位机与 PLC 以及 PLC 与机器人三者之间的通信。机器人与上位机之间通过以太网传输机器人开始/停止运动指令、机器人位置数据以及机器人运行状态等信息。上位机与 PLC 系统通过 RS-232C 传输钻孔参数以及制孔执行器运行状态等信息。机器人与 PLC 系统通过 I/O 信号线传输机器人到位信号以及制孔结束信号。

（3）软件设计与实现

控制系统的软件设计是整个系统最核心的部分，本控制系统的软件部分主要包括下位机程序和上位机程序。其中，下位机程序主要包括 PLC 程序和机器人运动程序，上位机程序主要包括系统启/停控制程序、制孔参数设置程序、系统状态监控程序以及人机界面程序等。

① PLC 程序设计 PLC 程序主要用于控制制孔执行器的操作，采用模块化思想进行编程，结构清晰，调试方便。根据功能和控制对象的不同，制孔执行器控制系统可分为初始化指令模块、手动操作模块、回原点操作模块和自动操作模块。

根据 4 个模块的功能要求，将 PLC 程序划分为主系统初始化程序、力传感器采集程序、压脚压紧程序、进给控制程序、主轴变速程序和警报程序六部分，如图 2-24 所示为制孔执行器控制系统流程。

② 机器人控制程序设计 机器人运动学模型是对机器人进行运动分析和控制的基础。如图 2-25 所示为 IRB6640 型机器人的机构简图及连杆坐标系。机器人连杆 D-H 参数如表 2-11 所示，其中 i 表示机器人各个连杆；α_{i-1}表示从 Z_{i-1} 到 Z_i 沿 X_{i-1} 测量的距离；α_{i-1}(°) 表示从 Z_{i-1} 到 Z_i 绕 X_{i-1} 旋转的角度；d_i 表示从 X_{i-1} 到 X_i 沿 Z_{i-1} 测量的距离；θ_i 表示从 X_{i-1} 到 X_i 绕 Z_{i-1} 旋转的角度。

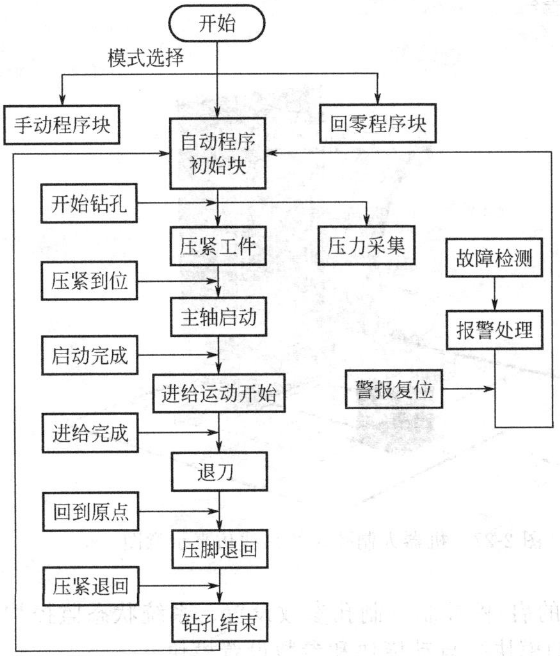

图 2-24　制孔执行器控制系统程序流程

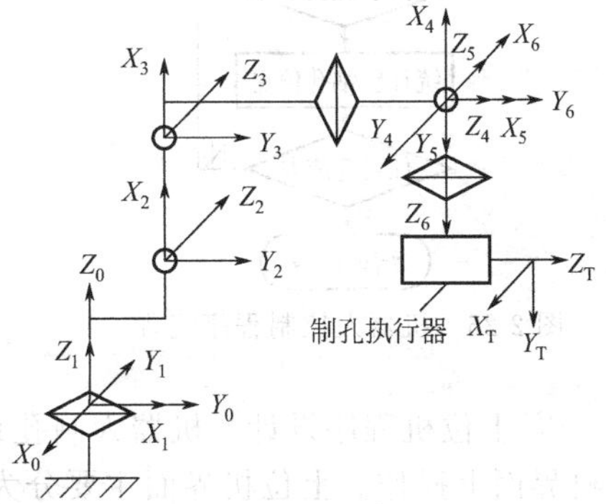

图 2-25　IRB6640 机器人机构简图及连杆坐标系

表 2-11　IRB6640 型机器人连杆参数

连杆 i	a_{i-1}	α_{i-1}/(°)	d_i/mm	θ_i/(°)	关节变量范围/mm
1	0	0	0	θ_1	−170～170
2	a_1	−90	0	θ_2	−65～85
3	a_2	0	0	θ_3	−180～70
4	a_3	−90	d_4	θ_4	−300～300
5	0	90	0	θ_5	−120～120
6	0	−90	0	θ_6	−360～360
制孔执行器	0	−90	d_6+d_T	0	

IRB6640 机器人控制系统能够实时自动求解其运动学反解。如图 2-26 所示为机器人控制程序流程。机器人运动程序主要由主程序、子程序和程序数据三部分组成。机器人运动程序可以在示教盒中进行编写，或者在上位机中编写完成后通过 USB 接口下载到示教盒中。可以通过示教或者离线编程（RobotStudio 软件离线仿真）方式来实现机器人的运动规划，如图 2-27 所示。对于机器人制孔系统，机器人运动程序的编写需要考虑以下三个关键问题：

a. 系统信号协调。机器人运动到目标位置后，需要向 PLC 发出开始钻孔信号，而完成当前钻孔任务后，PLC 需向机器人发出开始移动信号，这可以通过机器人与 PLC 之间的 I/O通信完成。

b. 刀具的轴线与工件垂直。系统在制孔过程中，需要保证刀具的轴线始终垂直于工件表面。刀具的轴线与机器人第六轴法兰盘之间的相对位置关系是一定的，且这种关系可以通过机器人工具标定功能标定出来。因此可以通过控制机器人第六轴的姿态来保证刀具轴线与工件表面垂直，而这对于 IRB6640 型机器人是比较容易实现的。

c. 避障。系统工作过程中，需要实时避开障碍物。可以通过示教的方式来规划机器人的工作路径来保证系统不与障碍物发生碰撞。

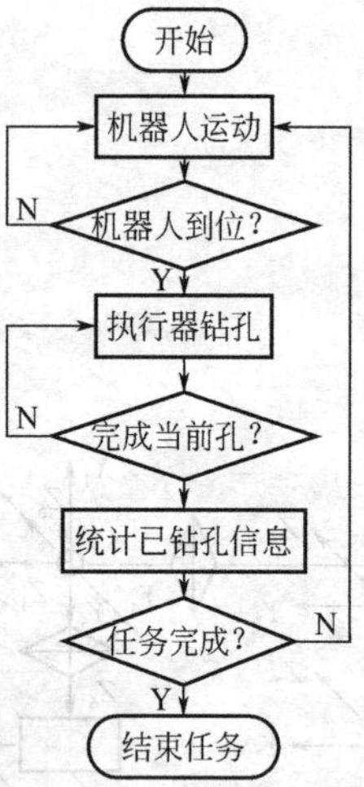

图 2-26 机器人控制程序流程

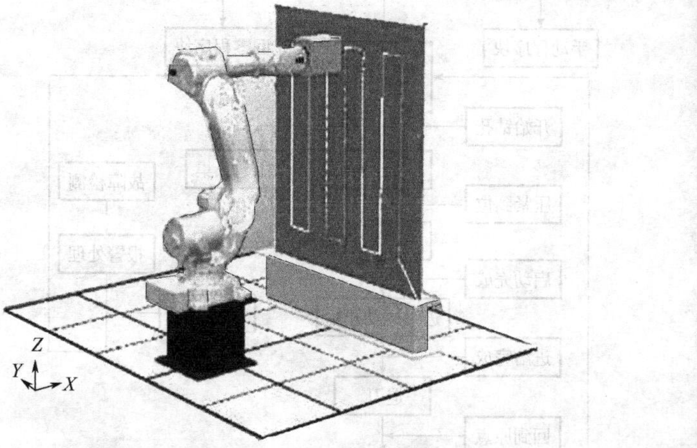

图 2-27 机器人制孔系统离线仿真示意图

③ 上位机程序设计 机器人制孔系统的启/停控制、制孔参数设置、系统状态监控均在人机界面上操作。上位机界面主要分为手动模块、自动模块和参数设置模块。

a. 手动模块。手动模块用于完成机器人制孔系统的手动调试任务。手动模块的功能主要包括主轴电动机、进给电动机以及制孔执行器压紧装置的手动控制等。

b. 参数设置模块。参数设置模块的作用是设置系统各个部分的运行参数，主要包括主轴电动机转速、进给电动机进给率、压力阈值和制孔初始行列的设置。

c. 自动模块。机器人制孔系统需要在自动模式下完成工件的制孔任务。自动模块主要包括系统的启动、暂停、急停以及状态监控等功能。

(4) 结论

基于上位机和 PLC 的飞机部件机器人自动制孔控制系统充分利用了上位机数据处理能力强、PLC 安全稳定且适于过程和运动控制以及以太网通信速率高、通用性好等优点，保证了整个系统的加工精度和效率。现场运行测试表明：本系统的绝对定位精度为±0.3mm，重复定位精度为±0.2mm。制孔效率为 4 个/min，相对于人工制孔提高了 50%以上。对于 ϕ5.1mm 以及 ϕ6mm 的装配孔，该系统的制孔精度可达 H9 级，完全达到了飞机部件的装配精度要求。

2.2.2 水火弯板机器人的控制系统

水火弯板作为当今造船业普遍采用的船体外板加工方法，在平整板材经过辊压机进行粗加工后，用火枪对钢板局部加热，利用钢板受热-冷却，使局部钢板发生细微热塑性收缩形变，从而使钢板达到设计的三维形状。在此以英国 TRIO 公司 MC464 型运动控制器和日本三菱 FX2N-64MT-D 型 PLC 共同组成控制核心，实现了弯板机器人的九轴联动，解决了两种控制器之间的双向通信问题，PLC 自带多达 64 个 I/O 点还保证了系统的各项电气控制和信号采集。实践证明，九轴水火弯板机器人大大提高了船体外板加工的效率，满足了对复杂曲面板材的自动化加工需求。

(1) 系统机械结构和系统组成

① 弯板机的机械结构。水火弯板机器人一共由 9 个联动轴组成。X_1、X_2两个同步轴控

制龙门架纵向前后运动，Y 轴和 Z 轴分别控制火枪头的横向和上下运动，这四个轴的联动可以使火枪头到达加工位置的三维坐标点，如图 2-28 所示。

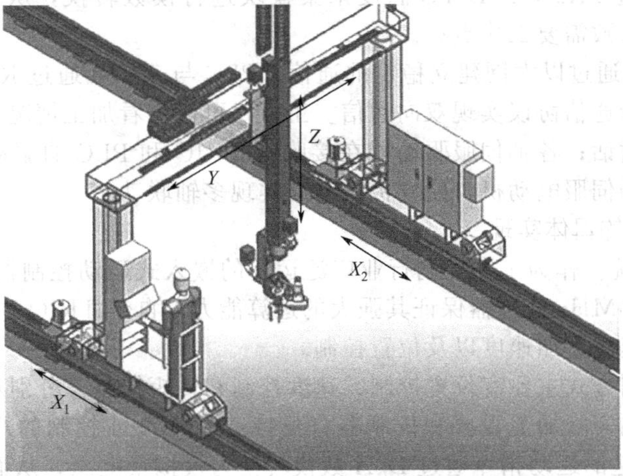

图 2-28　弯板机的机械结构

火枪头的机械结构如图 2-29 所示。其中 RZ 轴绕 Z 轴左右摆动，RX 绕 X 轴上下摆动，两轴联动可以实现火枪始终与待加工曲面当前加工点的法向量重合，即火枪始终垂直于曲面板，RZ 在 XOY 内的左右摆动还可以增加加工区域，减少实际移动距离。L_1 和 L_2 轴固定在十字滑台上，二轴联动可牵引火枪头以原点位置中轴线为圆心做圆周运动，以达到增大加热区域、提高烧板效果的目的。H 轴控制水枪/压缩空气枪，烧板过程中水枪头通过左右旋动实现对火枪头轨迹的跟随，使板材达到冷却收缩的效果。

② 系统的硬件组成。整个水火弯板机器人控制系统包括运动控制系统、火路和板型测量系统、火路规划专家系统。测量系统通过扫描仪获取板型信息，并将信息传至专家系统，实现待加工板材的火路规划，并将生成的焰道的三维空间数据进行坐标变换并发送至运动控制系统，最终实现火枪头对板材的实际加工操作。水火弯板机器人九轴运动控制系统结构如图 2-30 所示。

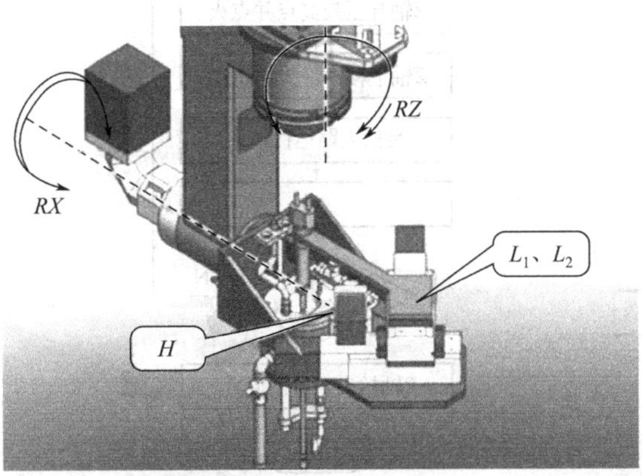

图 2-29　火枪头机械结构

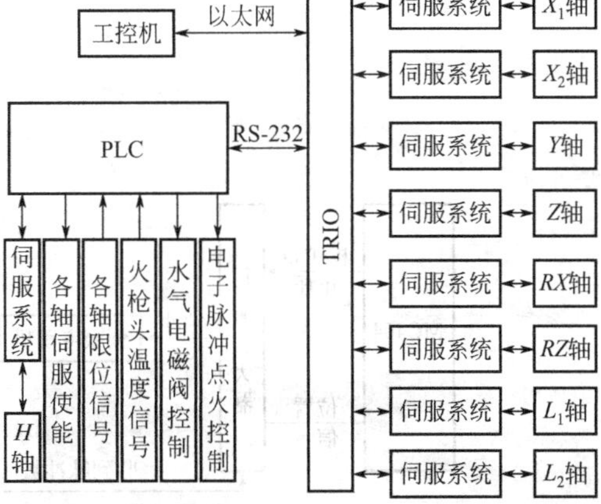

图 2-30　运动控制系统的结构

由图 2-30 可知，水火弯板机器人的运动控制系统硬件部分主要包括 TRIO 运动控制器、PLC 控制器、工控机和伺服驱动系统。由于 MC464 型 TRIO 运动控制器最多可以实现八轴联动，故水枪轴 H 轴由 PLC 通过 FX2N-1PG 功能模块进行单速定位，同时 PLC 丰富的I/O 资源可以满足限位信号的采集、各轴伺服使能控制、脉冲点火、水源气源的电磁阀控制等操作，K 型热电偶通过 FX2N-4AD-TC 温度采集模块进行模数转换，从而读取火枪头温度，以便判断是否点火失败需要二次点火。

TRIO 与工控机通过以太网建立稳定的通信，PLC 与 TRIO 通过 RS-232 物理通道，遵从自由口自定义串行通信协议实现双向通信。工控机可以查看加工情况、报警记录，实现机器启停控制等人机对话；各轴伺服驱动器在接收到 TRIO 和 PLC 的驱动信号后，输出高速脉冲，从而驱动各轴伺服电动机，使弯板机器人实现多轴联动。

(2) 控制系统的具体实现

① 九轴控制系统。作为工业控制行业广泛运用的嵌入式运动控制器，MC464 最多支持八轴控制，64 位 400MHz 处理器保证其强大的运算能力，自带 TRIO Basic 语言可以方便地实现对各轴运动的速度、加速度以及位置控制。

常见的伺服控制方式主要有位置控制、速度控制和转矩控制，分别对应位置环、速度环和电流环图。考虑到实际加工需要和控制器自身特点，MC464 控制的八轴采用速度控制模式，TRIO Basic 发送的运动指令通过 D/A 数模转换为模拟量电压，从而精确控制各轴运动的速度和方向，运算速度更快。为了实现精确位置控制，MC464 自带位置判断功能，可以通过伺服放大器间接读取伺服电动机编码器的脉冲数，构成一个大的位置环，从而使整个控制系统实现位置控制的功能，如图 2-31 所示。

PLC 通过拓展 FX2N-1PG 脉冲发生模块实现对 H 轴的单速定位操作。工作方式选择复合系统，即以 H 轴每次定位的旋转角度作为长度单位，以模块每秒脉冲输出个数作为速度单位。模块输出的脉冲个数与伺服放大器中设置的电子齿轮比相乘，实现对 H 轴速度和位置的控制。PLC 与 TRIO 通过 RS-232 建立稳定通信，从而实现九轴联动。

② 加工流程。专家系统规划的火路实际上是给出了一条火路上的若干特征点，并将其做坐标变换转化为运动控制器控制各轴实际运动的坐标或角度，存储在“.txt”格式的文件中，便于控制器读取。火路上给出的特征点越密集，火枪头的运动轨迹越精确。

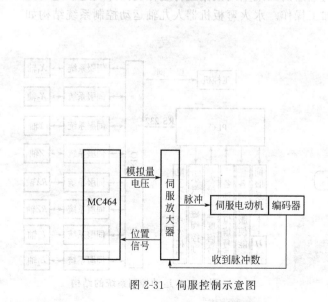

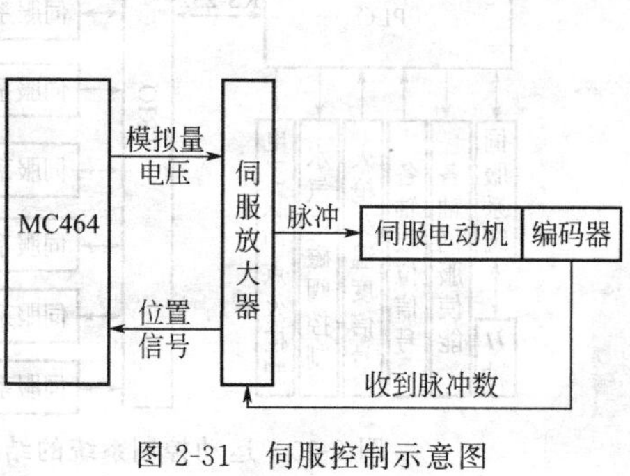

图 2-31 伺服控制示意图

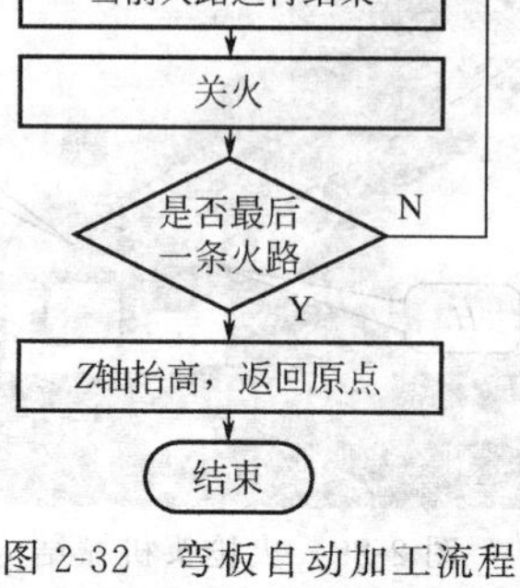

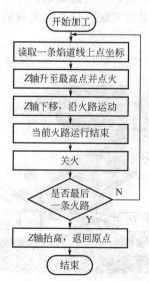

图 2-32 弯板自动加工流程

水火弯板机器人控制系统有单轴手动控制和自动加工两种操作模式，手动操作主要用于机器调试和零点校准。自动加工的工作流程如图 2-32 所示，烧板前将 Z 轴抬高点火可以保证周围操作工人安全，烧板完成后 Z 轴抬高返回是为了防止火枪头在返回原点过程中与曲面板发生碰撞。在加工过程中能够根据实际情况，手动调整加工速度+、速度-或水气枪 L 轴半径控制。

（3）TRIO 与 PLC 的通信设计

由于 FX2N-64MT-D 型 PLC 本身不支持 MODBUS 协议，此外在 PLC 中通过梯形图实现 MODBUS 协议描述也过于烦琐，因此设计了 PLC 与 TRIO 之间基于自由口通用串行通信的通信协议，其工作方式如图 2-33 所示。

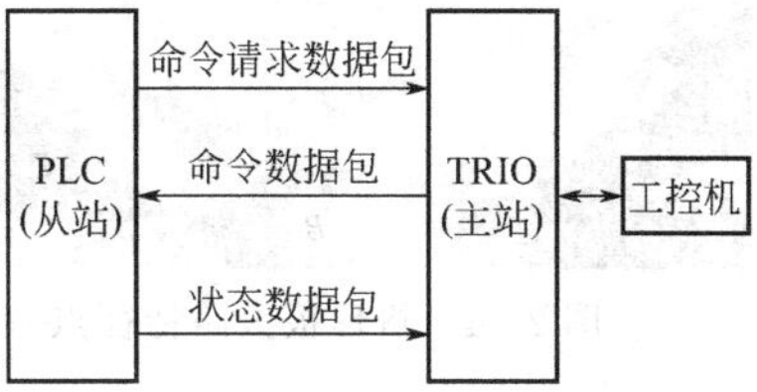

图 2-33　TRIO 与 PLC 通信方式

在 PLC 一侧，数据发送采用“分时复用”的控制方法，即以 40ms 为周期，周期内交替发送一次命令请求信号和状态信号。命令请求信号请求读取 TRIO 寄存器 VR 的值，TRIO 在接收到请求信号后，将 H 轴控制、伺服使能控制、电磁阀控制等命令数据写入 PLC 请求读取的 VR 寄存器内并进行发送，从而实现 TRIO 对 PLC 的控制，在 TRIO 没有命令发送的情况下从机 PLC 处于侦听状态。

状态数据包主要包括伺服报警信号、H 轴位置信号、各轴限位信号、火枪头温度信号等，TRIO 在接收到该数据包后，通过对状态数据表头定义的 VR 区进行数据写入，从而实现接收状态数据的目的。

通信过程中由于读写数据量较小，同时要保证通信的稳定，选择和校验的校验方式。通信报文格式如表 2-12 所示。

表 2-12　通信报文格式

命令请求	命令数据	状态数据
起始符	起始符	起始符
读功能码	读功能码	写功能码
读取 VR 个数	读取 VR 个数	写入 VR 个数
读取起始地址	VR450	写起始地址
校验位	VR451	VR600
结束符	…	VR601
	VR456	…
	校验位	VR611
	结束符	校验位
		结束符

（4）技术指标与实验分析

为满足水火弯板加工的实际工艺需求，九轴水火弯板机器人运动控制系统主要要满足运范围和控制精度两大技术指标。

运动位置范围：X_1、X_2轴纵向运动 0～14m；Y 轴横向运动 0～5m；Z 轴火枪头竖向抬高 0～1.35m；RZ 在 XOY 平面内摆动幅度±75°；RX 在 YOZ 平面内摆动幅度±90°；L_1、L_2联动火枪头打转半径 0～5cm；H 轴水枪绕火枪转动±175°。

控制精度：X_1、X_2、Y、Z 定位轴要求位置误差 5mm 之内；RX、RZ、H 转动轴要求角度误差在 1°以内。

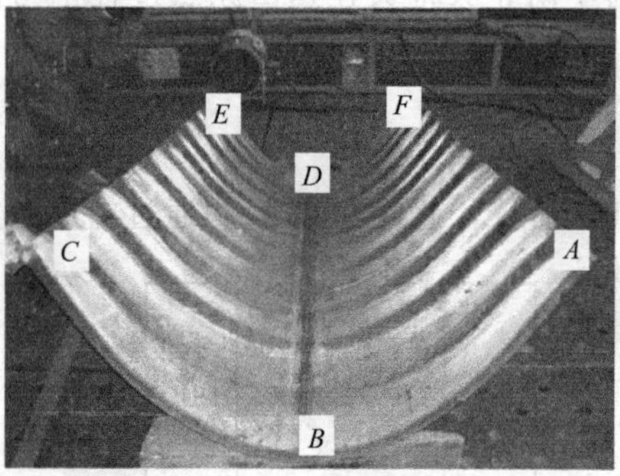

图 2-34 帆形板火路特征点

为了验证九轴水火弯板机器人运动控制系统的控制精度，选取广船国际 2.5m×1.5m 帆形板为实验对象，考虑到运动轨迹测量有较大的复杂度且无法量化，故采用特征点比较的方法来进行试验验证，如图 2-34 所示。

选取目标钢板的四角和中轴线两端共 6 个点作为特征点，通过提取特征点扫描仪点云数据并进行三维坐标转换后，使弯板机火枪头分别运动到以上 6 个点，再通过扫描仪二次扫描，得出实际运动位置坐标，比对后可以直观地看出定位误差，测量结果如表 2-13 所示。

表 2-13 特征点误差分析

特征点	目标位置	实际位置
A	(0,0,0.746)	(0,0,0.742)
B	(0.75,0,0)	(0.751,0,0)
C	(1.5,0,0,0.75)	(1.503,0,0.746)
D	(0.75,2.50,0)	(0.752,2.504,0)
E	(1.5,2.49,0.75)	(1.495,2.487,0.753)
F	(0,2.52,0.75)	(0,2.524,0.754)

由表 2-13 可以看出，九轴水火弯板机器人运动控制系统有较好的控制精度，各特征点坐标误差在技术指标要求的误差范围之内。

基于 MC464 型嵌入式运动控制器和 FX2N-64MT-D 型 PLC 的九轴水火弯板机器人运动控制系统，实现了弯板机九轴联动，自动加工各种复杂曲面船体外板；基于自由口串行通信协议，实现了 TRIO 与 PLC 之间稳定的双向串行数据通信。

2.2.3 气动喷胶机器人的控制系统

目前，机器人在现代自动控制及生产自动化领域应用广泛，特别是在汽车制造业方面。喷胶或喷漆是汽车生产过程中不可缺少的环节，采用人工喷涂具有效率低、质量差、耗费大、污染重等缺点。中立柱是轿车前、后门之间的内部装饰件，左右各有一个，其生产工艺流程如下：骨架压制、喷胶、烘干、覆贴皮革、修（包）边、检验，其中的喷胶工序需要设计一种机器人来代替人完成喷胶任务。一种采用 PLC 控制的低成本气动喷胶机器人，能够达到产品质量均一性好、生产效率高等要求，同时降低了劳动强度，改善了工作环境。

（1）工业机器人组合式模块化结构设计思路

根据我国的实际情况，工业机器人技术开发的思路应从以下几个方面进行考虑：①实用性。应能开发出市场急需的、功能实用的、满足用户需求的机器人。强调功能实用性，不片面追求高科技和全面先进性。②快速性。能够在尽可能短的时间内实现机器人产品的快速制造。③高质量。能够生产出品质优良的机器人产品，机器人配置中关键部件必要时可采用进口产品。④低价格。机器人的开发尽可能选用标准件、通用件，减少自制件，以控制成本。⑤模块化。采用模块化的设计理念和配置组合系统集成的制造思路。

综上所述，组合式工业机器人设计总体技术原理是：在成组技术指导下，针对多品种小批量生产的特点，面对生产线上的机台和单元间的物品移置的工艺要求或是装配、喷涂等作业的工艺要求，利用模块化的设计手段，选择品质优良的控制模块以及执行模块，按一定的坐标体系进行集成，实现工业机器人的快速制造。其明显的优点在于：①简化了结构，兼顾了使用上的专用性和设计上的通用性。便于实现标准化、系列化和组织专业生产。②缩短了研制周期。能适应工厂用户的急需，在尽可能短的时间内，快速制造出功能实用的满足用户要求的机器人产品。③提高了性能价格比。采用优质功能部件集成的方式，有利于保证机器人的质量和降低成本。④具备了充分的柔性。以具备高可靠性的工控机为核心，控制模块和伺服模块可根据机器人及相应周边设备的工作要求，综合运用步进驱动技术、交流伺服控制技术、微机气动控制技术及变频技术等，为机器人提供了充分的柔性。

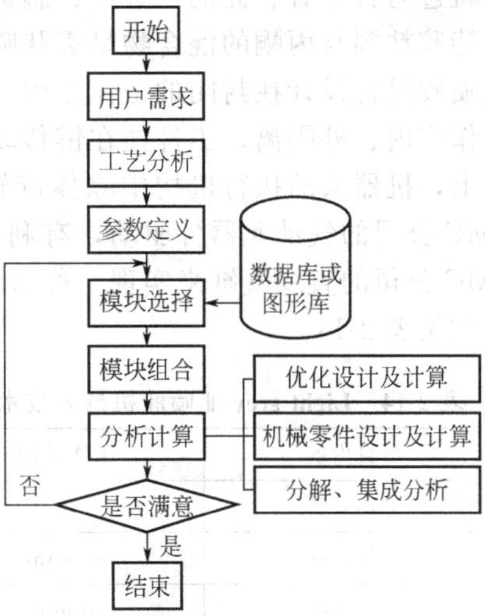

图 2-35　组合式工业机器人模块化设计过程

组合式工业机器人模块化设计过程如图 2-35 所示。在组合式工业机器人设计中，采用模块化设计可以很好地解决产品品种、规格与设计制造周期和生产成本之间的矛盾。工业机器人的模块化设计也为机器人产品快速更新换代，提高产品的质量、方便维修、增强竞争力提供了条件。随着敏捷制造时代的到来，模块化设计越来越显示出其独到的优越性。

（2）气动喷胶机器人操作机设计

① 工作任务分析　所要设计的机器人作业对象为某车型中立柱，其表面为复杂的三维异型面，左右两只中立柱的结构关于 Z 轴对称。长期以来，因骨架表面形状复杂，某汽车内饰件配套生产公司在喷胶工序一直采用人工作业，生产中存在以下问题：

a. 生产质量波动大，难以控制。工人喷胶的熟练程度手法、工作情绪、责任心等因素，将直接影响骨架上胶的均匀性及着胶量的一致性（均一性）。公司质检部门曾组织了一次随机抽查，针对同一型号中立柱、不同操作工人喷胶后中立柱多批次称量的结果表明：着胶量分布范围很大，为每只 3～6.2g，且存在不均匀的现象。

b. 生产组织采用流水线作业方式，生产节拍为每对 50s，工人的劳动强度大，

c. 胶液为聚氨酯胶黏剂与丙酮的混合物，丙酮是易挥发产品易燃、微毒，混合物有刺激性气味，人工喷胶不便于封闭作业，工人的工作环境恶劣，长期在此环境下工作有损身体健康。因此一个熟练工人工作一段时间会调离该岗位，新来的工人则因不熟练而影响质量、效率等。

针对上述人工喷胶存在的诸多问题，公司提出采用机器人来替代人工喷胶，提高产品质量，降低工人的劳动强度，促进企业效益。

② 气动喷胶机器人操作机结构设计　根据工业机器人组合式模块化结构设计思路，采用气动控制技术来实现喷胶机器人操作机的组合设计，即选用精良的气动元器件来实现机器人的移动、旋转自由度，经过合理化优化组合达到功能需要。按照生产工艺要求，中立柱骨架覆贴皮革表面上的着胶量须均匀、一致、无胶疙瘩或飞丝。而骨架喷胶面的几何形状是上窄下宽、有一定弧度的长条形，形状不规则，机器人机械结构应能满足实现复杂的运动轨迹。设计完成的气动喷胶机器人为圆柱坐标式 5 自由度机器人，其中 3 个为转动关节，分别实现机器人的体旋转、腕偏摆、腕仰俯；2 个为移动关节，分别实现机器人上下方向的体升降（Z 方向）及水平方向的臂伸缩（X 方向）。体旋转的中心与骨架中心重合，体旋转调整机器人喷枪从不同角度向骨架喷胶；体升降、臂伸缩及腕仰俯可以保喷枪在 X-Z 平面内运

动轨迹与骨架着胶面的一致性；腕偏摆的微量摆动，可增强骨架局部细节的着胶量。由于聚氨酯胶粘剂与丙酮的混合物呈雾状喷出，工作环境易燃易爆，为满足环保及防爆要求，机器人喷胶过程设计在封闭的工作室内完成，工作室内外的物流由链传动完成，并通过风幕机对工作室内、外隔离，工件挂在链传动系统的夹具上，飞出骨架外的胶液通过风机吸附在过滤网上，机器人的执行机构中除体旋转采用步进电动机控制外，其他 4 个自由度均选用日本 SMC 公司的气动元器件驱动，有利于防爆。另外，控制喷枪开关的末端执行器也同样采用 SMC 公司的直线气缸来实现，称为开关气缸。设计完成的 Light Grey 气动喷胶机器人技术参数见表 2-14。

表 2-14 Light grey-Ⅱ喷胶机器人技术参数

自由度	工作范围
体旋转	0～150°
体升降	600mm
臂升缩	200mm
腕仰俯	±30°
腕偏摆	±10°

③ 气动喷胶机器人气动系统设计　在机器人气动驱动系统中采用了先进的阀岛技术，阀岛是近年来在气电一体化方面最为成功的产品之一，它把多个电磁阀采用总线结构集成在一起，缩小了体积，减少了控制线，便于安装、综合布线和采用计算机控制，尤其对于大型自动化设备，对阀岛可以进行直接控制或总线控制，使系统结构紧凑、简化口。如图 2-36 所示为气动喷胶机器人的气动系统原理图，包括上下方向的体升降滑动单元、水平方向的臂伸缩滑动单元、腕仰俯旋转气缸、腕偏摆旋转气缸和喷枪开关气缸。各执行元器件的进气口、出气口都装有单向节流阀，便于执行元器件的速度控制与调节。

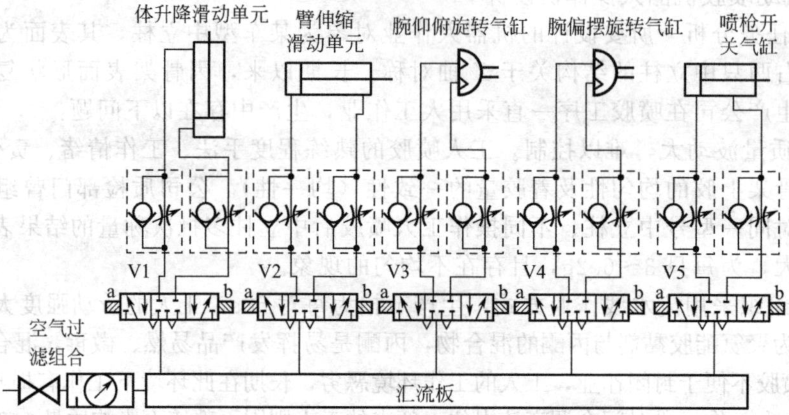

图 2-36　气动喷胶机器人气动系统原理图

（3）气动喷胶机器人控制系统设计

① 控制系统硬件设计　中立柱生产组织采用 24h 连续生产方式，设备的任何一个环节出现故障势必影响整条生产线的生产，因此要求喷胶机器人系统高可靠、低故障，其中控制系统是关键。综合比较单片机、工控机及可编程序控制器的性价比后，喷胶机器人控制系统选用日本三菱公司的 FX2N-64MR 可编程控制器来实现，输入、输出点各有 32 点。该系列可编程控制器具有运算速度快、存储容量大、抗干扰能力强等特点，既可以处理数字量的输入输出，扩展后又可以处理模拟量和定位控制。

气动喷胶机器人控制系统统构成框图如图 2-37 所示。定位模块 FX2N-1PG 控制步进电动机，实现机器人的体旋转，步进电机的静态锁紧力矩确保机器人在不同的角度自上而下对骨架喷胶。物料输送系统采用三菱公司的 FR-A540.1.5K-CH 变频器加编码器反馈控制，既方便输送链的速度调节又满足工件定位控制要求。

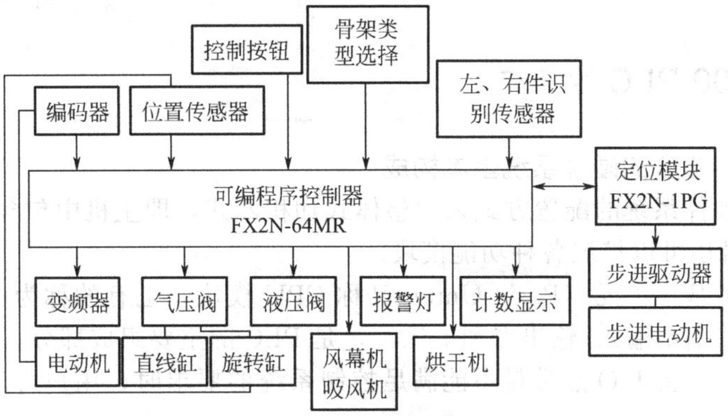

图 2-37　气动喷胶机器人控制系统硬件构成框图

② 控制系统软件设计　气动喷胶机器人控制程序采用状态转移图编程。根据功能需要，所设计的 PLC 程序包括初始化程序、回原点控制程序、手动控制程序、自动控制程序、故障报警处理程序。

初始化程序包括运行状态的初始化及定位模块初始化。状态初始化由 IST 指令实现回原点、手动及自动的四种模式选择；定位模块初始化设定 FX2N-1PG 的 BFM 参数，有工作方式 BFM＃3、点动速率 BFM＃8、BFM＃7、原点返回速率（高速）BFM＃10 与 BFM＃9、原点返回速率（爬行速度）BFM＃11、原点返回的 0 点信号数目 BFM＃12、原点位置 BFM＃14 与 BFM＃13、加减速时间 BFM＃15。

回原点控制程序是指在回原点模式下执行的程序。启动原点信号，机器人各执行机构复归到原点状态，同时中立柱骨架被传送到喷胶工位，所有动作执行到位后，原点标志 M8043 置位。

手动控制程序是指在手动模式下执行的程序。通过手动按钮，可以分别控制各执行机构单独运转或同时运转，主要用于调试或工作状态的调整。

自动程序是指在自动循环运行模式下执行的程序。机器人原点条件满足时，运行程序将启动吸风机、风幕机及烘干机，根据骨架类型选择执行相应的喷胶程序流程，左、右骨架由传感器自动识别，分别执行左、右件加工程序。

故障报警程序可以检测机器人的执行机构、骨架输送机构、胶桶液位有无异常，一旦出现故障，机器人立即停止工作，并通过灯光发出报警信号，便于喷胶机器人系统的维护。

（4）小结

经过现场实际应用表明，采用组合式模块化设计思路完成的中立柱气动喷胶机器人系统具有成本低、设计周期短等优点。采用设计的喷胶机器人进行工作，能满足不同类型中立柱共线生产的喷涂需求，稳定可靠，同时着胶的均匀性、一致性和喷胶效率较人工喷胶有很大程度的提高，降低了工人的劳动强度，促进了企业的技术革新。

2.3　西门子 S7-200 PLC

S7-200 PLC 是德国西门子公司生产的一种小型系列可编程器，能够满足多种自动化控制的需求，其设计紧凑，价格低廉，并且具有良好的可扩展性以及强大的指令功能，可代替继电器用于简单的控制场合，也可用于复杂的自动化控制系统。

S7-200 PLC 主要有以下几个方面的特点：极高的可靠性；易于掌握；极其丰富的指令

集；便捷的操作特性；实时特性；丰富的内置集成功能；强大的通信能力；丰富的扩展模块。

2.3.1　S7-200 PLC 的结构

（1） S7-200 PLC 的硬件系统基本构成

S7-200 PLC 硬件系统的配置方式采用整体式加积木式，即主机中包含一定数量的输入/输出（I/O），同时还可以扩展各种功能模块。

① 基本单元　基本单元（Basic Unit）又称 CPU 模块，也有的称为主机或本机。它包括 CPU、存储器、基本输入/输出点和电源等，是 PLC 的主要组成部分。

② 扩展单元　主机 I/O 点数量不能满足控制系统的要求时，用户可以根据需要扩展各种 I/O 模块。

③ 特殊功能模块　当需要完成某些特殊功能的控制任务时，需要扩展功能模块。特殊功能模块是为完成某种特殊控制任务而特制的一些装置。

④ 相关设备　相关设备是为充分和方便地利用系统的硬件和软件资源而开发和使用的一些设备，主要有编程设备、人机操作界面和网络设备等。

⑤ 工业软件　工业软件是为更好地管理和使用这些设备而开发的与之相配套的程序，主要由标准工具、工程工具、运行软件和人机接口软件等几大类构成。

（2） S7-200 PLC 的主机

① 主机外形　S7-200 的 CPU 模块包括一个中央处理单元、电源以及数字 I/O 点，集成在一个紧凑、独立的设备中（见图 2-38）。CPU 负责执行程序，输入部分从现场设备中采集信号，输出部分则输出控制信号，驱动外部负载。

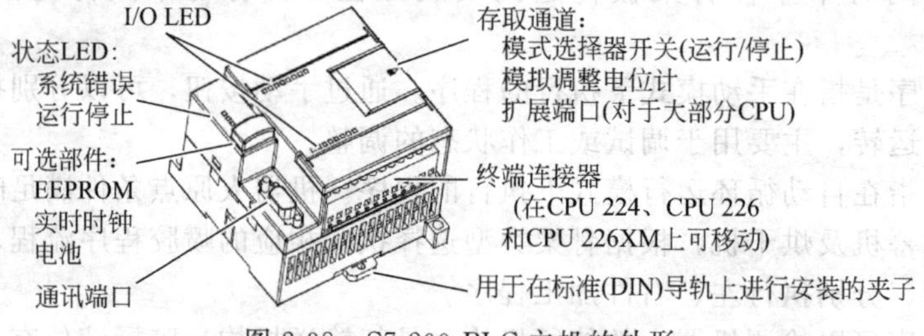

图 2-38　S7-200 PLC 主机的外形

② 存储系统　S7-200 PLC 的存储系统由 RAM 和 EEPROM 两种类型存储器构成，CPU 模块内部配备一定容量的 RAM 和 EEPROM，同时，CPU 模块支持可选的 EEPROM 存储器卡。还增设了超级电容和电池模块，用于长时间保存数据。

③ 数字量扩展模块　用户根据实际需要，选用具有不同 I/O 点数的数字量扩展模块，可以满足不同的控制需要，节约成本。

④ 模拟量输入输出扩展模块　在工业控制中，某些输入量（如温度、压力、流量等）是模拟量，而某些执行机构（如电动调节阀、晶闸管调速装置和变频器等）也要求 PLC 输出模拟信号，但 PLC 的 CPU 只能处理数字量。这时就需要模拟量 I/O 扩展模块来实现A/D 转换（模拟量输入）和 D/A 转换（模拟量输出）。

⑤ PROFIBUS-DP 通信模块　EM277 PROFIBUS-DP 扩展从站模块用来将 S7-200 连接到 PROFIBUS-DP 网络。

⑥ SIMATIC NET CP243-2 通信处理器　SIMATIC NET CP243-2 是 S7-200 的 AS-i 主

站，它最多可以连接 31 个 AS-i 站。

⑦ I/O 点数扩展和编址 CPU 22x 系列的每种主机所提供的本机 I/O 点的 I/O 地址是固定的，进行扩展时，可以在 CPU 右边连接多个扩展模块，每个扩展模块的组态地址编号取决于各个模块的类型和该模块在 I/O 链中的位置。编址时同种类型 I/O 点的模块在链中按与主机的位置递增，其他类型模块的有无以及所处的位置不影响本类型模块的编号。

（3） S7-200 PLC 的内部编程资源

软元件是 PLC 内部具有一定功能的器件，这些器件由电子电路和寄存器及存储器单元等组成。

① 输入继电器（I） 输入继电器一般都有一个 PLC 的输入端子与之对应，用于接收外部的开关信号。外部的开关信号闭合，则输入继电器的线圈得电，在程序中其常开触点闭合，常闭触点断开。

② 输出继电器（Q） 输出继电器一般有一个 PLC 上的输出端子与之对应。当通过程序使输出继电器线圈得电时，PLC 上的输出端开关闭合，它可以作为控制外部负载的开关信号，同时在程序中其常开触点闭合，常闭触点断开。

③ 通用辅助继电器（M） 通用辅助继电器的作用和继电器控制系统中的中间继电器的相同，它在 PLC 中没有 I/O 端子与之对应，因此它的触点不能驱动外部负载。

④ 特殊继电器（SM） 有些辅助继电器具有特殊功能或用来存储系统的状态变量、控制参数和信息，这类辅助继电器称为特殊继电器。

⑤ 变量存储器（V） 变量存储器用来存储变量。它可以存放程序执行过程中控制逻辑操作的中间结果，也可以使用变量存储器来保存与工序或任务相关的其他数据。

⑥ 局部变量存储器（L） 局部变量存储器用来存放局部变量。局部变量与变量存储器存储的全局变量十分相似，主要区别在于全局变量是全局有效的，而局部变量是局部有效的。

⑦ 顺序控制继电器（S） 有些 PLC 中也把顺序控制继电器称为状态器。顺序控制继电器用在顺序控制或步进控制中。

⑧ 定时器 定时器是 PLC 中重要的编程元器件，是累计时间增量的内部器件。

⑨ 计数器（C） 计数器用来累计输入脉冲的个数，经常用来对产品进行计数或进行特定功能的编程。

⑩ 模拟量输入映像寄存器（AI）、模拟量输出映像寄存器（AQ） 模拟量输入电路用以实现模拟量/数字量（A/D）之间的转换，而模拟量输出电路用以实现数字量/模拟量（D/A）之间的转换。

⑪ 高速计数器（HC） 一般计数器的计数频率受扫描周期的影响，不能太高。而高速计数器可累计比 CPU 的扫描速度更快的事件。

⑫ 累加器（AC） 累加器是用来暂存数据的寄存器，它可以用来存放运算数据、中间数据和结果。

2.3.2 S7-200 存储器的数据类型与寻址方式

（1） 数据类型与单位

S7-200 PLC 的数据类型有布尔型、整型和实型。常用的单位有位、字节、字和双字等。

（2） 直接寻址与间接寻址

① 直接寻址 将信息存储在存储器中，存储单元按字节进行编址，无论寻址的是何种数据类型，通常应直接指出元器件名称及其所在存储区域内的字节地址，并且每个单元都有唯一的地址，这种寻址方式称为直接寻址。直接寻址可以采用按位编址或按字节编址的方式

进行寻址。

取代继电器控制系统的数字量控制系统一般只采用直接寻址。下面是各个寄存器进行直接寻址的情况：

a. 输入映像寄存器（I）寻址　输入映像寄存器的标识符为 I（I0.0～I15.7），在每个扫描周期的开始，CPU 对输入点进行采样，并将采样值存于输入映像寄存器中。

b. 输出映像寄存器（Q）寻址　输出映像寄存器的标识符为 Q（Q0.0～Q15.7），在扫描周期的末尾，CPU 将输出映像寄存器的数据传送给输出模块，再由后者驱动外部负载。

c. 变量存储器（V）寻址　在程序执行的过程中存放中间结果，或用来保存与工序或任务有关的其他数据。

d. 位存储器（M）区寻址　内部存储器标志位（M0.0～M31.7）用来保存控制继电器的中间操作状态或其他控制信息。

e. 特殊存储器（SM）标志位寻址　特殊存储器用于 CPU 与用户之间交换信息。

f. 局部存储器（L）区寻址　S7-200 有 64 字节的局部存储器，其中 60 个可以作为暂时寄存器，或给子程序传递参数。

g. 定时器（T）寻址　定时器相当于继电器控制系统中的时间继电器。

h. 计数器（C）寻址　计数器用来累计其计数输入端脉冲电平由低到高的次数。

i. 顺序控制继电器（S）寻址　顺序控制继电器（SCR）位用于组织机器的顺序操作。

j. 模拟量输入（AI）寻址　S7-200 的模拟量输入电路将现实世界中连续变化的模拟量（如温度、压力、电流、电压等）电信号用 A/D 转换器转换为 1 个字长（16 位）的数字量，用区域标识符 AI、数据长度（W）和字节的起始地址来表示模拟量的输入地址。

k. 模拟量输出（AQ）寻址　S7-200 的模拟量输出电路将 1 个字长的数字用 D/A 转换器转换为标准模拟量，用区域标识符 AQ、数据长度（W）和字节的起始地址来表示存储模拟量输出的地址。

l. 累加器（AC）寻址　累加器可以像存储器那样使用读/写单元，例如可以用它向子程序传递参数，或从子程序返回参数，以及用来存放计算的中间值。

m. 高速计数器（HC）寻址　高速计数器用来累计比 CPU 的扫描速率更快的事件，其当前值和设定值为 32 位有符号整数，当前值为只读数据。

② 间接寻址　间接寻址方式是指数据存放在寄存器或存储器中，在指令中只出现所需数据所在单元的内存地址，存储单元地址的地址又称为地址指针。用间接寻址方式存取数据的过程如下。

a. 建立指针；

b. 用指针来存取数据；

c. 修改指针。

（3）符号地址与绝对地址

在程序编制过程中，可以用数字和字母组成的符号来代替存储器的地址，这种地址称为符号地址。

绝对地址是指可编程控制器内实际的物理地址。程序编译后下载到可编程控制器时，所有的符号地址都被转换为绝对地址。

2.3.3 基本逻辑指令

在 S7-200 的编程软件中，用户可以选用梯形图 LAD（ladder）、功能块图（Function Block Diagram）或语句表 STL（Statement List）等编程语言来编制用户程序。语句表和梯形图是一个完备的指令系统，支持结构化编程方法，而且两种编程语言可以相互转化。在用户程序中尽管它们的表达形式不同，但表示的内容却是相同或相似的。

基本逻辑指令是 PLC 中最基本最常用的一类指令，主要包括位逻辑指令、堆栈操作指令、置位/复位指令、立即指令以及微分指令等。

（1）位逻辑指令

位逻辑指令主要用来完成基本的位逻辑运算及控制。

① LD、LDN 和＝（Out）指令　LD（Load）、LDN（Load Not）为取指令。启动梯形图任何逻辑块的第一条指令时，分别连接动合触点和动断触点。＝(Out）为输出指令。线圈驱动指令，必须放在梯形图的最右端。LD、LDN 指令操作数为 I、Q、M、T、C、SM、S、V。＝指令的操作数为 M、Q、T、C、SM、S。LD、LDN 和＝指令梯形图及语句表应用示例见图 2-39。

② A 和 AN 指令　A（And）为逻辑“与”指令，用于动合触点的串联。AN（And Not）为逻辑“与非”指令，用于动断触点的串联。A 和 AN 指令的操作数为 I、Q、M、SM、T、C、S、V。A 和 AN 指令梯形图及语句表应用示例见图 2-40。

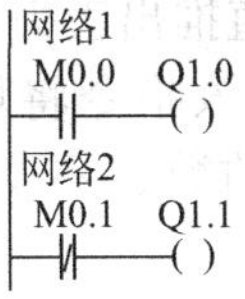


```
LD   M0.0  //使用动合装载指令
=    Q1.0  //驱动输出继电器
LDN  M0.1  //使用动断装载指令
=    Q1.1  //驱动输出继电器
```

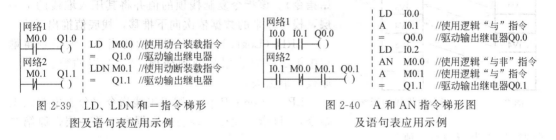

图 2-39　LD、LDN 和＝指令梯形图及语句表应用示例

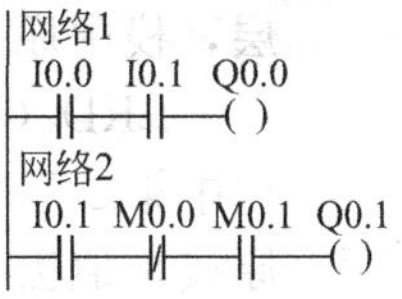


```
LD   I0.0
A    I0.1   //使用逻辑“与”指令
=    Q0.0   //驱动输出继电器Q0.0
LD   I0.2
AN   M0.0   //使用逻辑“与非”指令
A    M0.1   //使用逻辑“与”指令
=    Q1.1   //驱动输出继电器Q0.1
```

图 2-40　A 和 AN 指令梯形图及语句表应用示例

③ O 和 ON 指令　O（Or）为逻辑“或”指令，用于动合触点的并联。ON（Or Not）为逻辑“或非”指令，用于动断触点的并联。O 和 ON 指令的操作数为 I、Q、M、SM、T、C、S、V。O 和 ON 指令梯形图及语句表应用示例见图 2-41。

④ ALD 指令　ALD（And Load）为逻辑块“与”指令，用于并联电路块的串联连接。ALD 指令无操作数。ALD 指令梯形图及语句表应用示例见图 2-42。

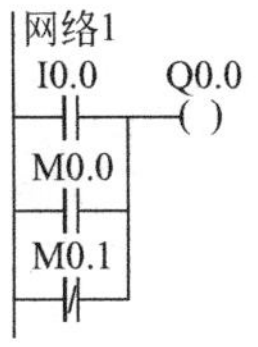


```
LD   I0.0
O    M0.0  //使用逻辑“或”指令
ON   M0.1  //使用逻辑“或非”指令
=    Q0.0  //驱动输出继电器Q0.0
```

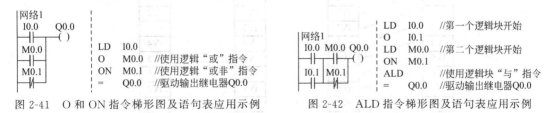

图 2-41　O 和 ON 指令梯形图及语句表应用示例

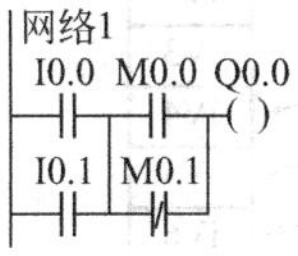


```
LD   I0.0   //第一个逻辑块开始
O    I0.1
LD   M0.0   //第二个逻辑块开始
ON   M0.1
ALD         //使用逻辑块“与”指令
=    Q0.0   //驱动输出继电器Q0.0
```

图 2-42　ALD 指令梯形图及语句表应用示例

⑤ OLD 指令　OLD（Or Load）为逻辑块“或”指令，用于串联电路块的并联连接。OLD 指令无操作数。OLD 指令梯形图及语句表应用示例见图 2-43。

（2）堆栈指令

① 堆栈操作　S7-200 有一个 9 位的堆栈，栈顶用来存储逻辑运算的结果，下面的 8 位用来存储中间的运算结果。堆栈中的数据按“先进后出”的原则存取。

对堆栈进行操作时，执行各指令的情况如下：

执行 LD 指令时，将指令指定的位地址中

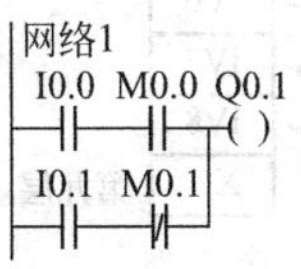


```
LD   I0.0   //第一个逻辑块开始
A    M0.0
LD   I0.1   //第二个逻辑块开始
AN   M0.1
OLD         //使用逻辑块“或”指令
=    Q0.1   //驱动输出继电器Q0.1
```

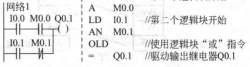

图 2-43　OLD 指令梯形图及语句表应用示例

的二进制数据装入栈顶。

执行 A 指令时，将指令指定的位地址中的二进制数和栈顶中的二进制数相“与”，结果存入栈顶。

执行 O 指令时，将指令指定的位地址中的二进制数和栈顶中的二进制数相“或”，结果存入栈顶。

执行 LDN、AN 和 ON 指令时，取出位地址中的数后，先取反，再做出相应的操作。

执行输出指令＝时，将栈顶中的值复制到对应的映像寄存器。

执行 ALD、OLD 指令时，对堆栈第一层和第二层的数据进行“与”“或”操作。并将运算结果存入栈顶，其余层的数据依次向上移动一位。最低层（栈底）补随机数。OLD 指令对堆栈的影响如图 2-44 所示。

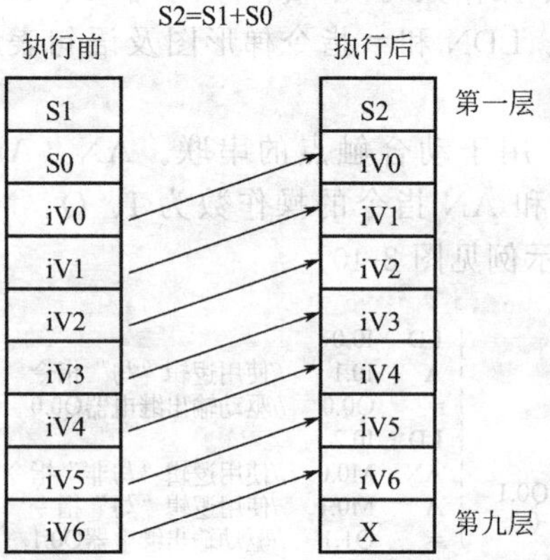

图 2-44 OLD 指令对堆栈的影响

② 堆栈操作指令 堆栈操作指令包含 LPS、LRD、LPP、LDS 几条命令。各命令功能描述如下：

LPS（Logic Push）：逻辑入栈指令（分支电路开始指令）。该指令复制栈顶的值并将其压入堆栈的下一层，栈中原来的数据依次向下推移，栈底值推出丢失。

LRD（Logic Read）：逻辑读栈指令。该指令将堆栈中第二层的数据复制到栈顶，2～9 层的数据不变，原栈顶值丢失。

LPP（Logic Pop）：逻辑出栈指令（分支电路结束指令）。该指令使栈中各层的数据向上移一层，原第二层的数据成为新的栈顶值。

LDS（Logic Stack）：装入堆栈指令。该指令复制堆栈中第 n（$n=1\sim8$）层的值到栈顶，栈中原来的数据依次向下一层推移，栈底丢失。

堆栈操作的过程如图 2-45 所示。

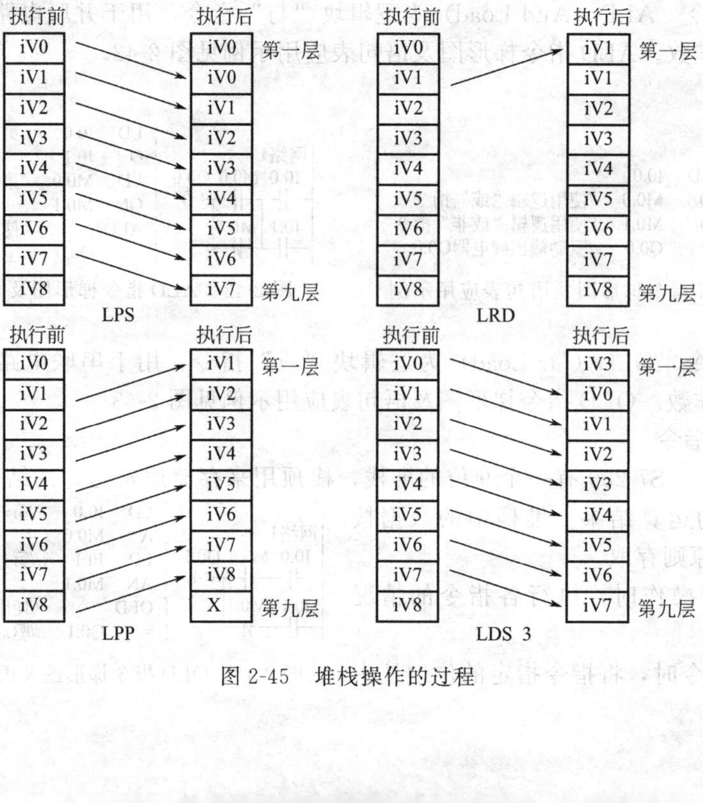

图 2-45 堆栈操作的过程

（3）置位/复位指令

① 置位指令 S　置位指令 S（SET），将从 bit 开始的 *N* 个元器件置 1 并保持。

STL 指令格式：S　bit，*N*

其中，*N* 的取值为 1～255。

② 复位指令 R　复位指令 R(RESET)，将从 bit 开始的 *N* 个元器件置 0 并保持。

STL 指令格式：R　bit，*N*

其中，*N* 的取值为 1～255。

置位和复位指令应用的梯形图及指令表如图 2-46 所示。

（4）立即指令 I

立即指令 I 包含 LDI、LDNI；OI、ONI；AI、ANI；=I；SI、RI 几条命令，各命令功能描述如下：

LDI、LDNI：立即取、立即取非指令。

OI、ONI：立即“或”、立即“或非”指令。

AI、ANI：立即“与”、立即“与非”指令。

=I：立即输出指令。

SI、RI：立即置位、立即复位指令。

立即指令 I（Immediate）是为了提高 PLC 对输入、输出的响应速度而设置的，它不受 PLC 扫描周期的影响，允许对 I/O 点进行快速直接存取。当用立即指令读取输入点的状态时，对 I 进行操作，相应的输入映像寄存器中的值并未更新；当用立即指令访问输出点时，对 Q 进行操作，新值同时写到 PLC 的物理输出点和相应的输出映像寄存器。

立即指令的应用示例如图 2-47 所示。

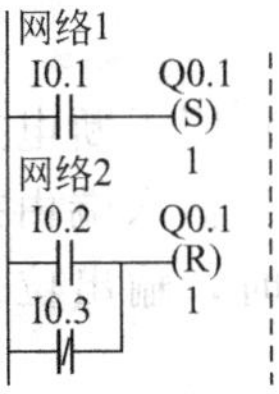


```
LD   I0.1
S    Q0.1, 1   //使用置位指令
LD   I0.2
ON   I0.3
R    Q0.1, 1   //使用复位指令
```

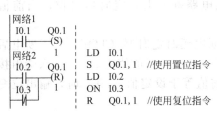

图 2-46　置位和复位指令应用示例

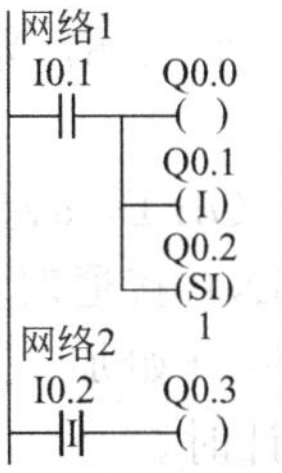


```
LD   I0.1
=    Q0.0
=    Q0.1   //使用立即输出指令
SI   Q0.2   //使用立即置位指令
LDI  I0.2   //使用立即装载指令
=    Q0.3
```

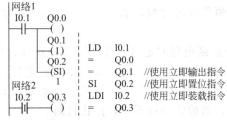

图 2-47　立即指令应用示例

（5）微分指令

微分指令又称边沿触发指令，分为上升沿微分和下降沿微分指令。

EU（Edge UP）：上升沿微分指令，其作用是在上升沿产生脉冲。

指令格式：—|P|—，该指令无操作数。

ED（Edge Down）：下降沿微分指令，其作用是在下降沿产生脉冲。

指令格式：—|N|—，该指令无操作数。

在使用 EU 指令时，当其执行条件从 OFF 变为 ON 时，EU 就会变成 ON 一个周期，而使用 ED 指令时，当其执行条件从 ON 变成 OFF 时，ED 就会变成为 ON 一个周期。

微分指令的应用示例如图 2-48 所示。

（6）取反指令

NOT：取反指令。将其左边的逻辑运算结果取反，指令没有操作数。

取反指令的应用示例如图 2-49 所示。

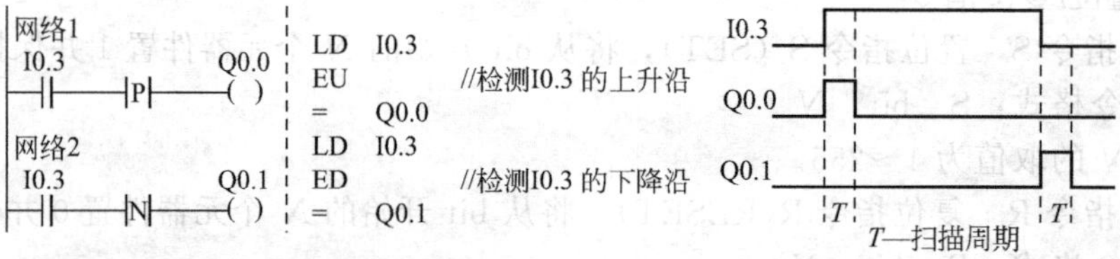

图 2-48 微分指令应用示例及时序图

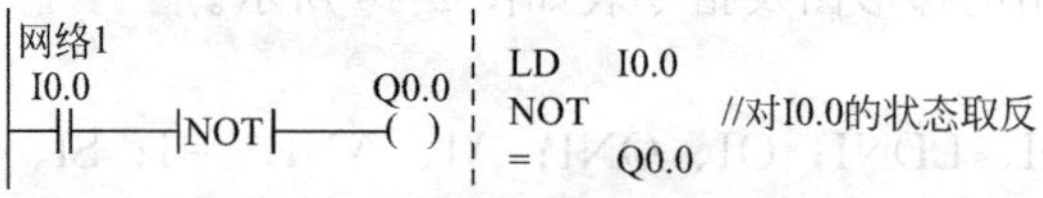

图 2-49 NOT 指令应用示例

（7）空操作指令

NOP：空操作指令，不影响程序的执行。

指令格式：NOP N //N 为执行空操作指令的次数，$N=0\sim255$。

（8）定时器指令

定时器是 PLC 常用的编程元器件之一，S7-200 PLC 有 3 种类型的定时器，即通电延时定时器（TON）、断电延时定时器（TOF）和保持型通电延时定时器（TONR），共计 256 个。定时器分辨率（S）可分为 3 个等级：1ms、10ms 和 100ms。

① 通电延时型定时器 TON（On-Delay Timer） 通电延时型定时器（TON）用于单一时间间隔的定时。输入端（IN）接通时，开始定时，当前值大于等于设定值（PT）时（PT 为 1～32767），定时器位变为 ON，对应的常开触点闭合，长闭触点断开。达到设定值后，当前值仍继续计数，直到最大值 32767 为止。输入电路断开时，定时器复位，当前值被清零。

② 断电延时定时器 TOF（Off-Delay Timer） 断电延时定时器（TOF）用于断电后的单一时间间隔计时。输入端（IN）接通时，定时器位为 ON，当前值为 0。当输入端由接通到断开时，定时器的当前值从 0 开始加 1 计数，当前值等于设定值（PT）时，输出位变为 OFF，当前值保持不变，停止计时。

③ 保持型通电延时定时器 TONR（Retentive On-Delay Timer） 保持型通电延时定时器 TONR 用于对许多间隔的累计定时。当输入端（IN）接通时，定时器开始计时，当前值从 0 开始加 1 计数，当前值大于等于设定值（PT）时，定时器位置 1。当输入 IN 无效时，当前值保持；IN 再次有效时，当前值在原保持值基础上继续计数。TONR 定时器用复位指令 R 进行复位，复位后定时器当前值清零，定时器位为 OFF。

④ 定时器当前值刷新方式 在 S7-200 PLC 的定时器中，定时器的刷新方式是不同的，从而在使用方法上也有所不同。使用时一定要注意根据使用场合和要求来选择定时器。常用的定时器的刷新方式有 1ms、10ms、100ms 三种。

a. 1ms 定时器 定时器指令执行期间每隔 1ms 对定时器和当前值刷新一次，不与扫描周期同步。

b. 10ms 定时器 执行定时器指令时开始定时，在每一个扫描周期开始时刷新定时器，每个扫描周期只刷新一次。

c. 100ms 定时器 只有在执行定时器指令时，才对 100ms 定时器的当前值进行刷新。

（9）计数器指令

计数器主要用于累计输入脉冲的次数。S7-200 PLC 有三种计数器：递增计数器 CTU、递减计数器 CTD、增减计数器 CTUD。3 种计数器共有 256 个。

① 递增计数器 CTU（Count Up）　递增计数器 CTU 的指令格式如图 2-50 所示。其中，CU 为加计数脉冲输入端；Cn 为计数器编号；R 为复位输入端；PV 为设定值。

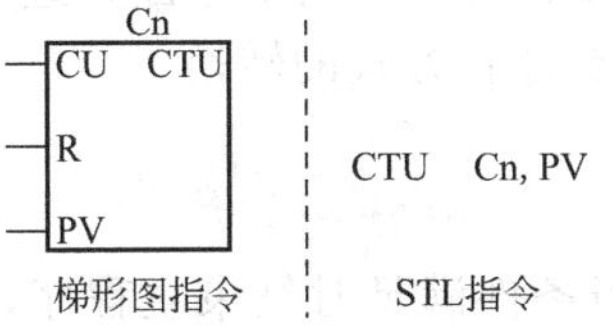

图 2-50　递增计数器 CTU 的指令格式

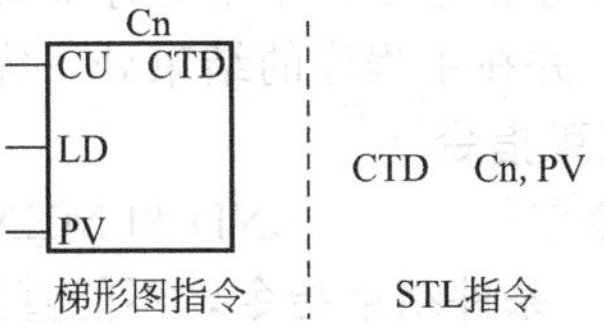

图 2-51　递减计数器 CTD 的指令格式

② 递减计数器 CTD（Count Down）　递减计数器 CTD 的指令格式如图 2-51 所示。其中，LD 为复位脉冲输入端；Cn 为计数器编号；CD 为减计数脉冲输入端；PV 为设定值。

③ 增减计数器 CTUD（Count UP/Down）　增减计数器 CTUD 的指令格式如图 2-52 所示。其中，CU 为加计数脉冲输入端；Cn 为计数器编号；CD 为减计数脉冲输入端；PV 为设定值。

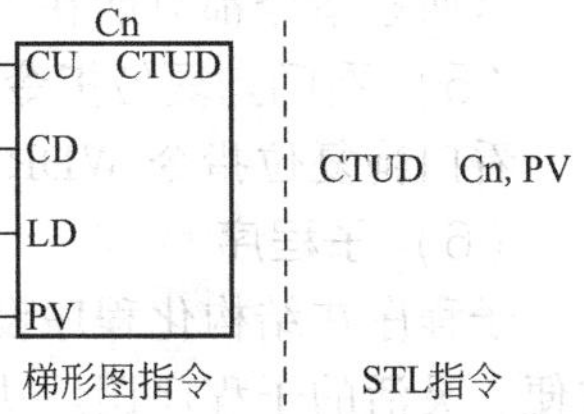

图 2-52　增减计数器 CTUD 的指令格式

（10）比较指令

比较指令用来比较两个数 IN1 和 IN2 的大小。在梯形图中，满足比较关系式给出的条件时，触点接通。

比较运算符有=、<>、>、<、>=、<=。

2.3.4　程序控制指令

程序控制指令主要用于较复杂的程序设计，使用该类指令可以用来优化程序结构，增强程序功能。程序控制指令包括循环、跳转、停止、子程序调用、看门狗及顺序控制等指令。

（1）循环指令

循环指令主要用于反复执行若干次具有相同功能程序的情况。循环指令包括循环开始指令 FOR 和循环结束指令 NEXT。

FOR 指令表示循环的开始，NEXT 指令表示循环的结束。当驱动 FOR 指令的逻辑条件满足时，反复执行 FOR 和 NEXT 之间的程序。在 FOR 指令中，需要设置指针或当前循环次数计数器（INDX），初始值（INIT）和终值（FINAL）。循环指令的格式如图 2-53 所示。

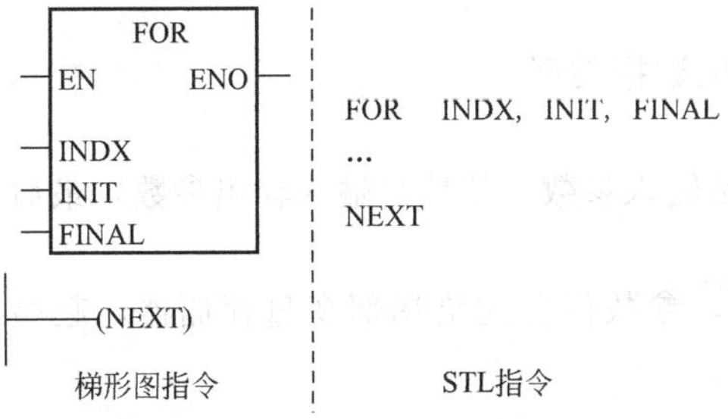

图 2-53　循环指令的格式

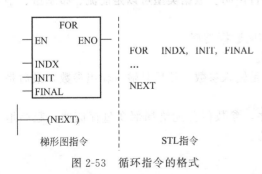

INDX 操作数为 VW、IW、QW、MW、SW、SMW、LW、T、C、AC、* VD、* AC、和 * CD，属 INT 型。INIT 和 FINAL 操作数除上面介绍的之外，再加上常数，也属 INT 型。

（2）跳转指令

跳转指令包括跳转指令 JMP 和标号指令 LBL。当条件满足时，跳转指令 JMP 使程序转到对应的标号 LBL 处，标号指令用来表示跳转的目的地址。

JMP 与 LBL 指令中的操作数 n 为常数 0～255。JMP 和对应的 LBL 指令必须在同一程序块中。

(3) 停止指令 STOP

停止指令 STOP 可使 PLC 从运行模式进入停止模式，立即停止程序的执行。如果在中断程序中执行停止指令，中断程序立即终止，并忽略全部等待执行的中断，继续执行主程序的剩余部分，并在主程序的结束处，完成从运行方式至停止方式的转换。

(4) 结束指令

结束指令包括两条：END 和 MEND。

① END　条件结束指令，不能直接连接母线。当条件满足时结束主程序，并返回主程序的第一条指令执行。

② MEND　无条件结束指令，直接连接母线。程序执行到此指令时，立即无条件结束主程序，并返回到第一条指令。

这两条指令都只能在主程序中使用。

(5) 看门狗复位指令 WDR

看门狗复位指令 WDR（Watch Dog Reset）作为监控定时器使用，定时时间为 300ms。

(6) 子程序

子程序在结构化程序设计中是一种方便有效的工具。S7-200 PLC 的指令系统具有简单、方便、灵活的子程序调用功能。与子程序有关的操作有建立子程序、子程序的调用和返回。

① 建立子程序　建立子程序是通过编程软件来完成的。

② 子程序调用

a. 子程序调用指令 CALL　在使能输入有效时，主程序把程序控制权交给子程序。

b. 子程序条件返回指令 CRET　在使能输入有效时，结束子程序的执行，返回主程序。

③ 带参数的子程序调用　子程序中可以有参变量，带参数的子程序调用扩大了子程序的使用范围，增加了调用的灵活性。

a. 子程序参数　子程序最多可以传递 16 个参数，参数在子程序的局部变量表中加以定义。参数包含下列信息：变量名、变量类型和数据类型。

变量名：变量名最多用 8 个字符表示，第一个字符不能是数字。

变量类型：变量类型是按变量对应数据的传递方向来划分的，可以是传入子程序(IN)、传入和传出子程序（IN/OUT)、传出子程序（OUT）和暂时子程序（TEMP）4 种变量类型。

数据类型：局部变量表中还要对数据类型进行声明。数据类型可以是能流、布尔型、字节型、字型、双字型、整数型、双整数和实型。

b. 参数子程序调用的规则　常数参数必须声明数据类型。

输入或输出参数没有自动数据类型转换功能。

参数在调用时必须按照一定的顺序排列，先是输入参数，然后是输入输出参数，最后是输出参数。

c. 变量表使用　按照子程序指令的调用顺序，参数值分配给局部变量存储器，起始地址是 L0.0。使用编程软件时，地址分配是自动的。

参数子程序调用指令格式为：

```
CALL  子程序,参数 1,参数 2,…,参数 n
```

(7) “与”ENO 指令

ENO 是 LAD 中指令块的布尔能流输出端。如果指令块的能流输入有效，且执行没有错误时，ENO 就置位，并将能流向下传递。ENO 可以作为允许位，表示指令成功执行。

2.3.5 PLC 顺序控制程序设计

（1） SFC 设计方法

SFC 设计方法是专用于工业顺序控制程序设计的一种方法。它能完整地描述控制系统的工作过程、功能和特性，是分析、设计电器控制系统控制程序的重要工具。

① SFC 基础　SFC 的基本元素为流程步、有向线段、转移和动作说明。

a. 流程步　流程步又称工作步，表示控制系统中的一个稳定状态。

b. 转移与有向线段　转移就是从一个流程步向另外一个流程步之间的切换条件，两个流程步之间用一个有向线段表示，说明从一个流程步切换到另一个流程步，向下转移方向的箭头可以省略。

c. 动作说明　流程步并不是 PLC 的输出触点的动作，流程步只是控制系统中的一个稳定的状态。这个状态可以包含一个或多个 PLC 输出触点的动作，也可以没有任何输出动作，流程步只是启动了定时器或一个等待过程，所以流程步和 PLC 的动作是两件不同的事情。

② SFC 的结构

a. 顺序结构　顺序结构是最简单的一种结构，特点是流程步之间只有一个转移，转移与转移之间只有一个流程步。

b. 选择性分支结构　选择性分支结构是一个控制流可以转入多个可能的控制流中的某一个，不允许多路分支同时执行。具体进入哪个分支，取决于控制流前面的转移条件哪一个为真。

c. 并发性分支结构　如果某一个流程步执行完后，需要同时启动若干条分支，这种结构称为并发性分支结构。

d. 循环结构　循环结构用于一个顺序过程的多次重复执行。

e. 复合结构　复合结构就是一个集顺序、选择性分支、并发性分支和循环结构于一体的结构。

③ SFC 转换成梯形图　SFC 一般不能被 PLC 软件直接接受，需要将 SFC 转换成梯形图后才能被 PLC 软件识别。

a. 进入有效工作步；

b. 停止有效工作步；

c. 最后一个工作步；

d. 工作步的转移条件；

e. 工作步的得电和失电；

f. 选择性分支；

g. 并发性分支；

h. 第 0 工作步；

i. 动作输出。

（2） PLC 编程举例

一台汽车自动清洗机的动作：按下启动按钮后，打开喷淋阀门，同时清洗机开始移动。当检测到汽车到达刷洗范围时，启动旋转刷子开始清洗汽车。当检测到汽车离开清洗机时，停止清洗机移动、停止刷子旋转并关闭阀门。当按下停止按钮时，任何时候均立即停止所有动作。

汽车自动清洗机的动作 SFC 如图 2-54 所示，梯形图及语句表如图 2-55 所示。

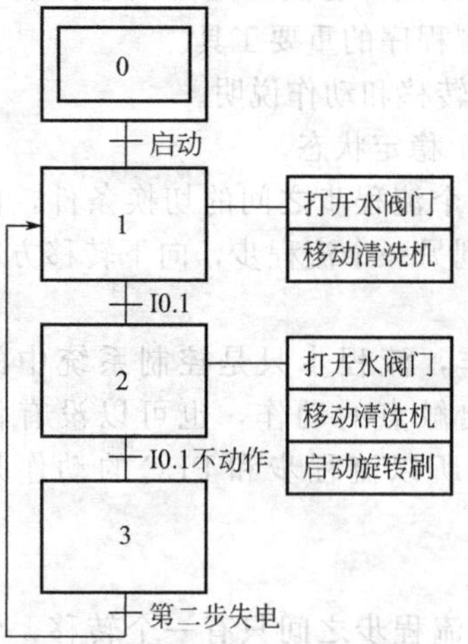

图 2-54 汽车清洗机 SFC

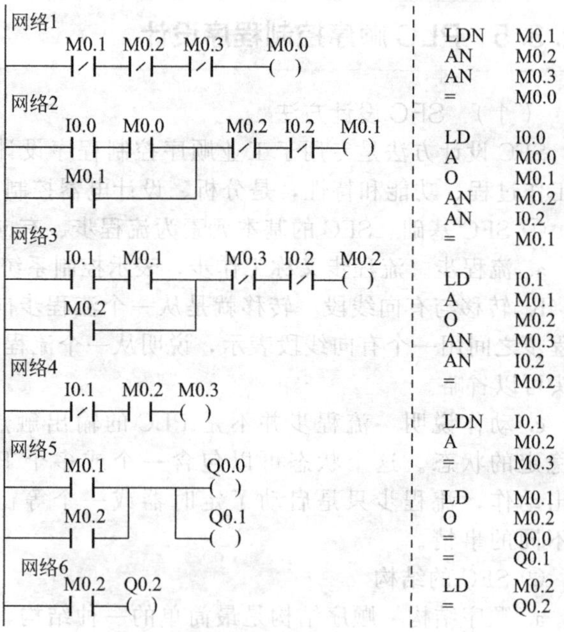

图 2-55 汽车清洗机的梯形图及语句表

2.3.6 顺序控制指令

（1）顺序控制指令介绍

顺序控制指令是 PLC 生产厂家为用户提供的可使功能图编程简单化和规范化的指令。S7-200 PLC 提供了三条顺序控制指令。

一个 SCR 程序段一般有以下三种功能：

① 驱动处理 即在该段状态有效时，要做什么工作，有时也可能不做任何工作。

② 指定转移条件和目标 即满足什么条件后状态转移到何处。

③ 转移源自动复位功能 状态发生转移后，置位下一个状态的同时，自动复位原状态。

（2）举例说明

在使用功能图编程时，应先画出功能图，然后对应功能图画出梯形图。如图 2-56 所示为顺序控制指令使用的一个简单例子。

（3）使用说明

顺控指令仅对元器件 S 有效，顺控继电器 S 也具有一般继电器的功能，所以对它能够使用其他指令；

SCR 段程序能否执行取决于该状态器（S）是否被置位，SCRE 与下一个 LSCR 之间的指令逻辑不影响下一个 SCR 段程序的执行；

不能把同一个 S 位用于不同程序中；

在 SCR 段中不能使用 JMP 和 LBL 指令，就是说不允许跳入、跳出或在内部跳转，但可以在 SCR 段附近使用跳转和标号指令；

在 SCR 段中不能使用 FOR、NEXT 和 END 指令；

在状态发生转移后，所有的 SCR 段的元器件一般也要复位，如果希望继续输出，可使用置位/复位指令；

在使用功能图时，状态器的编号可以不按顺序编排。

（4）功能图的主要类型

① 直线流程　这是最简单的功能图，其动作是一个接一个地完成。每个状态仅连接一个转移，每个转移也仅连接一个状态。

② 选择性分支和连接　在生产实际中，对具有多流程的工作要进行流程选择或者分支选择，即一个控制流可能转入多个可能的控制流中的某一个，但不允许多路分支同时执行。到底进入哪一个分支取决于控制流前面的转移条件哪一个为真。

③ 并发性分支和连接　一个顺序控制状态流必须分成两个或多个不同分支控制状态流，这就是并发性分支或并行分支。但一个控制状态流分成多个分支时，所有的分支控制状态流必须同时激活。当多个控制流产生的结果相同时，可以把这些控制流合并成一个控制流，即并发性分支的连接。

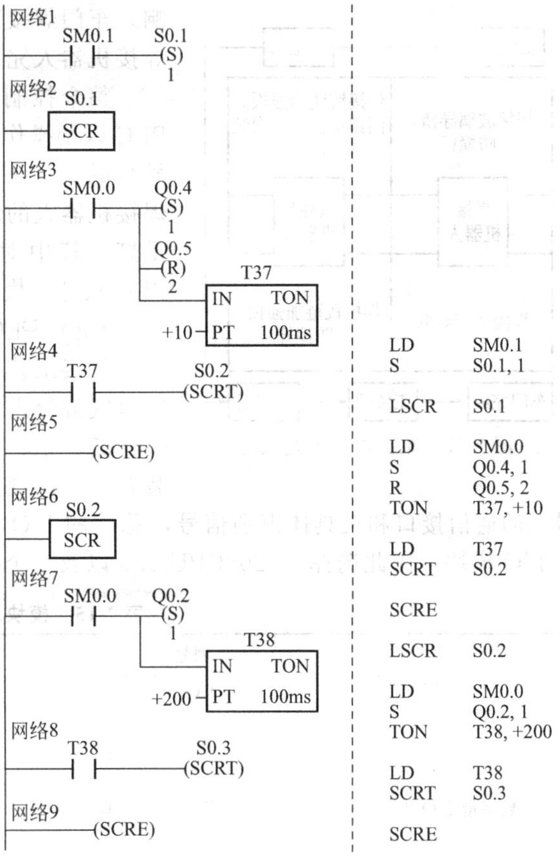

图 2-56　顺序控制指令的使用举例

④ 跳转和循环　单一顺序、并发和选择是功能图的基本形式。多数情况下，这些基本形式是混合出现的，跳转和循环就是其典型代表。

利用功能图语言可以很容易实现流程的循环重复操作。在程序设计过程中可以根据状态的转移条件，决定流程是单周期操作还是多周期循环，是跳转还是顺序向下执行。

2.4 S7-200 PLC 机器人应用实例

2.4.1 基于 PLC 的汽车车门焊接机器人控制系统

随着工业自动化和汽车行业的发展，汽车行业的制造模式由原来的大批量、单一模式向按用户要求的柔性精益生产模式转变。汽车车身焊接工艺越来越实现自动化、智能化。白车身生产线系统上普遍采用的激光焊接机器人正在向高精度、高速度、高柔性方向发展。

S7-200 PLC 除了能够进行传统的继电逻辑控制、计数计时控制，还能进行模拟量处理，支持多种协议和形式的数据通信。PLC 以其强大的功能、高可靠性、编程灵活等特点在白车身生产线上得到了广泛应用。在此以 PLC 实现白车身生产线控制系统与焊接机器人之间的通信，满足了自动控制系统的要求。

（1）车门焊接工艺与加工系统组成

未经过涂装和内饰件总装前的白车身是汽车其他系统的载体，白车身的车门焊接工艺是汽车整车制造中的一项关键工艺，车门焊接的质量和稳定性对整车的性能和质量有着重要影

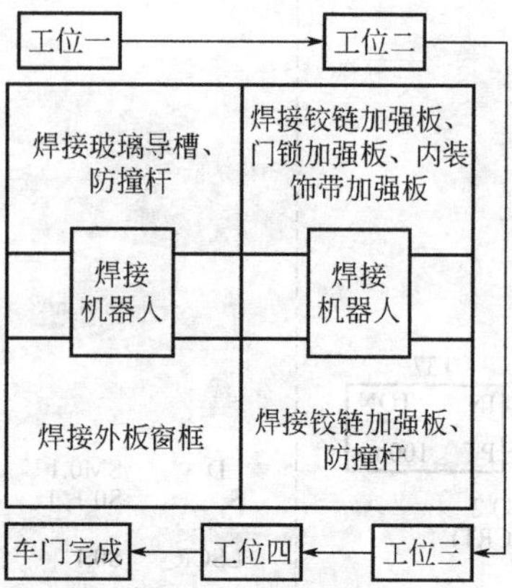

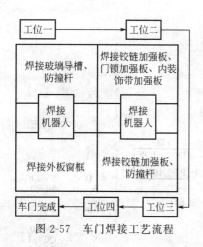

图 2-57　车门焊接工艺流程

响。车门焊接工艺流程如图 2-57 所示。4 个工位由 2 台焊接机器人完成，分别焊接车门不同部件。

整个控制系统包括机器人、气压回路、夹具系统、PLC 以及操作台等。来自操作台的指令和各传感器的信号组成 PLC 控制的输入信号，PLC 的输出主要控制激光焊接机器人的动作、工装夹具夹紧气缸电磁阀以及各指示灯，其中对焊接机器人的控制是控制系统的关键。PLC 软件的模块化编程思路极大地提高了系统的稳定性。

（2）PLC 硬件设计

焊接工艺的夹具系统是由气压回路的气缸实现的，每组气缸分别由 I 个三位五通电磁阀来控制换向。工位一、二、三、四分别有 4、5、6、7 个气缸，每个气缸上装有 2 个位置传感器，共计有 52 路 I/O 输入点，加上机器人的通信接口和夹具体识别信号，总共的 I/O 点不超过 200 个，PLC 硬件不需要采用远程 I/O 模块，因此选择 57-200CPU 226 以及 2 个扩展模块，各模块及配置如表 2-15 所示。

表 2-15　模块及配置

名称	型号	主要规格	主要用途
CPU	CPU226	21～28V DC 电源 24DI 16DO	中心控制器数字量输入/输出
数字量 I/O 扩展模块	EM223	24V DC 16DI 16DO	数字量输出模块
数字量 I/O 扩展模块	EM221	24V DC 16DI	数字量输入模块

由于激光焊接会产生大量的光和热，气压回路的压力对夹具系统的夹紧功能有重要的影响，所以需采用模拟量扩展模块 EM235 来控制焊接过程中的温度和气压系统的压力，当气压回路压力超出允许工作范围时，PLC 输出信号会自动切断生产线电源，保护焊接加工工艺生产线不被破坏。根据控制要求，画出 PLC I/O 分配表，如表 2-16 所示。为表达清楚，表中只列出部分 I/O 端子。I0.0 为手动/自动切换按钮，当按下 SB4 时，整个焊接生产线自动运行。

表 2-16　PLC I/O 分配表

输入			输出		
手动/自动	SB4	I0.0	电磁阀 1 左	YV1	Q0.1
急停	SB5	I0.1	电磁阀 1 右	YV2	Q0.2
工位 1 启动	SB6	I0.2	电磁阀 2 左	YV3	Q0.3
工位 2 启动	SB7	I0.3	电磁阀 2 右	YV4	Q0.4
工位 3 启动	SB8	I0.4	气缸 1 指示灯	HL5	Q0.5
工位 4 启动	SB9	I0.5	气缸 2 指示灯	HL6	Q0.7
气缸 1 传感器	SQ5	I1.0	气缸 3 指示灯	HL7	Q0.4
气缸 2 传感器	SQ6	I1.1	气缸 4 指示灯	HL8	Q1.5
气缸 3 传感器	SQ7	I1.2	气缸 5 指示灯	HL9	Q1.6
气缸 4 传感器	SQ8	I1.3	工位 1 指示	HL1	Q1.0
气缸 5 传感器	SQ9	I1.4	工位 2 指示	HL2	Q1.1
压力传感器	SQ1	I2.0	工位 3 指示	HL3	Q1.2
热传感器	SQ2	I2.1	工位 4 指示	HL4	Q1.3

(3) PLC软件设计

焊接机器人的控制器与焊接生产线上的控制相对独立，两者之间的通信是确保焊接机器人及整个生产线正常工作的关键。PLC 与机器人之间采用问答式的串口通信。PLC 和焊接机器人通信数据见表 2-17。起始符、BBC 检验码和结束符保证了 PLC 与焊接机器人通信的正确性。为了避免动作指令受到外界干扰而被错误的执行，使用 BBC 校验码来确保通信的正确。指令发送方将要传送的字符串的 ASC II 码以字节为单位作异或和并发送给接收方，接收方收到指令后，则以相同方式对收到的字符串作异或和，并与传送方发送来的真值作对比，或两者的值相等，则说明通信正确。PLC 与焊接机器的指令传送如图 2-58 所示。

表 2-17　PLC 发送和焊接机器人反馈的命令格式

PLC 发送通信命令格式		机器人反馈命令格式	
字节	含义	字节	含义
1	起始符	1	起始符
2	指令类型	2	指令状态信息
3	指令状态信息	3～4	PLC 寄存器地址
4	机器人地址	5～34	写入 PLC 数据
5～30	写信机器人数据	35～36	BBC 校验码
31～32	BBC 校验码	37	结束符
33	结束符		

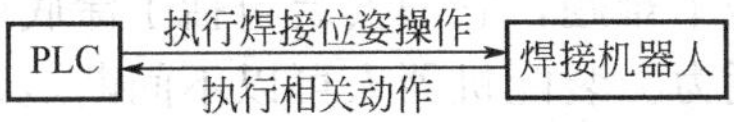

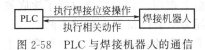

图 2-58　PLC 与焊接机器人的通信

按下系统启动按钮后，PLC 与焊接机器人控制器上电复位，并对系统各行程开关和夹具的位置传感器的状态进行扫描，将检查后的结果同程序存储中的模块参数进行比对，选取参数相同的模块执行。

PLC 软件模块设定的动作完成后与焊接机器人通信，焊接机器人控制器根据 PLC 的通信指令，通过与控制器存储器中的相关指令进行比较，选择执行对应的模块程序，执行焊接或者位置操作。在焊接时，机器人控制器通过控制焊机激光器的电源电流的大小和通断时间来实现既定的焊接工艺参数，按照程序既定的焊接路径进行焊接。机器人完成相应操作后通过通信端口与 PLC 通信，通过相应的通信指令通知 PLC 操作完成。PLC 根据机器人控制器的相应通信指令进行下一步的操作，操作完成后再与机器人通信，直到完成整个焊接任务。PLC 与机器人的程序具体流程图如图 2-59 所示。

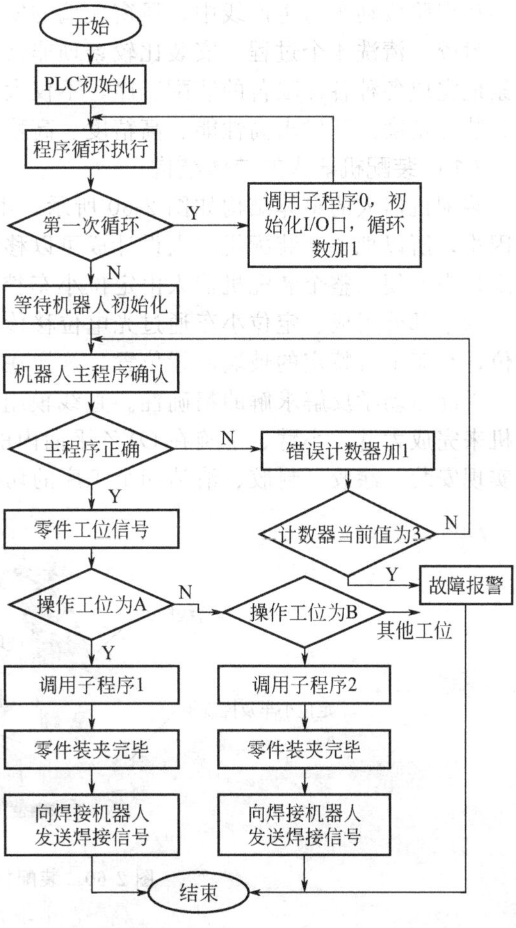

图 2-59　PLC 程序流程图

PLC系统采用模块化编程的方式，通

过有条件地选择和调用不同的子程序模块来实现系统各个运行部件的顺序控制要求。这样可以大大简化控制软件的设计，使软件设计和调试更具灵活性，提高了系统运行的可靠性，保证了整个系统协调、有序地完成白车身车门的焊接工艺。

(4) 系统软件设计

操作系统的主要工作过程为：当按下启动按钮后，在自动工作模式下，焊接机器人初始化，当焊接工位一上有零件时，传感器给 PLC 发送控制命令，PLC 输出信号给气压系统电磁阀，电磁阀得电动作，气缸伸出，零件被夹紧。零件装夹完毕保持 2s 后，PLC 向焊接机器人发送焊接信号，当焊接机器人完成焊接工艺时，机器人向 PLC 发送松开夹具和转换工位信号，PLC 控制工作台拖动零件向焊接工位二运动。以此类推，直至车门上的各个零件在 4 个焊接工位全部焊接完成。PLC 软件共包含下面几个部分：

① 主程序　主要实现对 PLC 初始化，对气压回路电磁阀各参数初始化，同时对电源、焊接、故障、对中指示灯进行处理与显示，调用和处理相应子程序和中断子程序。

② 子程序　共有 20 个子程序，主要完成手动各工位工作循环、4 个工位夹紧机构动作、PLC 输出指示灯、各工位间工件传送、焊车机器人 1 与机器人 2 交替工作等多种功能。

③ 中断子程序　包括接收信息完成、接收字符、发送完成等中断服务程序。

2.4.2 基于 S7-200 的动车风窗玻璃装配机器人控制系统

在现阶段动车组生产线中，风窗玻璃的安装一直是个难题，它的安装包括了涂底胶、安装、封胶、清洗 4 个过程，安装比较繁琐非常耗人、耗力。装配机器人可以不间断地、不知道累地完成各种各样艰苦的装配工序，不仅大大减轻了工人的疲劳强度，而且提高了生产效率和装配精度。开发出高性能、高精度、高稳定性的装配机器人是迫在眉睫的课题。

(1) 装配机器人的总体结构

装配机器人的整体结构如图 2-60 所示，由于动车体积庞大，在装配的时候移动动车比较困难，所以把整个装配机器人设计成可以移动的形式，这样就不会给动车的进出和工人的装配带来不便。整个装配机器人由定位小车控制柜、短行程直线模组、大臂、小臂、手腕、手爪六个部分组成。定位小车通过光电位移传感器来实现装配机器人与动车车头相对位置的定位，小车上有特定的玻璃放置位置，这样在抓取玻璃时就能得到玻璃相对于手爪的准确位置，提高运动学反解求解的精确性。直线模组完成装配机器人在 X 方向的运动，通过伺服电机来完成大臂、小臂、手腕在 OYZ 平面内的手爪位置的定位，手爪绕小臂中心轴的运动来实现安装、涂胶、封胶、清洁四个工序的切换。

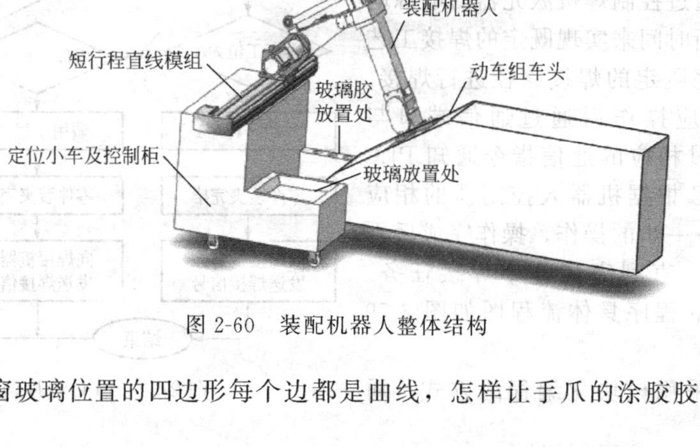

图 2-60　装配机器人整体结构

车头放置风窗玻璃位置的四边形每个边都是曲线，怎样让手爪的涂胶胶枪、封胶胶枪、清洁刷沿着曲线运动是需要解决的问题。如果通过计算出边缘的曲线方程来控制完成手爪的各个工位沿四周边缘的曲线运动，这样的计算和控制过程比较麻烦。如图 2-61 所示的手爪部分结构，通过气缸的上下移动和弹簧的平衡来达到运动要求。

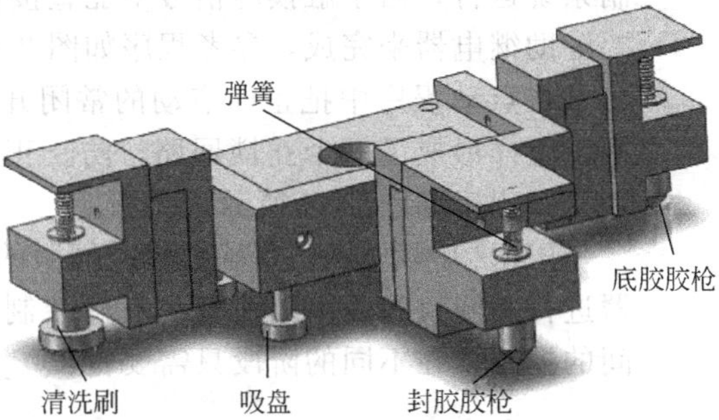

图 2-61　手爪部分结构

为了减少末端位置的静转矩，把四个伺服电动机和减速器放在机器人的前端，然后通过一系列齿轮传动和连杆传动来达到运动要求，手腕和手爪部分的齿轮传动如图 2-62 所示。

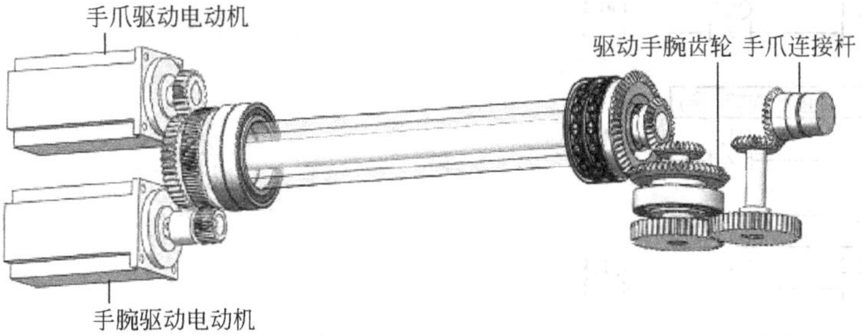

图 2-62　手腕和手爪部分的齿轮传动

(2) 控制系统软件设计

① PLC 程序设计　控制系统用西门子 S7-200PLC 作下位机，PLC 通过脉冲信号控制伺服电动机，需要把各个关节的转角位移变量通过计算转换成相应的脉冲信号，该装配机器人中用到的是 17 位增量型编码器，它表示在电子齿轮比设为 1 时电动机转一圈需要 217 个脉冲信号，电动机转一圈需要的脉冲数 N 与电子齿轮比的关系式为：

$$N\times\frac{\text{电子齿轮比分子}}{\text{电子齿轮比分母}}=2^{17}$$

在进行电子齿轮比设置后，可以确定各个关节在各个时间段需要的脉冲数和脉冲频率。

Smart700 触摸屏与 S7-200 PLC 只支持 PPI 通信协议，即一个触摸屏只能直接控制一个 PLC，设想用 PLC1 与触摸屏串联，PLC1 的输出作为其余 3 个 PLC 的输出，这样就可以在一个扫描周期内完成触摸屏对多个 PLC 的同时控制，即可以实现各个关节驱动的同步控制。由于西门子 S7-200 PLC 自带高速脉冲输出口，这样在进行伺服定位控制时就不需要外接定位模块，大大降低了控制成本。

在运动分析中，每个关节的运动非常复杂，用计数器和定时器产生的脉冲周期不能满足控制要求，本程序调用 S7-200 PLC 自带的 MAP 库函数，能使高速脉冲输出端 Q0.0 和 Q0.1 产生满足控制需要的脉冲信号，用 MAP 库函数进行伺服电动机速度和位置的控制，用定时器进行伺服驱动的定时控制，用顺序控制来进行每段时间脉冲信号的跳转。

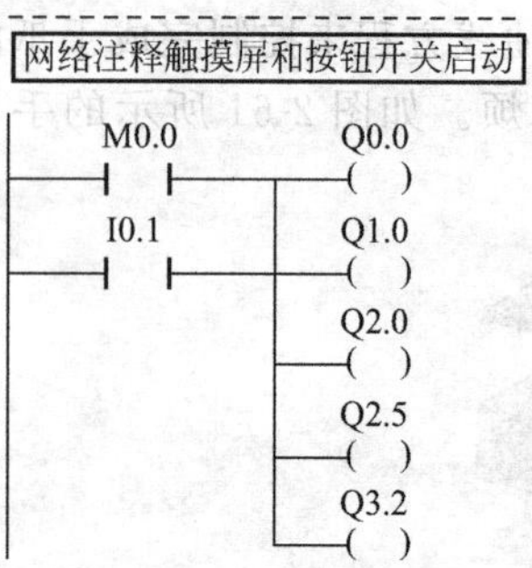

图 2-63　摸屏信号并联外部开关信号

PLC1 的 I/O 信号受触摸屏和外界开关量控制，在程序中把触摸屏的启动、停止、复位的虚拟按钮与启动、停止、复位按钮开关并联，这样就可以实现触摸屏和外部按钮开关同时控制系统运行，由于触摸屏信号不能直接作 PLC 的输入信号，需要辅助继电器来完成，参考程序如图 2-63 所示。

在点动程序中把正向点动的常闭开关接通到负向点动程序中，这样形成了一个互锁回路，防止正反转电路同时进行，点动互锁程序如图 2-64 所示。

PLC2 中用 MAP 库函数控制伺服的脉冲输出，用顺序控制器进行不同时间段不同速度的有序控制，用定时器进行停止时间的控制，在不同的阶段只需要把 Q0 _ 0 _ MoveRelative 中的

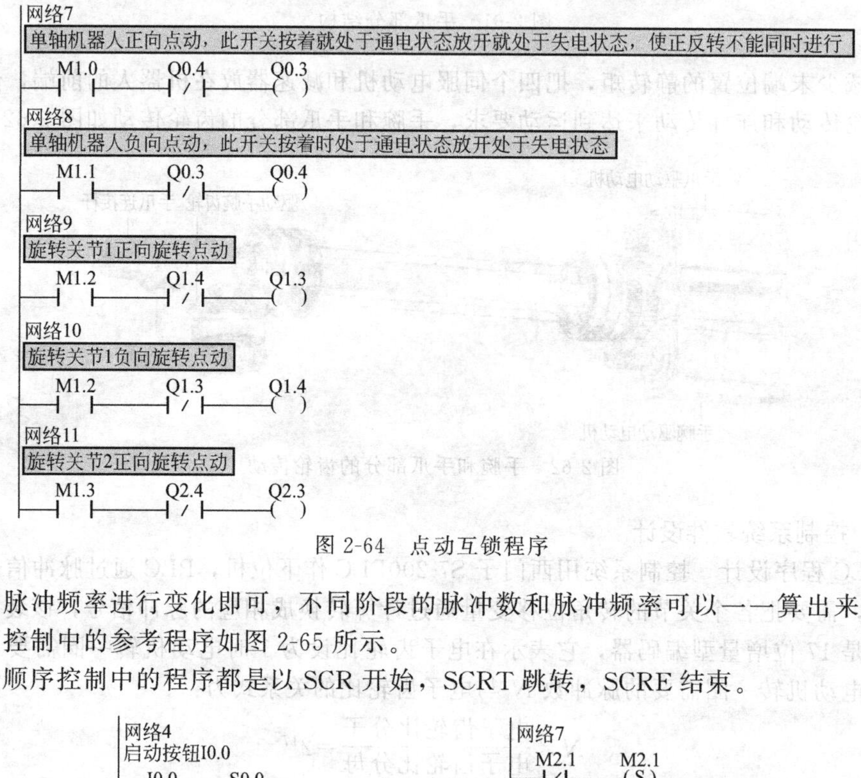

图 2-64　点动互锁程序

脉冲数和脉冲频率进行变化即可，不同阶段的脉冲数和脉冲频率可以一一算出来，PLC 在一个顺序控制中的参考程序如图 2-65 所示。

一个顺序控制中的程序都是以 SCR 开始，SCRT 跳转，SCRE 结束。

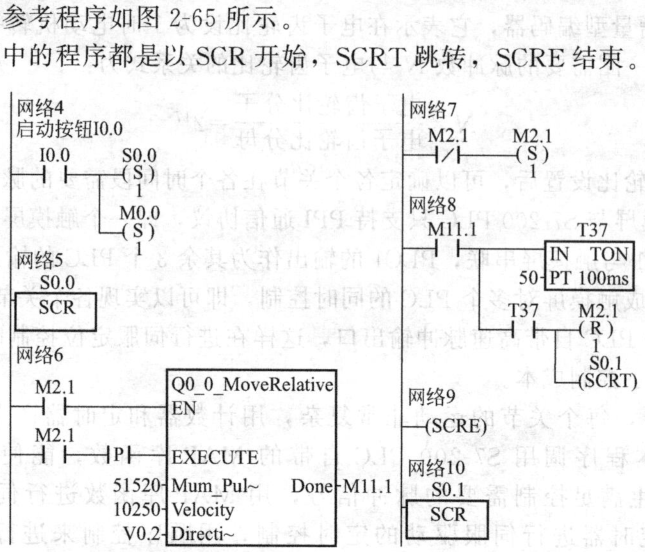

图 2-65　一个顺序控制中的参考程序

② HMI 程序设计　HMI 触摸屏采用 Smart700 触摸屏，它能实现与 S7-200 PLC 无缝连接，通过 RS-485 串口通信将机械手的系统状态和控制信息传送到触摸屏中，通过触摸屏可以直观地查看机器人的相关工作状态，并可以在触摸屏中设置相关的机器人的操作命令按钮，操作人员通过操作触摸屏可以将操作命令传送到 PLC 中，从而控制装配机器人的动作。HMI 触摸屏为用户和系统提供了良好的交互界面，使操作人员能直观地操作和监测内部系统。

本装配机器人主要是完成控制界面的组态，然后把各个开关地址与对应的 PLC 程序地址连接，控制界面包括整个机器人的启动、停止、复位和各个驱动器的点动，组态后的画面如图 2-66 所示。

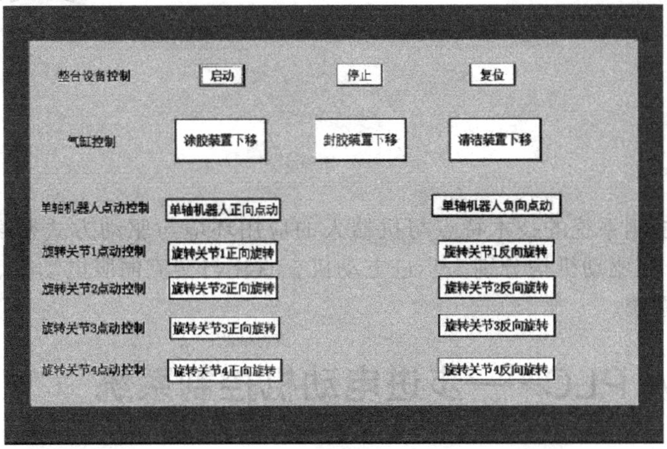

图 2-66　控制界面组态

触摸屏中所有的开关都是虚拟的，这样就大大减少了硬件连接中的元器件，但是它不能直接作为 PLC 的输出信号，这时需要用到辅助继电器，通过对辅助继电器的置位和复位来完成触摸屏对 PLC 的控制，每个开关按钮都相当于是一个变量，变量为 1 时接通，变量为 0 时断开。各个开关变量与 S7-200 外部链接的地址如图 2-67 所示。

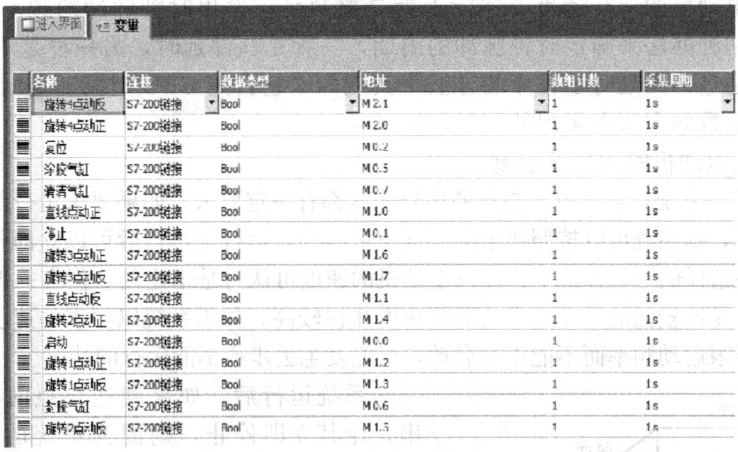

名称	连接	数据类型	地址	数组计数	采集周期
旋转4点动反	S7-200链接	Bool	M 2.1	1	1s
旋转4点动正	S7-200链接	Bool	M 2.0	1	1s
复位	S7-200链接	Bool	M 0.2	1	1s
涂胶气缸	S7-200链接	Bool	M 0.5	1	1s
清洁气缸	S7-200链接	Bool	M 0.7	1	1s
直线点动正	S7-200链接	Bool	M 1.0	1	1s
停止	S7-200链接	Bool	M 0.1	1	1s
旋转3点动正	S7-200链接	Bool	M 1.6	1	1s
旋转3点动反	S7-200链接	Bool	M 1.7	1	1s
直线点动反	S7-200链接	Bool	M 1.1	1	1s
旋转2点动正	S7-200链接	Bool	M 1.4	1	1s
启动	S7-200链接	Bool	M 0.0	1	1s
旋转1点动正	S7-200链接	Bool	M 1.2	1	1s
旋转1点动反	S7-200链接	Bool	M 1.3	1	1s
封胶气缸	S7-200链接	Bool	M 0.6	1	1s
旋转2点动反	S7-200链接	Bool	M 1.5	1	1s

图 2-67　开关变量地址链接

最后对 PLC 和 HMI 触摸屏进行参数设置，主要是波特率的设置，使 PLC 对应端口的波特率和 HMI 触摸屏的波特率一样，完成 PLC 和 HMI 触摸屏的通信。

第3章 机器人PLC控制系统典型应用

机器人 PLC 控制系统的技术特点与机器人的应用环境与驱动方式密切相关。本章结合各类应用实例，介绍驱动机构分别为步进电动机、直流与交流伺服电动机、液压与气压的机器人的 PLC 控制系统。

3.1 机器人 PLC——步进电动机控制系统

3.1.1 步进电动机控制技术

步进电动机控制技术主要包括步进电动机的速度控制、步进电动机的加减速控制，以及步进电动机的微型计算机控制等。

（1）步进电动机的速度控制

控制步进电动机的运行速度，实际上就是控制系统发出时钟脉冲的频率或者换相的周期。系统可用两种办法来确定时钟脉冲的周期，一种是软件延时，另一种是用定时器。软件延时的方法是通过调用延时子程序的方法来实现的，它占用 CPU 时间。定时器方法是通过设置定时时间常数的方法来实现的。

（2）步进电动机的加减速控制

对于点位控制系统，从起点至终点的运行速度都有一定要求。如果要求运行的速度小于系统的极限启动频率，则系统可以按照要求的速度直接启动，运行至终点后可以立即停发脉冲串而令其停止。系统在这样的运行方式下，步进电动机的速度可认为是恒定的。但在一般情况下，系统的极限启动频率是比较低的，而要求的运行速度往往较高。如果系统以要求的速度直接启动，因为该速度超过极限启动频率而不能正常启动，可能发生丢步或不能运行的情况。

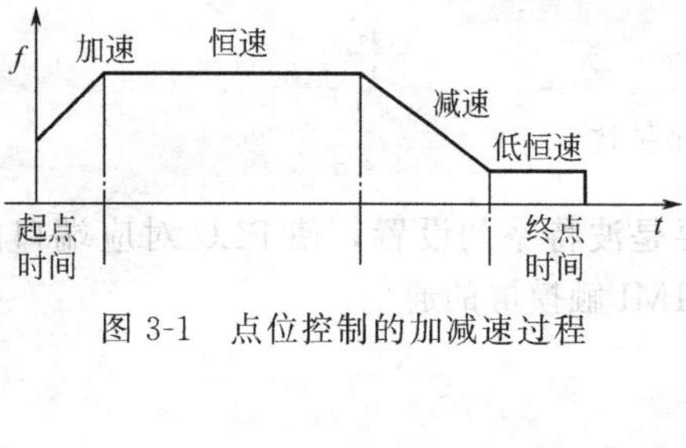

图 3-1　点位控制的加减速过程

系统运行后，如果到达终点时突然停发脉冲串，令其立即停止，则因为系统的惯性原因，会发生冲过终点的现象，使点位控制发生偏差。因此在点位控制过程中，运行速度都需要有一个加速→恒速→减速→（低恒速）→停止的过程，如图 3-1 所示。各种系统在工作过程中，都要求加减速过程时间尽量短，而恒速时间尽量长。特别是在要求快速响应的工作中，从起点至终点运行的时间要求最短，这就必须要求加速、减速的过程最短，而恒速时的速度最高。

加速规律一般可有两种选择：一是按照直线规律加速，二是按指数规律加速。按直线规律加速时加速度为恒值，因此要求步进电动机产生的转矩为恒值。从电动机本身的矩频特性来看，在转速不是很高的范围内，输出的转矩可基本认为恒定。但实际上电动机转速升高时，输出转矩将有所下降，如按指数规律升速，加速度是逐渐下降的，接近电动机输出转矩随转速变化的规律。用微型计算机对步进电动机进行加减速控制，实际上就是改变输出时钟脉冲的时间间隔。加速时使脉冲串逐渐加密，减速时使脉冲串逐渐稀疏，微型计算机用定时器中断方式来控制电动机变速时，实际上就是不断改变定时器装载值的大小。一般用离散办法来逼近理想的升降速曲线。为了减少每步计算装载值的时间，系统设计时就把各离散点速度所需的装载值固化在系统的 EPROM 中，系统运行中用查表方法查出所需的装载值，从而大大减少占用 CPU 的时间，提高了系统的反应速度。

（3）步进电动机的微型计算机控制

步进电动机的工作过程一般由控制器控制，控制器按照设计者的要求完成一定的控制过程，使功率放大电路按照要求的规律，驱动步进电动机运行。简单的控制过程可以用各种逻辑电路来实现，但其缺点是线路复杂、控制方案改变困难。微处理器的问世给步进电动机控制器的设计开辟了新的途径。各种单片机的迅速发展和普及，为设计功能很强且价格低廉的步进电动机控制器提供了条件。使用微型计算机对步进电动机进行控制有串行和并行两种方式。

① 串行控制　具有串行控制功能的单片机系统与步进电动机驱动电源之间有较少的连线，将信号送入步进电动机驱动电源的环型分配器（在这种系统中，驱动电源必须含有环型分配器）。

② 并行控制　用微型计算机系统的数个端口直接去控制步进电动机各相驱动电路的方法，称为并行控制。在电动机驱动电源内，不包括环型分配器，而其功能必须由微型计算机系统完成。由系统实现脉冲分配器的功能有两种方法：一种是纯软件方法，即完全用软件来实现相序的分配，直接输出各相导通或截止的信号；另一种是软、硬件相结合的方法，在这种方法中，微型计算机系统向接口输入简单形式的代码数据，而后接口输出步进电动机各相导通或截止的信号。

3.1.2　步进电动机在机器人应用中的概况

步进电动机具有惯量低、定位精度高、无累积误差、控制简单等特点。步进电动机是低速大扭矩设备，传输更短，有更高的可靠性，更高的效率，更小的间隙和更低的成本。正是这一特点，使得步进电动机适用于机器人，因为大多数机器人运动是短距离要求高加速度达到低点的循环周期。步进电动机功率-重量比高于直流电动机。大多数机器人运动是不是长距离高速（因此高功率），但通常包括短距离的停止和启动。在低转速高扭矩工况步进电动机是理想的机器人驱动器。

机器人选用步进电动机具有以下优点：

① 对于同等性能机器人采用步进电动机更便宜。

② 步进电动机是无刷电动机，有更长的使用寿命。

③ 作为数字电动机，可以准确地定位。

④ 驱动模块不是线性放大器，这意味着更少的散热片，更高的效率，更高的可靠性。

⑤ 驱动模块比线性放大器比较便宜。

⑥ 没有昂贵的伺服控制的电子元器件，因为信号直接从 MPU 起源。

⑦ 软件故障安全。主控板问题步进脉冲。如果该软件无法工作或崩溃，电动机停止。

⑧ 电子驱动器故障安全。如遇驱动放大器故障的电动机锁固，将无法运行。当伺服驱动器发生故障的电动机仍然可以运行，可能在全速运转。

⑨ 速度控制精确和可重复的（晶体控制）。

⑩ 如果需要，步进电动机的运行可极为缓慢。

3.1.3　基于 PLC 的 KTV 自助机器人控制系统

KTV 休闲娱乐是娱乐活动之一，如何能实现自动点歌、自动选取消费品及美食等是目前设计要解决的问题。

（1）解决思路

自助机器人是在 KTV 活动中心解决这个问题的重要装置，控制装置可以选用 PLC 或者单片机来实现，操作装置主要是遥控器。消费者根据自己的喜好可以随意按动遥控器上的按钮就可以选中自己中意的菜单和美食。这样的一次投入对于经营者来说，既可以节省周而复始的人员成本，又可以使消费者参与和享受自助服务，更便于管理。自助机器人的出现，对于现代服务理念将是一个全新的挑战。

自助机器人是由小车系统来担负本身的运动和转向（在这里用小车比用环顾休闲吧台的流水线式的移动桌更省空间并具有更强的自主性；小车机构做成圆台形方便各个方向干涉）；在自助机器人的小车上装载有升降台装置，专门负责机器手的垂直位移以满足消费者对各个位置高度不同的消费菜单的选择；自助机器人的机械手装在升降装置的前上方，专门负责抓取或点击目标菜单。自主机器人的电气控制单元主要控制机器人的纵横向移动及转位移动，升降装置带动装置本身和手臂来完成垂直运动，机器人的手臂靠电动机驱动相同齿数和模数的对啮合齿轮来驱动角位移，如果要实现点击目标只需要一个机械手臂操作就可以了，旋转动作可以实现屏蔽。为了防止在 KTV 里消费者在不使用机器人或者在跳舞时因机器人在脚旁对消费者造成伤害，自助机器人做成圆台形，一方面消费者碰到它会沿着圆台旋转而不撞伤消费者，二是在圆台的 6 个方向均安装红外线测距传感器，当消费者距离自助机器人接近 300mm 时机器人上的蜂鸣装置发出有节奏的音乐或者发出有节奏的亮光提醒，同时自助机器人可以在传感器接通的方向驱动机器人沿着反方向移动（也就是消费者的前进方向）。整个自助机器人的操作是由步进电动机拖动，它总共有 4 个轴 8 个位移方向，消费者点击遥控按钮，PLC接收信号，然后 PLC 驱动步进电动机驱动器，驱动器驱动步进电动机按消费者的目标移动；整个控制过程的系统结构如图 3-2 所示，系统硬件部分由遥控器、PLC 控制器、驱动器、步进电动机、蓄电池等组成。操作面板实现对自助机器人的操作功能；控制器 PLC 发出脉冲、方向信号，通过驱动器控制步进电动机的运行状态。

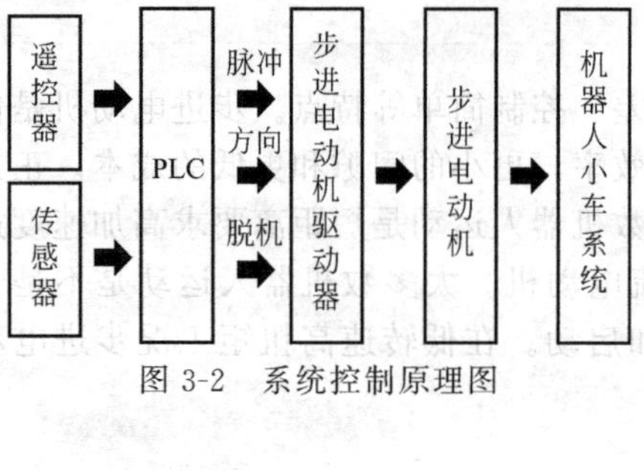

图 3-2　系统控制原理图

自助机器人的电气控制单元就是负责将图 3-2 各单元逻辑接口连接，这样消费者在点击自助机器人驱动按钮时或者传感器接收到位移信号后，机器人能按控制要求进行位移。为便于操作者远程控制和娱乐，驱动按钮安装在迷你遥控器上，遥控接收器收到信号后立即传给 PLC 的输入接口，PLC 驱动驱动器继而驱动电动机，自助机器人变“活”了。

步进电动机的主要作用是将接收到的电脉冲信号转变为角位移或线位移的开环执行元器

件（如果是闭环系统，机器人的位移将更精确，但是价格将会更高）。自助机器人所能承载的食品或者菜单都是标准规格的，一般情况下不用考虑超载问题，故电动机的转速高低、停止的位置只取决于脉冲信号的频率和脉冲数，也就是说，给电动机加一个脉冲信号，电动机则转过一个最小步距角。因脉冲信号与电动机角位移的线性关系，步进电动机只有周期性的误差并且没有累积误差。脉冲信号的频率决定电动机的速度，使得自助机器人在速度、位置等控制环节用步进电动机来控制变得非常简单。

可编程控制器（Programmable Logic Controller，PLC）是一种工业控制计算机，具有模块化结构、配置灵活、高速的处理速度、精确的数据处理能力、多种控制功能、网络技术和优越的性价比等性能，能充分适应工业环境。与单片机相比，PLC 程序简单易懂，操作方便，可靠性高，编程容易和 PLC 故障诊断也很容易等特点从而是目前广泛应用的控制装置之一。PLC 对步进电动机也具有良好的控制能力，尤其是利用其高速脉冲输出功能或运动控制功能对步进电动机的控制，也就是说 PLC 可实现对步进电动机的运动进行控制。利用 PLC 控制步进电动机，其脉冲分配既可以由软件实现，也可由硬件组成。

（2）功能设计

对利用 PLC 的 KTV 自助机器人控制系统的研究和对步进电动机的控制原理以及 PLC 控制系统的硬件和软件设计机理。

1）步进电动机的控制原理及特性

① 步进电动机的控制原理　步进电动机是一种将电脉冲信号转化为角位移的执行单元。步进电动机的运行需要有脉冲分配的功率型电子装置驱动，这就是步进电动机驱动器，控制系统每发出一个脉冲信号，通过驱动器就能驱动步进电动机按设定的方向转动一个同定的角度（称为“步距角”），它的旋转是以步距角一步一步运行的。可以通过控制脉冲个数来控制角位移量，从而达到准确定位的目的；同时可以通过控制脉冲频率来控制电动机转动的速度和加速度，从而达到调速的目的。通过改变通电顺序，可以实现改变电动机旋转方向的目的。步进电动机可以作为一种控制用的特种电动机，利用其没有积累误差（精度为 100%）的特点，广泛应用于各种开环控制。

步进电动机不能直接接到工频交流或直流电源上工作，而必须使用专用的驱动器如图 3-3 所示，它由脉冲发生控制单元、功率驱动单元、保护单元等组成。图 3-3 中点画线所包围的 2 个单元可以用微型计算机控制来实现。驱动单元必须与驱动器直接耦合（防电磁干扰），也可理解成微型计算机控制器的功率接口。

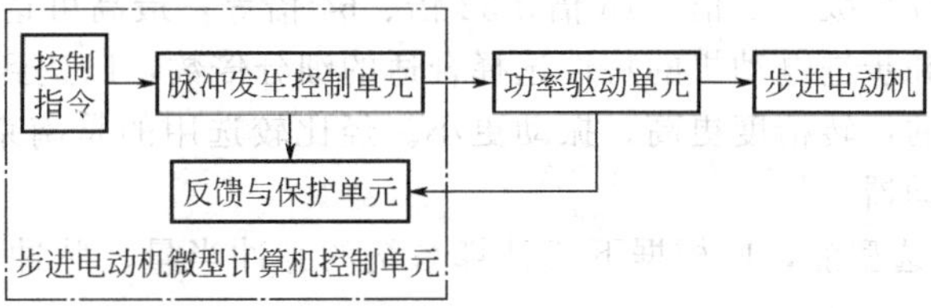

图 3-3　步进电动机驱动器工作原理图

② 步进电动机的特点

a. 一般步进电动机的精度为步距角的 3%～5%，且不累积，所以具有良好的跟随特性。

b. 步进电动机的外表所能承受的最高温度范围。步进电动机温度过高首先会使电动机的磁性材料退磁，从而导致驱动力矩下降乃至于失步，因此电动机外表允许的最高温度应取决于不同电动机磁性材料的退磁点，一般来讲，步进电动机外表温度在 80～90℃时完全正常。

c. 步进电动机的驱动力矩会随转速的升高而下降。当步进电动机转动时，电动机各相绕组的电感将形成一个反向电动势；频率越高，反向电动势越大。在它的作用下，电动机随频率（或速度）的增大而相电流减小，从而导致力矩下降。

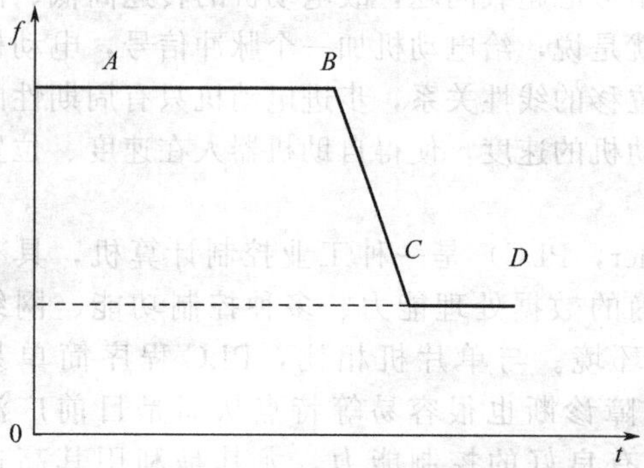

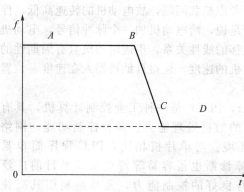

图 3-4 步进电动机脉冲频率的变化规律

d. 步进电动机低速时可以正常运转，但若高于一定速度就无法启动，并伴有沉闷的声响。步进电动机有一个技术参数：空载启动频率，即步进电动机在空载情况下能够正常启动的脉冲频率，如果脉冲频率高于该值，电动机则不能正常启动，可能发生丢步或堵转。在有负载的情况下，启动频率应更低。如图 3-4 所示为步进电动机脉冲频率的变化规律。

③ 步进电动机脉冲频率的变化规律 系统设计中采用的步进电动机为 0.9°步距角二相步进电动机。步进电动机在启动和停止时有一个加速及减速过程，且加速度越小则冲击越小，动作越平稳，所以步进电动机的工作一般要经历以下的变化过程：加速→恒速（高速）→减速→恒速（低速）→停止。因步进电动机的转速与脉冲频率成正比，所以输入步进电动机的脉冲频率也要经历一个类似的变化过程，其变化规律如图 3-4 所示。可见在步进电动机启动时要使脉冲升频，停车时使脉冲降频。

由于步进电动机驱动器在输入脉冲 200Hz 时处于振荡区内，容易损坏内部的元器件，而在 200Hz 以下时运转速度较低，效率较低，故一般采用 350Hz 作为脉冲的低频起点。经测试，轻载时高频脉冲可达到 6.8kHz。

2）步进电动机 PLC 控制系统的硬件设计

步进电动机：步进电动机有步距角、静力矩、电流三大要素。根据负载的控制精度要求选择步距角大小，根据负载的大小确定静力矩，静力矩一经确定根据电动机矩频特性曲线来判断电动机的电流。一旦三大要素确定，步进电动机的型号便确定下来了。本系统使用的是南京步进电动机厂的 35BYG 系列的步进电动机，其转矩比较高。

驱动器：遵循先选电动机后选驱动的原则，电动机的相数、电流大小是驱动器选择的决定性因素；在选型中，还要根据 PLC 输出信号的极性来决定驱动器输入信号是共阳极或共阴极。为了改善电动机的运行性能和提高控制精度，通常通过选择带细分功能的驱动器来实现，口前驱动器的细分等级有 8 倍、16 倍、32 倍、64 倍等，最高可达 256 倍。在实际应用中，应根据控制要求和步进电动机的特性选择合适的细分倍数，以达到更高的速度和更大的高速转矩，使电动机的运转精度更高，振动更小。经比较选用的是南京步进电机厂的 HSM 系列的步进电动机驱动器。

PLC：在对 PLC 选型前，应根据下式计算系统的脉冲当量、脉冲频率上限和最大脉冲数量。

$$\text{脉冲当量}=\frac{\text{步进电动机步距角}\times\text{螺距}}{360\times\text{传动速比}}$$

$$\text{脉冲频率上限}=\frac{\text{移动速度}\times\text{步进电动机细分数}}{\text{脉冲当量}}$$

$$\text{最大脉冲数量}=\frac{\text{移动距离}\times\text{步进电动机细分数}}{\text{脉冲当量}}$$

根据脉冲频率可以确定 PLC 高速脉冲输出时的频率，根据脉冲数量可以确定 PLC 的位宽。运用 PLC 控制步进电动机时，应该保证 PLC 具有高速脉冲输出功能，通过选择具有高速脉冲输出功能或专用运动控制功能的模块来实现。设计中，根据选型原则和功能要求，采用的步进电动机为 0.9°步距角的二相步进电动机；因为考虑到是用在机器人小车上，所有部件都需要跟车移动，所以整体选用两块 12V 蓄电池，PLC 工作电源选用 24V DC，用的是信捷 XC3-14 的 PLC 两个（因有 4 个步进电动机，而每个 XC3-14 只有 2 个高速脉冲输出）。

遥控器选择：机器人控制需要 8 个方向再加电源控制，选择 HBGY801 八方向（八点动型）+8 个控制点，轻型遥控器。电源由空气开关手动启动。

硬件连接：按照系统控制要求，系统 I/O 硬件连接如图 3-5 所示（部分内容）。

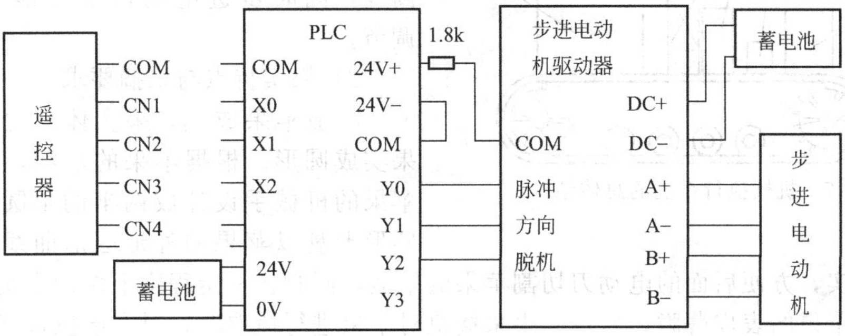

图 3-5　系统 I/O 连接图（部分）

3）步进电动机 PLC 控制系统的软件设计图

步进电动机控制程序可以采用梯形图或者指令表等进行编制，控制程序在上位机中编制、调试和编译后，即可下载到 PLC 中。如图 3-6 所示为一个电动机控制梯形图（部分）：Y0 口输出脉冲信号，Y1 和 Y2 为方向和脱机信号。DPLSF 为 32 位可变频的形式产生连续脉冲的指令，STOP 为脉冲停止指令。设计时先用西门子 S7-200 PLC 编程调试，成功后改用无锡信捷的 PLC。

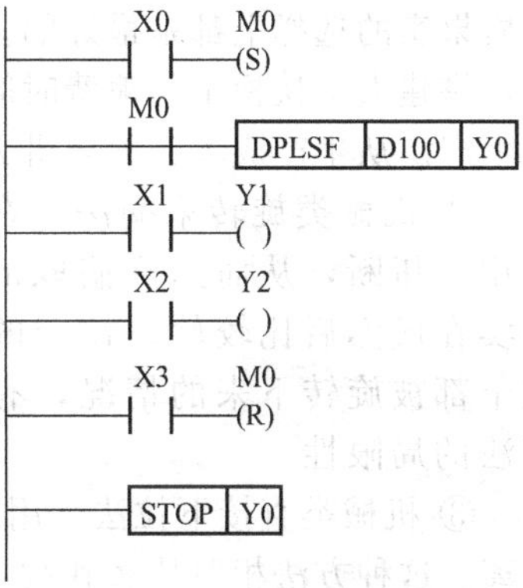

图 3-6　步进电动机控制梯形图

（3）小结

利用 PLC 可方便地实现对步进电动机的方向和位置进行控制，可靠地实现各种步进电动机的操作，完成机器人的各种复杂动作。步进电动机以其显著的特点，在自动化时代发挥着重大的用途。伴随着自动化控制技术的发展、传感器技术的发展以及步进电动机本身技术的提高，步进电动机将会在更多的领域中得到应用。利用 PLC 技术可以对家庭、办公室、音乐机器人、自动搜救机器人以及工业控制中各种自动、半自动技术发展起到促进作用，也进一步展现了 PLC 技术对现代服务业的有力支持和广阔应用。

3.1.4　苹果采摘机器人控制系统

苹果树的高度在 3～5m，有的甚至更高，苹果采摘就成了广大果农面临的难题。目前全国苹果采摘方式还是比较落后的传统采摘方式，存在效率低、劳动强度大、劳动力成本高、安全性差等缺点，这种现状极大地制约了苹果产业化、商品化的发展。本项目构建了基于PLC的苹果采摘机控制系统，为实现苹果采摘的全自动化控制提供了参考。

（1）采摘机的总体结构与工作原理

1）总体结构

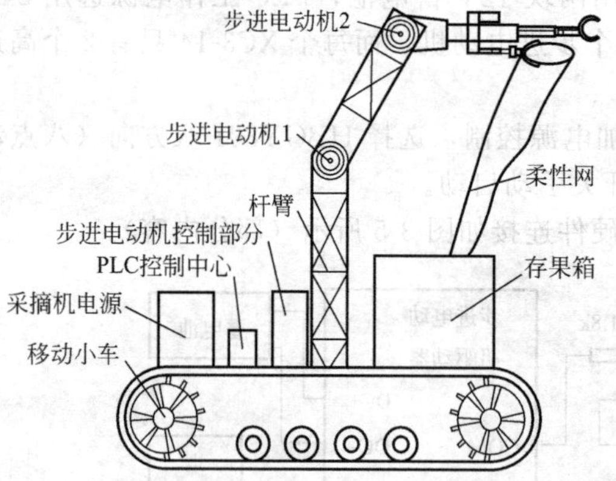

图3-7 机械执行系统的总体结构

苹果采摘机器人由机械执行系统和控制系统2个部分组成。机械执行系统的总体结构如图3-7所示，主要包括末端执行器、采摘机械大臂和小臂、移动平台和横向滑移机构等。采摘机电源为采摘移动提供动力，并且为控制部分供电，步进电动机调节各杆臂的高度，同时步进电动机2还能够实现方向调节。

2）果实特点与采摘要求

一般苹果成熟，果实体型比较大，并且果实成圆形。根据苹果的形状，可以把摘取苹果的机械手设计成两半的半圆形卡盘。半圆形卡盘以苹果的外形圆形曲线为基础，作用是夹紧果实，方便后面的电动刀切割苹果的果柄，同时在一定程度上保护果实，防止出现伤疤。因为苹果的表皮薄脆，所以苹果采摘机对苹果进行抓取时，对末端执行器的抓持力的控制要求很高，因此在半圆形卡盘中加入了US5100系列压力传感器，以对抓持力进行精确的控制，这样在保护果实的同时也达到了夹紧的目的。

3）方案选择

① 人为手工类采摘法　完全依靠果农进行手工采摘，无论是从果实的完整性上，还是优质果实的选择上都是最好的。但是由于果树比较高，每棵果树在采摘时都需要搭建人工扶梯，搭建人工扶梯不仅浪费时间，而且安全性也不高，需要的劳动量比较大，不适合大规模的生产。从生产成本方面来讲人为手工采摘也不适合现代农业的发展需求。

② 机械类旋转采摘法　在卡盘夹紧苹果后，卡盘旋转使苹果的果柄在旋转扭力的作用下扭断，从而达到摘取的目的。这种采摘方法具有简单、方便的特点，但是由于果实在成熟后比较软，枝干的柔韧性也相对较好，在使用旋转法采摘时会出现果实与枝干都被旋转下来的情况，有时还可能对果实的完整性造成破坏，造成了这种旋转采摘法的局限性。

③ 机械类直接下拉法　用卡盘夹紧果实后，卡盘直接下拉，利用下拉力使果实与枝干分离。这种方法相对比较快捷、高效，但是可能破坏果实的完整性，同时也可能使枝干折断，无论是从后期运输及储藏角度还是果树损伤角度来讲都是不太适宜的。

④ 机械类气吸采法　直接使用可吸气的采摘机，利用吸气产生的拉力吸取果实。这种方法高效、快捷、简单，但是存在着破坏果实的完整性、损伤果树枝叶等问题。这些对果实后期运输及储藏都是不利的，同时对果树的生长也有不利影响。

⑤ 机械类刀具采摘法　用卡盘夹紧果实后，利用卡盘上自带的机械刀具对果柄进行切割，使之与枝干分离，刀具在没有夹紧时位于卡盘的夹层中（图3-8），这样可以保护果实不被破坏，保证了果实的完整性，同时使用刀具切割果柄对果树的伤害也降到了最小。这种方法不仅保证了果实的完整性，也提高了工作效率，具有高效、快捷、简单、安全等特点。

果实的完整性决定着果实的后期价值，因此对比以上4种机械类采摘方法，刀具采摘法是效果最佳的方法。

4）控制系统的工作原理

由PLC控制采摘机器人的一系列动作。卡盘的圆形曲线形状是根据苹果的形状设计而成的，2个半圆形卡盘之间的足够间隔分别由2个电动机控制，用来夹紧苹果。在卡盘内部有US5100系列压力传感器，当果实被夹紧时的力达到预设值，压力传感器给PLC发出信号，PLC控制电动机停止转动。此时PLC控制内部刀具出刀切割果柄，切割完成后收刀，同时物料收集装置移动到卡盘的正下方，卡盘松开，苹果因重力作用自然下落进入物料收集装置的柔性网，通过柔性网减速缓冲使苹果慢慢进入存果箱中。为了防止果柄没有切割下来，在物料收集装置的网口加入一个VRK-760开关量传感器（图3-9），当果实下落经过网口传感器后，采摘机才会对下个果实进行切割，如果在设定时间内没有收到果实已经切割下来的信号，卡盘会对原果实进行再次夹紧，并且再次切割，直到采摘下来为止。

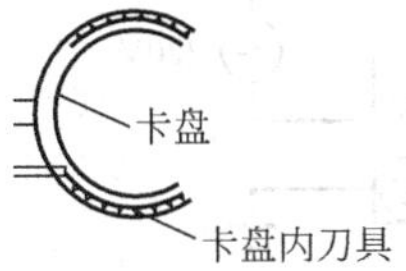

图3-8　卡盘内部结构

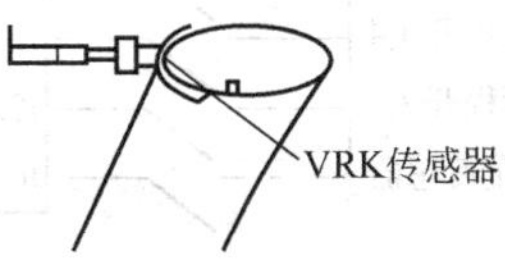

图3-9　物料收集装置接收网口

（2）硬件与软件设计

① PLC型号的选择及I/O地址分配　通过分析控制系统的工作原理，得到采摘机器人系统共需要8个输入端子，7个输出端子。因此选用S7-200 CPU224 PLC研制了一套符合采摘机器人操作要求的PLC控制装置，充分利用PLC的资源，提高操作的安全性和效率性。

S7-200 CPU224 PLC有14输入端子，10输出端子，因此既满足系统的使用要求，又利于以后的升级改造。

根据设定的控制方案及设备要求，建立现场控制元器件与PLC编程元器件的I/O地址分配关系如下：

I0.0：调节步进电动机到摘取指定点，卡盘开始工作，准备夹紧。

I0.1：限位行程开关1，表示卡盘已经张开到一定角度。

I0.2：US5100系列的压力传感器，表示卡盘已经夹紧苹果，可以进行采摘。

I0.3：限位行程开关2，用来控制内部刀具的伸出长度。

I0.4：限位行程开关3，用来控制内部刀具在进行切割时左右到达的位置。

I0.5：限位行程开关4，用来控制在内部刀具收回到达指定位置时柔性网前伸。

I0.6：限位行程开关5，用来控制在柔性网前伸到达指定位置时，卡盘松开，果实下落。

I0.7：VRK-760开关量传感器，用来检测果实是否被摘下，如果摘下，则进行下一个采摘。

Q0.0：卡盘张开。

Q0.1：卡盘夹紧。

Q0.2：出内部刀具。

Q0.3：收内部刀具。

Q0.4：内部刀具切割。

Q0.5：柔性网前伸。

Q0.6：柔性网收回。

② PLC外部接线端子　根据I/O地址分配关系，得到如图3-10所示的系统外部接线端子图。

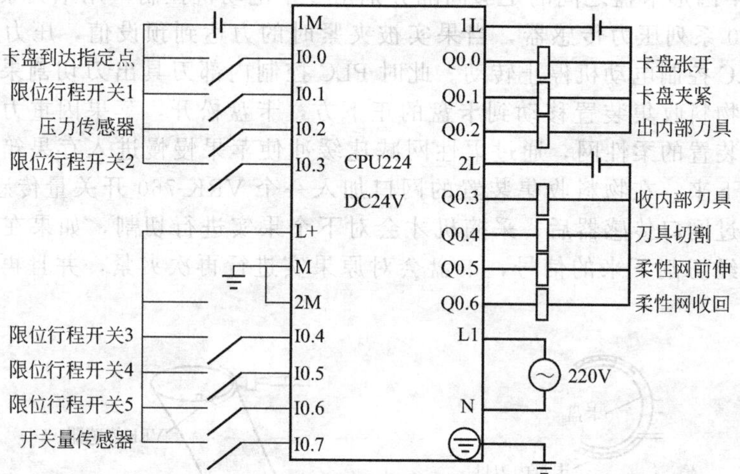

图3-10　系统外部接线端子图

③ 软件设计　根据控制要求，得到如图3-11所示的程序设计流程。

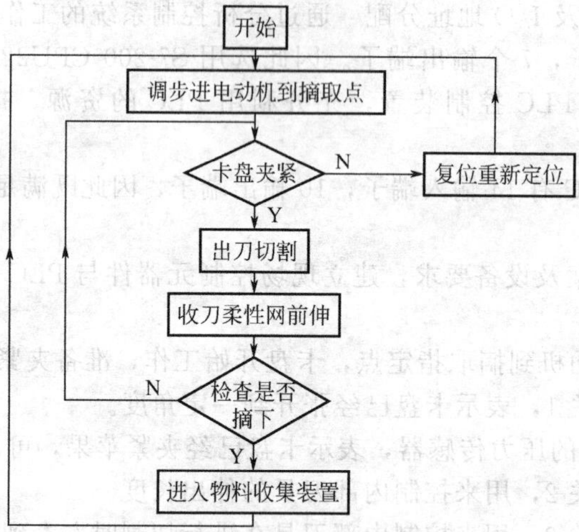

图3-11　程序设计流程

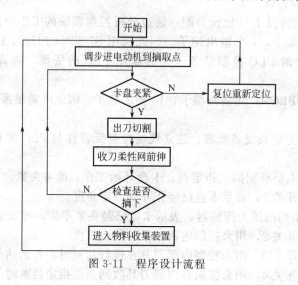

3.1.5　工业机械手PLC控制系统

本系统采用晶体管输出型S7-200 CPU224CN PLC，可同时输出两路脉冲到步进电动机驱动器，控制步进电动机的运行，它具有紧凑的设计、良好的扩展性、低廉的价格以及强大的命令，可以近乎完美地满足小规模的控制要求。

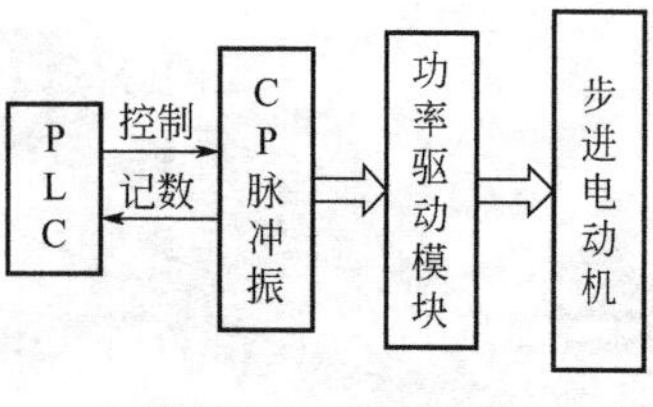

图3-12　系统原理

（1）PLC控制器与步进电动机驱动器的连接

PLC控制步进电动机驱动系统原理如图3-12所示。

图3-12中脉冲信号发生电路用以产生步进脉冲信号，其频率按步进电动机进给速度的要求设计，步进量采用步进

脉冲计数法进行控制，具体做法就是 PLC 的调整脉冲输入端和调整脉冲计数器对进给脉冲计数，按脉冲的个数控制进给量。采用硬件脉冲信号发生电路，工作频率较高，可在数控装置中做多轴插补控制，亦可方便地用于各种机械装置的驱动。

PLC 控制器与步进电动机驱动器工作原理如图 3-13 所示。驱动器电源由面板上电源模块提供，注意正负极性，驱动器信号端采用＋24V 供电，需加 1.5kΩ 限流电阻。驱动器输入端为低电平有效。

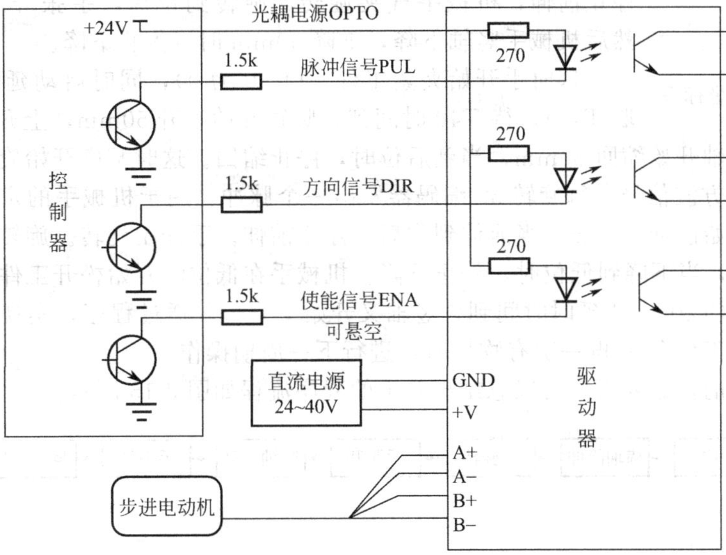

图 3-13　PLC 控制器与步进电动机驱动器工作原理

(2) 工业机械手 PLC 控制系统的控制要求

控制要求：实现把放在 *A* 地的物体拿到 *B* 地。并实现对机械手各个动作的顺序控制。机械手传送工件系统如图 3-14 所示。

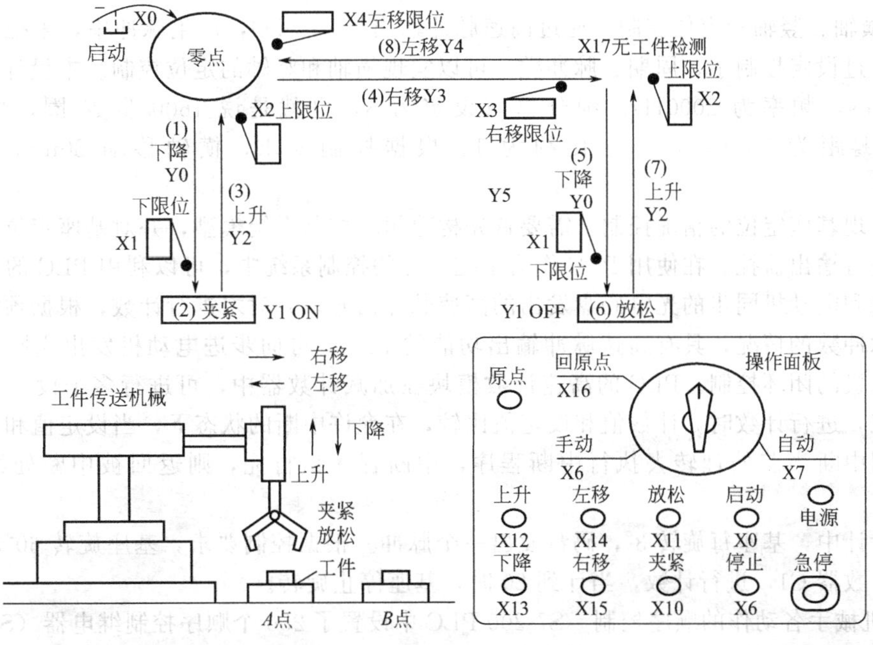

图 3-14　机械手传送工件系统

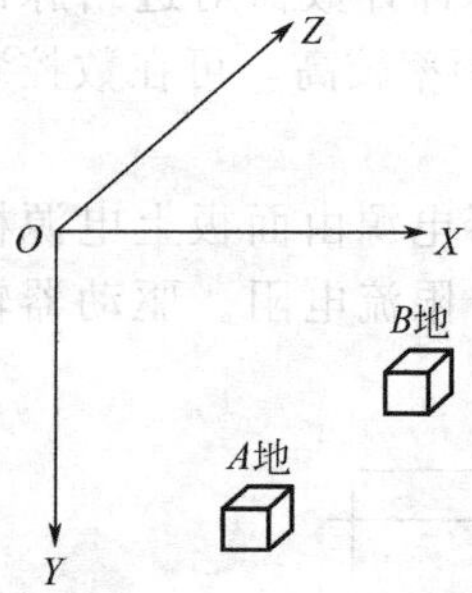

图 3-15　机械手坐标系

以机械手复位点为原点 O（0，0，0），建立坐标系，单位为 mm，如图 3-15 所示。A 地的坐标是（80，50，0），B 地的坐标为（80，50，30）。根据控制要求，逻辑流程可以分为 15 个部分。系统启动时，程序运行复位，各映像寄存器清零，气夹、基座、X 轴、Y 轴复位。各部位复位完成后，延时 2s。当有工件放在工作台 A 上时，启动条件允许，则机械手横轴开始前伸 80mm。当前伸到位时，停止前伸，机械手气夹旋转，旋转到位后，手张开（Q1.0 为 0）。然后机械手竖轴下降，下降 50mm 时，停止下降。

这时手开始夹紧工件（Q1.0 为 0），同时启动延时 0.5s（可以取 T40）。待 T40 时间到，竖轴开始上升 50mm，上升到位时，停止上升。机械手横轴开始缩回 80mm，当到后位时，停止缩回。这时基座开始旋转，并产生一个 V_{pp} 为 24V 的方波信号，每旋转 30 编码器发出一个脉冲，用于机械手的定位控制。旋转到位后，横轴开始前伸 80mm，当前伸到位后，停止前伸。手开始旋转。旋转到位后，竖轴开始下降 50mm，当下降到低位时，停止下降。机械手在低位时开始松开工件，同时启动延时 0.5s 定时器（T40）。待延时时间到，竖轴又开始上升。并通过程序，实现机械手软件复位。机械手等待工作台 A 再一次有物块时，进行下一周期操作。

根据机械手的控制要求，可以总结出基本的程序流程如图 3-16 所示。

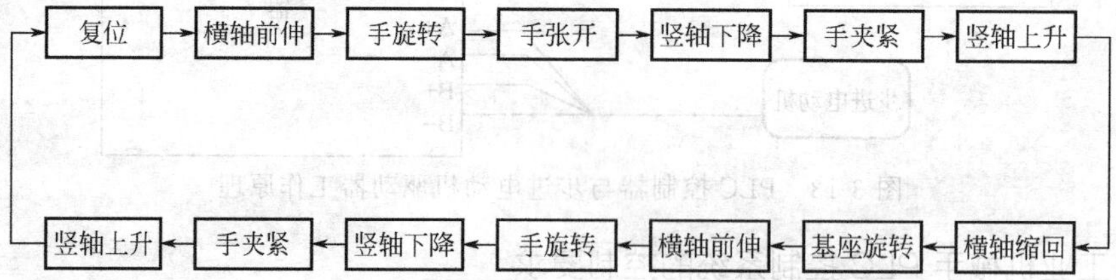

图 3-16　程序流程

（3）关键问题解决

① 横轴、竖轴的定位控制　通过高速脉冲输出指令 PTO，产生脉冲串，来控制步进电动机。通过设定控制字、周期、脉冲数，可以实现横轴和竖轴的定位控制。本设计中，取周期为 500μs，频率为 2000Hz。细分倍数设定为 8，也就是说 1600 步数/圈，步距角为 0.225°。螺距为 5mm，传动速比约为 1。根据控制要求，横轴移动 80mm，竖轴移动 50mm。

要实现基座定位的精确控制，需要首先构建闭环控制系统模型，并对基座定位系统的执行机构进行输出监控。在使用 PLC 作为主控单元的控制系统中，可以利用 PLC 的高速计数功能读取和电动机同步的光电码盘发出的高速脉冲信号，并对之进行计数，根据预定脉冲数和实际脉冲数的情况，具有高速脉冲输出功能的 PLC，可向步进电动机发出应脉冲，从而实现电动机的闭环控制。PLC 的高速计数模块在加减计数器中，可进行多个设定值区域的多段设定，进行计数时，计数值和设定值比较，在允许中断的状态下，当设定值和计数值一致时，则中断当前处理转去执行中断程序，中断程序执行完，则返回被中断处继续往下执行。

本设计中，基座每旋转 3°，码盘发出一个脉冲。根据控制要求，基座旋转 60°，所以可以用加计数器 C1，进行计数，当计到 20 时，基座停止旋转。

② 机械手各动作的顺序控制　S7-200 PLC 中设置了 256 个顺序控制继电器（SCR），通过顺序控制指令来编制顺序控制程序。

编制顺序控制程序的步骤：

a. 编制每一个顺序控制程序时，首先应启动相关的特殊标志位和状态位。在同一程序中，各程序的状态位不能相同。

b. 每一个顺序控制程序都是以 LSCR 开始，启动状态位。以 SCRT 进行状态转换，结束前一个程序步，启动后一个程序步，则以 SCRE 结束。

c. 在程序开始，使输出位置位。

本设计采用状态继电器编程。状态继电器是专门为顺序控制设计提供的，在编制顺序控制程序时应与步进指令一起使用。要使用状态继电器编程必须把握两个关键词，即状态和转移条件。所谓状态就是每一状态应完成相应的动作；转移条件即是从上一个状态转移到下一个状态，所应满足的条件。这里所说的状态即是：从原位开始，前伸、下降、夹紧、上升、缩回、旋转、前伸、下降、放松、上升、复位；这里所谓的转移条件即是：前伸、缩回、上升、下降到位和夹紧、放松的延时时间。先使各标志位和状态位都清零，再采用 M0.1～M0.7，M1.0～M1.7，M2.0～M2.5，M3.0～M3.3 等 25 个中间继电器，使机械手按控制流程图顺序动作。程序结束时，使输出位复位。

以上几个关键问题解决后，将程序输入 PLC，经过多次调试和修改，直至机械手按要求动作。到此，就达到了机械手控制系统的设计要求。

PLC 控制器与步进电动机驱动器连接工作可实现机械手的定位精准，最终可实现机械手在空间中的准确定位并抓放物体。系统可以根据机械手的不同作业要求，设计不一样的程序来实现预期的动作；很大程度上方便了用户的调试。系统功能灵活，可实现动作多样，调试方便，定位快速，并可以根据用户相关控制需要调整参数，实现人机智能化。

3.2 机器人 PLC——直流伺服电动机控制系统

3.2.1 直流伺服电动机在机器人驱动与控制应用概况

直流伺服电动机通过电刷和换向器产生的整流作用，使磁场磁动势和电枢电流磁动势正交，从而产生转矩。其电枢大多为永久磁铁。

（1）直流伺服电动机的特点

同交流伺服电动机相比，直流伺服电动机的启动转矩大，调速范围广且不受频率及极对数的限制（特别是电枢控制的），机械特性线性度好，从零转速至额定转速具备可提供额定转矩的性能，功率损耗小，具有较高的响应速度、精度和频率，优良的控制特性，这些是它的优点。

但直流电动机的优点也正是它的缺点，因为直流电动机要产生额定负载下恒定转矩的性能，则电枢磁场与转子磁场必须恒维持 90°，这就要借助碳刷及整流子；电刷和换向器的存在增大了摩擦转矩，换向火花带来了无线电干扰，除了会造成组件损坏之外，使用场合也受到限制，使用寿命较低，需要定期维修，使用维护较麻烦。

若使用要求频繁启停的随动系统，则要求直流伺服电动机的启动转矩大；在连续工作制的系统中，则要求伺服电动机的使用寿命较长。使用时要特别注意先接通磁场电源，然后加电枢电压。

在机器人技术领域中，直流电动机作为机器人各关节的主要执行机构得到了广泛的应用，电动机及控制系统的设计决定了机器人的运动性能和控制精度。

（2）直流伺服电动机应用于机器人的优势

机器人自身特点决定了其传动机构要结构紧凑、体积小、质量轻，电动机应具有高的动力/质量比。此外，为获得高的加速性能，应选择转动惯量小的电动机转子。

直流伺服电动机具有一系列的优点：高转矩/惯量比，动态响应快；调速范围宽，低速脉动小；低速转矩大，连续运行稳定及过载能力强；高效节能；体积小，重量轻；多种灵活安装方式；结构简单，维修方便；工艺稳定，产品一致性好；噪声振动小，使用寿命长；高的防护等级，可按用户要求提供更高要求的防护等级；高等级绝缘结构，提高了电动机的使用寿命，增加了电动机的可靠性。和液压、气动等驱动方式相比，直流电动机驱动具有体积小、功耗小、精确度高等优点。

显然，直流伺服电动机很适合机器人的应用环境和控制与动力要求。尤其在功率较小且精度要求高的场合，机器人多采用直流伺服电动机传动。

（3）直流伺服电动机的选型

电动机的选型是机电系统设计的核心问题之一，而电动机驱动负载的计算则是电动机选型中关键和重要的一步。因而，选型时需要研究机器人关节负载的计算方法。

在机器人设计中，通过对关节负载转矩的需求来选出可能的直流电动机型号，电动机选型必须满足以下两个条件：有效转矩必须要比所选电动机的连续转矩小；所选电动机的堵转转矩通常要大于所需的峰值转矩。

运行良好的电动机，其工作转速和工作转矩的所有数据点都位于理想电动机的机械特性曲线之内，同种型号而不同电压规格的电动机其理想的机械特性也有所不同。

在满足要求的情况下，遵循功耗越小越好的原则，从电动机额定电压低的开始，选取若干不同的规格。通过负载特性曲线与电动机理想机械特性曲线相比较，判断所需电动机的工作转速和工作转矩的所有数据点是否都位于理想电动机的机械特性曲线之内，验证所选的机器人各关节所选电动机能符合机器人运动性能的要求。

3.2.2 排水管道清淤机器人控制系统

一种牵引式城市排水管道清淤机器人，采用新型机械结构和控制系统，为更有效地完成排水管道的清淤工作提供了解决方案。

（1）清淤机器人结构及工作原理

牵引式排水管道清淤机器人主要由清淤机器人本体、钢丝绳牵引装置、清淤斗、清淤斗举升翻转机构、监控系统和控制系统等部分组成，如图 3-17 所示。

① 为保证清淤机器人清淤作业行程和灵活性，此清淤机器人本体底部设有车轮，以自携的蓄电池作为动力源，采用电动机驱动车轮的运动方式，带动清淤斗和牵引钢丝绳一起向远离窨井井口的方向运动至计划清淤的位置。

② 考虑到排水管道为圆柱形，为了与排水管道内壁的圆形轮廓相吻合，清淤机器人车体的车轮制成具有一定弧度的形状。车轮的材料采用耐磨、耐腐蚀的橡胶，并在轮子的表面制有凹凸花纹，以达到增加车轮与管壁间接触摩擦系数的目的，以此防止清淤作业过程中的打滑现象。

③ 清淤机器人在管道内部清淤作业需要有足够的牵引力，为此设计了钢丝绳牵引装置，牵引钢丝绳的一端和清淤机器人车体连接，另一端通过牵引钢丝绳支架的过渡和安装于工程车里的牵引钢丝绳电动机连接；用于拖拽清淤机器人车体连同清淤斗向靠近窨井井口的方向运动，在运动过程将淤泥收入清淤斗内，完成清淤作业。

④ 受到排水管道形状的限制，清淤斗整体形状为横向放置的筒体，一端封闭为斗底，

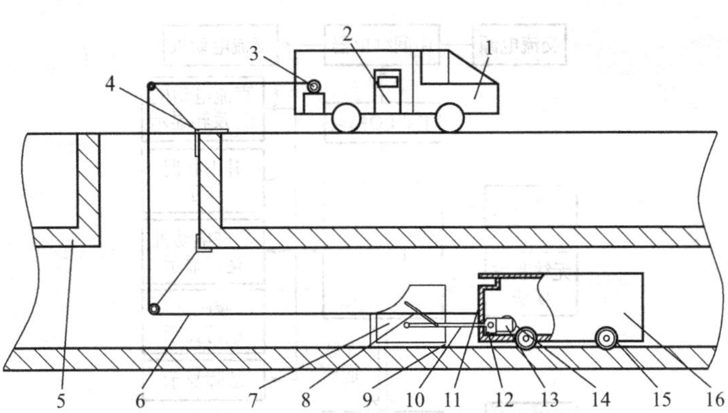

图 3-17　城市排水管道清淤系统结构图

1—清淤工程车；2—控制柜；3—钢丝绳牵引装置；4—牵引钢丝绳支架；5—排水管道；6—牵引钢丝绳；7—清淤斗；8—电动缸；9—清淤斗轮；10—连杆；11—摄像头；12—轴承座；13—减速器；14—电动机；15—车轮；16—车体

另一端为开口，开口的上半部为半圆形缺口，开口的下部为圆弧状坡口，清淤斗靠近管道内壁；清淤斗底部装有清淤斗轮，便于清淤作业时清淤斗在管道内部行走。

⑤ 此清淤机器人采用了清淤斗举升翻转机构，工作原理为：

通过清淤机器人车体上的电动机带动传动轴运动，进而带动连杆翻转（转过一定角度），传动轴通过轴承底座设置在清淤机器人车体上；电动缸两端分别和清淤斗、连杆铰接，通过电动缸伸缩杆的伸长和缩短使清淤斗进一步翻转；此机构的作用是清淤作业开始前，将清淤斗调整，使清淤斗开口位于和管道内壁相切的位置，以便清淤，清淤结束后将清淤斗举升并翻转，避免清淤斗内的淤泥外泄。

⑥ 清淤作业过程中要求机器人在存有污水和污泥的排水管道内部行走，这就要求机器人具备良好的密封性，所以此清淤机器人采用动静结合的密封方式，即对于清淤车体的密封采用密封垫片进行静密封，对于输出轴处的密封采用旋转格来圈进行动密封。

⑦ 清淤机器人车体上安装有配带雨刷的红外防水摄像头。通过工业摄像头 CCD 实时采集排水管道内部的工作状况，采集的数据通过无线传输至位于地面上方工程车内部的上位机进行显示，操作人员根据显示画面实时进行操作。

（2）控制系统的硬件设计

① 总体设计　本控制系统采用上、下位机的二级分布结构，组成框图如图 3-18 所示。

上位机主要负责检查清淤机器人的运行情况并显示管道内部的清淤作业现状。下位机选用 S7-200 CPU226 PLC 即可，主要完成对直流电动机、步进电动机和电动缸的动作控制。

直流电动机 M1 用于驱动清淤机器人车体在排水管道内部空载运动，步进电动机 M2 和电动缸用于驱动清淤斗举升翻转机构运动。

具体操作过程为：当用升降机将清淤机器人吊送至排水管道的窨井井口后，按下启动键 S1，启动清淤机器人行走机构驱动电动机 M1 正转，当清淤机器人运动至计划清淤位置后，按下停止键 S2，行走机构驱动电动机停止转动。按下启动键 S3，启动电动缸电动机 M3，使电动缸伸缩杆伸长至极限位置，电动缸停止运动，此时在电动缸的带动下清淤斗斗口朝向和连杆平行，随后按下启动键 S4，举升翻转机构电动机 M2 正转，将清淤斗放下，当清淤斗和管道内壁相切时，按下停止键 S5，电动机 M2 停止转动。接下来启动钢丝绳牵引装置电动机正转，收缩钢丝绳，拖拽清淤车体连同清淤斗向靠近窨井井口方向运动，在运动过程中，将清淤斗前方的淤泥收入斗内。淤泥收集结束后，钢丝绳牵引装置电动机停转，按下启

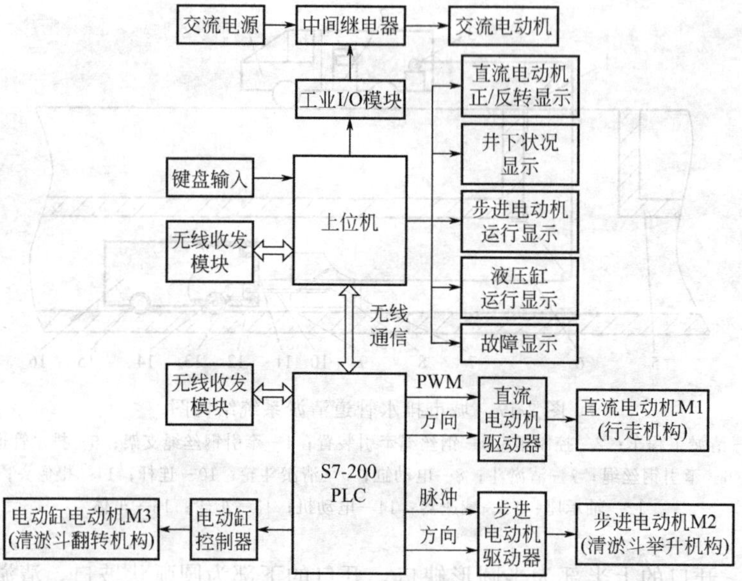

图 3-18　清淤机器人控制系统组成框图

动键 S6，使电动机 M2 反转，将清淤斗举起一定高度，按下停止键 S5，电动机 M2 停转。按下电动缸停止键 S7，电动缸伸缩杆缩短至最短位置后停止运动，此时清淤斗反向翻转一定角度，使斗口朝上，避免斗内淤泥外泄。启动钢丝绳牵引装置电动机正转继续带动牵引钢丝绳运动，拖拽清淤机器人车体连同清淤斗运动至窖井井口位置。

② 无线通信　清淤机器人在狭窄的排水管道内部作业，若采用有缆作业，机器人就需要拖带动力电缆和信号电缆进行作业，当机器人行至一定距离时，电缆与管壁之间的摩擦力变大，甚至超过驱动电动机的牵引力，严重影响清淤作业效率。相比之下，无缆机器人工作时所需能量由自携式蓄电池提供，省去了沉重的电缆，不但简化了系统结构，而且还使机器人的作业行程及运动灵活性均得到提高。基于上述优缺点，本清淤机器人采用无线通信方式。设计采用西门子 DTD433M 无线收发模块，该模块是西门子 PLC 专用远距离数据传输模块，可以通过 MDBUS 协议与上位机进行数据交互。

③ PLC 控制电路

a. PLC 控制直流电动机调速　清淤机器人在清淤作业过程中，当空载行走到计划清理的淤泥上方时，要求清淤机器人以较慢的速度行驶，当清淤机器人空载行走到已经清理干净的管道内部时，要求机器人快速行驶，以节省清淤作业的时间。机器人在管道内部以不同的速度行驶，通过 PLC 输出 PWM 信号控制机器人驱动电动机转速来完成。

b. PLC 控制步进电动机运动　清淤机器人在清淤作业时要求清淤斗被放下，清淤斗装满淤泥后要求被举起。通过 PLC 控制步进电动机 M2 正反向转动 45°，带动连杆使清淤斗被举起和放下。此动作简单，只需 PLC 正反向输出一定量的脉冲数即可。

c. PLC 控制电动缸运动　电动缸的作用是当清淤斗被举起后，电动缸的伸缩杆缩短，使清淤斗翻转一定角度至斗口朝上的位置，防止斗内的淤泥回流至管道内部。当准备清淤作业时，电动缸的伸缩杆伸长，使清淤斗复位。此动作通过 PLC 控制两个继电器 KM1 和 KM2 的通断电来完成。

d. PLC 控制各 I/O 口功能分配表　S7-200 PLC 有两个 PTO/PWM 发生器，分别为 Q0.0 和 Q0.1，因此 I/O 功能分配如表 3-1 所示。

表 3-1　PLC 控制 I/O 功能分配表

编号	功能	描述
Q0.0	输出高速脉冲	用于控制步进电动机驱动器，与 PUL-连接
Q0.1	输出 PWM 波形	用于直流电动机调速
Q0.2	步进电动机驱动器	用于控制步进电动机的正反转
Q0.3	控制电动缸伸长	通过控制中间继电器 KM1，间接控制电动缸伸长
Q0.4	控制电动缸缩短	通过控制中间继电器 KM2，间接控制电动缸缩短

(3) 控制系统的软件设计

系统采用模块化结构设计，控制系统主程序流程如图 3-19 所示，主要包括主模块和功能子程序模块。

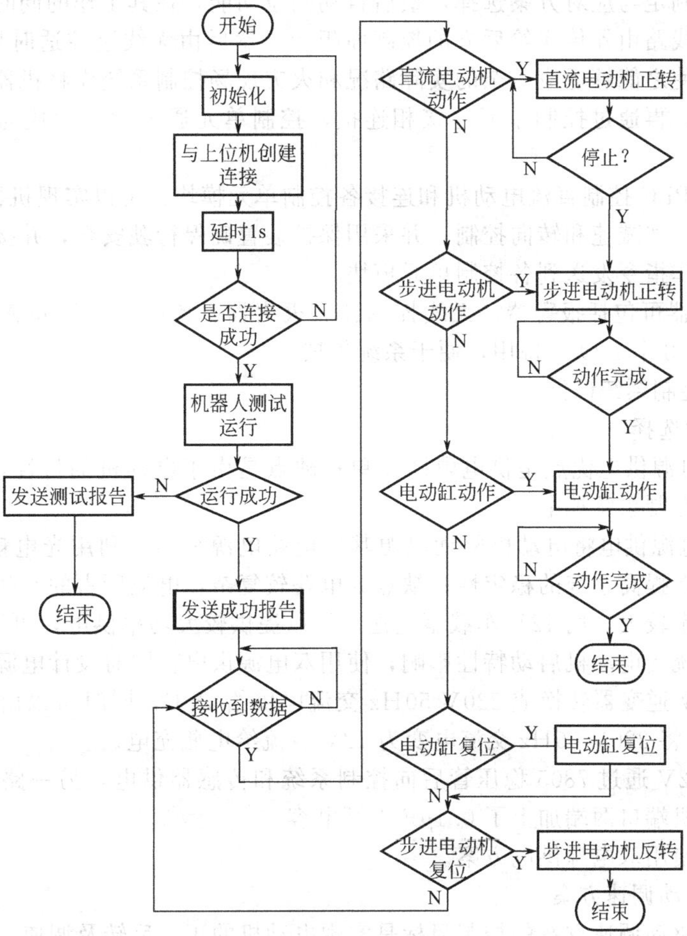

图 3-19　控制系统主程序流程图

主模块主要完成系统初始化、与上位机建立连接和机器人测试运行。

功能子程序模块主要包括直流电动机（行走机构）模块、步进电动机（清淤斗举升机构）模块和电动缸（清淤斗翻转机构）模块。各功能子模块采用顺序控制，当接收到上位机指令后，严格按照程序指定顺序执行相应动作。

牵引式排水管道清淤机器人，简单可靠的机械结构保证了机器人在管道内部能自由行走，钢丝绳牵引装置的引用使得清淤机器人在有载清淤作业过程中具有足够的动力。模块化的控制系统软件设计，保证清淤机器人严格按照指定程序顺序执行相应动作。监控系统适时监控管道内部清淤作业情况，并通过无线通信设备传输数据，进而通过 S7-200 PLC 对直流电动机、步进电动机以及电动缸进行控制完成清淤动作。整个清淤系统大大提高了清淤作业的自动化水平。

3.2.3 智能侦查灭火机器人控制系统

（1）项目概况

“智能侦查灭火机器人”项目研究以遥控电动小车模型为研究对象，建立智能侦查灭火机器人控制模型采用三菱 FX2N PLC 对控制系统进行优化，使灭火机器人中的各个模块能够平滑、稳定地工作并具有全局侦查发现火源及报警，最佳路线选择，识别障碍与避障方案选择，火灾程度判定与应对方案选择，最后自动归位功能，在其工作的同时，将现场的情况通过摄像头及无线路由器传递给后方的控制面板上，然后由无线遥控适时地调节应对措施，实现人机对话，使之能够适应复杂的实际路况和火灾现场控制系统先将机器人内功能模块按功能和位置分类，再通过控制单元连接相连接，控制单元通过相应模块与 PLC 进行连接，实现分散控制。

通过 FX2N PLC 控制直流电动机和连接各控制单元模块，可以实现机器人的前进启动，倒车启动，制动，加减速和转向控制，并采用保护装置确保行驶安全，并接收来自操作面板的信号，并将操作指令发送到各控制单元模块。

PLC 连接仪器可包括报警器、无线控制器、灭火器、传感器、红外感应器以及火焰感应器，并预留 4～8 个 I/O 口备用，便于系统扩展。

（2）运动控制系统设计

1）电源方案选择

方案 1：单电源供电优点是供电电路简单；缺点是由于电动机的特性，电压波动较大，严重时可能造成控制系统掉电。

方案 2：双电源供电将电动机驱动电源其他电路电源分离，利用光电耦合器传输信号。优点是减少耦合，提高系统的稳定性；缺点为电路较复杂，电池所占的空间较大。

由于车耗电量较大，用 12V 车载蓄电池，可以提供较大功率供电，可以满足电量要求，为了防止控制系统受电动机启动特性影响，使用双电源供电。同时设计电源电路板，使 12V 电源可通过 150W 逆变器转换成 220V 50Hz 交流电供给 PLC，同时可以由变压器，整流电路和 7812 稳压管将 220V 50Hz 交流电变为 12V 直流给电瓶充电。

另取电源 7.2V 通过 7805 稳压管后向控制系统和传感器供电，另一路加到电动机驱动电路，并在电动机端口两端加上了 0.1μF 去耦电容。

考虑如上，使用双电源供电方案。

2）电动机驱动调速方案

选择电动机驱动调速方案的控制目标是实现电动机的正、反转及调速。

方案 1：电阻网络或数字电位器调整分压采用电阻网络或数字电位器分压调整电动机的电压。但电动机的工作电流很大；分压不仅会降低效率，而且实现很困难。

方案 2：采用继电器开关控制采用继电器控制电动机的开或关，通过开关的切换调整车速。优点是电路简单，缺点是响应时间慢、控制精度低、机械结构易损坏、使用寿命较短、可靠性低。

方案 3：H 型 PWM 电路采用电子开关组成 H 型 PWM 电路。H 型电路保证了简单的实现转速和方向的控制；用硬件电路来控制电子开关工作的占空比，精确调整电动机的转速。

最终选择方案 3。

机器人采用两轮驱动方式行走，前后 2 个万向轮辅助平衡，用 2 个直流电动机分别控制两个轮转动，实现以转速差的方式控制机器人的转向。

电动机的调速系统中采用改变电枢电压的方法，并且是采用脉宽调速方式，即 PWM 控制系统。改变脉冲的占空比，可以实现变频也变压的效果。具体电路如图 3-20 所示。

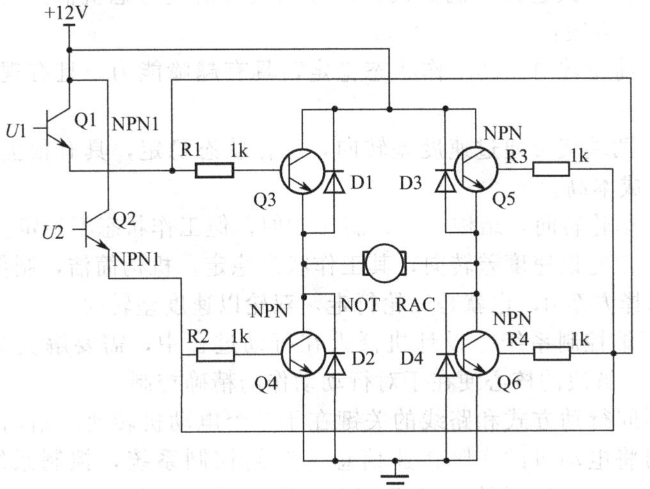

图 3-20　H 型驱动模块的设计

本电路采用的是基于 PWM 原理的 H 型驱动电路。采用 H 桥电路可以增加驱动能力，同时保证了完整的电流回路。

当 U_1 为高电平，U_2 为低电平时，Q3、Q6 管导通，Q5、Q5 管截止，电动机正转；当 U_1 为低电平，U_2 为高电平时，Q3、Q6 管截止，Q4、Q5 管导通，电动机反转。电机工作状态切换时线圈会产生反向电流，通过 4 个保护二极管 D1、D2、D、D4 接入回路，防止电子开关被反向击穿。

采用 PWM 方法调整电动机的速度，首先应确定合理的脉冲频率。脉冲宽度一定时，频率对电动机运行的平稳性有较大影响，脉冲频率高电动机运行的连续性好，但带负载能力差；脉冲频率低则反之。经试验发现，脉冲频率在 50Hz 以上，电动机转动平稳，但机器人行驶时，由于摩擦力使电动机的转速降低，甚至停转。当脉冲频率在 10Hz 以下时，电动机转动有明显的跳动现象，经反复试验，在脉冲频率为 15～20Hz 时控制效果最佳。为方便测量及控制，在实际中采用了 20Hz 的脉冲。

脉宽调速实质上是调节加在电动机两端的平均功率，其表达式为

$$\frac{1}{T}\int_{0}^{KT} P_{\max}\mathrm{d}t = KP_{\max}$$

式中，$P_{\max}$ 为电机全速运转的功率；K 为脉宽。

设 P 为电动机两端的平均功率；当 $K=1$ 时，相当于加直流电压，这时电动机全速运转，$P=P_{\max}$；当 $K=0$ 时，相当于电动机两端不加电压，电动机靠惯性运转。

当电动机稳定开动后，有

$P=fV$（f 为摩擦力）

则：$KfV_{\max}=fV$

所以：$V=KV_{\max}$

由上式知机器人的速度与脉宽成正比。

由上述分析，U_1、U_2这对控制电压采用 20Hz 的周期信号控制，通过对占空比的调整，对车速进行调节。同时，可以通过U_1、U_2的切换来控制电动机的正、反转。

在实际调试中，发现因桥式电路中 4 个三极管的参数不一致，使控制难度加大，因此使用一片 L298 芯片便可完成对两路电动机的控制。

3）机器人转向及方向反馈控制系统设计

① 机器人的转向方式选择　机器人转向方式设计需先考虑机器人的行走方式，在设计时曾先后考虑过以下方案：

a. 四轮行走，前轮转向，其工作状态稳定，具有越障能力，且有现成的参考模块，但机构比较复杂。

b. 履带行走，两端履带通过速度差转向，工作状态稳定，具有很强的越障能力，但零件价格较贵，制作成本高。

c. 三轮行走，单轮转向，结构简单，制作方便，但工作状态不稳定。

d. 三轮行走，双轮以速度差转向，其工作状态稳定，机构简洁，制作方便，易于控制。

综上对比，选择方案 d，也就是三轮行走，双轮以速度差转向。

② 机器人的反馈控制系统　设计机器人在行动过程中，需要解决 3 大问题：我在哪，我要去哪，怎么去。解决的核心便在于对行动动作的精确控制。

机器人实现不同行动方式和路线的关键在于 2 个电动机转速的精确控制。在电动机上加装编码器，便可将电动机的实际转速信息反馈给控制系统，控制系统将其与所要求的转速进行对比，并可实时地对输出的 RAM 波的占空比进行微调，进行闭环控制，即可实现。

机械人行动反馈控制原理如图 3-21 所示。

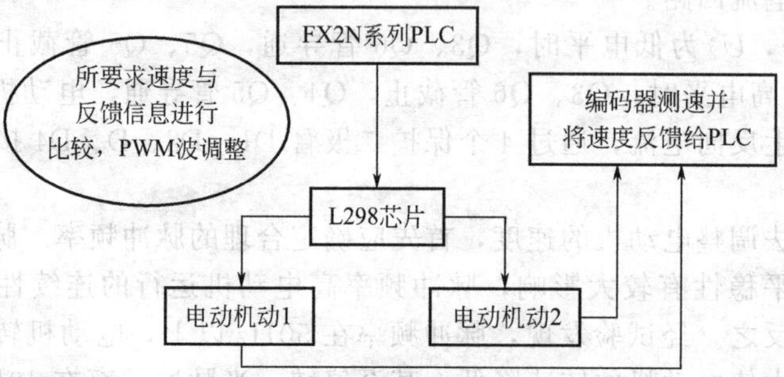

图 3-21　机器人行动反馈控制原理图

（3）传感器模块设计

1）红外避障模块设计

方案 1：超声波探测采用超声波器件。超声波波瓣较宽，一个发生器就可以监视较宽的范围。其优点为抗干扰能力强，不受物体表面颜色的影响。缺点为电路复杂，且用通常的测量方法在较近距离上有盲区。

方案 2：光电式探测采用光电式发射、检测模块。由于单个发射器的照射范围不能太小，因此不使用激光管。用波瓣较宽的脉冲调制型红外发射管和接收器。其优点是电路实现简单，抗干扰性较强。

要寻找火源，但火焰在某种程度也相当于障碍，同时从电路实现的难易程度考虑，最终选择了方案 2。

① 障模块的工作基本原理　红外避障基本模块为红外发射端和红外接收端。其中，红外发射端又包括红外波发生器和红外波发射管，红外接收端包括红外接收管和信号反馈器。

红外避障模块启动后，由红外波发生器产生红外波，输送给红外波发射管，再由红外波发射管对外发射。当前方无障碍时，则没有红外波信号被反射回来，信号反馈器便认为前方无障碍，并将此信息反馈给PLC当前方有障碍时，则有红外波信号被反射回来，信号反馈器便认为前方有障碍，并将此信息反馈给PLC。

PLC接收到不同方向的障碍信号后，进行综合处理，得出最佳的行动路线，并将动作信号输送给电动机，驱使电动机做出正确的动作。避障原理，如图3-22及图3-23所示。

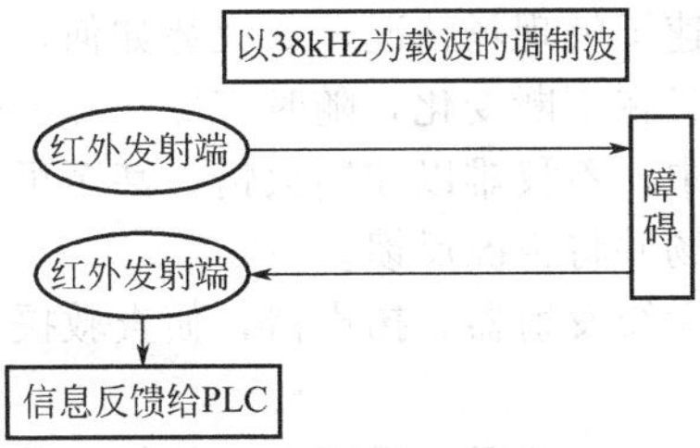

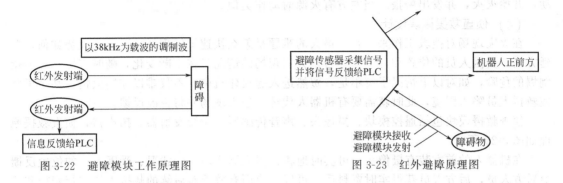

图3-22　避障模块工作原理图

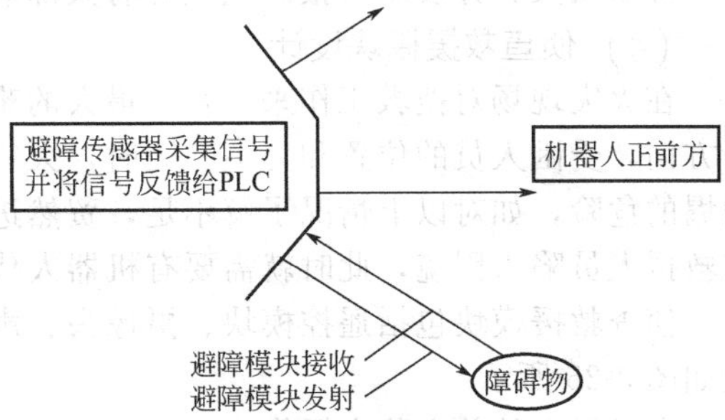

图3-23　红外避障原理图

② 红外避障实现的具体方式

a. 发射端设计　发射端取38kHz的红外波为载波，由于采用的接收管为脉冲型接收管而不是电平型接收管（具体原因在下文解释），必须对其进行调制。因此，以120Hz的方波对其调制，则其输出的波为120Hz的调制波，载波为38kHz；再经过三极管放大后，输送给发射管，将红外波发射出。

b. 接收端设计　接收端用SM0038接收管，这是一种脉冲型接收管。脉冲型接收管区别于电平型接收管，电平型接收管只要接收到38kHz的红外波便有信号反馈，极易受到干扰，产生误动作，而脉冲型接收管必须是接受到指定调制的载波才会有信号，其调制相当于是加了一道密码，可大大地减少干扰。

接收管接收到信号后，经过处理后将信号输送给信号反馈器，但此信号同样有可能是由干扰而产生的，如荧光灯和太阳，其发出的无数波长中就可能有一段是类似于调制后的载波。此时就必须进行解调，查看它的调制是否就是设定的发射波的调制，如果不是，则认为此信号无效；如何是，则说明发射的红外波遇到障碍被反射回来，由信号反馈器将前方信息反馈给PLC。

2）火源的方向及距离感应模块设计

采用固定方向安装方式，将2个火焰传感器固定在车头的左右两边指向前方，当车头对准光源时，2个传感器输出平衡；当车的方向不准时，通过2个传感器输出的差别控制车原地转向来来对准火源。其原理和电路如图3-24所示。

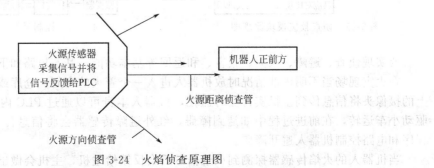

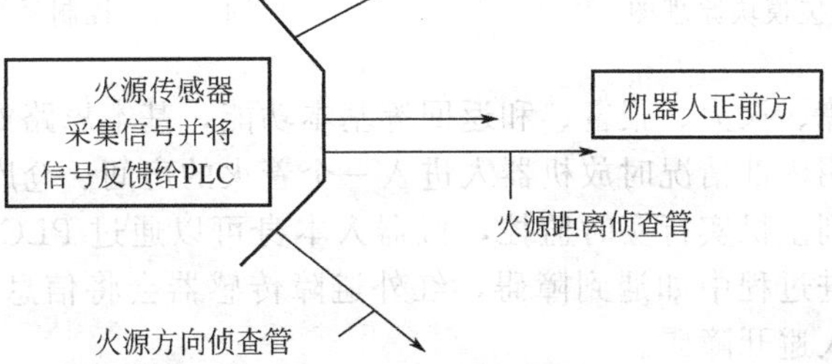

图3-24　火焰侦查原理图

火源侦查模块由3个火源方向侦查管和1个火源距离侦查管组成，在机器人前方放置3个火源方向侦查管，感知火源相对于机器人的位置，是在正前方、左边还是右边；1个火源距离侦查管，感知正前方火源相对机器人的距离。

机器人在一定范围内按规则行走，将所有空间侦查到，当感知右方有火源时，将此信息返回，并使机器人右转，直到右方火源信号结束，正前方火源信号出现，便开始前进。当上方的火源距离侦查管有信号时，说明火源距离机器人只有30cm了，此时，机器人停止行动，开始灭火，并发出警报。当左方有火源时动作类似。

（4）侦查救援模块设计

在火灾现场对搜救工作来而言，最大的难题是怎么快速了解现场情况，如火势如何，蔓延方向，受困人员的位置和处境。同时，火灾现场的情况又在不断变化，随时有爆炸和墙壁倒塌的危险，如对以上情况了解不足，贸然进入起火建筑中，不仅难以控制火情，甚至可能使救援人员陷入困境，此时就需要有机器人代替人进入现场并将情况反馈。

侦查救援模块包括遥控模块、摄像头、声音传感器、无线发射器、扬声器，侦查救援原理如图3-25所示。

在机器人的前方装有摄像头，可实时地将机器人周边环境的状况、受困人员的位置反馈给后方人员，后方人员获得实时资料后，可以迅速而有效地对后续的救援工作进行安排和调整。机器人的中部装有声音传感器和扬声器，当机器人在火灾现场发现受困人员时，指挥人员可以与受困人员交流，指导其应对困境。

（5）PLC模块及程序设计

① PLC模块　本机器人是基于三菱FX2N PLC控制的。PLC可靠性高，抗干扰能力强、适应恶劣环境下的工作。机器人集侦察、避障、灭火于一体，要实现的功能很多，且是在火灾现场或环境很恶劣的情况下使用，所以对控制系统的稳定性要求非常高，因此选用三菱公司的PLC作为控制中心，然后根据需要的功能设计输入输出模块，具体如图3-26所示。

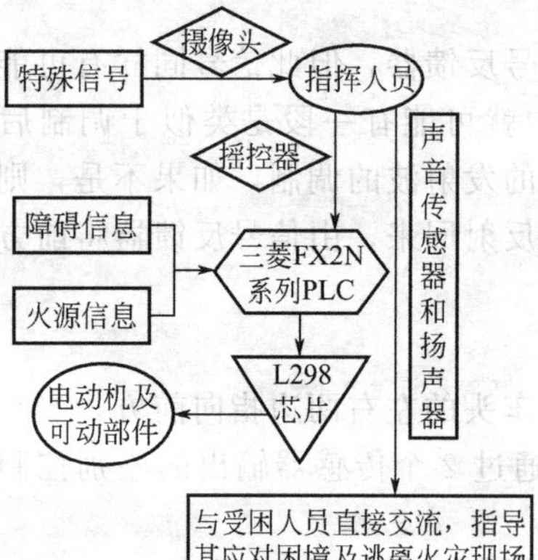

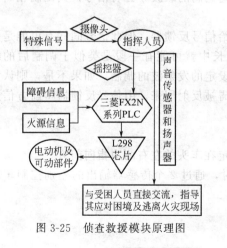

图3-25　侦查救援模块原理图

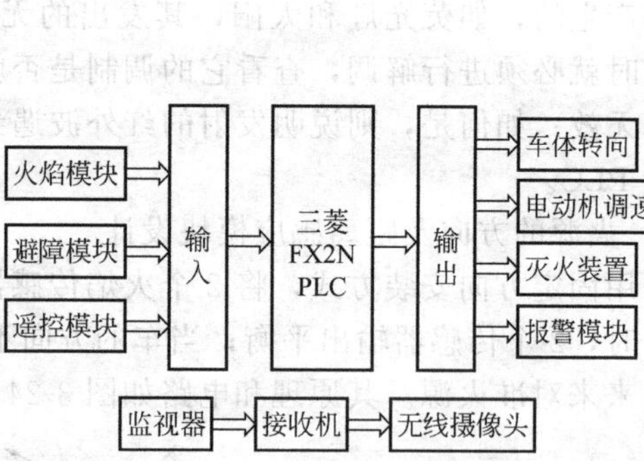

图3-26　控制系统结构图

要实现侦查、避障、灭火、报警、和返回等基本功能，基本思路如下：

在火灾现场当不明内部情况时放机器人进入一个着火的房间、仓库或走道。通过机器人上的摄像头将信息传到主机实行实时监控，机器人本身可以通过PLC内部程序和电路模块驱动小车运转，在前进过程中如遇到障碍，红外避障传感器会将信息传给PLC，PLC通过程序和电路控制机器人避开障碍。

当机器人的火焰传感器探测到火焰信号后会反馈给主机，主机会做出判断，驱动车体接近火焰，如果在接近火焰的过程中遇到障碍，车体会选择优先避障，然后再继续执行接近火焰的程序。当小车到达距火源一定距离时会停下来，然后打开电磁阀对准前方喷出灭火剂。喷完之后会报警示意，也可通过摄像头看见具体情况。然后小车会原地旋转 180°，气进而返回初始地点。

在行进过程当中如果出现突发事件，需要机器人快速撤离现场的话，可以用遥控接管机器人，使其快速返回。

② PLC 选型及程序设计　选用三菱 FX2N-80MT 型号的 PLC 一台。PLC 外部整体的接线如图 3-27 所示。

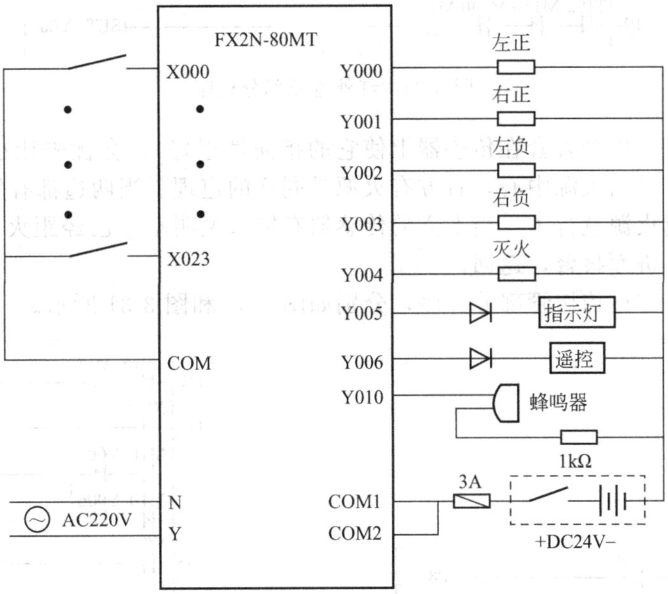

图 3-27　PLC 外部接线图

电动机输入方式为从 X0～X3 分别是控制两台电动机正反转，X4 是总切断开关。输出分别为 Y0～Y3，一接通开关会通过 L298 电路驱动电动机自保持运转，程序开始时给 1 个初始脉冲使小车向前行进。

驱动部分程序如图 3-28 所示。

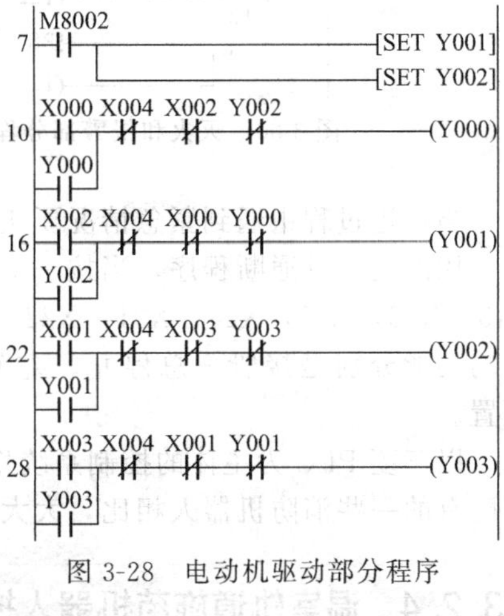

图 3-28　电动机驱动部分程序

避障模块有左、前、右 3 个红外避障传感器，分别有 X5，X6，X10 表示输入接通。左边和前边有障碍就往右转，右边有障碍就往左转。除了红外避障外，为了以防万一加了 4 个碰撞开关分别由 X7，X13，X12，X12 接通信号。且碰撞开关的优先级别比红外避障高。它们的部分程序，如图 3-29 所示。

火焰传感模块由 X25，X26，X11，X14 组成，左边的传感器接到信号会接通 X25，右边有信号会接通 X26，正前方信号会接通 X11，上方传感器有信号会接通 X14。火焰传感器不但负责接收火焰信号，还可以起到定位的作用。

具体如下：前方有信号，小车会接近火源，当左方有信号的话说明左方有火（前提是传

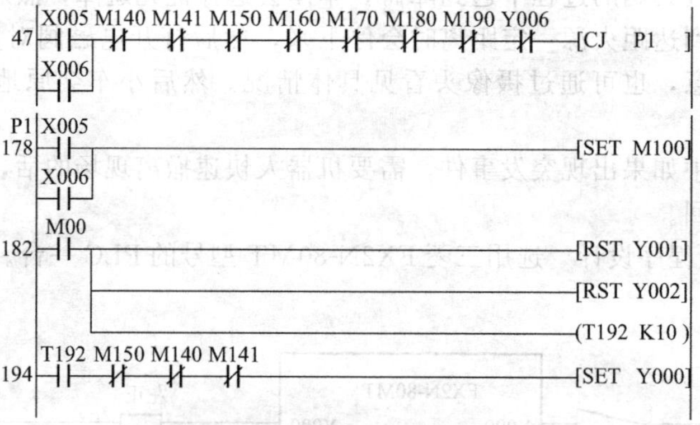

图 3-29 红外避障部分程序

感器的指向性很直，用套管套在传感器上使它的指向性很好），会优先让小车向左转一个小角度，以保证前方指向火源中心，右方有火源是同样的道理。当两边都有信号时说明火源范围很大，直接接近火源就行了。当上方的传感器有输入说明小车已经距火源 30cm 了，然后会启动灭火装置，进而报警，返回。

报警部分程序和遥控接管部分程序，分别如图 3-30 和图 3-31 所示。

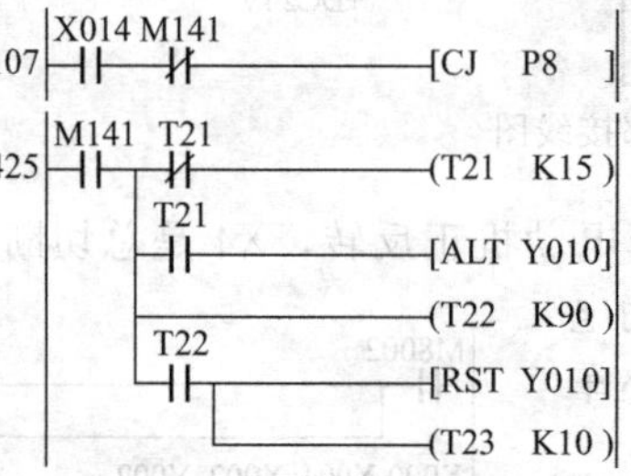

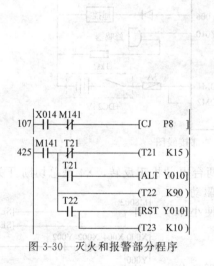

图 3-30 灭火和报警部分程序

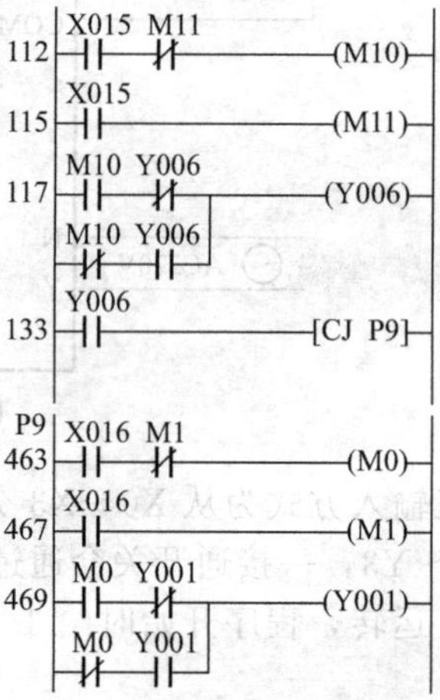

图 3-31 遥控接管部分程序

当行进过程中遇到紧急情况要快速返回时就用遥控人工接管，使机器人能快速返回。

用的是一键通断程序，当按一下键时会接通，再按一下会切断。遥控模块设置了 7 个键 X15，X16，X17，X20，X21，X22，X23 分别对应着遥控器上的 1，2，3，4，5，6，7。它们的功能分别是接管、总停止、左轮反转、右轮正转、左轮正转、右轮反转、启动灭火装置。

以三菱 PLC 为主体的控制系统稳定性好，能够适应于机器人工作的恶劣环境，与市场上已有的一些消防机器人相比，大大提高了工作效率。

3.2.4 温室轨道施药机器人控制系统

本例针对温室番茄、黄瓜作物的自动化施药作业，选用三菱 PLC 为控制核心，在系统外围搭建移动搭载平台、风送系统及 PWM 喷药系统等，实现温室精准自动化施药作业。

（1）系统设计

① 移动搭载平台　温室轨道施药机器人系统主要由可移动搭载平台、施药系统及控制系统 3 部分构成，系统样机、系统控制框图及作业环境分别如图 3-32～图 3-34 所示。移动搭载平台由额定 400W 大功率直流电动机驱动，在间距为 50cm 的角钢平行铺装的轨道上行驶，轨道方向与作物垄垂直，两者距离 20～40cm，平台移动速度可在 0.1～0.7m/s 之间自由调节。在实际使用中，为确保机器人运行稳定及安全，一般工作速度为 0.2m/s，移动平台可根据控制系统的指令完成前进、换向、急停等动作。移动平台前后两侧各装有光电传感器作为限位开关，当机器人接近障碍物或限位挡板时，平台自动停止行驶，以防平台碰撞障碍物产生毁损。

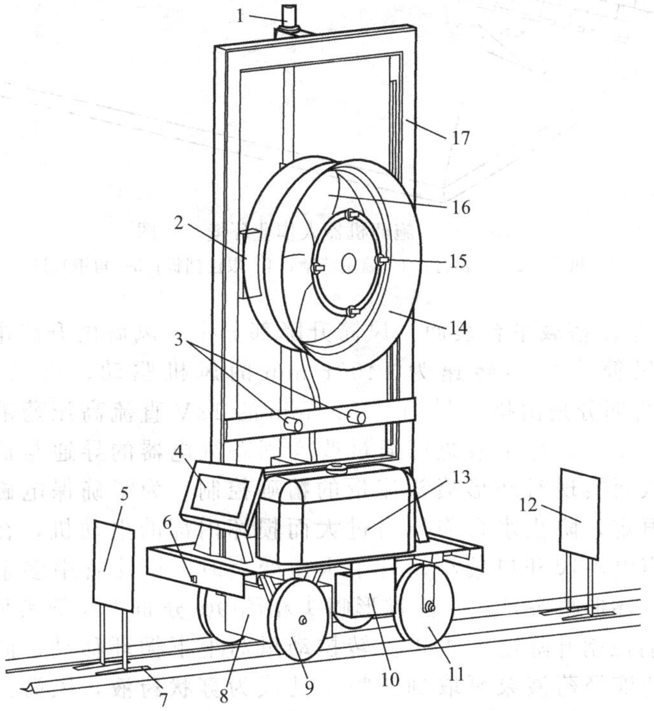

图 3-32　施药机器人结构示意图

1—升降电动机；2—丝杠；3—探测光电传感器；4—触摸屏；5—限位挡板 1；6—限位光电传感器 1；7—角钢轨道；8—电动机后桥；9—主动轨道轮；10—控制面板；11—从动轨道轮；12—限位挡板 2；13—药液箱；14—送风筒；15—环形喷头；16—风机叶轮；17—风机支撑脚架

② 施药系统　施药系统分为风筒升降部分与药液供给部分。整个组件由宽 1m、高

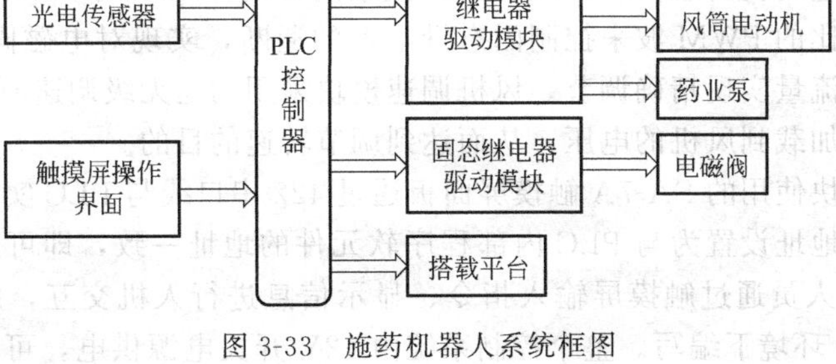

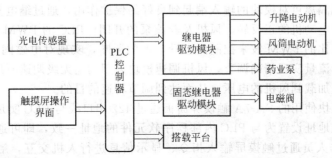

图 3-33　施药机器人系统框图

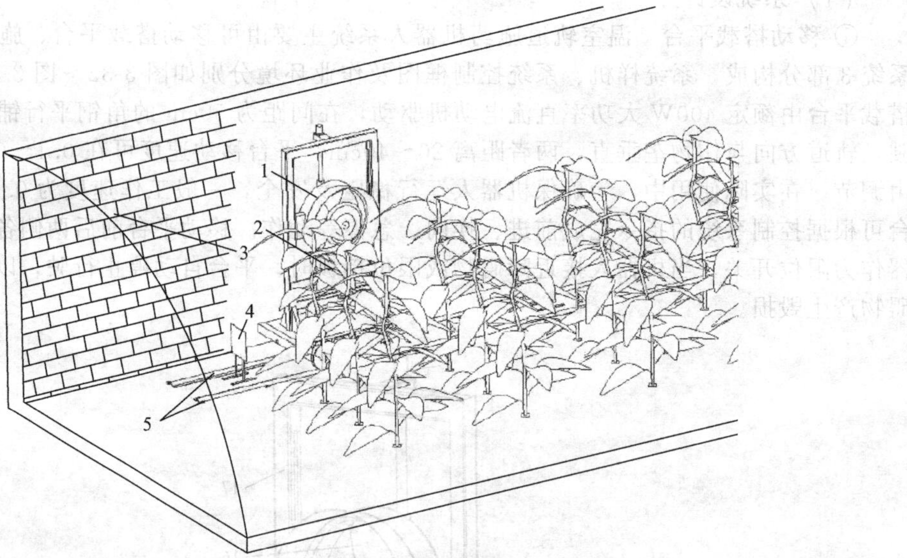

图 3-34 施药机器人作业环境示意图

1—风筒；2—作物行；3—温室墙壁；4—限位挡板；5—角钢轨道

2m 的脚架固定于移动搭载平台表面。风筒升降部分中，风筒由升降电动机牵动沿升降导轨上下运动，风筒由最高转速为 1400r/min 的风机驱动，出风口最大风速可达 7.3m/s。药液供给部分是由排水量为 5.5L/min 的 12V 直流高压药液泵为整个施药系统提供强劲稳定的压力。控制系统可通过改变固态继电器的导通与截止时间比来控制电磁阀的开闭，从而实现对环形喷头流量的精确控制。为了确保电磁阀调节流量过程中药液泵的压力恒定，防止水泵因压力过大而损坏内部的电动机，在药液泵与电磁阀间接入溢流阀；当电磁阀开口较小，管中水压变大时，可使管中多余的药液经由溢流阀回流到药桶中。环形喷头是 4 个圆锥形喷头相隔 90°分布于风筒表面的 4 个角。作业时，PLC 的输出端控制升降电动机正反转拉动风筒上下循环移动，同时固态继电器控制电磁阀开启，药液经药液泵泵取到达喷头处成为雾状药液，风筒出风将药液送到指定施药位置，从而达到风送施药的目的。

③ 控制系统　控制系统由 PLC 控制器、显控触摸屏控制模块、继电器控制模块、电磁阀固态继电器控制模块及风机调速模块组成。PLC 控制器选用的是三菱 FX1n-14MT，其 Y0、Y1 两个点可输出 0～100kHz 的脉冲。

机器人前端的一对光电探测传感器输出的标准开关信号可不经过数模转换直接被 PLC 的 X0、X1 口采集，PLC 的输出端口亦可直接驱动继电器控制模块。继电器控制模块的输入输出采用的光耦隔离可对模块的输入端起到良好的保护作用，通过继电器控制模块输出端的开闭来控制升降电动机的正反转，风机及药液泵的开闭。PLC 的 PWM 输出模块通过 Y0 端口输出可变占空比的 PWM 波来控制固态继电器的通断，实现对电磁阀开闭频率的改变，进而对环形喷头的流量实现精确调节。风机调速模块采用的是无级调速原理，通过控制晶闸管的导通角来改变加载到风机的电压，从而达到调节转速的目的。

触摸屏控制模块使用的 SA-7A 触摸屏面板通过 422 串口线与 PLC 实现通信。将触摸屏界面虚拟按键的位地址设置为与 PLC 内部程序软元件的地址一致，即可通过触摸屏来控制 PLC 的动作，操作人员通过触摸屏输入指令、显示信息进行人机交互，触摸屏界面控制程序在 Sam-Draw4.0 环境下编写。整个控制系统由 12V 开关电源供电，可以确保工作电压的稳定与安全。

(2) 软件设计

软件设计主要是基于三菱PLC内部的程序设计流程，在三菱编程软件GX Developer环境下，使用梯形图编写程序。PLC的接口I/O分配如表3-2所示，系统软件流程如图3-35所示。机器人在启动时，有自动和手动两种工作模式可选择，若选择自动模式，机器人即进入自主识别喷药状态。机器人前端的红外探测传感器开始工作，若两个红外探测传感器均有信号输入，机器人尚未到达指定空行施药位置，机器人继续向前探索；当探测传感器输入信号均消失，则机器人判定已到达指定空行作业位置。此时，脚架上方升降电动机开始工作，拉动风筒上下移动，同时药液泵电磁阀开启，药液经由药液泵到达喷头处开始施药工作；在升降电动机完成一次升降操作后，施药作业完成，机器人则按照程序设定继续向前探索，按照之前所述重复完成施药作业。若选择手动施药模式，则机器人在人为操控状态下进行施药操作，操作者可以自由设置机器人施药位置、风筒施药高度、出风速度和电磁阀流量等各种参数，从而达到更为精确的施药效果。

表3-2 PLC接口分配

输入		输出	
X000	探测传感器1	Y000	PWM输出
X001	探测传感器2	Y001	风筒电动机
X002	限位传感器1	Y002	平台行驶
X003	限位传感器2	Y003	平台换向
		Y004	平台停止
		Y005	电动机上升
		Y006	电动机下降

(3) 施药实验

① 流量的测定 机器人的施药实验在施药实验室进行。机器人工作时，在不同PWM占空比条件下对环形喷头30s内的药液流量进行测定，测定结果如表3-3所示。

表3-3 占空比与流量对应表

PWM占空比/%	流量/g	PWM占空比/%	流量/g
20	439.1	70	698.8
30	514.6	80	753.6
40	622.3	90	792.7
50	636.2	100	760.7
60	688.7		

将数据结果绘制成折线图如图3-36所示。

② 药液沉积量的测定 在模拟温室施药环境下，使用雾滴沉积采集装置来模拟施药作业时的作物行，装置长4m、高2m、宽1m，在装置里放置5列滤纸，每列相隔40cm，对轨道施药机器人在一定风速下的雾滴沉积分布进行测定，如表3-4所示，绘制成拟合图如图3-37所示。实验装置采集点布置示意图如图3-38所示。为了测量雾滴沉积量，用配有示踪剂诺丹明的蒸馏水代替药液，每50mL诺丹明原液配10L蒸馏水；采样滤纸能迅速吸收该溶液，通过清洗滤纸可获得该溶液，使用农药喷施测定系统精确测量出滤纸上的示踪剂的含量，可计算出相应位置的药液沉积量，从而可以描绘出系统雾滴沉积量的分布。

表 3-4 不同位置的药液沉积量

列数/cm	沉积量/g	列数/cm	沉积量/g
40	167.63	240	79.92
80	145.72	280	68.03
120	123.65	320	57.95
160	106.78	360	50.56
200	95.39	400	45.10

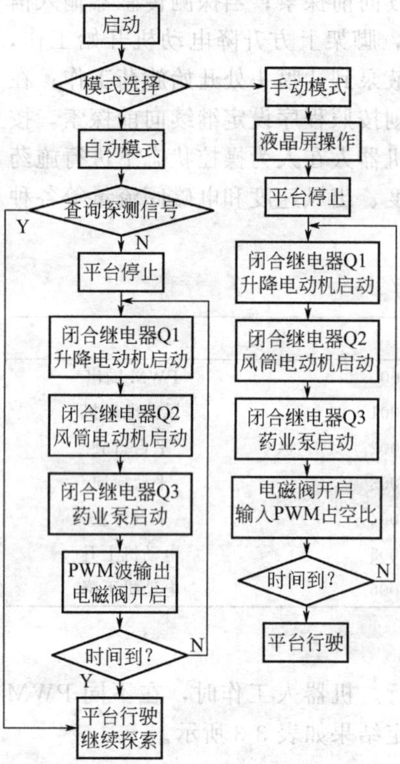

图 3-35 系统软件流程图

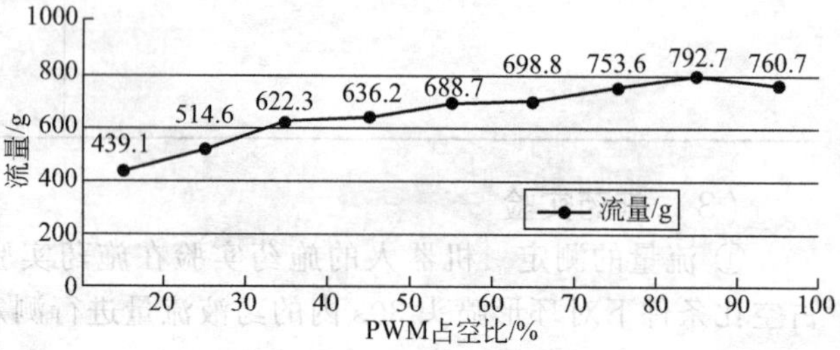

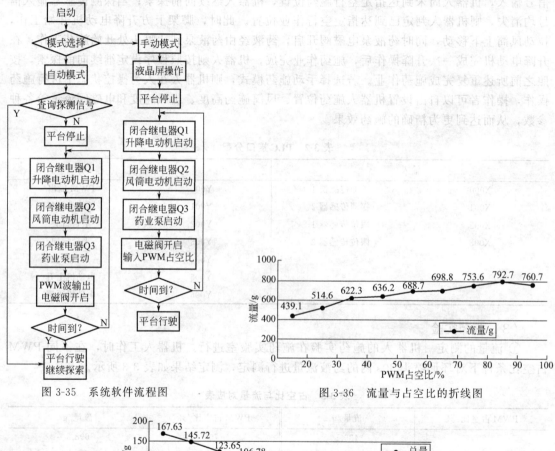

图 3-36 流量与占空比的折线图

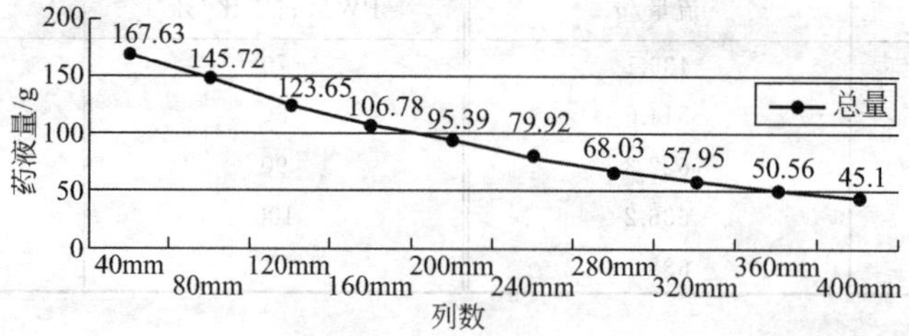

图 3-37 不同位置药液沉积量的拟合图

③ 药液沉积量与 PWM 占空比的关系　在相同风速不同占空比的情况下，测定距机器人 240cm 处的雾滴沉积量。测定结果如表 3-5 所示，绘制成拟合图如图 3-39 所示。

表 3-5 不同占空比下的药液沉积量

PWM 占空比/%	沉积量/g	PWM 占空比/%	沉积量/g
10	62.1	70	123.8
30	86.2	90	139.9
50	103.3		

图 3-38　药液沉积量采集装置

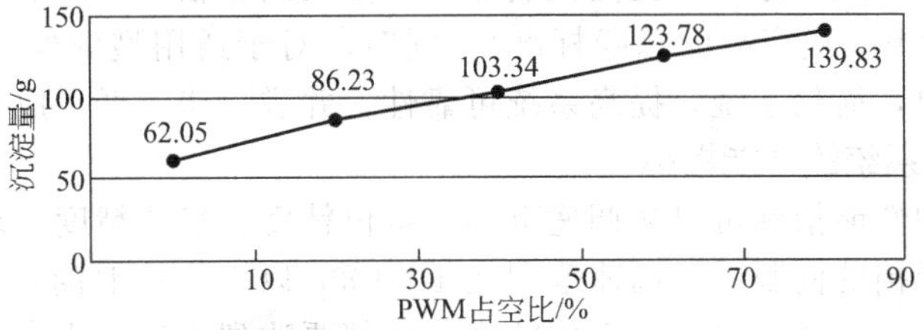

图 3-39　同一位置药液沉积量与占空比的拟合图

（4）结论

① 通过上述实验可以看出：轨道施药机器人系统在进行风送施药作业时，施药距离每增加 40cm，药液的沉积量相对地减少 5～22g，平均减少量为 13g。通过分析不同位置药液沉积量的拟合曲线可知：施药机器人药液沉积分布呈抛物线。

② 经过分析表 3-3 和表 3-5 的数据可知：不同 PWM 占空比下对应的喷头流量与指定位置的药液沉积量，占空比每增加 10%，喷头流量平均增加 58g，药液沉积量增加 9.5g。通过控制 PWM 占空比来调节喷头流量，可进行精准施药作业，提高温室施药作业的效率与农药利用率。

③ 通过调节占空比控制流量，避免了使用价格昂贵的流量传感器，且流量传感器误差也较大，可有效降低温室作业成本，适合在农村推广。

3.3　机器人 PLC——交流伺服电动机控制系统

3.3.1　交流伺服电动机在机器人系统应用中的概况

（1）交流伺服电动机在机器人应用的优势

机器人拥有多个自由度，每台工业机器人需要的电动机数量在 10 台以上。机器人是非常复杂的系统，机器人的性能取决于伺服驱动控制系统。

机器人对伺服系统有较高的性能要求，可以归纳为启动速度快，动态性能好，适应频繁启停并且可以最大转矩启动，调速范围要求宽并且在整个调速范围内平滑连续，抗干扰能力强等。

随着相关技术进步和材料成本的降低，交流（AC）伺服系统继承了DC伺服系统的优点，克服了其缺点，并取得了比DC伺服系统更优良稳定的控制性能。高精度的AC伺服系统能满足机器人的控制要求，已成为机器人驱动电动机的首选。

（2）机器人用交流伺服电动机及驱动与控制的特点

机器人用交流伺服电动机属高精度交流伺服电动机，伺服精度要求和响应时间比较高。机器人多采用总线型伺服控制。由于机器人的控制结构的特殊性，驱动与控制有三个要点：控制器的计算能力高，控制器与伺服之间的总线通信速度快（数据传输量会很大），伺服精度高。

机器人采用的伺服系统属专用系统，多轴合一，模块化，特殊的散热结构，特殊的控制方式，对可靠性的要求极高。国际机器人巨头都有自己的专属伺服系统配套。专用化的机器人伺服电动机和驱动器，即在普通通用伺服电动机和驱动器的基础上，根据机器人的高速，重载，高精度等应用要求，增加驱动器和电动机的瞬时过载能力，增加驱动器的动态响应能力，驱动增加相应的自定义算法接口单元，且采用通用的高速通信总线作为通信接口，摒弃原先的模拟量和脉冲方式，进一步提高控制品质（如安川，松下，伦茨等主流伺服厂商以将EtherCAT总线作为下一代产品的总线标准）。同时，对于通用型的伺服驱动器删除冗余的通信接口和功能模块，简化系统，提高系统可靠性，并进一步降低了成本。

（3）交流伺服系统的性能指标

交流伺服系统的性能指标可以从调速范围、定位精度、稳速精度、动态响应和运行稳定性等方面来衡量。低档的伺服系统调速范围在1∶1000以上，一般的在1∶(5000～10000)，高性能的可以达到1∶100000以上；定位精度一般都要达到±1个脉冲，稳速精度，尤其是低速下的稳速精度比如给定1r/min时，一般的在±0.1r/min以内。高性能的可以达到±0.01r/min以内。动态响应方面，通常衡量的指标是系统最高响应频率，即给定最高频率的正弦速度指令，系统输出速度波形的相位滞后不超过90°或者幅值不小于50%。三菱伺服电动机MR-J3系列的响应频率高达900Hz，国内主流产品的频率在200～500Hz。运行稳定性方面，主要是指系统在电压波动、负载波动、电动机参数变化、上位控制器输出特性变化、电磁干扰以及其他特殊运行条件下，维持稳定运行并保证一定的性能指标的能力。这方面国产产品、包括部分中国台湾地区的产品和世界先进水平相比差距较大。

（4）机器人用交流伺服系统的发展趋势

交流伺服系统，经历了从模拟到数字化的转变，数字控制环已经无处不在，比如换相、电流、速度和位置控制；采用新型功率半导体器件、高性能DSP加FPGA以及伺服专用模块也不足为奇。机器人用交流伺服系统有以下发展趋势。

① 高效率化　尽管这方面的工作早就在进行，但是仍需要继续加强。主要包括电动机本身的高效率比如永磁材料性能的改进和更好的磁铁安装结构设计，也包括驱动系统的高效率化，包括逆变器驱动电路的优化，加减速运动的优化，再生制动和能量反馈以及更好的冷却方式等。

② 直接驱动　直接驱动包括采用盘式电动机的转台伺服驱动和采用直线电动机的线性伺服驱动，由于消除了中间传递误差，从而实现了高速化和高定位精度。直线电动机容易改变形状的特点可以使采用线性直线机构的各种装置实现小型化和轻量化。

③ 高速、高精、高性能化　采用更高精度的编码器（每转百万脉冲级），更高采样精度和数据位数、速度更快的DSP，无齿槽效应的高性能旋转电动机、直线电动机，以及应用

自适应、人工智能等各种现代控制策略，不断将伺服系统的指标提高。

④ 一体化和集成化　电动机、反馈、控制、驱动、通信的纵向一体化成为当前小功率伺服系统的一个发展方向。有时称这种集成了驱动和通信的电动机为智能化电动机（Smart Motor），有时把集成了运动控制和通信的驱动器称为智能化伺服驱动器。电动机、驱动和控制的集成使三者从设计、制造到运行、维护都更紧密地融为一体。这种方式面临更大的技术挑战（如可靠性）和工程师使用习惯的挑战，在整个伺服市场中是一个很小的有特色的部分。

⑤ 通用化　通用型驱动器配置有大量的参数和丰富的菜单功能，便于用户在不改变硬件配置的条件下，方便地设置成 V/F 控制、无速度传感器开环矢量控制、闭环磁通矢量控制、永磁无刷交流伺服电动机控制及再生单元五种工作方式，适用于各种场合，可以驱动不同类型的电动机，比如异步电动机、永磁同步电动机、无刷直流电动机、步进电动机，也可以适应不同的传感器类型甚至无位置传感器。可以使用电动机本身配置的反馈构成半闭环控制系统，也可以通过接口与外部的位置或速度或力矩传感器构成高精度全闭环控制系统。

⑥ 智能化　现代交流伺服驱动器都具备参数记忆、故障自诊断和分析功能，绝大多数进口驱动器都具备负载惯量测定和自动增益调整功能，有的可以自动辨识电动机的参数，自动测定编码器零位，有些则能自动进行振动抑止。将电子齿轮、电子凸轮、同步跟踪、插补运动等控制功能和驱动结合在一起，对于伺服用户来说，则提供了更好的体验。

⑦ 从故障诊断到预测性维护　随着机器安全标准的不断发展，传统的故障诊断和保护技术（问题发生时判断原因并采取措施避免故障扩大化）已经落伍，最新的产品嵌入了预测性维护技术，使得人们可以通过 Internet 及时了解重要技术参数的动态趋势，并采取预防性措施。比如：关注电流的升高，负载变化时评估尖峰电流，外壳或铁芯温度升高时监视温度传感器，以及对电流波形发生的任何畸变保持警惕。

⑧ 专用化和多样化　虽然市场上存在通用化的伺服产品系列，但是为某种特定应用场合专门设计制造的伺服系统比比皆是。利用磁性材料不同性能、不同形状、不同表面粘接结构（SPM）和嵌入式永磁（IPM）转子结构电动机的出现，分割式铁芯结构工艺在日本的使用使永磁无刷伺服电动机的生产实现了高效率、大批量和自动化，并引起国内厂家的研究。

⑨ 小型化和大型化　无论是永磁无刷伺服电动机还是步进电动机都积极向更小的尺寸发展，比如 20mm、28mm、35mm 外径；同时也在发展更大功率和尺寸的机种，已经有 500kW 永磁伺服电动机出现。体现了向两极化发展的倾向。

⑩ 其他　如发热抑制、静音化、清洁技术等。

3.3.2　工业机器人 PLC 控制系统

本例采用 PLC 控制、伺服控制、工业机器人设计、网络通信等相关技术，实现了对先进工业机器人的控制。

（1）工业机器人总体方案

① 工业机器人基本结构　工业机器人一般由执行系统、驱动系统、控制系统、感知系统、决策系统及软件系统组成。执行系统是工业机器人为完成作业，实现各种运动的机械部件。驱动系统为各执行部件提供动力。控制系统对工业机器人实行控制和指挥，使执行系统按规定的要求进行操作。一般它由控制计算机或可编程控制器、电气与电子控制回路、辅助信息和电气器件等组成。

工业机器人结构由机器人本体、控制器和软件三大部分构成。基本结构如图 3-40 所示。

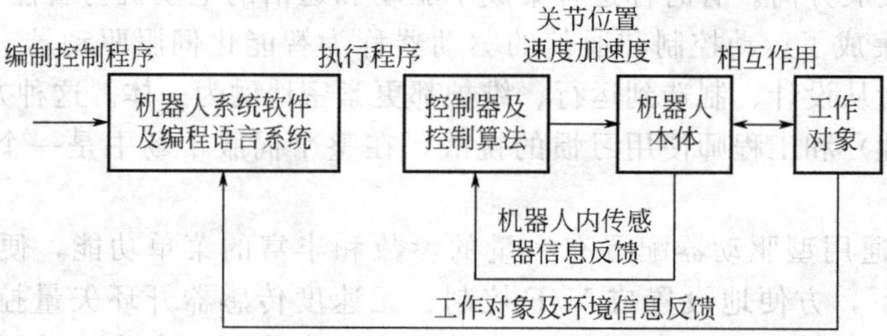

图 3-40　工业机器人基本结构

② 工业机器人设计的基本要求　工业机器人的指标是多种多样的。虽然机器人由编程控制，可以完成各种任务，但是都有经济实用的要求。它们的布局、大小、关节数、传动系统、驱动方式等将随工作任务和环境不同而异。设计必须满足工作空间、自由度、有效负载、运动精度和运动特性等基本参数要求。

③ 伺服控制系统　工业机器人的电气伺服控制系统有开环和闭环控制两种方式。开环机器人系统普遍采用步进电机驱动，而闭环控制机器人多采用直流或交流伺服电机驱动。闭环系统是负反馈控制系统，检测元件将执行部件的位移、转角、速度等量变换成电信号，反馈到系统的输入端并与指令进行比较，得出误差信号的大小，然后按照减小误差大小的方向控制驱动电路，直到误差减小到零为止。反馈检测元件一般精度比较高，系统传动链的误差、闭环内各元件的误差以及运动中造成的误差都可以得到补偿，从而大大提高了系统的跟随精度和定位精度。

全数字化交流伺服系统已占据主流，故工业机器人采用全数字交流伺服控制系统。运动控制采用半闭环伺服控制系统，如图 3-41 所示，运动控制系统包括：

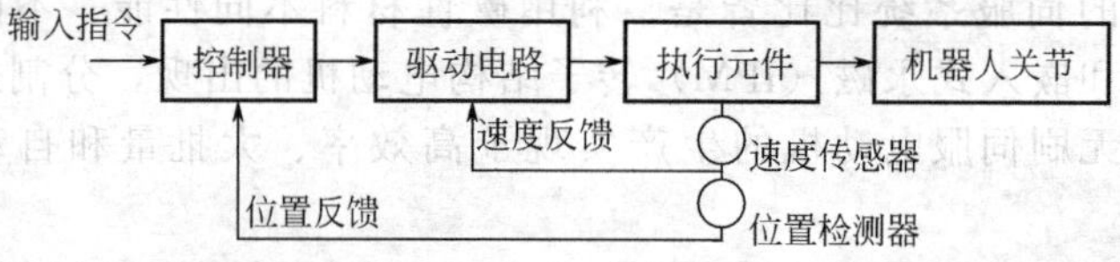

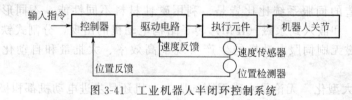

图 3-41　工业机器人半闭环控制系统

a. 运动控制器：运动控制器是运动控制系统的大脑，向伺服电动机发出执行指示；

b. 伺服电动机（执行元件）：伺服电动机是动作控制系统的肌肉，将伺服传动机构的电能转化为使机器动作的机械能；

c. 伺服传动机构（伺服驱动器）：伺服传动机构或增强器，接收动作控制器发出的低级指令，然而大幅度地增强这些指令，向伺服电动机提供必要的能量；

d. 反馈设施：如编码器或解算器，将实时方位和速度信息反馈给动作控制器。

机器人控制器可定义为完成机器人控制功能的结构实现，可见机器人控制器是机器人的核心部分，它决定机器人性能的优劣，也决定机器人使用的方便程度。它从一定程度上影响着机器人的发展，高性能工业机器人的动态特性包括其工作精度、重复能力、稳定度和空间分辨度等。不但要实现 PTP 控制（point to point control），而且还要实现 CP 控制（continuous path control）。虽然采用基于 PC 的运动控制器和基于 DSP 运动控制器能够实现机器人的运动控制，但很难满足高性能工业机器人的各种要求，同时电路设计及编程复杂，需要操作人员有较高的理论基础。而采用 PLC 的控制接线简单，只需通过运动控制指令便可实现对机器人的运动控制，同时由于 PLC 在多轴运动协调控制、网络通信方面功能的强大，对机器人的控制成为现实。由 PLC 构成机器人控制器，硬件配置的工作量较小，无需作复杂的电路板，只需在端子之间接线。因此选用 PLC 为工业机器人运动控制器。

（2）控制系统

高性能工业机器人主要是各关节的驱动运动，不但要实现其 PTP、CP 控制，而且在多轴协调控制、速度、加速度、运动精度等方面对 PLC 提出了更高的要求。在 PLC 中，日本立石（OMRON）公司的 PLC 和 A-B 公司的 PLC 在微小型控制方面功能较强大，德国西门子公司的 PLC 虽然目前具有运动控制的功能，但仍不及三菱（MITSUBISHI）公司的 PLC。三菱公司的 PLC 具有完整的运动控制功能，通过高速度的背板，处理器与伺服接口模块进行通信，从而实现高度的集成操作及位置环和速度环的闭环控制。可实现从简单的点一点运动到复杂的齿轮传动，从而完全能够满足高性能工业机器人的要求。所以机器人控制采用三菱（MITSUBISHI）公司的 Q 系列 PLC。

① PLC 模块　所选择的三菱 PLC，主要包括下列模块。

电源模块：Q-PLC 的电源模块，为 PLC 提供电源；作用是将交流电源转变为直流电源，供 PLC 的其他部分模块使用。

CPU 模块：相当于大脑部分，信息的相关处理工作主要是由它完成。

I/O 模块：I/O 信号集中处理模块，外面提供有接线端口，与外界的通信电缆相连。

CC-Link 模块：属于开放式设备级网络；主要是将一个控制器连接至多个不同的设备，同时降低配线成本并且增加额外的功能。

以太网模块：属企业级网络，是最上位的网络，用于一个工厂中各部门之间的信息传递；利用该网络可以建立连接与 SCADA 及其他产品和质量控制管理系统相连。

网络/信息处理模块：其功能主要是采用 MELSET/H 专用指令，制作除循环通信以外的数据收发程序。控制站/通用站使用。

② CC-Link 模块　CC-Link 是 Control&Communication Link 的简称，是一种可以同时高速处理控制数据和信息数据的现场网络系统。工业机器人的控制模块在整个工业现场机器人控制中起着至关重要的作用。采用 CC-Link 技术，通过 CC-Link 实现了控制系统与上位机的通信，从而实现了对工业机器人的网络控制。

③ 系统实现　面板包装于 PPBOX 内：18KG ROBOT（RH-18SH）将 PANEL、Spacer 分类，PANEL 经由 CV 经过二维条形码读取、CELL GAP 检查后流至 SR 磨边倒角机台；Spacer 放置于 Spacer 载出输送机后，待堆栈至指定数量后，自动载出。

3.3.3 单轴机器人与机械臂交流同步伺服电动机控制系统

（1）概述

单轴机器人，在国内也被称为单轴机械臂。单轴机器人是只有一个动力的机器人，只能做一种动作，比如说，一个方向上的直线往复运动，或者一个方向的旋转运动，实现点到点的直线或旋转运动。单轴机器人可以通过不同的组合样式实现两轴、三轴、龙门式的组合，因此由单轴机器人并联组合而成的多轴机器人也被称之为直角坐标机器人。

单轴机器人可配置高精度交流伺服驱动器和伺服电动机，采用精密滚珠丝杆或同步带作为传动件。具有精密、坚固、运行平稳、定位精确、结构简单、噪声小、使用清洁、控制方便等多种特点。

单轴机器人在液晶面板、半导体、家电、汽车、包装、点胶机、焊接、切割等具有定

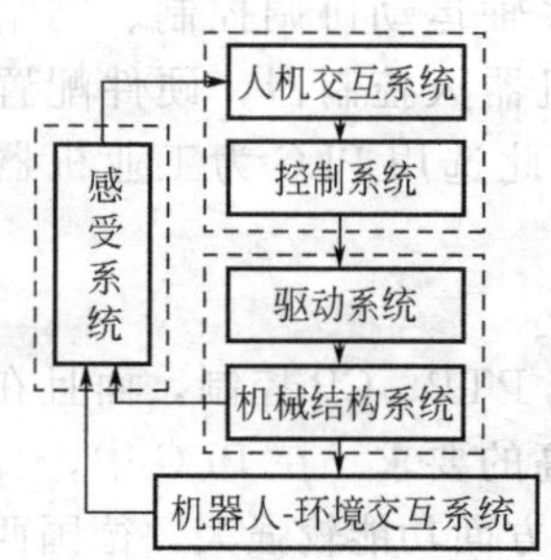

图 3-42 单轴机器人的基本组成

位、移载、搬运的自动化领域有着广泛的应用。

单轴机器人由机械部分、传感部分和控制部分这 3 大部分组成。这 3 大部分又可以分成控制系统、驱动系统、感受系统、机器人-环境交互系统、人机交互系统和机械结构系统这 6 大子系统（图 3-42）。而控制系统和驱动系统是单轴机器人、机械臂的核心控制技术。

（2）技术方案

传统单轴机器人的控制系统由人机界面＋单轴位置运动控制系统＋可编程逻辑控制器（PLC）＋伺服驱动器＋伺服电动机组成（见图 3-43 原方案一和原方案二）：单轴位置运动控制系统根据运动控制的目标位置进行运动控制计算，计算出目标运动位置，输出脉冲指令给驱动器，再由伺服驱动器驱动电动机运转，进而带动机械结构运行。

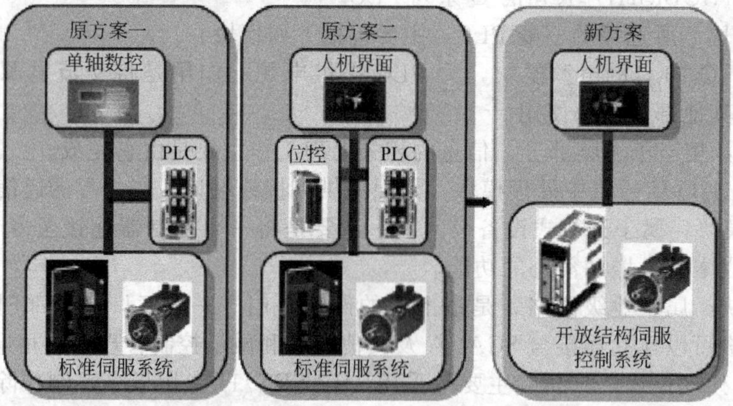

图 3-43 方案比较

传统的单轴机器人控制系统有结构复杂、系统成本高、接线繁琐、可靠性差等缺点，越来越不能适应单轴机器人的快速发展要求。而基于开放式结构的单轴机器人专用控制系统就可以很好的解决这一系列的问题，系统将单轴机器人所需的可编程位置控制和伺服驱动功能在一个系统中集成，大大提高了整个系统的可靠性、可维护性和抗干扰能力。

在 KT 系列伺服驱动器的基础上开发了具有开放式结构的单轴机器人专用交流同步电动机伺服控制系统（见图 3-43 新方案）。

（3）单轴机器人控制系统

具有开放式结构的单轴机器人专用交流同步电动机伺服控制系统具有结构开放、软件功能集成、外部模块可扩展、强大的实时通信和丰富灵活的编程语言等多项优点。

整个系统由可扩展输入输出信号模块、可扩展存储模块、PLC（逻辑控制单元）、运动控制单元、交流永磁同步电动机驱动单元组成，具体组成框图如图 3-44 所示。

1）系统特性

① 使用 32 位高性能 CPU，实现高精度、高速度单轴机器人、机械臂的伺服运动和逻辑控制；

② 具有灵活的点对点直接位置编程模式；

③ 具有自学习位置编程模式；

④ 具有自动位置加减速运动控制功能；

⑤ 具有标配 8 输入 4 输出可编程多功能 I/O 口；

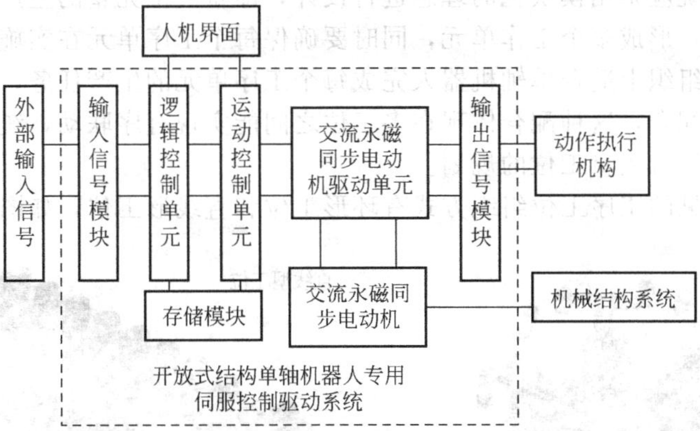

图 3-44　系统组成框图

⑥ 具有可扩展可编程的多功能 I/O 口；

⑦ 具有可扩展存储模块；

⑧ 具有完善的保护功能（有过电流、过电压、欠电压、位置超差、编码器信号异常等多种报警保护）；

⑨ 具有 RS-485 通信接口（符合 MODBUS-RTU 通信协议），可通过与上位机连接，实现网络控制、参数设定、现场监控等多种通信功能；

⑩ 内置制动回馈能量电阻。

2）系统功能

① 可编程输入输出接口（可扩展）　可编程单元有 8 个可编程多功能输入信号和 4 个可编程多功能输出信号：每一个输入与输出信号都可以根据参数设置来选定其功能；同时每一个输入与输出信号的有效信号（高电平、低电平、上升沿、下降沿）都可以根据用户的需要来设置。这样做极大地提高了系统的灵活性，为用户的操作提供了极大的便利，也提高了系统对于不同外围硬件的适应性。同时可编程 I/O 接口的数量可以通过系统总线进行扩展。

② 指令系统　整个可编程单元有着丰富的指令系统，提供了 100 余条指令供用户编程，可以灵活地实现用户的功能；整个指令系统有运动控制指令、跳转指令、逻辑运算指令、算术运算指令、比较指令、中断控制指令、子程序调用指令、定时指令、I/O 指令以及平滑过渡指令等多种类指令为用户的不同控制需求提供了保障。

③ 中断优先控制　整个可编程单元有十六级不同优先级别的中断，每一级中断可以由任何的一个输入信号来触发，这样保证了系统中断的灵活性。也使用户的编程有了更多的选择，为实现较复杂的控制功能提供了强有力的保证。

④ 通信功能　整个系统还提供了 RS-485 通信功能，整个通信协议严格遵循 MODBUS-RTU 通信协议；可以通过基于计算机的软件来对系统编程并监控单轴机器人的运行工作状态；整个通讯系统还可以连成网络，实现对单轴机器人的联控与群控。

（4）系统的设计和应用实现

在实际应用中单轴机器人的系统设计采用逻辑工位规划、运动控制轨迹规划、系统编程、系统仿真和现场调试这 5 个步骤来实现，如图 3-45 所示。

图 3-45　系统设计应用步骤框图

① 逻辑工位规划　运用开放式结构单轴机器人伺服控制系统进行系

统架构时，整个系统应采用模块化的理念进行设计，即将一个完整的生产序列根据工艺顺序进行多层次的分解，形成多个工作单元，同时要确保每个工序单元在实施方式上、空间布局上以及生产节拍的组织上适合单轴机器人完成每个工序单元的生产任务，以及和上下游的其他单元形成有序的配合，这种配合体现在多工位之间能实现有序联动，统一生产节拍。所以在设计应用之初要进行逻辑工位的规划。

连续生产的常见的工序工位组织方式有环形工位和直线形工位，如图 3-46 所示。

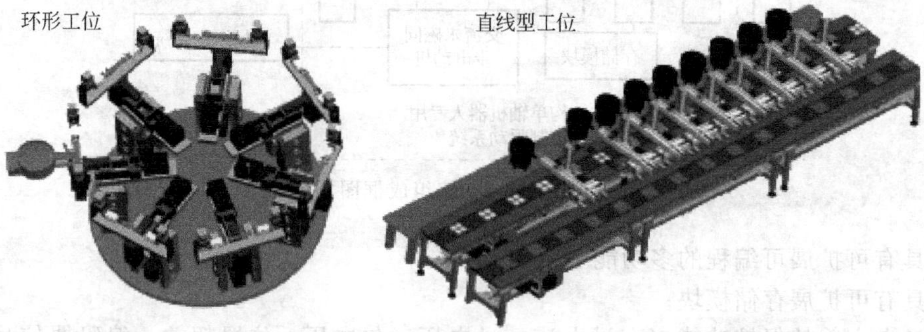

图 3-46 连续生产的常见的工序工位组织方式

开放式结构单轴机器人伺服控制系统内置 64 段可编程位置运动程序（P00～P63），通过扩展的程序存储模块可以扩展到 4KB 段的位置编程容量；内置的 64 段可编程位置运动程序，可以通过 6 个可编程多功能输入信号定义为位置选择信号（PIN0～PIN5）来选择位置，并配以 START 位置启动信号来触发启动。扩展外部位置编程容量，可以通过扩展可编程多功能输入信号来选择并触发启动。

编程位置运动程序段除了可以通过输入信号来选择并启动外，还可以通过 RS-485 通信和内置 PLC 程序来调用，可以适应不同种类的单轴机器人应用。

② 运动控制轨迹规划　开放式结构单轴机器人伺服控制系统提供了如表 3-6 所示的参数用来规划运动控制轨迹。运转形式设定参数可以设置运转的坐标系、S 曲线、定位方式多种规划模式。

表 3-6 每段可编程位置运动程序规划参数

序号	参数名	内　容
1	运转形式	通过参数的每一个 bit 位设定定位运转的形式
2	运转速度	设定定位运转的速度
3	目标位置	设定定位运转的目标位置
4	加速度	设定定位运转的加速度
5	减速度	设定定位运转的减速度
6	跳转位置段	设定运动定位完成后要跳转的位置段
7	停止时间	设定运动定位完成后的停止时间
8	输出口设定	设定定位运转时的输出口信号

开放式结构单轴机器人控制系统除了可以用参数规划轨迹外，还可以用如图 3-47 所示的图形界面来进行轨迹规划。

③ 系统编程　目前采用灵活的点到点直接位置编程模式，只需输入目标位置的坐标和运行速度即可完成一步点到点的位置编程；同时可以在位置指令间插入 PLC 指令，实现运

动控制和逻辑控制的完美结合；在完成指令编程后可以通过指令编译、目标连接，形成可执行代码，并通过 RS-485 通信下载到控制系统中。

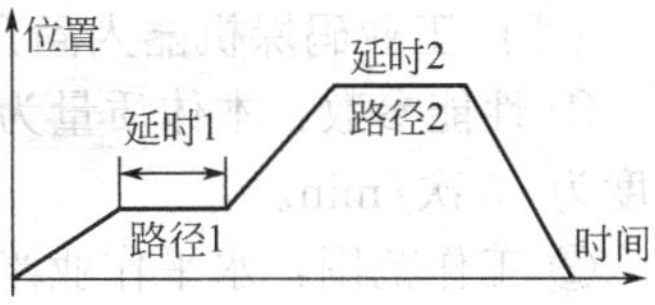

图 3-47　图形界面轨迹规划

可以通过系统自带示教功能，在现场通过操作人员的点动运行，来示范位置运动轨迹，此时系统将记录整个运动轨迹；在点动运行结束后，计算机专用编程软件将根据系统记录的整个运动轨迹，自动生成位置运动控制指令程序。同时现场编程操作人员可以通过计算机专用编程软件，对自动生成的位置运动控制指令程序，进行编辑修改和优化。最后通过 RS-485 通信将生成的可执行指令代码下载到控制系统中。

④ 仿真模式　在完成编程后，可以在计算机专用编程软件上通过现场在线的指令生成运动轨迹波形图来验证程序的正确性和可靠性；同时可以在仿真模式下，实时在线修改控制系统中的程序，大大方便了现场用户的调试和应用。

⑤ 现场调试　在现场调试中，具有开放式结构的单轴机器人专用交流同步电动机伺服控制系统可以通过系统提供的各种调试功能，进行如下步骤的调试：a. 回原点运行调试；b. 点动负载运行调试；c. 系统试运行调试；d. 通过计算机监控软件记录外部输入信号，同时记录系统运行轨迹和输出信号。根据外部输入信号和不同的运行轨迹以及输出信号来判断系统的运行准确性。

(5) 应用结果

具有开放式结构的单轴机器人专用交流同步电动机伺服控制系统在实际的应用中比传统的单轴机器人的控制效率明显提升，可靠性也有了显著的提高，功能更完善，保护措施也进一步提高，系统成本也明显降低，完全达到了国外同类产品的先进水平。如图 3-48 和图 3-49 所示为现场应用情况。

图 3-48　系统在单轴机械臂上的应用

图 3-49　系统在安装类单轴机器人上的应用

3.3.4 基于 PLC 的工业码垛机器人控制系统

工业码垛机器人是典型的机电一体化产品，控制系统是工业码垛机器人最为重要的部分，对机器人码垛功能的实现及作业性能的保障起着至关重要的作用，直接决定着机器人的运动精度及工作效果。此工业码垛机器人控制系统，以 PLC 为主控装置，使 PLC 与相关器件的功能融合达到理想的程度，所构建的机器人控制系统结构精简，节能降耗，具有较好的稳定性及可扩展性。

（1）工业码垛机器人简介

① 性能参数：本体质量为 1000kg；最大抓取质量为 60kg；搬运速度为 30m/min；堆码速度为 20 次/min。

② 工作范围：水平作业半径为 2.5m，垂直作业高度为 2.4m。

③ 连续运转时间不小于 24h，连续运转 8h 累积误差不超过±5mm。

该工业码垛机器人采用如图 3-50 所示的平衡吊机构形式，该机构具有结构简单、使用方便、维护节省的优点。在该机构中，构件 5 和 6 是两个原动件，由于机构有两个自由度，所以该机构的运动是确定的。杆系核心部分是一个平行四连杆机构，由 *ABD*、*DEF*、*BC*、*CE* 四杆组成，在 *B*、*C*、*D*、*E*、*F* 处用铰链连接，其中 BC $\underline{\mathbin{/\!/}}$ DE 和 BD $\underline{\mathbin{/\!/}}$ CE。

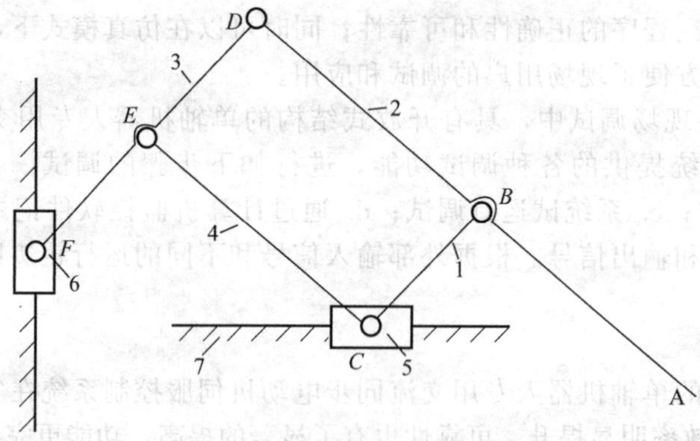

图 3-50　平衡吊机构

该机器人主体机构的优点在于，无论机器人空载，还是负载，在工作范围内的任何位置都可以随意停下并保持静止不动，即达到随遇平衡状态。机器人机械结构的三维仿真设计效果如图 3-51 所示由于机器人具有相互独立的四个自由度，相应的机械结构也可分为四个部分：①底座旋转部分及其驱动装置 7；②水平移动部分及其驱动装置 5；③垂直移动部分及其驱动装置 6；④手爪旋转部分及其驱动装置 8 各自由度均采用交流伺服电动机驱动。机器人水平方向的运动由电动机经丝杠旋转带动构件 5 做水平直线运动来实现；机器人垂直方向的运动由电动机经丝杠旋转带动构件 6 做垂直方向的直线运动来实现。底座及手爪部分各有两个旋转自由度。通过这四个自由度，实现码垛机器人抓手在空间内的灵活移动，完成码垛作业。

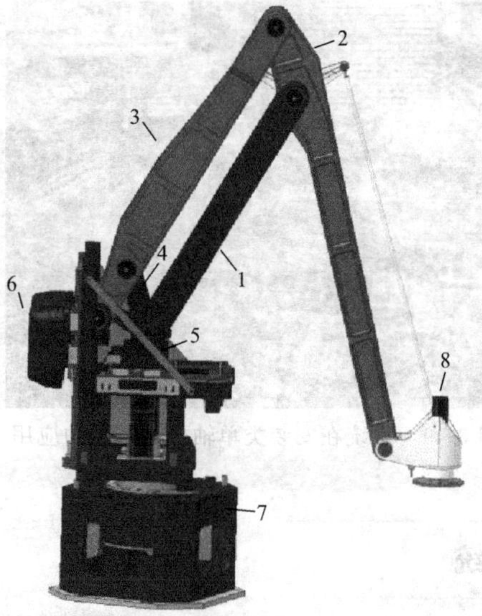

图 3-51　码垛机器人机械系统示意图
1～4—平行四连杆机构；5—水平移动部分；6—垂直移动部分；7—底座旋转部分；8—手爪旋转部分

（2）工业码垛机器人控制系统硬件设计与实现

根据工业码垛机器人整体设计指标及作业要求，其控制系统应满足如下要求：

① 四轴四自由度的协调控制，实现高速、稳定、高效运动；

② 示教控制技术，实现路径规划；

③ 实时性高，动态响应性能好；

④ 高可靠性、安全性和稳定性；

⑤ 友好的人机界面，编程方便，易于操作；

⑥ 硬件系统结构紧凑，并具有一定的可扩展性。

根据上述设计要求，设计了如图 3-52 所示的工业码垛机器人控制系统硬件构架。

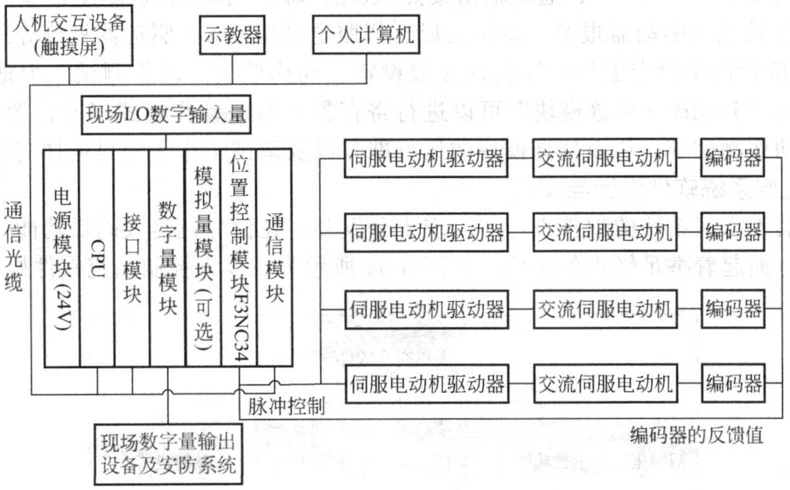

图 3-52　码垛机器人硬件结构图

工业码垛机器人控制系统的核心是横河 FA-M3 PLC。该 PLC 功能多、性能好、处理速度快和扩展能力强，主要完成伺服电动机驱动、示教功能及其他外围 I/O 量的处理等任务 FA-M3 PLC 采用模块化设计，可根据不同任务需求采用不同的模块。本机器人控制系统需要采用电源模块、CPU 模块、数字量模块、位置控制模块和通信模块等。

其中位置控制模块 F3NC34 根据来自 CPU 模块的命令，生成位置定位用的轨迹，以脉冲串的形式输出位置命令值。按照输出脉冲串的数量指定电机的旋转角度，按照频率指定电机的旋转速度，同时接收编码器的反馈值，构成闭环控制。码垛机器人位置控制原理如图 3-53 所示。

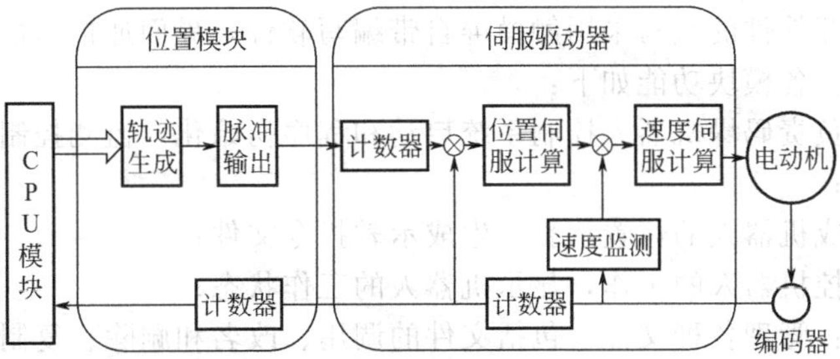

图 3-53　位置模块运行原理

位置控制模块中装有 32 点位的固定输入和输出继电器，可将位置控制所需常用命令固化在其中，方便位置控制的实现。位置控制模块的特点如下：

① 高速和高精度的定位控制　使用交流伺服电动机时，最大输出为 5Mpps；对于机器人 1 轴启动的情况，可使用 0.15ms 的短时位控；对于 4 轴直线插补和 2 轴圆弧插补，可使用 0.5ms 以下的短时位控，这样就可使机器人开始高速运行，实现与外围设备的同步。

② 丰富的位置功能　该模块的控制方式有定位控制、速度控制、速度控制向定位控制的切换控制、定位控制向速度控制的切换控制。作为插入控制有直线插补、圆弧插补、螺旋插补等。丰富的功能使机器人能够轻易实现多种多样的定位控制。

③ 脉冲计数器/通用I/O接点　因为可以按照机器人的轴数安装输入值最大为5Mpps的脉冲计数器（支持绝对值编码器），使用该模块就可以读取电动机的反馈脉冲，从而实现当前位置的确认、位置偏离的检测等更加正确的定位控制。

通用输入接点（6点/轴）、通用输出接点（3点/轴）与电动机/驱动器相连接，可以作为控制用I/O接点（驱动器报警、定位完成、伺服电动机ON、驱动器复位等）来使用。

④ 通过位置模块设定工具可以实现参数设定、动作监视、动作测试　根据位置控制模块的设定工具"ToolBox位置模块"可以进行寄存器参数、动作模式以及位置数据的设定、动作监视、动作测试等，从而使该模块的运行准备以及调试工作等变得更加简便。

（3）控制系统软件设计与实现

码垛机器人控制系统的软件设计与实现十分重要，在保障机器人码垛功能的实现和作业效果的提升方面起着举足轻重的作用。如图3-54所示为机器人控制系统软件构架。

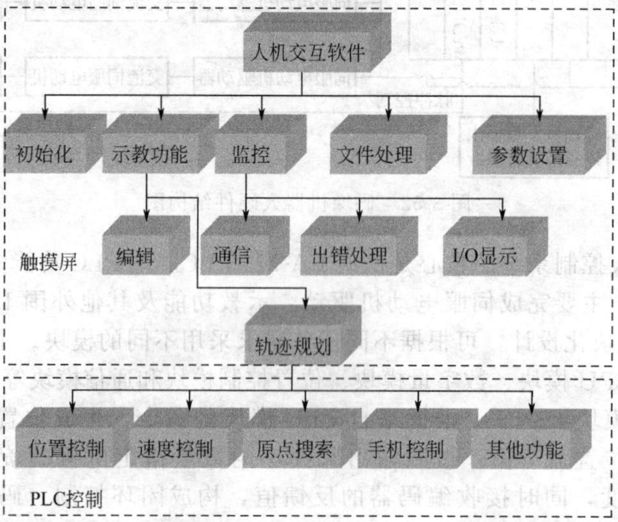

图3-54　控制系统软件构架示意图

其中，人机交互软件的编写采用触摸屏自带编写软件，界面通俗易懂，适合工厂化环境使用，且成本低廉。各模块功能如下：

初始化模块：负责码垛机器人控制系统启动和程序初始化，监测控制系统各单元是否工作正常并及时反馈；

示教模块：完成机器人的位置示教，生成示教指令文件；

监控模块：监控机器人的工作，显示机器人的工作状态；

文件处理模块：管理各种文件，包括文件的调用、改名和删除、复制等；

参数设置模块：机器人控制参数以及机器人结构参数等可调参数设置、控制系统I/O设置和管理；

码垛机器人控制系统的软件采用横河PLC通用软件wide-field进行编写，可采用梯形图和语句表形式，模式运行时也可采用自带软件ToolBox进行编写，只需设定相关参数即可，简单易行，工作量大大减少。各模块功能如下：

轨迹规划模块：完成机器人各种轨迹规划、插补算法；

位置控制模块：主要包括单轴定位、插补定位、定位动作中的口标位置变更、速度变更等；

速度控制模块：主要包括速度控制、速度控制中的速度变更、速度控制和位置控制的相互切换等；

原点搜索模块：包括自动原点搜索、手动原点搜索等；

手动控制模块：包括 JOG 控制、手动脉冲发生器等。

码垛机器人软件系统工作流程如图 3-55 所示。

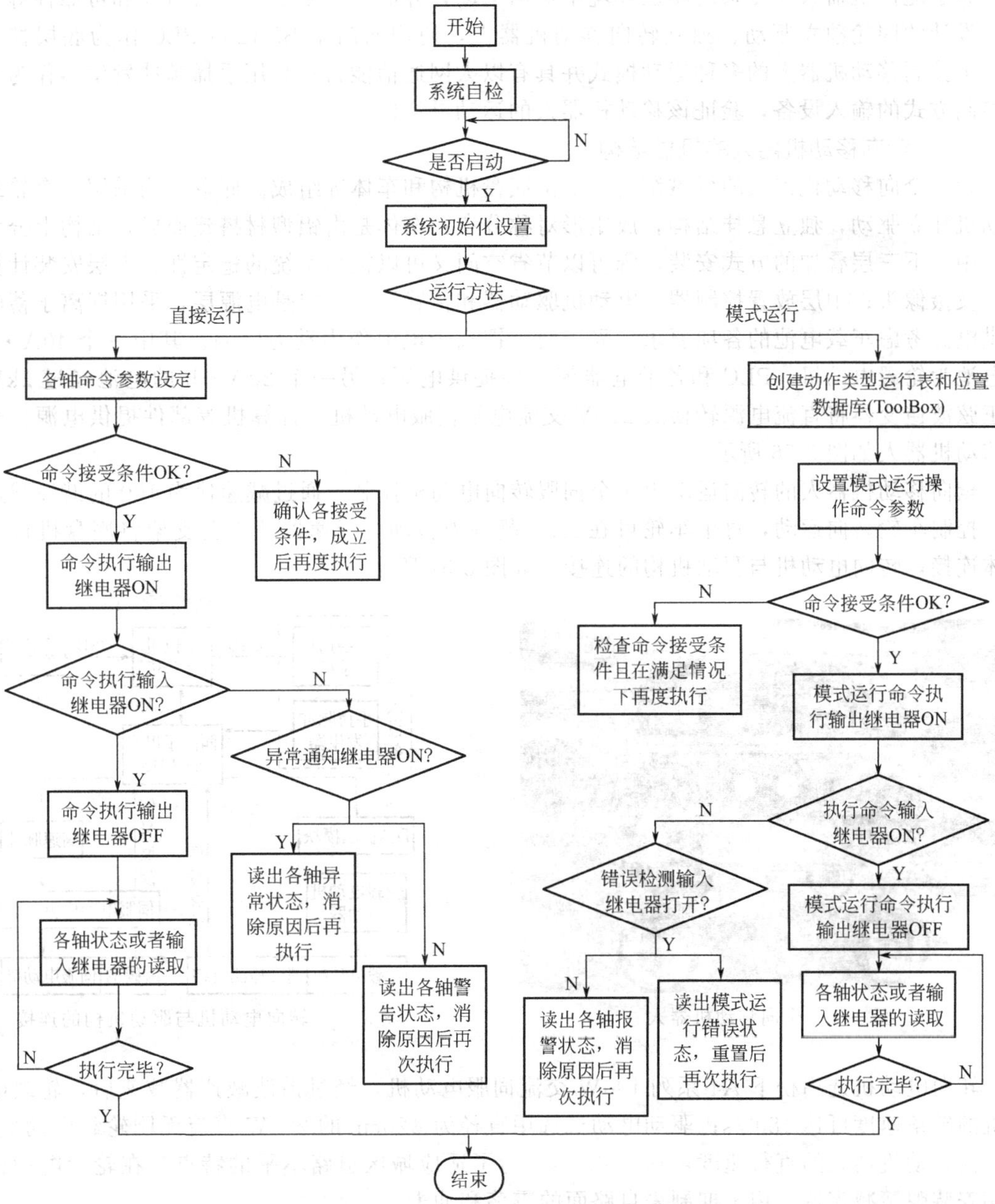

图 3-55　工业码垛机器人软件系统工作流程

（4）小结

以 PLC 为核心的工业码垛机器人控制系统既可以完成对现场 I/O 量的采集和控制，也可以通过位置控制模块驱动交流伺服电动机，完成对码垛机器人四轴的运动控制。工业码垛机器人工程样机的性能测试表明，码垛机器人控制系统能够充分发挥 PLC 的技术特点，在满足码垛机器人多样化作业要求的前提下，可显著提高机器人的可靠性及性价比，具有广阔的工业应用前景。

3.3.5 全向移动机器人控制系统

为了能使机器人在复杂的城区环境中灵活运动，并满足控制系统的实时性和可靠性等要求，设计的四轮独立驱动、独立转向移动机器人，使用西门子 S7-1200 PLC 作为底层控制器，可控制移动机器人的多种运动模式并具有以太网通信能力；采用手摇脉冲发生器作为手动控制方式的输入设备，验证该移动机器人的运动灵活性。

（1）全向移动机器人的机械结构

轮式全向移动机器人的机械结构主要由底盘机构和车体等组成。底盘机构采用 4 个轮毂电动机独立驱动，独立悬挂结构，成矩形对称分布；车体是由铝型材搭建而成，结构上分为上、中、下三层叠加的方式安装，既可以节省空间又可以提高系统的稳定性。上层安装计算机以及摄像头；中层放置控制器、电动机驱动器和传感器；下层是电源层，采用锂离子蓄电池供电。考虑车载电池的各项要求，采用两个锂离子电池作为动力电源。其中一个 40A·h 的电池为轮毂电动机、PLC 和各继电器等部件提供电源；另一个 20A·h 的电池经过 2kW 纯正弦波逆变器将直流电源转换成 220V 交流电给伺服电动机、计算机等部件提供电源。全向移动机器人如图 3-56 所示。

全向移动机器人的转向运动由 4 个伺服转向电动机控制，通过减速比为 100 的谐波减速器，控制车轮转向运动，每个车轮可在±90°范围内转动。减速器外嵌套支架将底盘机构与车体连接，转向电动机与驱动机构的连接，如图 3-57 所示。

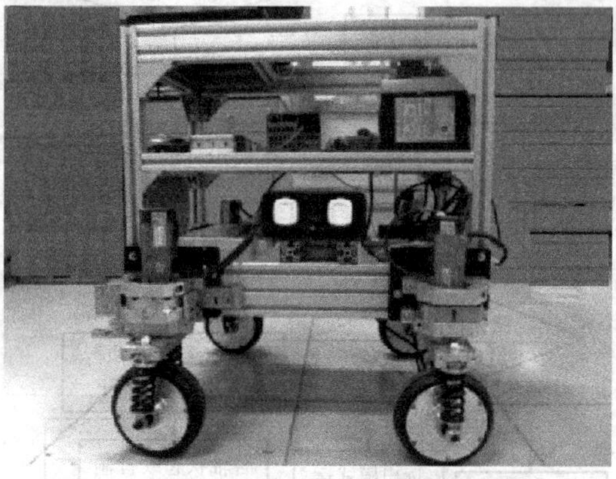

图 3-56 全向移动机器人

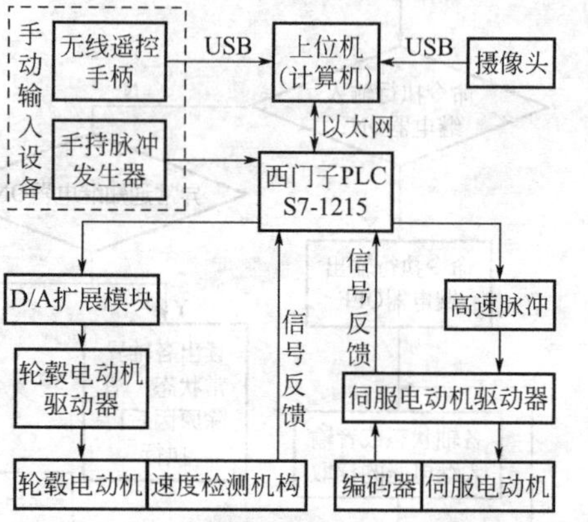

图 3-57 转向电动机与驱动机构的连接

转向电动机选用松下 A4 系列 100W 交流伺服电动机，经过谐波减速器减速后，轮毂电动机的转角速度可达 180°/s；驱动电动机选用直径为 ϕ20cm 的 200W 直流无刷轮毂电动机，使全向移动机器人的直行速度可达 0.6m/s。为了适应城区道路不平的特点，在轮毂电动机两侧安装弹簧减震器，用于抑制来自路面的震荡和冲击。

（2）控制系统设计

全向移动机器人的控制系统主要由底层控制器、电动机驱动系统、传感器、摄像头、上位机和电源等组成。底层控制器使用西门子 S7-1215 PLC 及 I/O、A/D 和 D/A 等扩展模块；上位机为笔记本计算机。PLC 与计算机之间通过以太网进行通信。机器人控制系统的硬件结构如图 3-58 所示。在底层控制器中，使用编程软件 STEP7 PROFESSIONAL V12 的 PTO 运动控制指令，使用位置控制方式控制 4 个转向伺服电动机，从而控制 4 个车轮的转向角；另外，使用扩展模拟量输出（D/A）模块输出电压值控制 4 个轮毂电动机，驱动机器人运动。

① 用于手动控制的输入设备　为了方便机器人在初始化或运行过程中进行人为设置和控制，机器人在手动控制模式下，有两种输入设备：手摇脉冲发生器（手脉）和无线遥控手柄。手脉直接与 PLC 连接，发送按钮和开关信号，精确控制机器人的运动。无线遥控手柄通过 USB 接口与 PC 连接，由 PC 读取其按钮信号，并传输到底层 PLC，因此手柄通过间接方式粗略控制机器人的运动。

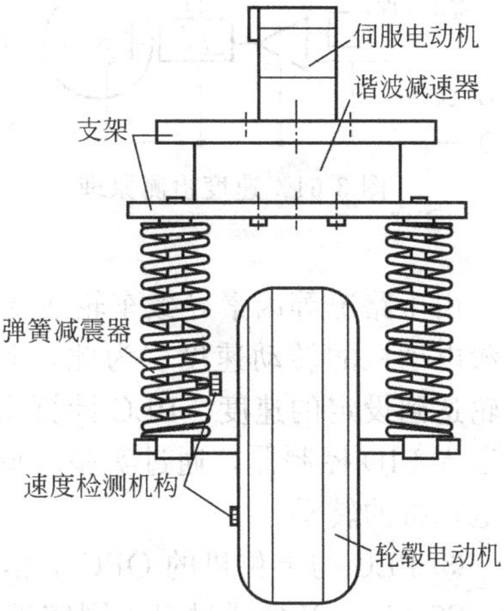

图 3-58　机器人控制系统的硬件结构

手脉多用于教导式数字控制机床（CNC）工作原点设定、步进微调等场合，具有便于手持操作、含有多组按钮开关以及可以产生正交脉冲的特点。考虑到全向移动机器人具有多种复杂运动模式，选用手脉作为手动控制输入设备。根据手脉上的按钮分布进行功能分配，并设计相应的 PLC 程序算法，控制机器人实现不同的运动模式。手脉的操作面板如图 3-59 所示。

无线遥控手柄作为另一种手动控制输入设备，通过 USB 端口与上位机通信。由于其输入信号不便于定量输入，所以只能粗略控制移动机器人的运动，其实物如图 3-60 所示。根据按钮和摇杆的特点，通过 VC＋＋软件的程序算法，可以使遥控手柄具有运动模式选择、紧急情况控制、微调整、直行或转弯等全向运动控制功能。

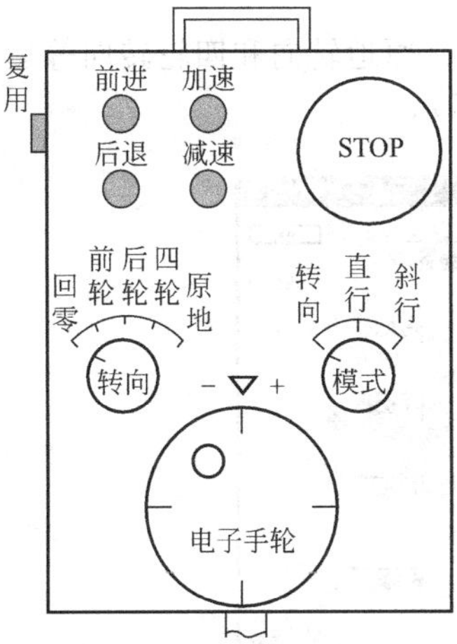

图 3-59　手脉的操作面板

图 3-60　无线遥控手柄实物

② 电动机的闭环控制　在全向移动机器人的控制子系统中，对机器人行走机构的闭环控制是通过安装在轮毂电动机上的速度检测系统和转向伺服电动机的增量式编码器实现的。

转向伺服电动机的闭环控制可以通过 PLC 的高速计数器 HSC 实现。轮毂电动机的控制电压和实际转速之间有一定的对应关系，但是不够精确，尤其是在负载变化和路面不平时更不精准。为保证机器人的运动精度和实现闭环控制，需要测量 4 个轮毂电动机的转速。

对轮毂电动机的实际速度检测借鉴自行车测速器原理的速度检测机构完成。速度检测原理如图 3-61 所示，其中 U_0 为输出电压。

速度检测机构包括永久磁铁组成的感应头和由开关型霍尔集成电路组成的感应器，其安

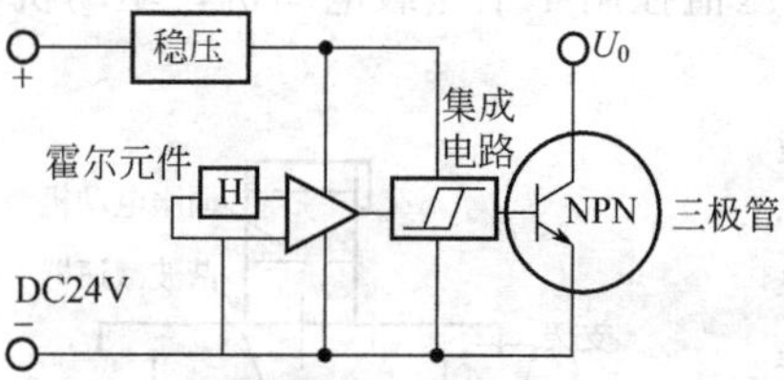

图 3-61 速度检测原理

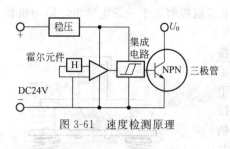

装位置见图 3-58。当感应头转动到感应器的水平位置时，霍尔元器件的磁场强度发生变化，即可输出脉冲信号到 PLC 的 HSC 接口。经过多次实验，整理数据得到 PLC 输出电压 U 与各轮毂电动机实际转速 n 的函数关系式为

$$n_i = f_i(U) \tag{3-1}$$

式中，n 为第 i 个轮毂电动机的实际转速，$i=1$，2，3，4。

由于路况等因素导致车轮所受负载不同，以及各轮毂电动机的参数存在差异，因此影响轮毂电动机的转动速度。为此，利用 PLC 的比例积分微分（PID）功能进行闭环控制，使车轮达到设定的速度。PLC 计算出每个轮毂电动机的实际速度，与设定值进行比较，将差值送入 PID 控制器，通过实验，调节 PID 控制器的 3 个参数，从而输出电压值，控制各轮毂电动机的转动。

③ PLC 与上位机的 OPC 通信　OPC（OLE for Process Control）是嵌入式过程控制标准，S7-1200 PLC 通过以太网实现 SIMATIC NET 的 OPC 通信，可以在计算机上监控、调用和处理 PLC 的数据与事件。目前采用有线通信，下一步的目标是实现机器人的自主运动以及远程监控，能够远程传输视频、音频以及传感数据。

实现 OPC 通信需要的软件有 STEP7 V5.4，SIMATIC NET V7.1。在 STEP7 中创建 PC Station，通过在 SIMATIC NET 中对 PC Station 进行硬件组态，将计算机作为 OPC 客户机，PLC 作为 OPC 服务器。上位机（PC）通过基于 VC++ 的人机界面监控下位机（PLC），并通过程序算法计算出车体的运动状态。上位机显示界面如图 3-62 所示。

（3） 手脉控制下的四轮转向运动控制

全向移动机器人具有直行、斜行、前轮转向、后轮转向、原地转向和四轮转向等运动模式，均具有加速和减速功能。四轮转向运动模式如图 3-63 所示。

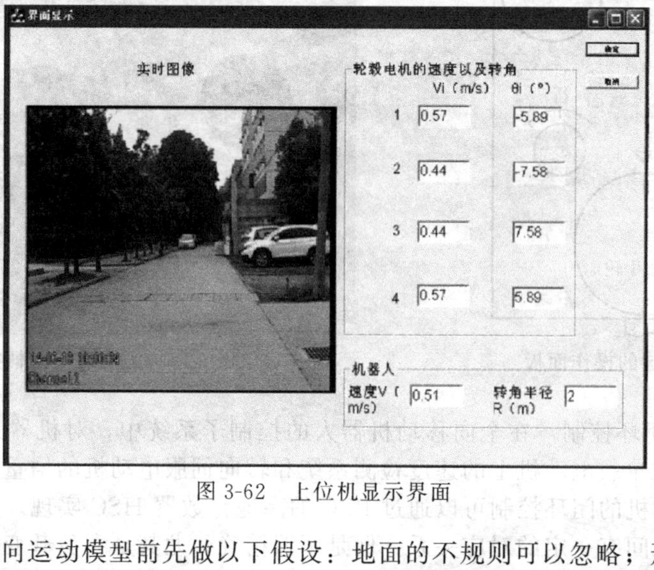

图 3-62 上位机显示界面

在建立四轮转向运动模型前先做以下假设：地面的不规则可以忽略；形变可以忽略；车轮和地面之间满足纯滚动条件。建立固连于车体并且原点与车体质心重合的坐标系 $X_rO_rY_r$，如图 3-63 所示。图 3-63 中 ω 为车体转向角速度；R_i 为各车轮转弯半径；V_i 为 4 个车轮的行驶速度（$i=1$，2，3，4）；W 为左右轮轮距；L 为前后轮轮距；θ_i 为第 i 个轮毂电动机的转向角；R 为车体转弯半径，是控制输入参数；v 为车体速度；O 为车体的瞬时旋转中心。

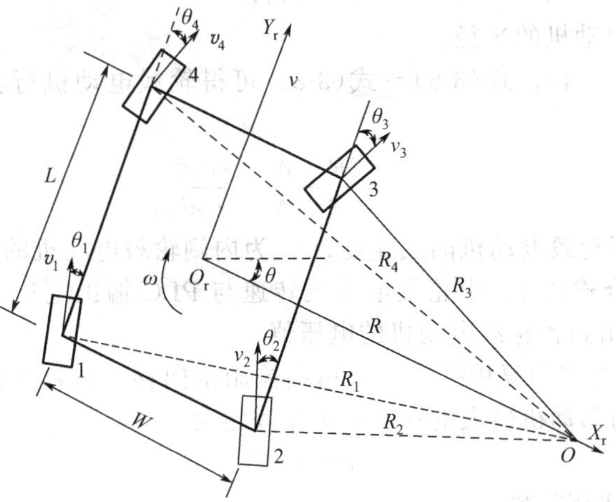

图 3-63　四轮转向运动模型

4 个车轮转向时的转角关系满足：

$$\theta_1=\theta_4$$

$$\theta_2=\theta_3$$

$$\cot\theta_1-\cot\theta_2=\frac{2W}{L} \tag{3-2}$$

机器人转弯时外侧车轮和内侧车轮的转向角 θ_{out}、θ_{in} 为：

$$\theta_{out}=\theta_1=\arctan\frac{L}{2R+W} \tag{3-3}$$

$$\theta_{in}=\theta_2=\arctan\frac{L}{2R-W} \tag{3-4}$$

同侧车轮的转向角方向相反，以此可以得到每个转向伺服电动机的转角，及其对应的控制脉冲和方向信号。

根据运动模型的几何关系，得到：

$$R_1=R_4=\frac{R+\frac{W}{2}}{\cos\theta_1} \tag{3-5}$$

$$R_2=R_3=\frac{R-\frac{W}{2}}{\cos\theta_2} \tag{3-6}$$

当使用手脉手动控制机器人运动时，摇动手脉操作面板中的电子手轮转一圈产生 100 个相位差为 90°的脉冲 A 和脉冲 B，并输入到 PLC 的 HSC 接口，PLC 通过程序判断出 HSC 的计数方向，即电子手轮的转动方向，从而决定机器人本体的转动方向。规定电子手轮顺时针转动时机器人右转弯，逆时针转动时左转弯。脉冲个数 N_1 与转弯半径 R 成反比例关系，即

$$R=\frac{k_1}{N_1} \tag{3-7}$$

式中，k_1 为反比例系数。

根据机器人的运行环境设置 k_1，使 $N_1=100$ 时对应最小转弯半径。

在车轮转向时，4 个车轮绕瞬时转向中心 O 做相同角速度的圆周滚动。根据线速度与角速度的关系，可得：

$$v_i=2\pi r n_i \tag{3-8}$$

式中，r 为轮毂电动机的半径。

结合式(3-3)、式(3-4)、式(3-6)～式(3-8) 可得轮毂电动机行驶速度与转弯半径的关系为：

$$\frac{v_{out}}{v_{in}}=\frac{2R+W}{2R-W}\times\frac{\cos\theta_{in}}{\cos\theta_{out}} \tag{3-9}$$

式中，v_{out}为外侧轮毂电动机的线速度；v_{in}为内侧轮毂电动机的线速度。

由式(3-9) 再结合式(3-1) 中轮毂电动机转速与 PLC 输出电压的线性关系，PLC 即可根据转弯半径计算输出到各轮毂电动机的电压值。

图 3-59 中，手脉左侧的复用按钮用于精确控制全向移动机器人的速度。当按下复用按钮后，脉冲个数 N_2与移动机器人的速度：关系规定为：

$$v=k_2N_2 \tag{3-10}$$

式中，k_2为线性比例常数。

由于 $v=\omega R$，并结合式(3-5)～式(3-7) 可知，精确控制速度时各车轮的速度关系为

$$v_{in}=\omega R_{in}=\frac{k_2N_2N_1}{k_1}\times\frac{R-\frac{W}{2}}{\cos\theta_{in}} \tag{3-11}$$

$$v_{out}=\omega R_{out}=\frac{k_2N_2N_1}{k_1}\times\frac{R+\frac{W}{2}}{\cos\theta_{out}} \tag{3-12}$$

式中，R_{out}为外侧轮毂电动机的转弯半径；R_{in}为内侧轮毂电动机的转弯半径。

综上所述，PLC 即可通过程序算法，根据手脉的控制输入，计算出输出到各轮毂电动机的速度和各车轮的转向角。

(4) 实验

利用速度检测装置，多次测量空载情况下每个轮毂电动机在不同电压下的转速，得到电压与转速的关系曲线，如图 3-64 所示。

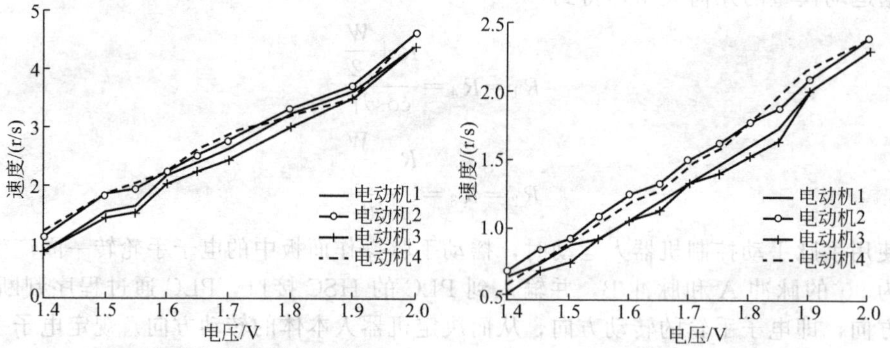

图 3-64 轮毂电动机转速与电压的关系

由于轮毂电动机的启动电压为 1.4V 左右，且本系统的实际应用转速在 3r/s 以下，所以测试区间为 1.4～2.1V。

图 3-64 表明了电动机的转速与电压近似呈线性关系，转速随着电压的增加而增大；另外，相同电压下，每个电动机的正转速度比反转速度大很多。

在四轮转向的运动模式下，移动机器人的运动速度为 1m/s 时，各车轮的转速及伺服电

动机转角测量结果和计算值如表 3-7 和表 3-8 所示。

表 3-7　机器人在不同转向半径下各车轮转速

转弯半径 R	轮毂电动机/(r/s)			
	1	2	3	4
$R=2$m 时实测值	0.59	0.47	0.46	0.57
$R=2$m 时计算值	0.57	0.44	0.44	0.57
$R=3$m 时实测值	1.11	0.92	0.94	1.10
$R=3$m 时计算值	1.09	0.92	0.92	1.09

表 3-8　四轮转向模式下各伺服电动机转角

转弯半径 R	伺服电动机转角/(°)			
	1	2	3	4
$R=2$m 时实测值	−5.88	−7.58	7.59	5.89
$R=2$m 时计算值	−5.89	−7.58	7.58	5.89
$R=3$m 时实测值	−3.91	−4.63	4.64	3.90
$R=3$m 时计算值	−3.91	−4.63	4.63	3.91

表 3-7 和表 3-8 说明电动机转速的期望值（即计算值）与实测值基本吻合，验证了公式的准确性，说明用 PLC 通过 D/A 扩展模块控制轮毂电动机准确性高，能够满足系统要求。

3.4 机器人 PLC——气动控制系统

3.4.1 气动系统在机器人驱动与控制中应用中的概况

（1）气动系统在机器人应用的优势

气动系统有以下优点：

① 以空气为工作介质，工作介质比较容易获得，用后的空气排到大气中，处理方便，与液压传动相比不必设置回收的油箱和管道。

② 因空气的黏度很小（约为液压油动力黏度的万分之一），其损失也很小，所以便于集中供气、远距离输送。并且不易发生过热现象。

③ 与液压传动相比，气压传动的动作迅速、反应快、可在较短的时间内达到所需的压力和速度。这是因为压缩空气的黏性小，流速大，一般压缩空气在管路中的流速可达 180m/s，而油液在管路中的流速仅为 2.5～4.5m/s。工作介质清洁，不存在介质变质等问题。

④ 安全可靠，在易燃、易爆场所使用不需要昂贵的防爆设施。压缩空气不会爆炸或着火，特别是在易燃、易爆、多尘埃、强磁、辐射、振动、冲击等恶劣工作环境中，比液压、电子、电气控制优越。

⑤ 成本低，过载能自动保护，在一定的超载运行下也能保证系统安全工作。

⑥ 系统组装方便，使用快速接头可以非常简单地进行配管，因此系统的组装、维修以及元器件的更换比较简单。

⑦ 储存方便，气压具有较高的自保持能力，压缩空气可储存在贮气罐内，随时取用。即使压缩机停止运行，气阀关闭，气动系统仍可维持一个稳定的压力。故不需压缩机的连续运转。

⑧ 清洁，基本无污染，外泄漏不会像液压传动那样严重污染环境。对于要求高净化、无污染的场合，如食品、印刷、木材和纺织工业等是极为重要的，气动具有独特的适应能力，优于液压、电子、电气控制。

⑨ 可以把驱动器做成关节的一部分，因而结构简单、刚性好、成本低。

⑩ 通过调节气量可实现无级变速。

⑪ 由于空气的可压缩性，气压驱动系统具有较好的缓冲作用。

总之，气压驱动系统具有速度快、系统结构简单，清洁、维修方便、价格低等特点，适用于机器人。

（2）气动机器人的适用场合

气动系统适合在中、小负荷的机器人中采用。因难以实现伺服控制，气动系统多用于程序控制的机械人中，如在上、下料和冲压机器人中应用较多。气动机器人采用压缩空气为动力源，一般从工厂的压缩空气站引到机器作业位置，也可单独建立小型气源系统。

由于气动机器人具有气源使用方便，不污染环境，动作灵活迅速、工作安全可靠、操作维修简便以及适于在恶劣环境下工作等特点，因此它在冲压加工、注塑及压铸等有毒或高温条件下作业，机床上、下料，仪表及轻工行业中、小型零件的输送和自动装配等作业，食品包装及输送，电子产品输送、自动插接，弹药生产自动化等方面获得广泛的应用。

气动驱动系统在多数情况下是用于实现两位式的或有限点位控制的中、小机器人。这类机器人多是圆柱坐标型和直接坐标型或二者的组合型结构；3～5个自由度，负荷在200N以内，速度300～1000mm/s，重复定位精度为±0.1～±0.5mm。控制装置目前多数选用PLC。在易燃、易爆的场合下可采用气动逻辑元件组成控制装置。

（3）气动机器人技术应用进展

气动机器人已经取得了实质性的进展。就它在三维空间内的任意定位、任意姿态抓取物体或握手而言，“阿基里斯”六脚勘测员、攀墙机器人都显示出它们具有足够的自由度来适应工作空间区域。

在彩电、冰箱等家用电器产品的装配生产线上，在半导体芯片、印刷电路等各种电子产品的装配流水线上，不仅可以看到各种大小不一、形状不同的气缸、气爪，还可以看到许多灵巧的真空吸盘将一般气爪很难抓起的显像管、纸箱等物品轻轻地吸住，运送到指定目标位置。对加速度限制十分严格的芯片搬运系统，采用了平稳加速的SIN气缸。

在医疗领域，重要成果是内窥镜手术辅助机器人“EMARO”。东京工业大学和东京医科齿科大学创立的风险企业RIVERFIELD公司于2015年7月宣布，内窥镜手术辅助机器人“EMARO：Endoscope MAnipulator RObot”研制成功。EMARO是主刀医生可通过头部动作自己来操作内窥镜的系统，无需助手（把持内窥镜的医生）的帮助。东京医科齿科大学生体材料工学研究所教授川嶋健嗣和东京工业大学精密工学研究所副教授只野耕太郎等人，从着手研究到EMARO上市足足用了约10年时间。当头部佩戴陀螺仪传感器的主刀医生的头部上下左右倾斜时，EMARO系统会感应到这些动作，内窥镜会自如活动，还可与医生脚下的专用踏板联动。无需通过助手，就可获得所希望的无抖动图像，有助于医生更准确地实施手术。EMARO作为手术辅助机器人，首次采用了气压驱动方式。用自主的气压控制技术，实现了灵活的动作，在工作中“即使接触到人，也可以躲开其作用力”（只野）等，可保证高安全性。与电动机驱动的现有内窥镜夹持机器人相比，整个系统更加轻量小巧也是一大特点。该系统平时由主刀医生由头部的陀螺仪传感器来操作，发生紧急情况时，还可以手动操作。可利用机体上附带的控制面板的按钮来操作。

由“可编程序控制器-传感器-气动元器件”组成的典型的控制系统仍然是自动化技术的重要方面；发展与电子技术相结合的自适应控制气动元器件，使气动技术从“开关控制”进入到高精度的“反馈控制”；省配线的复合集成系统，不仅减少配线、配管和元器件，而且拆装简单，大大提高了系统的可靠性。

气动机器人、气动控制越来越离不开 PLC，而阀岛技术的发展，又使 PLC 在气动机器人、气动控制中变得更加得心应手电磁阀的线圈功率越来越小，而 PLC 的输出功率在增大，由 PLC 直接控制线圈变得越来越可能。

电气可编程控制技术与气动技术相结合，使整个系统自动化程度更高，控制方式更灵活，性能更加可靠；气动机器人、柔性自动生产线的迅速发展，对气动技术提出了更多更高的要求；微电子技术的引入，促进了电气比例伺服技术的发展。

3.4.2　基于 PLC 和触摸屏的气动机械手控制系统

气动机械手是由机械、气动、电气、PLC 和触摸屏等元器件构成的工业自动化系统，是机械传动技术的一种重要形式，是控制与机械的重要结合点，广泛应用在生产线和各种自动化设备中。

（1）机械手控制功能需求分析

该机械手的主要任务是将生产线上一工位的工件根据工件合格与否搬运到不同分支的流水线上。完成一次作业任务，机械手的动作顺序为：伸出→夹紧→上升→顺时针旋转（合格品）/逆时针旋转（不合格品）→下降→放松→缩回→逆时针旋转（合格品）/顺时针旋转（不合格品）。

为实现上述任务，该系统配置了 2 只普通气缸、1 只 3 位摆台和 1 只气动手爪。2 只普通气缸均为单作用气缸，1 只用于机械手的上升与下降，另外 1 只用于机械手的伸出和缩回，3 位摆台用于实现机械手顺时针以及逆时针旋转运动，气动手爪用于工件的夹紧与松开（图 3-65）。

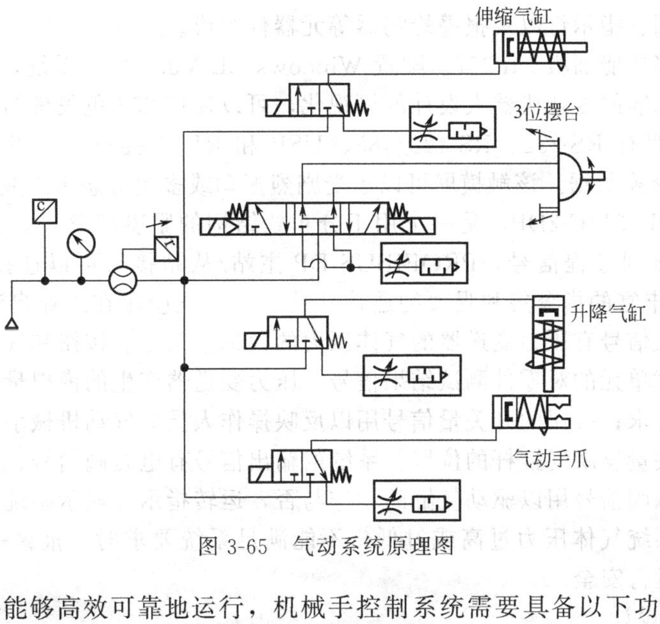

图 3-65　气动系统原理图

为确保机械手能够高效可靠地运行，机械手控制系统需要具备以下功能：①单步运行，即机械手每次只完成一步动作；②连续运行，即机械手连续完成多步动作，完成一次工件的搬运任务；③具备用户权限设置，限制未授权人员对机械手的操作，减少误操作事件的发生概率；④故障报警，当系统出现故障或发生误操作时，给用户及时的报警信息，提醒用户。

(2)系统设计

1)控制方案设计

整个流水线系统采用主站加从站的分布式控制模式，主站负责从站之间的数据通信，从站负责控制各自的控制单元，在每个从站上配置了触摸屏，实现对控制单元的控制和工作状态的实时显示。在监控中心配置了上位机，在上位机上基于WinCC开发了整个流水线的监控系统（图3-66）。

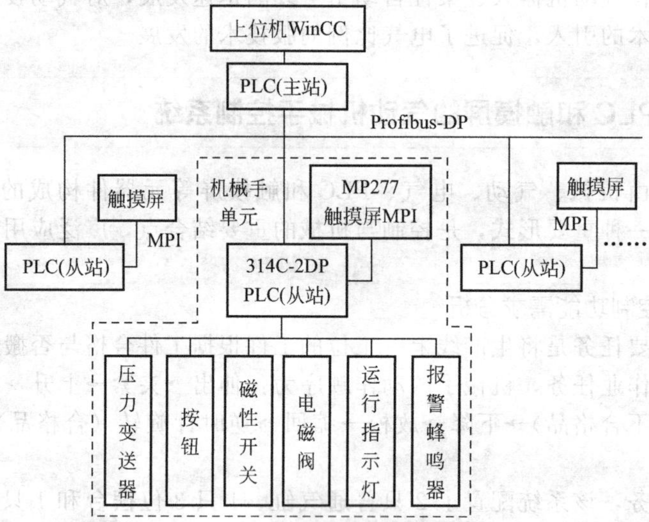

图3-66 控制系统组成图

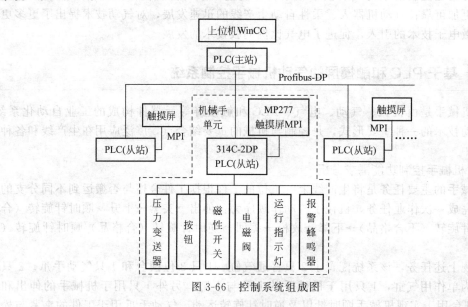

机械手单元的控制系统采用从站PLC加触摸屏的模式，从站PLC主要负责系统控制逻辑关系的实现，触摸屏主要用于人机交互。整个控制系统由PLC、触摸屏、压力变送器、磁性开关、电磁阀、指示灯以及报警蜂鸣器等元器件组成。

触摸屏采用多功能面板MP277，配置Windows CE V3.0操作系统，用WinCC flexible组态，适用于高标准的复杂机器人设计的可视化，可以使用256色矢量图形显示功能、图形库和动画功能，拥有RS-232、RS-422/485、USB和RJ-45接口，可以方便地与计算机、PLC进行通信，交换数据。该触摸屏可以承受剧烈振动或多尘等恶劣工业环境。

PLC选用CPU 314C-2DP，是一个用于分布式结构的紧凑型PLC，其内置数字量和模拟量I/O可以连接到过程信号，PROFIBUS DP主站/从站接口可以连接到单独的I/O单元。该PLC具有丰富的指令集和强大的通信功能，被广泛应用在工业自动化控制领域。整个控制系统的输入信号有压力变送器的气体压力的模拟量信号、按钮和气缸的磁性开关的开关量信号以及测试单元的对零件测试结果信号。压力变送器产生的模拟量信号用以判断气体的压力是否满足要求；按钮的开关量信号用以反映操作人员对气动机械手的动作指令，气缸的磁性开关的开关量反映气缸杆的位置。系统的输出信号有电磁阀信号、运行指示灯和报警蜂鸣器信号。电磁阀信号用以驱动气缸的动作与否，运转指示灯显示系统的运行状况，当系统出现误操作，系统气体压力过高或过低，不能满足系统要求时，报警蜂鸣器将会鸣叫报警，确保系统的运行安全。

2）PLC程序设计

① STEP7软件　S7-300和S7-400系列PLC编程软件STEP 7 Professional 2010能够实现硬件配置和参数设置、通信组态、编程、测试、启动和维护、文件建档、运行和诊断功能等。在STEP 7，用项目来管理一个自动化系统的硬件和软件。STEP 7用管理器对项目进

行集中管理，可以方便地浏览S7、M7、C7和WinAC的数据。PC/MPI适配器用于连接安装了STEP 7的计算机的RS-232C接口和PLC的MPI接口。

运行STEP 7编写PLC程序，可以选择梯形图（LAD）、功能块图（FBD）、指令表（STL）、顺控程序（S7-GRAPH）和结构化控制语言（SCL）五种编程语言以满足不同用户的编程习惯。另外，其S7-PLCSIM仿真模块可以模拟真实的PLC，检查PLC程序的运行情况，及时发现程序的错误所在。因此运用STEP 7可以大大降低PLC程序开发的工作量，提高了系统开发的效率。

② 从站之间的数据通信　在本项目中，机械手单元的从站需要获取检测单元对零件检测结果的信号，从而决定将零件送往哪个流水线分支。

在Profibus-DP网络中，从站之间不能通信，因此，机械手单元的从站必须通过主站获取检测单元的信号。首先主站与检测单元从站进行通信，获取检测单元从站的信号，然后，主站与机械手单元从站进行通信，这样机械手单元从站就获取了检测单元从站的信号，从而间接实现检测单元从站与机械手单元从站之间的数据通信。

③ 程序开发过程

a. 确定I/O地址的分配　根据系统的输入、输出的要求，分配I/O地址，这里包括开关量地址和模拟量地址，输入信号除了来自物理元器件外，还有来自触摸屏的软元件。

b. 确定程序结构　程序采用模块化的设计方法，整个程序包括OB1、OB100和OB35三个对象块。OB100负责初始化，OB1负责实现控制逻辑关系，OB35负责系统运行时触摸屏上的动态画面的画面切换。

c. 编写各个对象块程序　根据机械手的动作要求，分析系统控制逻辑关系，编写控制程序。在程序中需要识别干扰信号，避免干扰信号引起机械手的误动作。机械手的动作可以分为多步，各步有严格的先后顺序，在此采用S7-GRAPH编写函数块，该函数块含有1个顺控器，该顺控器包含11个步，其中包含2个选择结构以区别产品的合格与否。在每一步中，以该步动作完成后产生的对应传感器信号的常闭触点作为步的互锁条件，以该步动作完成后产生的对应传感器信号的常开触点以及下一步动作完成产生的对应传感器信号的常闭触点的串联作为转换条件。

d. 系统程序的验证　S7-PLCSIM仿真模块具有强大的仿真能力，可以很好地验证程序的正确性，程序编写完成后，可以通过该仿真模块进行验证，发现程序中不完善的部分，加以改进。

3）监控系统设计

该公司为其人机界面设备提供了组态软件WinCC flexible。WinCC flexible具有开放简易的扩展功能，带有Visual Basic脚本功能，集成了ActiveX控件，可以将人机界面集成到TCP/IP网络，它带有丰富的图库，提供大量的图像对象供用户使用。它可以满足各种需要，从单用户、多用户到基于网络的工厂自动化控制与监视。

为实现人机交互设备与PLC的通信，必须在人机交互设备与PLC两者之间建立连接。人机交互设备与PLC可以建立MPI连接，建立MPI连接后，WinCC flexible才可以通过变量和区域指针控制两者的通信。

在WinCC flexible中，变量分为内部变量和外部变量，其中外部变量是PLC中所定义的存储位置的映像，人机交互设备和PLC都可以对该存储位置进行读写访问从而实现两者之间的数据交换。区域指针是参数区域，用于交换特定用户数据区的数据，WinCC flexible可通过它们来获得控制器中数据区域的位置和大小的信息，在通信过程中，控制器和人机交互设备交替访问这些数据区，相互读、写这些数据区中的信息。

为实现机械手操作过程的可视化，在本系统中，采用了10in的多功能面板MP277，并用组态软件 WinCC flexible 开发了触摸屏的监控系统。

整个监控系统包括 4 个功能模块，即单步模式、连续模式、故障报警和用户管理功能模块。

单步模式实现对机械手单步运行控制，完成一次搬运任务共有 8 个单步动作，即伸缩气缸伸出、气动手爪夹紧工件、升降气缸上升、3 位摆台的左旋或右旋摆动、升降气缸下降、气缸自左向右旋转、气动手爪松开工件、伸缩气缸缩回和 3 位摆台的右旋或左旋摆动（图 3-67）。

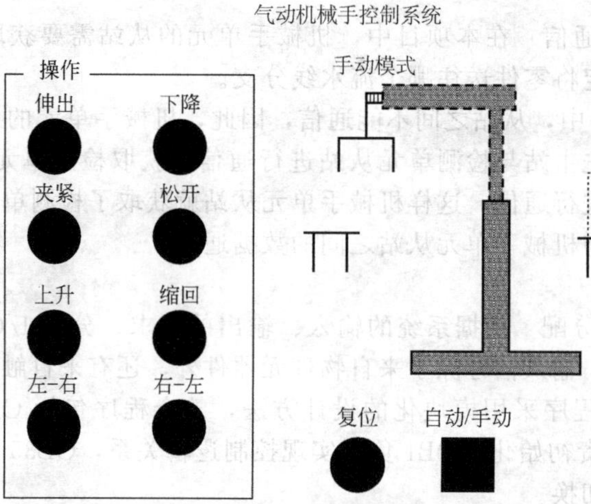

图 3-67 控制系统手动模式运行画面

连续功能模块主要负责控制机械手完成一次作业所有动作的连续执行，并以动画的形式实时显示机械手的运行状态。

故障报警功能模块主要负责系统的故障显示，当系统出现故障时，如气压过高或过低，对机械手的错误操作等，发出提示消息，以便管理维护人员及时发现，及时维修。

用户管理功能模块主要负责用户权限的管理，根据用户的职责赋予用户不同的权限，限制用户的非法操作，这样可以大大减少事故的发生概率。

3.4.3 连续行进式气动缆索维护机器人控制系统

（1）缆索维护机器人爬升技术

斜拉桥是最近几十年兴起的新型桥型，具有良好的抗震性和经济性，目前世界范围已拥有各式斜拉桥 400 余座，其中，我国拥有 190 余座。承重缆索作为斜拉桥的主要受力构件，暴露在大气之中，长期受到风吹、日晒、雨淋和环境污染的侵蚀，其表面的防护层极易受到破坏，防护层的破损会引起周围介质对内部钢索产生电化腐蚀，进而威胁到缆索的使用寿命，定期对缆索表面进行涂漆是目前缆索维护的主要方式之一。在现代计算机技术和机械制造技术的促进下，缆索维护机器人应运而生，并成为一个热门技术研究内容。

从世界的范围看，缆索维护机器人的研究还处于起步阶段，国内有上海交通大学机器人研究所、华中科技大学、安徽工业大学等课题组对缆索维护机器人进行过研究。通过对开发出的样机进行研究分析可知：缆索维护机器人的爬缆机构的运动方式大体可分为摩擦轮连续滚动式、夹紧蠕动式两种。

摩擦轮连续滚动式爬缆机构利用弹性压紧装置的弹簧力或磁性励磁场产生的磁场力作为机器人沿斜拉桥缆索爬升所需的附着力，用电动机作为动力源驱动摩擦轮沿缆索滚动行进，从而实现机器人本体单元在缆索上的前进、倒退、调速、停止等动作。摩擦轮连续滚动式爬升机构可实现连续爬升，具有行进速度可调、检测或喷涂作业面均匀可控的优点，但同时也存在本体自重大、带载能力差、对不规则缆索适应性不足等缺点，特别是受其机构限制，该类爬缆机器人的摩擦轮与缆索之间的预紧正压正压力很难精确控制。预紧正压力过大，易对缆索表面产生破坏，对缆索的径向尺寸变化的适应能力变差；预紧正压力过小，易发生高空滑落故障，安全性变差，致使该类机器人的实用化受到很大的限制。

夹紧蠕动式爬升机构运用仿生学原理，多采用气缸夹紧方式，使机器人附着于缆索表面，通过控制上、下气缸依次夹紧缆索，中间气缸升缩运动实现机器人的蠕动上升或下降。该机器人具有重量轻、带载能力大、易于实现过载保护、对缆索形状（如螺旋缆索）及截面尺寸有突变的缆索具有很好的适应能力。但由于该爬升机构采用间歇式移动爬升，导致机器人动作节拍衔接处的缆索涂膜接口的作业质量差，涂膜不均匀，存在作业盲区等缺陷和不足。

缆索维护机器人的涂膜作业质量的好坏将直接影响到缆索的使用寿命。因此，研制出一种对缆索适应能力强、具有连续稳速行进特点的缆索维护机器人，是该领域的热点问题。在深入研究气动夹紧蠕动式缆索机器人移动装置的基础上，提出一种可实现连续稳速行进的新型缆索维护机器人。

（2）连续行进式缆索维护机器人的整体结构及工作原理

① 机器人结构　连续行进式缆索维护机器人是以斜拉桥缆索的防腐喷涂为目标设计的，机器人在爬升过程中以斜拉桥缆索为中心，机器人沿缆索爬升至缆索顶点，在其返回时，将对缆索实施连续喷涂作业。机器人整体分成上体、下体与喷涂作业单元三部分，并通过上、下移动机构将此三部分连接起来，具体结构如图 3-68 所示。上、下体均由支撑板、夹紧装置和导向装置组成，夹紧装置采用自动对中平行式夹紧的结构形式，具有结构简单、夹紧力大，对不同结构形式、不同直径尺寸的缆索具有较好的适应性；变刚度弹性导向机构，可使机器人在运动过程中能够保持良好的对中性及对缆索凸起的自适应性；喷涂作业单元由支撑板、回转喷涂机构等部分组成；上、下移动机构由导向轴及移动缸组构成，移动缸组由 2 个气缸和 1 个阻尼液压缸并联组成，2 个液压阻尼缸和 4 个移动气缸构成同步定比速度分配回路，可实现机器人的连续升降；通过 PLC 控制可实现机器人的自动升降，当地面气源或导气管突然出现故障而无法正常供气时，储气罐作为备用能源可使机器人安全返回。

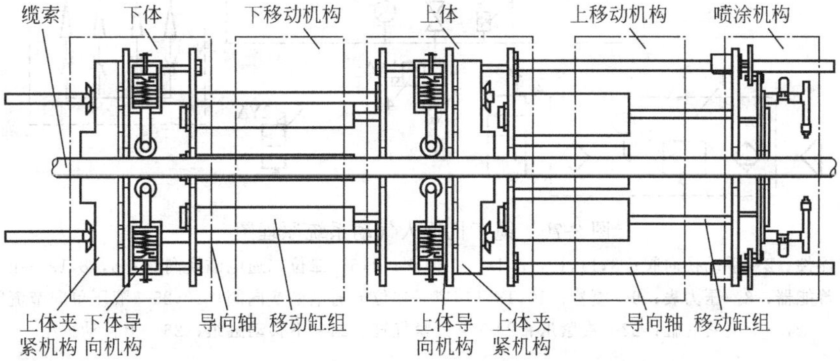

图 3-68　缆索维护机器人结构组成原理

② 机器人连续行进工作原理　本机器人系统采用了全气动驱动方式，通过 2 个夹紧气缸驱动夹紧装置，为机器人依附在缆索提供动力。作为机器人升降移动执行元器件的两组移动缸运动方向相反，其速度差值始终保持恒定。现将缆索维护机器人连续上升过程动作节拍进行分解（如图 3-69 所示）：图 3-69(a) 下体夹紧缸夹紧；图 3-69(b) 上体夹紧缸松开；

图 3-69(c) 上移动缸组以速度。匀速缩回，下移动缸组以 $2v$ 速度伸出，机器人本体以速度 v 匀速上升；图 3-69(d) 上体夹紧缸夹紧；图 3-69(e) 下体夹紧缸松开；图 3-69(f) 上移动缸组以速度 v 伸出，下移动缸组以 v 速度缩回，机器人本体以速度匀速上升。如此重复，机器人实现连续恒速爬升。机器人下降时改变动作节拍循环程序，就可实现连续恒速下降。基于以上爬升动作原理，完成了机器人气动系统的设计。

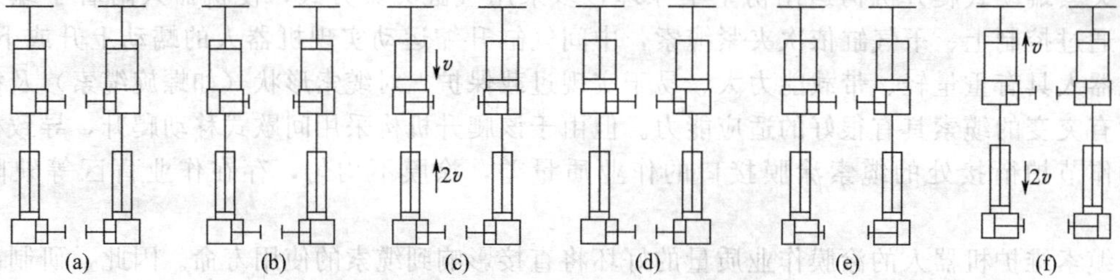

图 3-69 缆索机器人上升过程动作分解图

(3) 连续行进式缆索维护机器人气动系统的设计

连续行进式缆索维护机器人采用拖缆作业方式，由地面泵站通过输气管向布置在机器人本体上的气动器件提供有压空气，机器人的气动系统主要完成夹紧、移动、喷涂及安全保护四部分工作。整个系统由气源、气动三联件、控制阀、动作执行气缸、蓄能器、压力继电器、气动附件等器件组成，气动系统工作原理如图 3-70 所示。

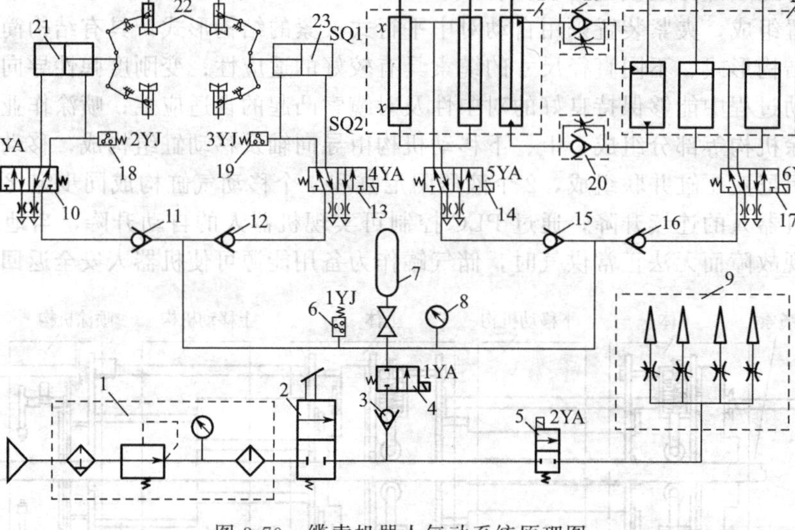

图 3-70 缆索机器人气动系统原理图

1—气动三连件；2—手动换向阀；3,11,12,15,16—单向阀；4,5—二位二通电磁换向阀；6,18,19—压力继电器；7—蓄能器；8—压力表；9—喷枪；10,13,14,17—二位五通电磁换向阀；20,25—液压单向节流阀；21—上夹紧气缸；22—夹紧爪；23—下夹紧气缸；24—下移动缸组；26—上移动缸组

① 机器人气动同步定比速度分配回路的设计 为保证机器人喷涂作业质量，机器人的移动速度的稳定性及连续性是一个很关键的技术指标，本气动系统采用由上、下两组移动缸构成的同步定比速度分配回路，上体移动缸组 26，下体移动缸组 24 分别由规格相同的 2 个气缸与 1 个液压缸并联组成气液阻尼回路，下液压阻尼缸与上液压阻尼缸行程比为 2∶1，活塞杆和活塞的面积比均为 1∶2，2 个阻尼液压缸的上下两腔充满油液用油管将其并联起

来，在移动缸组实现伸缩动作时，2 个阻尼液压缸起到阻尼限速和实时速度等比分配的作用。在 2 个阻尼缸的连接油管上分别安装了单向节流阀 20、25，通过对两个节流阀口开度的调节与设定，即控制了机器人整体的移动速度，又有效地解决了 2 个移动缸组活塞杆在伸出和缩回行程中速度不匹配的问题。

② 机器人气动系统安全保障措施　由于机器人需沿缆索爬升到几十米的高空实施作业任务，机器人的安全在整机设计过程中必须给予高度重视。本气动系统采取了以下措施：分别用压力继电器 18 和 19 检测 2 个夹紧执行气缸的锁紧压力，控制系统只有在接收到相应压力继电器发出可靠夹紧信号时，才控制实施下一个动作指令；用单向阀 3、11、12、15、16 将夹紧缸回路、移动缸组回路及喷涂回路进行了压力隔离，有效避免了本系统不同回路分动作时相互间的干扰；压力继电器 6 实时监测地面泵站对机器人本体的供气压力，在供气压力不足时，为控制系统采取安全措施提供启动信号；在气动系统出现故障时，蓄能器 7 作为临时动力源，为机器人可靠夹紧缆索提供能量；在夹紧缸回路中的电磁换向阀 10、13 和主回路中的电磁换向阀 4，均采用失电有效的控制方式，以确保机器人在系统掉电情况能够安全地依附在缆索上。以上措施有效地保证了机器人本体在系统掉电、气压失稳或输气管爆裂等故障状态下高空作业的安全性。

根据机器人连续行进的工作原理，结合气动系统中各回路执行元件的运行特点，得到如表 3-9 所示的机器人各元件动作真值表。

表 3-9　机器人作业程序与电磁阀动作顺序真值表

状态	动作	电磁铁							转换指令
		手动阀 2	1YA	2YA	3YA	4YA	5YA	6YA	
上升循环	初始	+	+					+	SB1
	下体夹紧	+	+					+	SQ2
	上体放松	+	+		+			+	3YJ(+)
	上体移动缸缩回 下体移动缸伸出	+	+		+		+		2YJ(−)
	上体夹紧	+	+				+		SQ1
	下体放松	+	+			+	+		2YJ(+)
	上体移动缸伸出 下体移动缸缩回	+	+			+		+	3YJ(−)
下降循环 喷涂作业	初始	+	+				+		CK1
	上体夹紧	+	+	+			+		SQ1
	下体放松	+	+	+		+	+		2YJ(+)
	上体移动缸缩回 下体移动缸伸出	+	+	+		+	+		3YJ(−)
	下体夹紧	+	+	+				+	SQ2
	上体放松	+	+	+	+			+	3YJ(+)
	上体移动缸伸出 下体移动缸缩回	+	+	+	+			+	2YJ(−)

注：1. YA：电磁铁，YJ：压力继电器，SQ：磁性开关，SB：手动开关，CK：终点检测光电开关。

2. 表中元件代号都与气动系统图 3-70 中一一对应。

3. 状态“+”表示手动阀接通、电磁阀通电，空白表示断电。

（4）连续行进式缆索维护机器人控制系统的设计

机器人的控制系统由两个部分组成：机器人本体控制系统和地面监控系统，如图3-71所示。

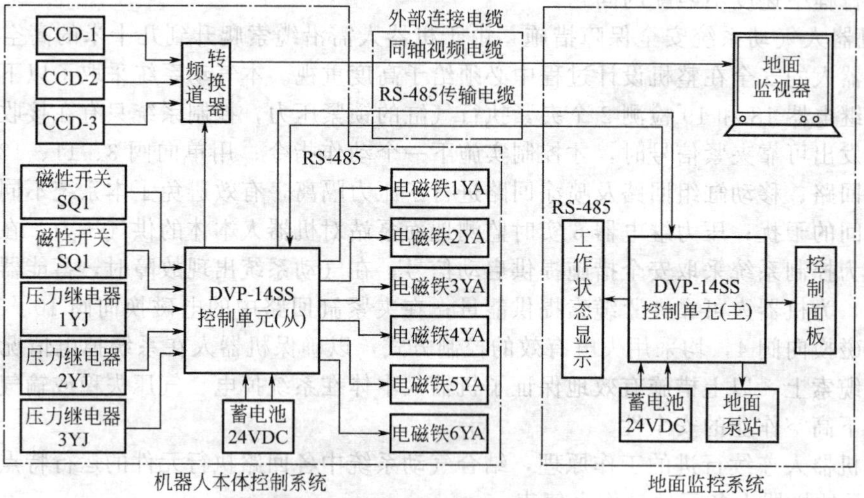

图3-71　缆索维护机器人控制系统的组成

机器人本体控制系统和地面监控系统通过同轴视频电缆和RS-485信号传输电缆进行信息交换，使缆索机器人本体控制系统和地面监控系统能保持协调工作。针对缆索喷涂机器人的工作特点，控制单元采用2台DVP系列的PLC采用主从式的控制方式，机器人在缆索上的移动动作和喷涂作业由机器人本体携带的PLC直接控制，根据地面指令或各气缸上的磁性行程开关及压力继电器的状态，自动控制电磁换向阀得失电，从而控制机器人上升、下降、停止。机器人本体上携带3个CCD（Charge Coupled Device）摄像头，通过1个频道转换器由一路同轴电缆传输到地面监视器上，操作人员根据监视器上的图像和实际工况，通过操作面板上的控制按钮由地面监控系统的PLC与机器人本体上的PLC间接通信实现对机器人的作业监控。所采用的DVP系列PLC内部集成RS-485通信模块，具有标准的RS485通信接口，只需两根信号电缆可以实现1200m左右的可靠通信。

（5）结论

连续行进式气动缆索维护机器人本体部分外形尺寸为1800mm×674mm×700mm，总质量为75kg。根据斜拉桥缆索的悬垂特点搭建了模拟缆索实验环境，缆索外径为ϕ80mm，倾斜角度为0°～90°。通过实验可知：以同步定比速度分配回路为核心构建的气动系统可以保证缆索维护机器人连续稳速行进，其行进速度可以在0.5～6.5m/min之间连续可调；机器人本体经受了高空断电、断气等人为故障的考验，整机工作安全、稳定；能爬越5mm高的缆索表面异性凸起，具有良好的适应能力。机器人系统的成功研制，为机器人喷涂作业单元的涂膜均匀奠定了基础。

3.4.4 气动爬行机器人控制系统

随着气动技术的发展，气动机器人的应用领域也逐渐广泛，在一些特殊的应用场合，如安全、建筑、国防等，要求工作可靠、体积小、动作灵活的气动爬行机器人，尤其是在壁面爬行机器人。壁面爬行机器人要完成在与水平面成一定角度的各种壁面上移动，它主要完成两个任务，一是吸附，二是移动。吸附的方式主要有电磁、气动负压与螺旋桨推压等，其中气动负压吸附方式应用较广，甚至有无源负压吸附方式。本例研究设计机器人的爬行功能，通过对其机械结构及控制系统设计，实现步距式爬行功能。

（1）机械结构设计

如图3-72所示，步距式气动爬行机器人的运动由相互垂直的X-Y方向平移气缸和8个双作用单出杆气缸完成，平移气缸为双作用双出杆气缸，结合滚动直线轴承导套副机构实现水平移动，适用于轻载快速运动场合。为了实现X-Y方向的爬动，两平移气缸分别固联在主连接板上下两面上，并呈十字分布。单出杆气缸实现机器人的升降运动。由于两平移气缸不处于同一水平面，要合理设计单出杆气缸在连接板上安装位置，以使8个单出杆气缸高度基本一致。

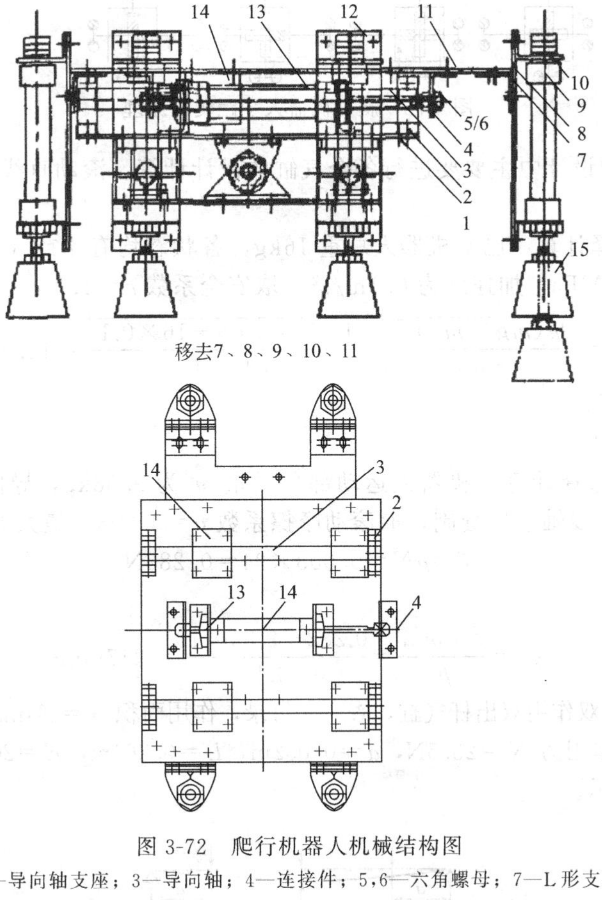

图3-72　爬行机器人机械结构图

1—主连接板；2—导向轴支座；3—导向轴；4—连接件；5,6—六角螺母；7—L形支架；8—上连接板（脚气缸）；9,10—脚气缸组件；11—滑台连接板；12—下连接板（脚气缸）；13—平移气缸；14—带座直线滚动轴承；15—底脚

机器人要爬行离不开支撑与移动两个动作，现以机器人向+X方向移动为例介绍步距爬行的原理。如图3-73所示，十字分布的气缸固连在主连接板上，矩形剖面部分为活塞，活塞杆与脚气缸固连，箭头表示压缩空气的方向，图中以圆表示脚气缸，空心表示活塞杆缩回状态，剖面表示活塞杆伸出状态。在初始状态时爬行机器人脚气缸缩回，X方向平移气缸活塞相对缸体处于最左端，Y方向平移气缸活塞相对于缸体处于最上端，相应滑台板与活塞杆固定连接。①为初始状态；②为X-Y方向脚气缸伸出，机器人被支撑起来，相当于X-Y平移气缸活塞杆被固定；③为工方向脚气缸收回，X方向平移气缸活塞杆浮动，缸体被

固定；④为 X 方向平移气缸活塞右移；⑤为 X 方向脚气缸伸出，X-Y 平移气缸活塞杆固定；⑥为 Y 方向脚气缸收回，X 方向平移气缸缸体浮动；⑦为 X 方向平移气缸缸体带动相应滑板相对于活塞右移；⑧为 Y 方向脚气缸伸出，与 2 个气缸的状态一致，依次循环下去。

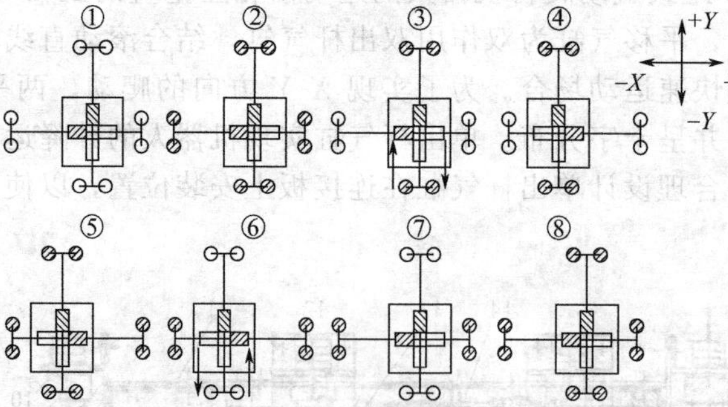

图 3-73 爬行机器人步距爬行原理

机器人机械结构设计中主要要进行各个气缸的设计计算、滚动直线轴承导套副机构导杆直径的校核。

① 脚气缸的选择计算　已知机器人总重 16kg，各状态均有 4 或 8 个脚气缸支撑，气动系统工作压力为 0.4MPa，加速度为 0.1m/s²，取安全系数 $k=1.3$。

$$d_0=\sqrt{\frac{k(mg+ma)}{\pi p}}=\sqrt{\frac{1.3(16\times 9.8+16\times 0.1)}{3.14\times 0.4}}=12.6\text{mm}$$

d_0 为脚气缸直径。

取 $d=20\text{mm}>d_0$

② 平移气缸的选择计算　机器人运动部分质量 m' 为 9.58kg，导向杆承受竖直方向力 N 为 94N，该滚动直线轴承导套副，取滚动摩擦系数 $\mu=0.003$，最大加速度取 $a=10\text{m/s}^2$。

$$f=\mu N=0.003\times 94=0.282\text{N}$$

f 为摩擦力。

$$A_0=\frac{f+m'a}{p}=\frac{0.282+9.85\times 10}{0.4}=247\text{mm}^2$$

选 d 为 20mm 的双作用双出杆气缸，查产品目录，作用面积 $A=264\text{mm}>247\text{mm}=A_0$。

③ 导向轴校核作用力 $N=23.5\text{N}$，$a=0.052\text{m}$，$L=0.264\text{m}$，$E=206\text{GPa}$，$I=0.6434\times 10^{-8}$，如图 3-74 所示。

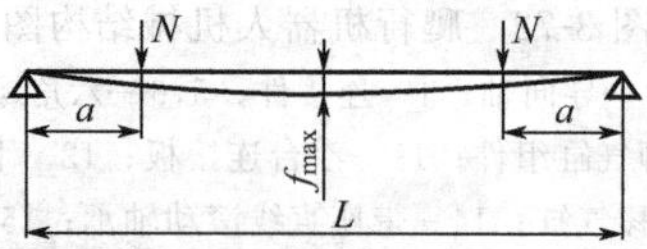

图 3-74 导向轴校核受力图

最大挠度
$$f_{\max}=\frac{paL^2}{24EI}(3-4a^2)=1.4\times 10^{-8}\text{mm}$$

对于刚度大的轴来说，许用

$$[y]=0.0002L=0.0002\times 264=5.28\times 10^{-2}\text{mm}$$

$$f_{\max}<[y]$$

满足刚度要求。

对于该轻载快速机构，滚动线性轴承的使用寿命校核忽略。

（2）控制任务描述

各个气缸及对应控制阀命名及对应动作如表 3-10 所示。

表 3-10　各个气缸及阀命名及动作定义

气缸动作定义	气缸运动方向	电磁阀通断电情况
气缸 A(−X 向平移)	A−	a−
气缸 A(+X 向平移)	A+	a+
气缸 B(−Y 向平移)	B−	b−
气缸 B(+Y 向平移)	B+	b+
气缸 C(−X 向升降)	C−	c−
气缸 C(+X 向升降)	C+	c+
气缸 D(−Y 向升降)	D−	d−
气缸 D(+Y 向升降)	D+	d+

注：1. A−表示 X 方向平移气缸 A 的缸体相对于活塞处于向−X 极限位置的状态，A+表示 X 方向平移气缸 A 的缸体相对于活塞处于向+X 极限位置的状态。

2. a−表示控制 X 方向平移的阀 a 处于左位工作。该单电控电磁阀断电；a+表示控制 X 方向平移的阀 a 处于右位工作，该阀通电。

预设机械爬行机器人气缸的初始状态为：

X 方向平移气缸−X 极限；

Y 方向平移气缸−Y 极限；

X 方向升降气缸下极限；

Y 方向升降气缸下极限；

故气缸初始状态：A−、B−、C−、D−。

根据气动原理图 3-75，要求对应控制阀的初始状态均为左位工作，各单电控阀均处于线圈断电工作状态，即初始时各控制阀为：a−、b−、c−、d−。要实现气动机械爬行机器人向各个方向（−X，+X，−Y，+Y）移动，则相应气缸动作循环顺序如图 3-76 所示。

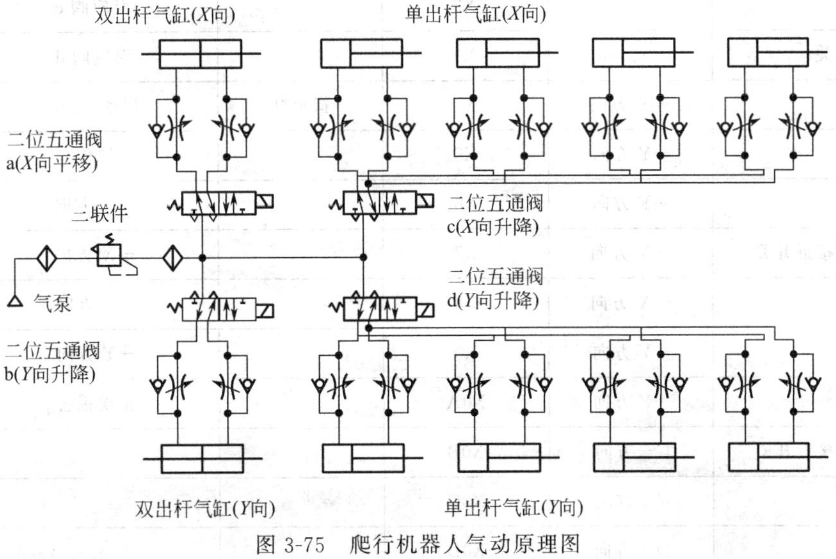

图 3-75　爬行机器人气动原理图

对应电磁阀的通断电顺序为：

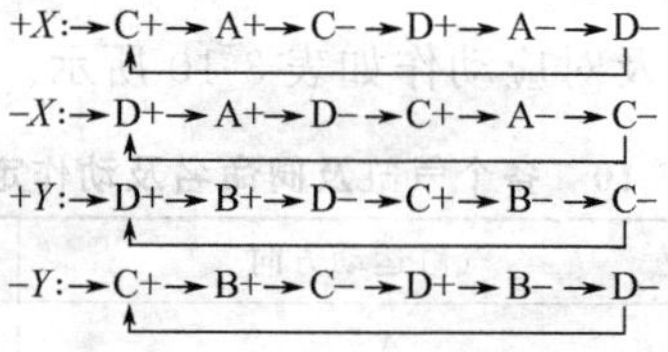

图 3-76 气缸动作循环顺序图

+*X* 方向 c+、a+、c−、d+、a−、d−……

−*X* 方向 d+、a+、d−、c+、a−、c−……

+*Y* 方向 d+、b+、d−、c+、b−、c−……

−*Y* 方向 c+、b+、c−、d+、b−、d−……

气动机械爬行机器人控制系统要求为：选定运动方向，按下启动按钮，气动机械爬行机器人向着选定的方向运动，按下停止按钮，机器人需走完一个循环，恢复到初始位置后停止；当选定方向后，需爬行机器人停止后才能选择其他方向运动；当按下急停按钮，爬行机器人立即停止，要恢复到初始状态，可以按下复位按钮实现；各运动过程要有相应的指示灯。

(3) 控制系统硬件设计

根据气动机械爬行机器人的控制要求，I/O 元件及地址分配表如表 3-11 所示，总计输入 15 点，输出 11 点，考虑到机械爬行机器人机械机构尺寸的限制，根据控制任务要求确定的输入输出点选择松下 FP0-C32CT，该 PLC 的 I/O 点各为 16，长宽高分别为 90mm×60mm×30mm。

表 3-11 I/O 元件及地址分配表

现场信号	作用	输入点	输出信号	作用	输出点
按钮	启动	X0	电磁线圈	对应阀 a	Y0
	停止	X1		对应阀 b	Y1
	复位	X2		对应阀 c	Y2
开关	−*X* 方向	X3		对应阀 d	Y3
	+*X* 方向	X4	指示灯	启动/停止	Y4
	−*Y* 方向	X5		原位	Y5
	+*Y* 方向	X6		−*X* 方向	Y6
平移气缸接近开关	−*X* 方向	X7		+*X* 方向	Y7
	+*X* 方向	X8		−*Y* 方向	Y8
	−*Y* 方向	X9		+*Y* 方向	Y9
	+*Y* 方向	X0A		错误报警	Y0A
升降气缸接近开关	*C*−方向	X0B			
	C+方向	X0C			
	D−方向	X0D			
	D+方向	X0E			

（4）控制系统软件设计

从气动机械爬行机器人的控制任务要求分析可以得出，可以采用主从式结构程序，把对外的输入信号处理程序作为主程序，把气动机械爬行机器人各个方向自动循环运动和复位分别编制子程序，这样模块化的结构便于编制、功能扩展、阅读和调试修改。爬行机器人的动作可以看成是气缸的顺序动作，可以用顺序功能图编程法来实现。$+X$ 方向运动顺序如图 3-77 所示。

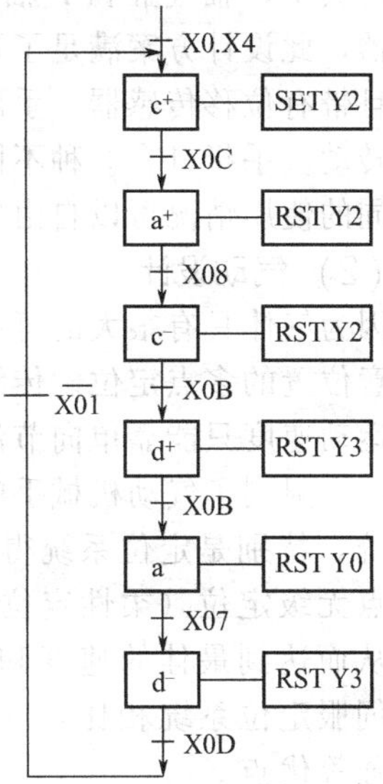

图 3-77　$+X$ 方向运动顺序功能图

（5）小结

该气动机器人实现在平面 X-Y 方向步距式爬行，通过软硬件调试，各部分功能均能实现，同时可在机器人脚气缸前增加吸附机构，即可爬行一定角度的壁面，根据不同壁面要求增加不同的吸附机构，比如平整的玻璃壁面，可以采用负压式，而在凹凸不平的钢铁表面，则可选用电磁式。设计时，机器人重量的控制十分重要，在刚度和强度条件足够的情况下，应尽量采用密度小的材料，比如有机材料、塑料、铝合金等等。步距式爬行机器人能克服滚轮式及履带式机器人对于路况的要求，同时机器人控制也是顺序动作控制的典型例子，有较好的实用参考价值。

3.4.5　高精度气动机械手控制系统

机械手在自动化领域中，特别是在有毒、放射、易燃、易爆等恶劣环境内，与电动和液压驱动的机械手相比，显示出独特的优越性从而得到了越来越广泛的应用。一种四自由度（不包括夹取自由度）气动机械手，应用于高危物质试验的场合，机械手的使用安全性要求相当高；该机械手主传动部分采用某公司的新型无杆气缸，带制动器及行程可读出传感器，定位精度相当高；该机械手设计结构紧凑，而且改变了一般机械手的受力为悬臂梁的特点，使得机械手臂负载进一步加强；其 PLC 控制系统既可保证气动机械手单独自动工作，也可由操作人员手动操作，且为网络操作预留了接口，可以实现远程控制。

（1）结构设计

气动机械手的结构如图 3-78 所示。

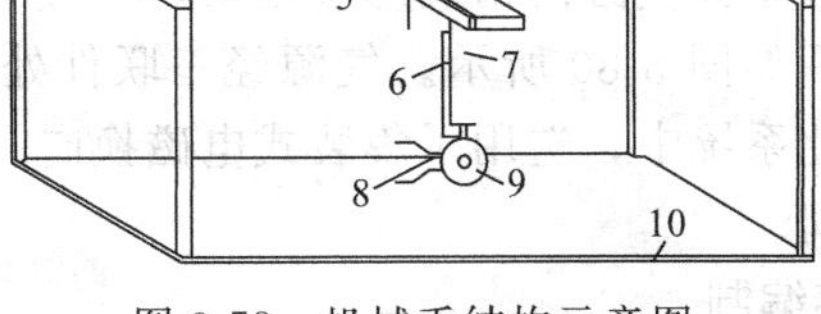

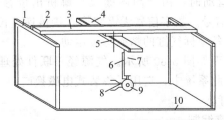

图 3-78　机械手结构示意图

1—支架；2—轴位移传感器；3—轴无杆气缸；4—Y 轴无杆气缸；5—Y 轴位移传感器；6—轴位移传感器；7—轴双作用气缸；8—手指夹紧气缸；9—回转气缸；10—工作台

机械手手臂包括轴气缸，Y 轴气缸和 Z 轴气缸，3 个气缸可以实现三自由度下任意坐标移动。其中，轴气缸和 Y 轴气缸为某公司的新型机械式无杆气缸，带制动器及行程可读出传感器，此设计方案满足了试验台空间限制的要求。Z 轴气缸为带制动器和导向的双作用气缸，且带有位移传感器。手腕部的回转气缸选用小型叶片摆动电动机，可使手腕在 180°范围内转动。手指具有 3 种不同的结构：平行夹持式、支点回转夹持式和真空吸盘式。手指根据不同的使用情况可以自由更换。

（2）气动设计

因为气体具有很大的可压缩性，要做到气动机械手精确定位的难度很大，尤其是难以实现任意位置的多点定位。传统气动系统只能靠机械定位装置的调定位置而实现可靠定位，并且其运动速度只能靠单向节流阀单一调定，经常无法满足许多设备的自动控制要求，这在很大程度上限制了气动机械手的使用范围。随着工业自动化技术的发展，电-气比例和伺服控制系统，特别是定位系统得到了广泛的应用。应用电-气伺服定位系统可以非常方便地实现多点无级定位（柔性定位）和无级调速，而且可以方便地实现气缸的运动速度连续可调，从而达到最佳的速度和缓冲效果，大幅度降低气缸的动作时间和冲击。与电动机驱动的伺服定位系统相比，气动伺服定位系统具有价格低廉、结构简单、抗环境污染及干扰性强等优点。

气动机械手的主传动部分控制采用某成套气动伺服定位系统，其原理如图 3-79 所示。气动伺服定位系统由气动伺服阀、位移传感器（无杆气缸中附带，数字量输出）、驱动装置（ML2B 系列无杆气缸）及位置控制器（CEU2 型）4 部分组成，可实现任意点的柔性定位和无级调速，定位精度可达±0.1mm。

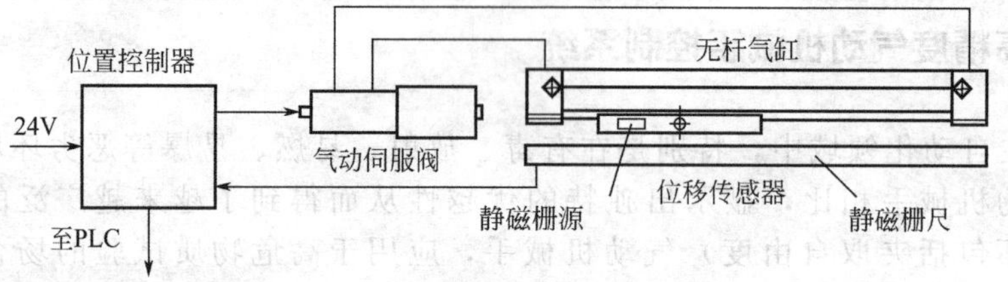

图 3-79 气动伺服定位系统简图

CEU2 型位置控制器可实现反馈控制参数计算和优化。只需输入最基本的单元尺寸和运行数据（气缸行程、缸径、负载重量和气源压力等），即可完成定位系统的调试。机械手 X 轴、Y 轴和 Z 轴 3 个主传动中设置了静磁栅位移传感器（无杆气缸自带），如图 3-79 所示。

静磁栅位移传感器由“静磁栅源”和“静磁栅尺”两部分组成。“静磁栅源”沿“静磁栅尺”轴线作无接触相对运动时，由“静磁栅尺”解析出位移信息，经转化后产生最小 0.1mm/脉冲的位移量数字信号。数字信号无需转换直接传递给位移控制器，由位移控制器控制气动伺服阀实现机械手各坐标气缸的精确定位运动。

机械手总体气动系统原理如图 3-80 所示。气源经三联件处理后，通过相应的电磁换向阀进入各个气动执行元件。此系统中，选用了集装式电磁换向阀，所有电磁换向阀由汇流板集装在一起，以减少占用空间。

（3）电气控制及其程序编制

机械手电气控制系统主要由 PLC（三菱 FX30MR 型）1 台、计算机（内置 RS-232C 接口）1 台、RS-232 通信板（FXlN-232-BD 型）1 块、位置控制器（CEU2 型）3 台等部件构成。可以实现两种控制方式：①由使用者操作手动控制面板人工控制；②通过 PLC 的 RS-232C 接口，使用计算机实现远程控制。其电气原理如图 3-81 所示。其中手动控制能实现各

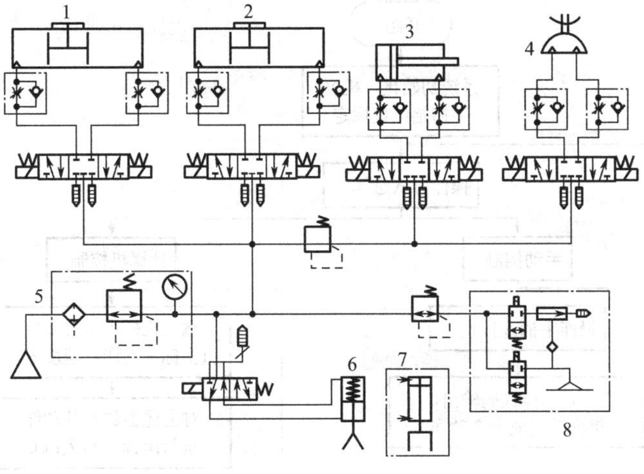

图 3-80　机械手气动原理图

1—X 轴无杆气缸；2—Y 轴无杆气缸；3—Z 轴双作用气缸；4—叶片式摆动电动机；
5—气源三联件；6—支点式手指；7—平行式手指；8—真空发生器组件

类动作，其精度不是很高；计算机能实现精确定位运动，而且能对运动精度进行判断和控制。

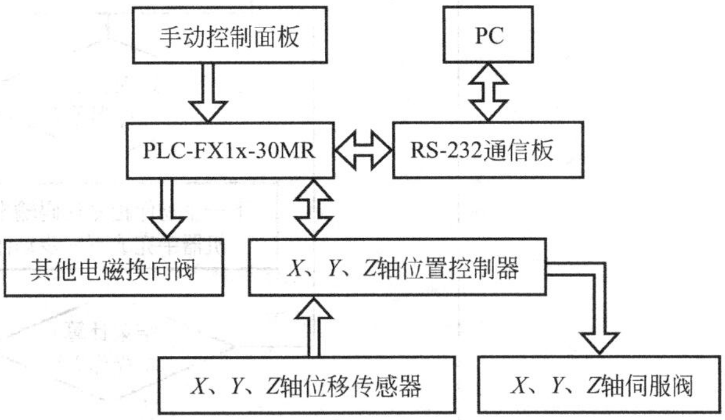

图 3-81　机械手电气原理简图

机械手控制程序包括 PLC 控制程序和计算机控制程序两部分。其中 PLC 程序采用梯形图法编程，计算机客户端程序采用 VB 编程。其主程序流程如图 3-82 所示。客户端程序作为主程序，将几种方式下使用的程序集成到一起，形成一个整体程序，通过主控指令和跳转指令来运行不同方式下的程序，并可通过增加各类压力传感器的方式来实现对工作部件气压的实时监控。如果用户要求，可以修改主程序中相应程序来优化机器手动作和实现各类复杂的动作。

（4）特点

用气动伺服定位系统实现多点无级定位（柔性定位）和无级调速，是一种实现空间任意位置多点精确定位的简单、有效的方法。

新型带位移传感器及制动装置的无杆气缸使机械手机构紧凑，不需采用缓冲和另外定位装置，受力情况也有较大改善。

计算机在气动机械手控制中起主导作用，机械手可以方便地实现远程控制的精确运动。客户可方便地更改端程序，为机械手功能的扩充创造了条件。系统抗干扰性强，I/O 接口简单，现场编程和修改参数方便。

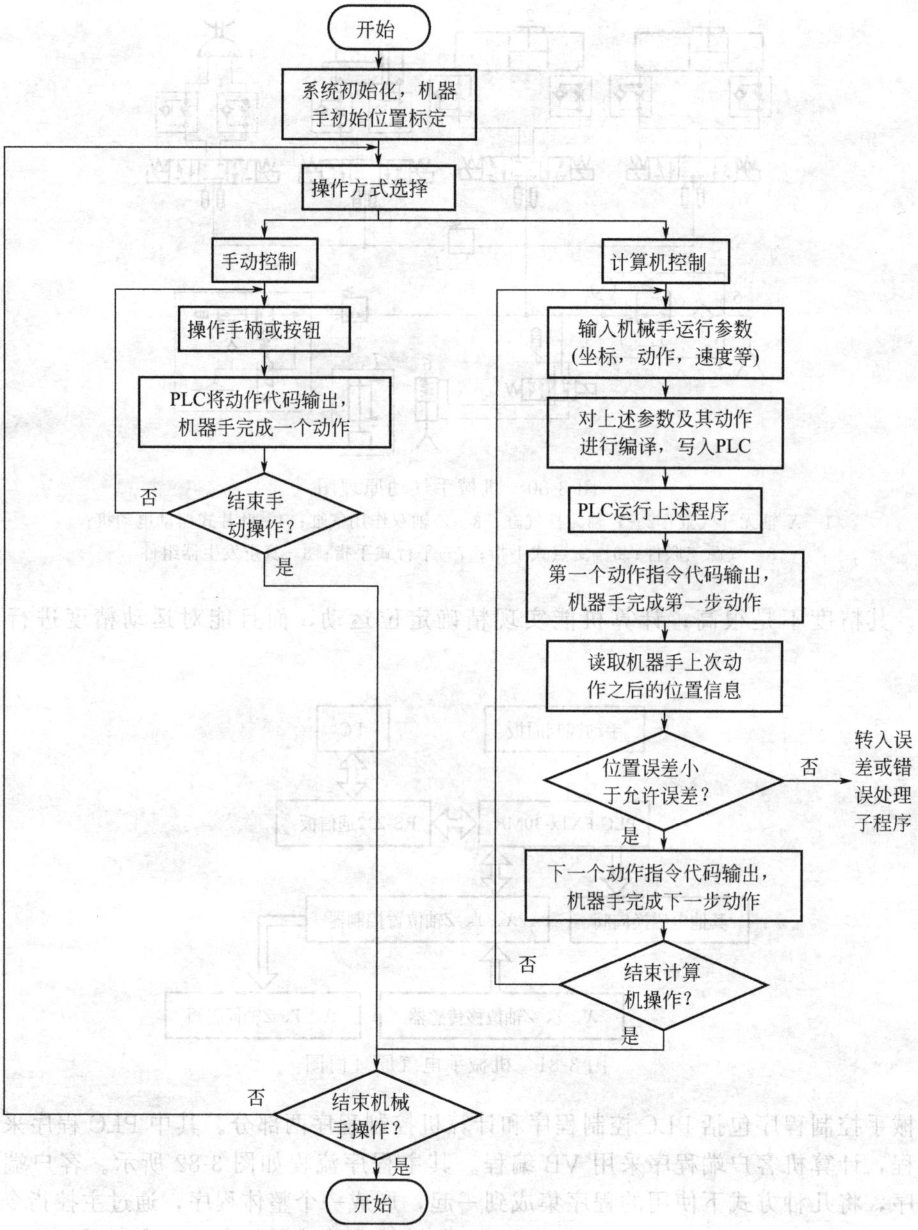

图 3-82　主程序流程图

3.4.6　六自由度穿刺定位机器人气动控制系统

穿刺手术是一种常见的外科微创手术，手术时需在医学影像下进行定位，传统的手术定位依赖于手术医生的经验，具有众多不足。将机器人技术与医学影像技术相结合，研制穿刺手术定位机器人系统，可大大提高手术定位的精度和医生的工作效率，是医用机器人发展的一个重要方向。然而，核磁共振环境下含铁磁材料的设备是无法使用的，这就对 MR 兼容的机器人驱动方式提出了特殊的要求。传统电动机的材料大多是铁磁性材料，且电动机的工作原理是电磁效应，将会造成 MR 局部图像扭曲。因此，某课题组研制了六自由度穿刺定位机器人，该系统采用定制铝合金气缸驱动机构运动，以 PLC 为控制单元对运动过程进行控制，实现了穿刺定位的自动化。

(1) 机器人的结构与工作原理

该六自由度穿刺手术机器人用于核磁共振环境下的手术导航，机器人的设计采用非铁磁性材料——丙烯腈-丁二烯-苯乙烯塑料，轴承、齿轮和螺钉的材质为尼龙。该穿刺定位机器人的结构分为定位、定向和穿刺 3 个部分（图 3-83）。定位部分有 3 个自由度（1、2、3），采用 SCARA 型机器人结构，其机构运动包括一个升降自由度（1）和两个旋转自由度（2、3）。机构的升降是由气动活塞杆带动单向推板推动齿轮转动（图 3-84），后经螺杆转换为机构沿垂直方向的直线运动，从而实现了机构的升降运动。旋转自由度采用气动级进驱动器，其工作原理见图 3-85，扇形齿轮 A、B、C 在气缸的推动下依次运动，每个扇形齿轮都能使主齿轮转动一个微小的角度，当依次推动的次序为 A→B→C→A→B→C……如此循环时，主齿轮可以带动后续机构逆时针旋转；当推动次序为 C→B→A→C→B→A……如此循环时，主齿轮会带动后续机构顺时针旋转，从而带动机构旋转。定向机构采用两个自由度（4、5）的 3 杆并联结构，通过调整其中两杆的长度改变前端机构的方位，并联杆长度调整的原理与上述升降自由度的工作原理一致。末端穿刺机构有一个自由度（6），通过气缸活塞杆的运动推动齿条的上下运动带动穿刺针字成穿刻动作。

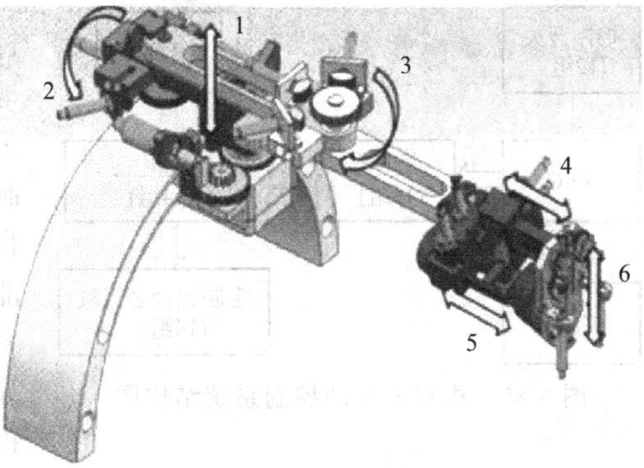

图 3-83　六自由度穿刺定位机器人的机体结构

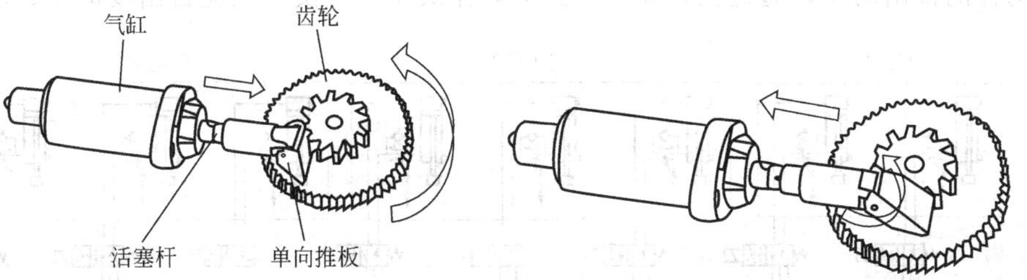

图 3-84　单向推板推进机构

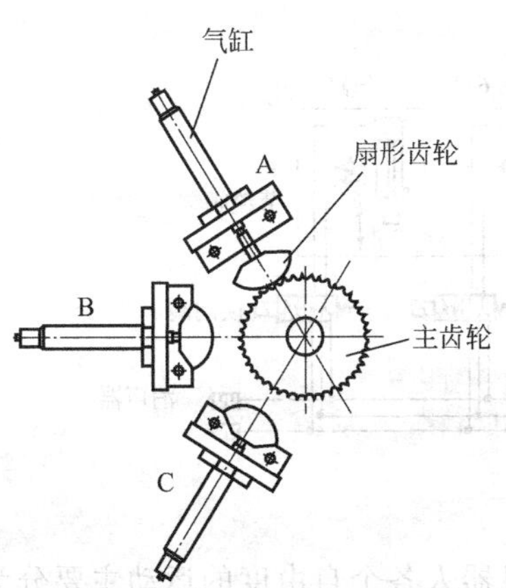

图 3-85　气动级进推进机构

(2) 气动控制系统设计

① 驱动兼容性分析　核磁共振环境下含铁磁材料的设备是无法使用的，因此对 MR 兼容的机器人驱动方式提出了特殊的要求。传统电动机的材料大多是铁磁性材料，且电动机的工作原理是电磁效应，将会造成 MR 局部图像扭曲，因此传统电动机不适用于 MR 设备。除了要满足 MR 的特殊环境之外，手术机器人的驱动方式还要满足精度和性能使用上的要求，总体来说，MRI 兼容手术机器人的驱动方式有以下几个要求：不能对病人和其他设备产生攻击等危险；在核磁环境下使用，不能影响到核磁设备的图像质量；能够按照设计要求准确完成定位。

基于上述分析，考虑到气动驱动有较好的环境适应性，气体作为工作介质经济方便、不污染环境，气动装置结构简单，最终确定气压驱动作为驱动方式。

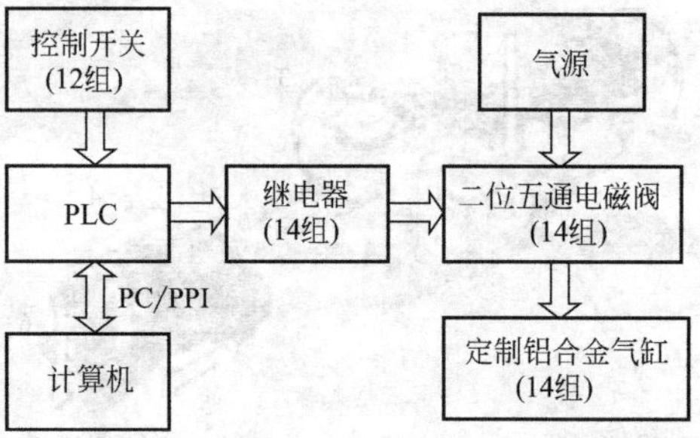

图 3-86 机器人气动控制系统结构图

② 控制方案与控制系统组成 在实际操作过程中，穿刺定位机器人应能通过远程操作较好地完成穿刺手术中穿刺器械的定位，手术操作人员只需在控制室观察实时的 MR 影像，并通过控制开关控制穿刺定位装置，不断调节机构的各个自由度的运动，直至达到预定位置。基于上述功能要求，设计了六自由度穿刺定位机器人的控制系统结构图（图 3-86）。电-气控制系统主要由计算机、PLC、控制开关、继电器、电磁阀、定制铝合金气缸以及其他气动元器件组成。根据系统的要求，六自由度穿刺定位机器人控制系统的设计主要涉及了 14 个数字量输出和 12 个数字量输入，选取西门子 PLC S7-200 CPU224 作为控制单元，CPU224 的 I/O 点数是 14/10，并扩展了一个 EM222 八位数字量输出模块。

③ 气动回路的设计 根据机器人的整体机构和工作原理，设计了气动控制回路图（图 3-87）。气动系统主要由气源、气动两连件、2 块电磁阀集装板、14 组两位五通电磁阀、14 组节流阀、4 个消声器以及 14 组定制铝合金气缸组成。自由度 1、4、5、6 各自对应 2 个气缸，气缸活塞杆末端与一种特殊设计的单向推板连接，这 2 个气缸分别控制对应自由度的正、反两种运动状态，在 PLC 的控制下通过气缸的往复运动，带动前端的单向推板，推动该自由度完成级进运动，活塞杆的单次推出速度由节流阀控制，推出频率由 PLC 程序控制。自由度 2、3 各自对应 3 个气缸，依据机构工作原理，3 个气缸在 PLC 的控制下依次完成活塞杆的推出动作，通过调整 3 个气缸的动作次序即可实现相应自由度的正、反运动。

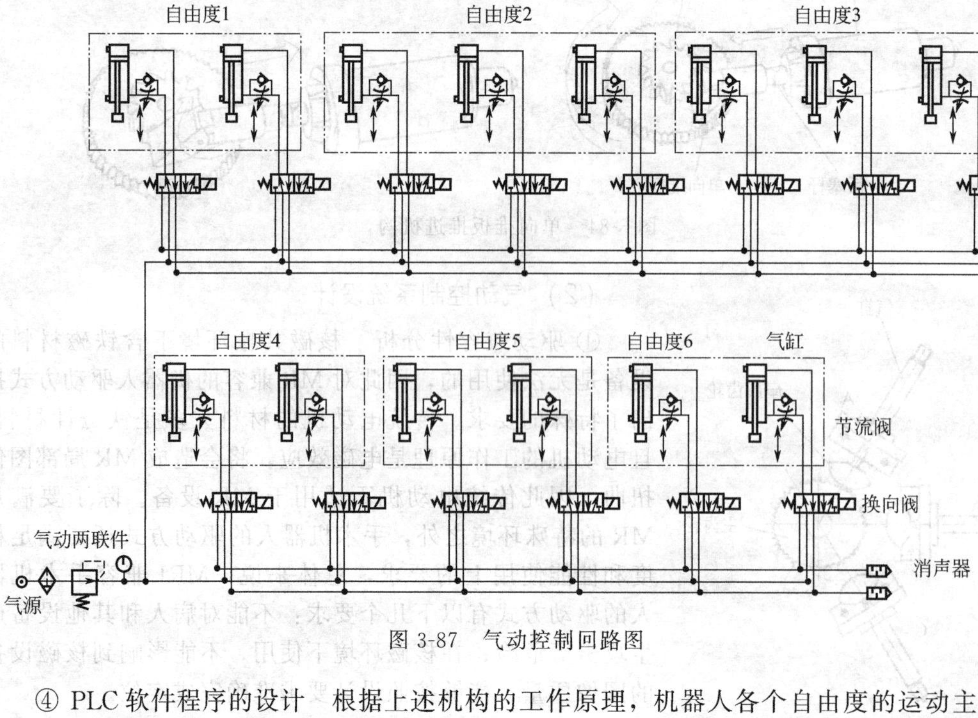

图 3-87 气动控制回路图

④ PLC 软件程序的设计 根据上述机构的工作原理，机器人各个自由度的运动主要分为

两种运动模式。第一种运动模式依赖于单向推板的巧妙设计，工作时相应自由度的两个气缸中只有一个气缸推动活塞杆往复运动，另一个气缸不工作，此时，工作气缸的 PLC 控制时序见图 3-88，通过改变 t_{on}与 t_d的值即可调整气缸活塞杆的动作频率；当需机构反向运动时，相应的调整气缸动作次序即可。第二种运动模式是由相应自由度的三个气缸的规律运动实现相应自由度的正、反转动，在一个运动周期内，三个气缸相应的 PLC 控制时序见图 3-89，通过改变 t'_{on1}、t'_{on2}、t'_{on3}与 t'_{d1}、t'_{d2}、t'_{d3}的值即可调整三个气缸活塞杆的动作频率；当需机构反向运动时，相应的调整气缸动作次序即可。根据机器人各自由度对应的控制时序图，编写了基于 Micro-STEP7 V4.0 的软件控制程序，对机器人的运动进行控制。

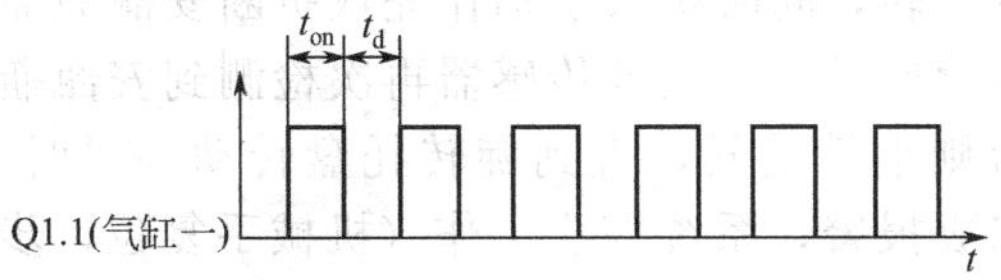

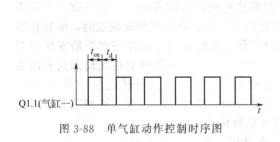

图 3-88　单气缸动作控制时序图

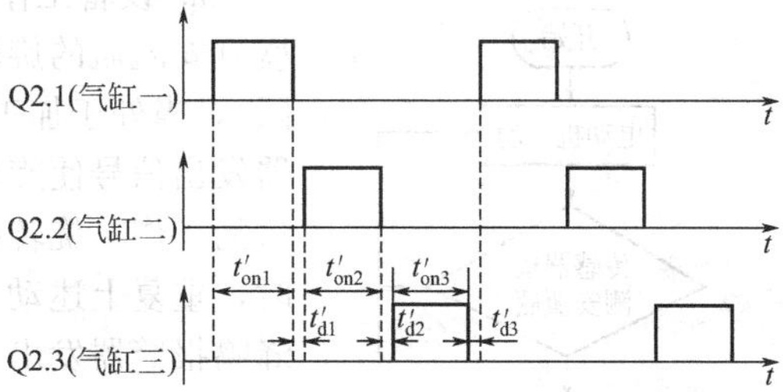

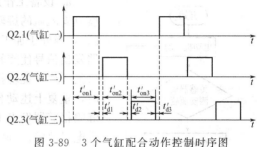

图 3-89　3 个气缸配合动作控制时序图

（3）样机试验

六自由度穿刺定位机器人样机包括 PLC 控制器、继电器、电磁阀以及气动元器件等。考虑到电磁阀的工作频率不能超过其空载状态下的最高工作频率，同时要保证机器人运动稳定、安全。经多次试验，确定单气缸动作时序图中的 t_{on}设置为 500ms，t_d设置为 400ms；三气缸配合动作时序图中的 t'_{on1}、t'_{on2}与 t'_{on3}均设为 700ms，t'_{d1}、t'_{d2}与 t'_{d3}均设置为 200ms。最终通过调节控制开关，能有效控制机器各自由度的运动，实现了穿刺针的自动定位，达到了设计要求。

3.4.7　安瓿瓶气动开启机械手 PLC 控制系统

安瓿瓶（又称曲颈易折安瓶）因制作成本低廉，加工工艺成熟及密封性好等优点被广泛应用于存放注射用的药物、疫苗、血清等，容量一般为 1mL、2mL、3mL、5mL 和 20mL。但医务工作者在折断安瓿瓶的过程中，经常出现断裂口割伤手指等情况。而气动开启机械手以压缩空气为动力源来驱动机械手的动作，该装置具有系统接收简单、轻便、安装维护容易、无污染等优点被广泛应用于食品包装、医药、生物工程等领域。基于 PLC 的安瓿瓶气动开启机械手以 PLC 强大的顺序控制功能进行控制，可以很好地满足系统的控制要求，对不同规格的安瓿瓶进行开启，避免了医务工作者在医务操作中的不便。

（1）气动开启机械手的系统结构与工作过程

① 系统结构　安瓿瓶气动开启机械手系统主要由折断机构、旋转托盘机构、蜂鸣报警装置、尺寸选择开关、气动控制系统和电气控制系统等几部分组成，其系统结构如图 3-90 所示。

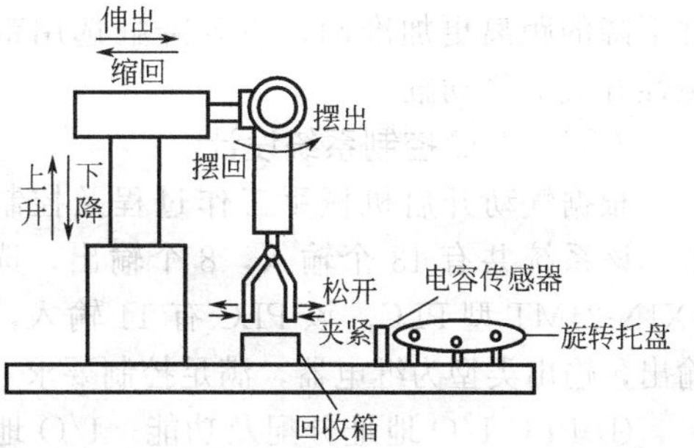

图 3-90　安瓿瓶气动开启机械手结构

其主要功能部件作用为：

a. 安瓿瓶折断机构，由四自由度的气动机械手构成，能完成升降、伸缩、旋转、夹紧动作，机械手工作循环一次折断一个安瓿瓶的瓶口。

b. 旋转托盘机构，为一个直径为 10cm 的圆形塑料托盘，托盘上注塑有 6 个直径为 12mm 的凹槽，凹槽深度为 30mm，用来承载安瓿瓶。该旋转托盘机构由步进电动机控制其转动或停止，电容传感器检测工件是否到位。

c. 报警装置，当旋转托盘转动 360°时，给出报警。

d. 安瓿瓶尺寸选择开关，现抗生素、疫苗等药品所选用的安瓿瓶容量一般为 1mL、2mL 两种，加工之前通过控制面板的旋钮开关来选择加工工件的容量，旋钮开关旋至左边为 1mL 安瓿瓶，旋至右边为 2mL 安瓿瓶。

② 工作过程

a. 设备工作过程 按下安瓿瓶气动开启机械手的开始按钮，盛有安瓿瓶的旋转托盘在步进电动机的带动下旋转（旋转方向不限），当处于加工位置处的电容传感器检测到安瓿瓶时，电容传感器发出信号使旋转托盘停转，同时机械手动作完成折断安瓿瓶瓶口的工作，旋转托盘继续旋转，待电容传感器再次检测到安瓿瓶时，重复上述动作，否则继续旋转，直到旋转托盘转动 360°时，蜂鸣报警器发出工作完成报警，系统停止工作（机械手复位，步进电机停转）。该气动开启机械手工作流程如图 3-91 所示。

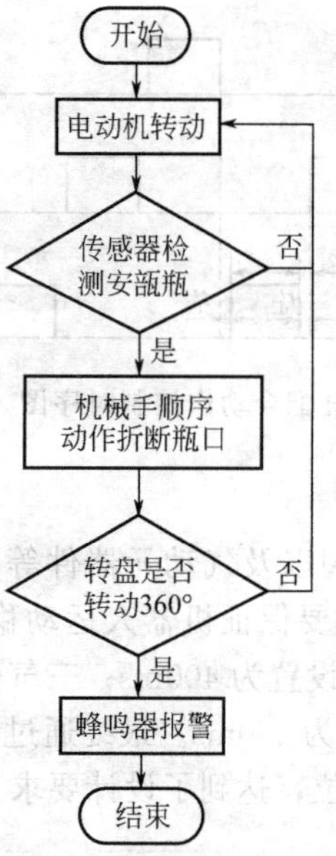

图 3-91 安瓿瓶气动开启机械手工作流程

b. 气动机械手工作过程 启动（原点位）→升降缸上升→伸缩缸伸出→升降缸下降→夹紧缸夹紧（保压）→摆动缸上旋 45°→升降缸上升→伸缩缸缩回→摆动缸回摆→夹紧缸松开，准备下次的循环。

（2）气动机械手回路设计

气动机械手系统主要由升降缸、伸缩缸、摆动缸、夹紧缸、可调压力开关、单向节流阀和 1 个三位四通电磁换向、3 个二位五通单控弹簧复位电磁阀等组成。压缩空气经二联体，输出压力调节为 0.5MPa，经相应电磁阀来控制各个气缸的工作，由于每个气缸的负载大小不同，以及防止在动作过程中因突然断电造成的机械零件冲击损伤，在进气口和排气口设置了单向节流阀，其系统原理如图 3-92 所示。

在夹紧缸夹紧安瓿瓶颈部过程中，由于玻璃制品的特点是硬而脆，可以通过调节压力继电器的压力值为恰好夹紧瓶颈的压力，控制好手指既夹紧安瓿瓶颈部又不会使瓶口夹碎，当加紧缸加紧进气压力达到压力继电器设定值时，压力继电器动作，使电磁阀 5YA 失电，换向阀置中位，夹紧缸被气控单向阀锁紧保压，保证安瓿瓶恰好抓紧。

因安瓿瓶的瓶身高度不同，为了让升降缸下降的距离更加准确，该升降缸选用带有磁性开关的气动缸。

（3）PLC 控制系统设计

根据气动开启机械手工作过程及控制要求，该系统共有 13 个输入，8 个输出，选用 FX1N-24MT 型 PLC。该 PLC 有 14 输入，10 输出，输出类型为继电器，满足控制要求。

① PLC I/O 地址分配及功能 I/O 地址分配见表 3-12。

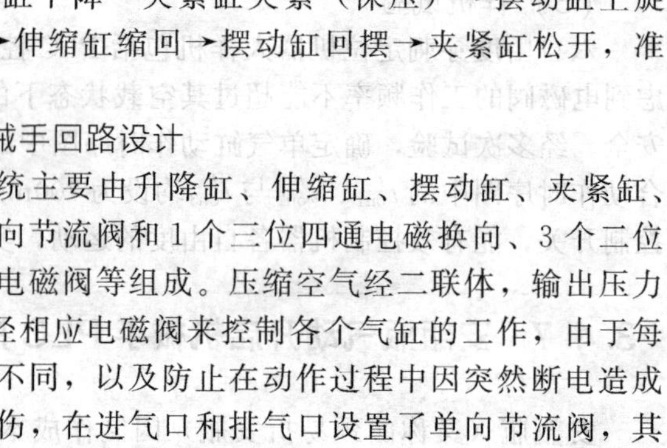

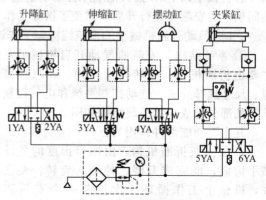

图 3-92 气动机械手系统原理图

表 3-12　PLC I/O 地址分配表

输入		输出	
PLC 输入点	功能说明	PLC 输出点	功能说明
X0	SB1(开始按钮)	Y0	M1(转盘电机脉冲)
X1	SB2(停止按钮)	Y1	K1(蜂鸣器)
X3	SA1(1mL/2mL 切换)	Y2	1YA(升降缸上升电磁阀)
X4	B1(电容传感器)	Y3	2YA(升降缸下降电磁阀)
X5	1B1(升降缸上升限位)	Y4	3YA(伸缩缸电磁阀)
X6	1B2(升降缸 1mL 限位)	Y5	4YA(摆动缸电磁阀)
X7	1B3(升降缸 2mL 限位)	Y6	5YA(夹紧缸夹紧电磁阀)
X10	2B1(伸缩缸伸出限位)	Y7	6YA(夹紧缸松开电磁阀)
X11	2B2(伸缩缸缩回限位)		
X12	3B1(摆动缸上摆限位)		
X13	3B2(摆动缸摆回限位)		
X14	4B1(夹紧缸夹紧)		
X15	4B2(夹紧缸松开限位)		

② 软件设计　系统控制的要求是：设复位状态为升降缸下降、伸缩缸缩回、摆动缸摆回、夹紧缸松开。按下启动按钮，步进电动机带动旋转托盘转动，电容传感器检测到安瓿瓶时，电动机停转同时气动开启机械手升降缸上升，伸缩缸伸出，升降缸下降，下降位置根据容量选择旋钮而定，夹紧缸夹紧，摆动缸上摆 45°，升降缸再次上升，伸缩缸缩回，摆动缸回摆，夹紧缸松开让折断的瓶颈掉入回收箱中，此时步进电动机继续转动，电容传感器再次检测到安瓿瓶时，重复上述过程，否则电动机继续转动，当旋转托盘转动 360°，蜂鸣报警器报警，系统工作停止。

旋转托盘的转、停由步进电动机驱动，步进电动机是一种将电脉冲转化为角位移的执行机构，当步进驱动器接收到一个脉冲信号，它就驱动步进电动机按设定的方向转动一个固定的角度（称为“步距角”）。托盘的旋转是以固定的角度一步一步运行的，可以通过控制脉冲个数控制角位移量，从而达到准确定位的目的。该步进电动机的步距角为 1.8°。

梯形图的设计：梯形图的编制方法很多，可以用启保停的方法，即按条件启动然后保持（自锁），下一个状态成立时切断上一个状态，也可以使用置位［SET］和复位［RST］来完成。该机械手的 PLC 控制程序［STL］即为特征的步进梯形图，其程序如图 3-93 所示。

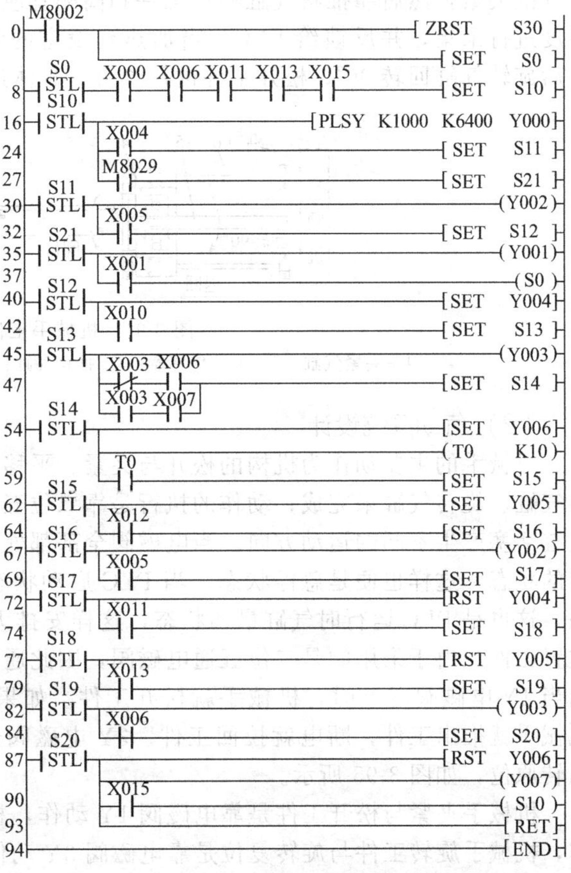

图 3-93　PLC 系统程序

（4）小结

对安瓿瓶气动开启机械手系统结构、气动回路和 PLC 控制系统进行设计，通过 PLC 控制四自由度气动机械手来实现安瓿瓶瓶口的有效开启，其控制程序具有较强的抗干扰能力，可靠性高，气动开启机械手的结构简单，对药品无污染，既保护了医务人员免受割伤又节省了时间，对提高医务人员的操作安全和工作效率将起到极大的作用。

3.4.8 高频淬火机械手 PLC 控制系统

在金属高频淬火加热场合，工人经常身处高温环境，劳动强度大，而且周围环境的电磁辐射大，长期工作会影响身体健康。为了解决该问题，设计了高频淬火机械手，代替工人进行工作。

工人操作高频淬火机械手，就可实现在原点位置上快速安装工件、夹紧，并移动工件到高频感应线圈处进行加热；当加热到设定的温度后，系统自动停止加热并退回、旋转 90°、松开工件进行淬火。在高温检测方面，由于高频加热的温升速度非常快，传感器响应时间应在 0.2s 以内，因此不宜采用接触式的温度传感器，而应采用红外线或光纤高温传感器。同时在人机界面上可清晰观察到机械手工作的过程、工件温度及报警列表等信息。

（1）机械手工作过程

通气后机械手自动复位，然后通电，机械手松开。并在原点位置上快速安装工件并靠夹紧气缸夹紧，然后靠推料气缸移动工件到高频感应线圈进行加热，并通过红外高温传感器对温度进行采集，并反馈给 PLC。当加热到设定的温度后，停止加热并退回到原点位置上，最后旋转气缸回转 90°，松开工件进行淬火。具体过程如图 3-94 所示。

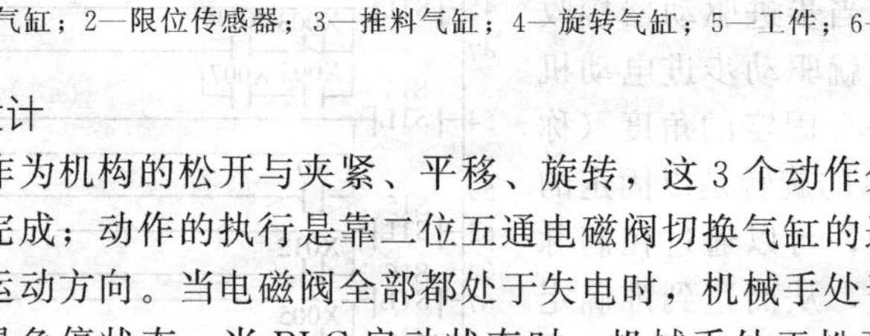

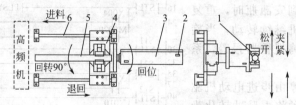

图 3-94 机械手工作示意图

1—夹紧气缸；2—限位传感器；3—推料气缸；4—旋转气缸；5—工件；6—导轨

（2）气动系统设计

机械手的主要动作为机构的松开与夹紧、平移、旋转，这 3 个动作分别由夹紧气缸、推料气缸、旋转气缸来完成；动作的执行是靠二位五通电磁阀切换气缸的进气和出气方向，使气缸活塞产生不同的运动方向。当电磁阀全部都处于失电时，机械手处于夹紧、退回、无旋转的状态，这样也便是急停状态。当 PLC 启动状态时，机械手处于松开、退回、无旋转状态，这也是 PLC 运行时气缸最初状态，这样安排无需松开夹紧气缸就可以放置工件，便于放置工件。由于采用的是二位五通电磁阀，因此通电和断电时，气缸动作方向是相反的。所以当 1Y 电磁阀通电时，机械手就松开工件。如果断电，就夹紧工件。2Y 电磁阀通电时，机械手就推出工件，断电就拉回工件。3Y 电磁阀通电时，机械手就旋转 90°，断电时候就回转原位，如图 3-95 所示。

机械手夹紧与松开工件是靠电磁阀 1Y 动作，机械手推出与拉回工件是靠电磁阀 2Y 动作，机械手旋转工件与旋转复位是靠电磁阀 3Y 动作。对于高频机的启动与停止加热是靠继电器动作，具体动作见表 3-13。

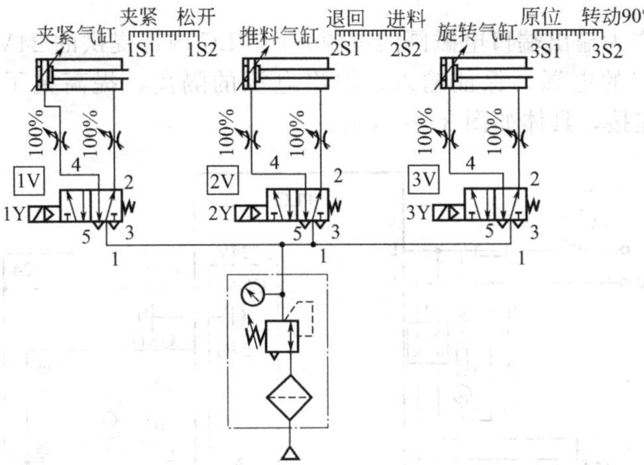

图 3-95　气动系统原理图

表 3-13　电磁阀与继电器动作顺序

序号	动作名称	电磁阀			继电器
		1Y	2Y	3Y	
1	夹紧工件	—	—	—	—
2	推出工件	—	+	—	—
3	高频加热	—	+	—	+
4	高频加热停止	—	+	—	—
5	工件退回	—	—	—	—
6	工件回转 90°	—	—	+	—
7	松开工件	+	—	—	—
8	旋转气缸复位	+	—	—	—

注：表中＋表示通电，－表示断电。

（3）PLC 控制系统设计

① PLC 的选型　可编程控制器（PLC）种类非常多，此处选用 PLCHW-S20ZA220T。这刚好满足本次设计所需的外部 8 个开关量和 1 个模拟量输入信号，4 个开关量 1 输出信号，而且点数还有余量。由于两个传感器是属于 NPN 晶体管型，因此选择 NPN 晶体管型 PLC。

② PLC 的 I/O 地址分配及外部接线设计　该机械手中系统需要数字量输入 8 点，数字量输出量 4 点，1 个温度模拟量输入。输入包括 6 个磁性开关，1 个急停按键和 1 个复位按钮。输出包括控制 3 个电磁阀的信号，1 个控制继电器的信号。模拟量输入包括红外高温传感器输入值为 0～10V 的电压。PLC 的 I/O 地址分配如表 3-14 所示。

表 3-14　PLC 的 I/O 地址分配

序号	地址	功能	序号	地址	功能
1	X0	夹紧气缸夹紧信号	7	AI0	温度传感器
2	X1	夹紧气缸松开信号	8	Y0	夹紧气缸
3	X2	推料气缸到位信号	9	Y1	推料气缸
4	X3	推料气缸回位信号	10	Y2	旋转气缸
5	X4	回转气缸旋转 90°到位信号	11	Y3	高频机加热启动继电器
6	X5	旋转气缸回位信号			

外部 24V 电源作为输出端口电磁阀的电源，而 PLC 内部提供的 24V 电源作为输入传感器和红外高温传感器的电源，保证输入、输出电源的隔离，提高抗干扰能力；触摸屏与 PLC 的编程接口相连接，具体如图 3-96 所示。

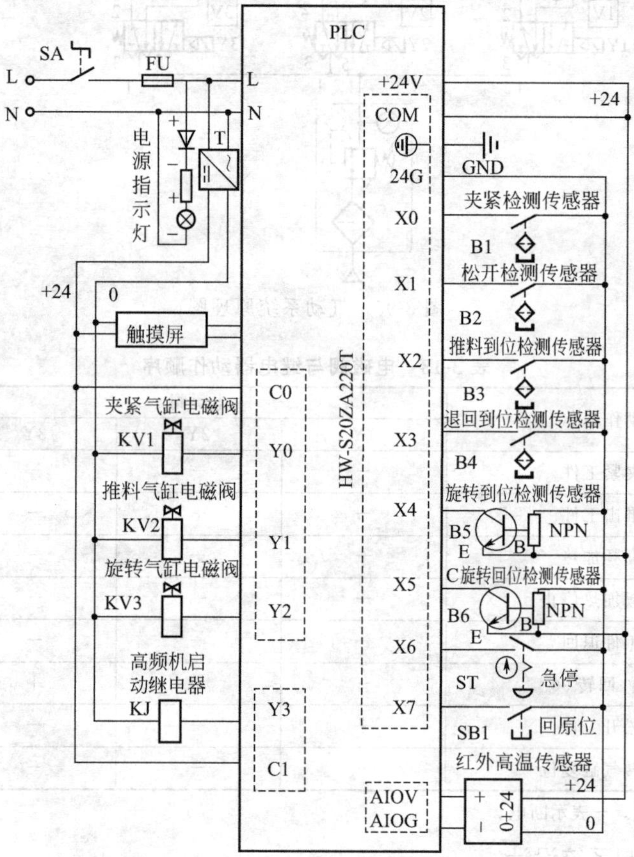

图 3-96　PLC 线路连接图

③ 温度采集　对于小工件，从常温高频加热到 900℃，一般不到 10s，时间非常短暂。因此对传感器的反应速度要求特别高，响应时间必须控制在 200ms 以内，否则误差较大。由于接触式传感器热传导比较慢，有明显的滞后，因此不宜采用。综合考虑红外线和光纤等非接触式温度测温仪的性价比，最终选择了德国欧普士（Optris）红外测温仪 CTLT20，其量程为－40～900℃，响应时间为 150ms，误差在 1%之内，该测温仪已进行线性补偿，线性度好，可以较好实现对温度的采集。

红外测温仪输出为 0～10V 或者 4～20mA 的模拟量，首先设置好模拟量与数字量之间的对应关系，即模拟量最小值对应测温仪温度测量范围的最小值，模拟量最大值对应测温仪温度测量范围的最大值；再利用 PLC 的 A/D 模块进行温度采集，得到数字量的温度值；最后，在 PLC 程序中判断是否到达设定的温度值，并执行相应动作，同时在显示屏上实时显示相应的温度值和动作信息。

④ PLC 程序设计　当工件放好之后，按下触摸屏上的启动按钮，夹紧气缸夹紧工件，之后推料气缸将工件运送到指定位置，然后启动高频机加热，到设定温度后停止加热，退回并松开工件进行淬火，然后返回原点。如此循环，一步步地自动执行下去，省去了大量的人力与体力，大大提高了工作效率。

高频淬火机械手主要有 3 种运行方式：自动模式、手动模式、回原点模式。因此采用 1 个主程序和 4 个子程序块，即把自动模式、手动模式、回原点模式和触摸屏显示控制部分，分别单独设计成一个子程序。如果需要运行哪种模式，在触摸屏按下相应的按键，在主程序中就可以调用相应的子程序。采用子程序方法，可以减少系统的扫描时间，提高系统的执行速度，同时增强程序的可读性、可移植性，也方便了调试。自动模式主要动作过程是顺序动作，完成一步动作之后，再进行下一步的操作，该控制系统是一个典型的步进顺序控制系统。对于步进顺序控制系统，常见的是采用步进顺序控制编程方法。而本次在梯形图设计上采用移动指令与数据转换等功能指令的方法实现步进顺序控制，具体工作流程如图 3-97 所示。PLC 与触摸屏通信，很重要的一点是要实现对机械手的监控，能在触摸屏中显示相应机械手的工作状态和工件实时检测的温度。在触摸屏中除了用指示灯的亮灭显示机械手的状态外，比较直观的方法是用到人机界面上的可变文本功能。可变文本里面内容对应 PLC 中的某个设定寄存器，例如寄存器 V4 中数值 0 对应可变文本中文字“系统准备完毕”，V4 中每个数值对应可变文本中以设定好的某段文字，这样机械手处于什么工作状态，通过传感器感应，然后 PLC 读取传感器反馈的信息，通过程序处理，对寄存器 V4 赋一个特定值，在触摸屏上就能显示相应文字，从而实现对机械手工作状态的监控。

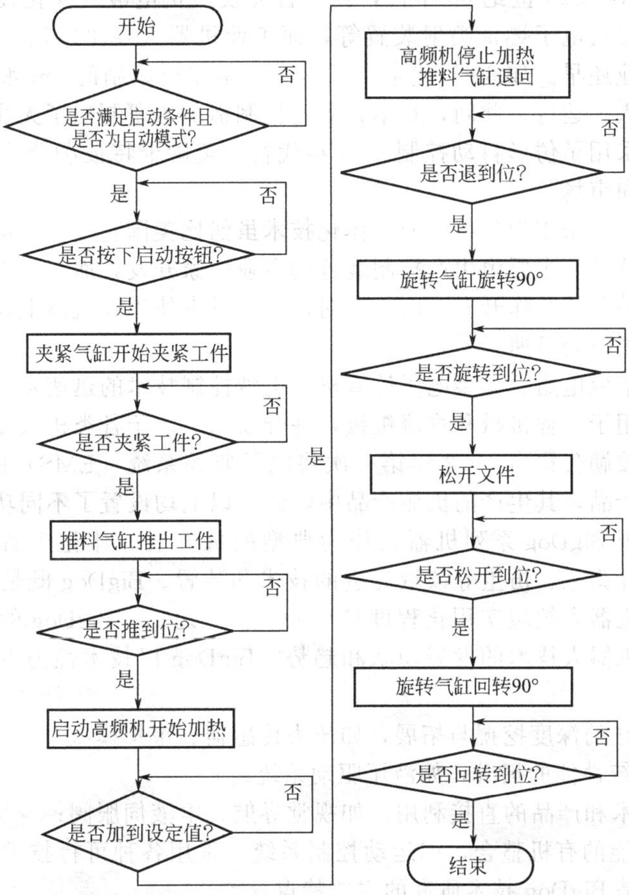

图 3-97　高频淬火机械手自动模式工艺流程图

经过调试，机械手能较好地实现预期的动作。工人的操作简单，远离高频加热区，并可直观看到工件的实时温度和机械手的操作步骤，因此大大减轻了劳动强度，改善工作环境，提高了工作效率。

3.5 机器人 PLC——液压控制系统

3.5.1 液压技术在机器人应用中的概况

（1）液压系统应用于机器人的优势

电动驱动系统是机器人领域中最常见的驱动器，但存在输出功率小、减速齿轮等传动部件容易磨损的问题。相对电动驱动系统，传统液压驱动系统具有较高的输出功率、高带宽、快响应以及一定程度上的精准性。因此，机器人在大功率的应用场合下一般采用液压驱动。

随着液压技术与控制技术的发展，各种液压控制机器人已广泛应用。液压驱动的机器人结构简单，动力强劲，操纵方便，可靠性高。其控制方式多式多样，如仿形控制、操纵控制、电液控制、无线遥控、智能控制等。在某些应用场合，液压机器人仍有较大的发展空间。

（2）液压技术应用于机器人的发展历程

① 国外发展概况　20 世纪 60 年代，美国首先发展机电液一体化技术，如第一台机器人、数控车床、内燃机电子燃油喷射装置等，而工业机器人在机电液一体化技术方面的开发，甚至比汽车行业还早。如 60 年代末，日本小松制作所研制的 7m 水深的无线电遥控水陆两用推土机就投入了运行。此间，日本日立建机制造所也研制出了无线电遥控水陆两用推土机，其工作装置采用了仿形自动控制。70 年代初，美国卡特彼勒公司将其生产的激光自动调平推土机也推向市场。

日本在工程机械上采用现代机电液一体化技术虽然比美国晚几年，但不同的是，美国工程机械运用的这一技术，主要由生产控制装置的专业厂家开发，而日本直接由工程机械制造厂自行开发或与有关公司合作开发。由于针对性强，日本使工程机械上与机电液一体化技术的结合较紧密，发展较为迅速。

随着超大规模集成电路、微型电子计算机、电液控制技术的迅速发展，日本和欧美各国都十分重视将其应用于工程机械和物流机械，并开发出适用于各类机械使用的机电液一体化系统。如美国卡特彼勒公司自 1973 年第一次将电子监控系统（EMS）用于工程机械以来，至今已发展成系列产品，其生产的机械产品中，60%以上均设置了不同功能的监控系统。

时至今日，美国 BigDog 系列机器人作为典型的机电液一体化产品，融合了机械、液压、电子、控制、计算机、仿生等领域先进的技术和装置。BigDog 既是最先进的四足机器人，同时也是当前机器人领域实用化程度最高的机器人之一。BigDog 的研发，在相当程度上反映了国际尖端机器人技术的发展现状和趋势。BigDog 以技术性为主的研究思路主要包括如下特点。

a. 已有技术方法的深度挖掘与拓展，如压力传感器、虚拟模型；

b. 已有技术系统性能的提升，如液压驱动系统；

c. 已有尖端技术和产品的直接利用，如视觉导航、电液伺服阀；

d. 各种基本性能的有机整合，如运动控制系统。采用各种可行技术方法赋予机器人自主性和智能性，也是 BigDog 技术研究的主要特点。

BigDog 大部分单项技术并无太大的创新性，然而各种技术方法和基本性能的集成，使得机器人系统具有了很高的自主性和智能性。最终整合而成的机器人系统是 BigDog 系列机器人研究最大的创新点。

② 我国发展概况　国家 863 计划机器人技术主题在“发展高技术，实现产业化”方针

的指导下，面向国民经济主战场，开展了工业机器人与应用工程的研究与开发，在短短几年内取得了重大进展。先后开发了点焊、弧焊、涂装、装配、搬运、自动导引车在内的全系列机器人产品，并在汽车、摩托车、工程机械、家电等制造业得到成功的应用，对我国制造业的发展和技术进步起到了促进作用。

此外，将机器人技术向其他领域扩展，在 9 种工程机械上应用机器人技术，在传统产业的改造方面取得了有经济效益的成果。我国已经具备了进一步发展机器人技术及自动化装备的良好条件。在机器人方面，研制出具有国际 20 世纪 90 年代水平的精密型装配和实用型装配机器人、弧焊机器人、点焊机器人及自动导引车（AGV）等一系列产品，并实现了小批量生产。同时自主实施了 100 多项机器人应用工程，如汽车车身自动焊接线，汽车后桥弧焊线，汽车发动机装配线，嘉陵、金城、三水、新大洲摩托车焊接线，机器人自动包装码垛生产线，以及小型电器和精密机芯自动装配线等多项机器人示范应用工程。

20 世纪 70 年代初，我国的机器人开始运用机电液一体化技术，如天津工程机械研究所与塘沽盐场合作研制了我国第一台 3m 水深无线电遥控水陆两用推土机。该机采用全液压、无线电操纵装置。经长期运行考核，其主要技术性能接近当时先进国家同类产品的水平。到 20 世纪 80 年代后期，我国相继开发了以电子监控为主要内容的多种机电液一体化系统。另外，机器人智能化系统也在有关院所进行研发。近期，山东大学开发的高性能液压驱动四足机器人 SCalf、哈尔滨工业大学开发的仿生液压机器人等均达到较高的技术水平。

与发达国家相比，我国液压机器人技术的研究与开发起步较晚，液压元器件的性能参数有待提高，机器人在总体技术上与国外先进水平相比还有差距。在制造工艺与装备方面，我国也有差距。目前我国尚不能生产高精密、高速与高效的制造装备，国际上先进的制造工艺和装备在我国企业工业生产中应用少。受引进技术水平的限制，至今关键技术仍落后工业发达国家。

（3）机器人液压系统的特点

① 高压化　液压系统的特点就是输出的力矩和功率大，而这依赖于高压系统。随着大型机器人的出现，向高压发展是液压系统发展的一个趋势。从人机安全和系统元器件的使用寿命等角度来考虑，液压系统工作压力的增高受很多因素的制约。如液压系统压力的升高，增加了工作人员和机体的安全风险系数；高压下的腐蚀物质或颗粒物质将在系统内造成更严重的磨损；压力增大使泄漏增加，从而使系统的容积效率降低；零部件的强度和壁厚势必会因为高压而增加，致使元器件的机体、重量增大或者工作而积和排量减小，在给定负载下，工作压力过高导致的排量和工作面积减小将致使液压机械的共振频率下降，给控制带来困难。

② 灵敏化与智能化　根据实际施工的需要，机器人向着多功能化和智能化方向发展，这就使机器人要有很强的数据处理能力和精度很高“感知”能力。使用高速微处理器、敏感元器件和传感器不只是能满足多功能和智能化要求，还可以提高整机的动态性能，缩短响应时间，使机器人而对急剧变化的负载能快速做出动作反应。先进的激光传感器、超声波传感器、语音传感器等高精度传感器可提高机器人的智能化程度，便于机器人的柔性控制。

③ 注重节能增效　液压驱动系统为大功率作业提供了保证，但液压系统由节流损失和容积损失，整体效率不高。因此新型材料的研制和零部件装配工艺的提高也是提高机器人工作效率的必然要求。

④ 发挥软件的作用　先进的微处理器、通信介质和传感器必须依赖于功能强大的软件才能发挥作用。软件是各组成部分进行对话的语言。各种基于汇编语言或高级语言的软件开发平台不断涌现，为开发机器人控制软件程序提供了更多、更好的选择。软件开发中的控制算法也日趋重要，可用专家系统建立合理的控制算法，PID 和模糊控制等各种控制算法的综

合控制算法将会得到更完美的应用。

⑤ 智能化的协同作业　机群的协同作业是智能化的单机、现代化的通信设备、GPS、遥控设备和合理的施工工艺相结合的产物。这一领域为电液系统在机器人的应用提供了广阔的发展空间。

3.5.2 PLC在液压驱动机械手肋骨冷弯机中的应用

肋骨冷弯加工成形是船舶构件加工的一个重要环节。船用肋骨如扁钢、角钢等多为不对称截面型材，弯曲加工时会产生许多不良变形，如旁弯、倒边等。随着造船技术的发展和实际造船生产的需要，对船舶肋骨加工技术与加工设备提出了更高的要求。作为船舶型材加工的重要设备——肋骨冷弯机，其发展方向是加工自动化。PLC技术经过多年的发展已变得相当成熟，软、硬件的可靠性都非常高。采用PLC作为核心控制器来控制机械手肋骨冷弯机的各个动作，不仅可以节约人力成本，而且可以消除人工操作带来的诸多不可靠因素，从而大大提高机械手肋骨冷弯机的工作稳定性及肋骨的加工精度。

(1) 液压驱动机械手肋骨冷弯机

机械手肋骨冷弯机由机座、进料机构、夹紧机构、主弯曲机构和液压系统等组成。它具有两个机械手臂，能灵巧地完成夹紧型材，左右摆动进料和退料，垂向预弯、水平弯曲和回弹等复杂动作；能对肋骨加工中的各种变形进行有效控制；能加工出质量好的正弯、反弯和S形的肋骨等工件；由于采用了程序控制，加工效率很高。

① 主弯曲机构　它是机械手肋骨冷弯机实施肋骨弯制的主运动机构。弯制肋骨时左右两个侧机架夹紧型材不动，肋骨通过主弯曲液压缸带动中机架前后运动实现肋骨的正弯、反弯和S形弯曲加工。

② 夹紧机构　中机架有中夹紧液压缸驱动的中夹头，左右两个侧机架有侧夹紧液压缸驱动的侧夹头，在肋骨弯制过程中由此3个夹头限定肋骨的位置，使肋骨按要求成形。在反弯肋骨时，为避免产生皱折，一般要求中夹紧液压缸要夹住肋骨，达到“夹而不紧”的状态，使肋骨与夹头之间有0.5～1mm的间隙。

③ 机械手进料机构　机械手肋骨冷弯机是通过进退料液压缸带动左右两个侧机架左右摆动完成进退料。进料时（以左进料为例），左夹紧缸夹紧，右夹紧缸和中夹紧缸放松，进退料液压缸推动左右侧机架张开，接着右夹紧液压缸夹紧，左夹紧缸放松，进退料液压缸拉动左右侧机架合拢，这样完成一个进料流程。反方向进料即为退料。在进退料时中夹紧缸始终处于夹松状态。

④ 机座　中机架、左右两个侧机架、主弯曲液压缸安装在机座之上，它是机械手肋骨冷弯机的工作平台。

⑤ 机械手肋骨冷弯机液压系统　机械手肋骨冷弯机的液压系统由主油路与副油路两部分组成。液压系统原理如图3-98所示。主油路的动作原理：液压泵B6在主电动机的带动下转动，液压油经吸油滤油器B2进入液压泵，并在液压泵的推动下进入管路，液压油的压力大小由先导溢流阀B15设定。液压油经单向阀B8加在电液换向阀B14-1、B14-2、B14-3、B14-4上。当电液换向阀的电磁铁6CD、7CD、8CD、9CD、10CD、11CD、12CD、13CD不通电时，电液换向阀的阀芯处于中间位置，液压油进口与液压缸不通，活塞不运动，处于停止状态。当电磁铁6CD、8CD、10CD、12CD通电时，在电磁铁的推杆作用下，阀芯往左移动，液压油管与液压缸上腔（左腔）接通，液压油进入液压缸上腔（左腔），推动活塞杆向下（向前）移动，活塞杆带动夹头向下移动（带动主机架向前运动）。动作到位后，电液换向阀的电磁铁6CD、8CD、10CD、12CD断电，液压缸的活塞停止动作；当电液换向阀的电

磁铁 7CD、9CD、11CD、13CD 通电后，推动阀芯向右移动，这时液压油通过换向阀进入液压缸下腔（右腔），推动活塞杆向上（向后）移动，活塞杆带动夹头向上移动（带动主机架向后运动）。液压缸上腔（左腔）的液压油经管道、液控单向阀（B17-1、B17-2、B17-3）、电液换向阀（B14-1、B14-2、B14-3、B14-4）、回流管排回油箱 5。当夹松到位后，电磁铁 7CD、9CD、11CD、13CD 断电，液压缸的活塞停止动作。

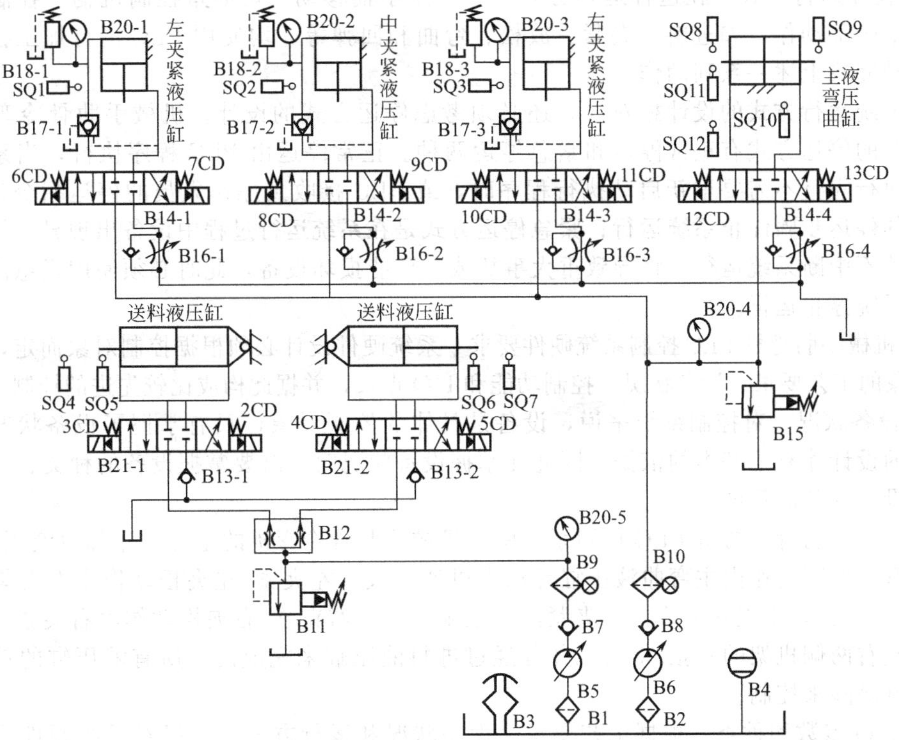

图 3-98　机械手肋骨冷弯机液压原理

副油路的动作原理：液压泵 B5 在辅电动机的带动下转动，液压油经吸油过滤器 Bl 进入液压泵，并在液压泵的推动下进入管路，液压油的压力大小由先导溢流阀 B11 设定。液压油经单向阀 B7、油管、分流阀 B12 加在电液换向阀 B21-1，B21-2 上。当电液换向阀的电磁铁 2CD、3CD、4CD、5CD 不通电时，电液换向阀的阀芯处于中间位置，液压油进口与液压缸不通，活塞不运动，处于停止状态。当电磁铁 2CD、4CD 通电时，在电磁铁的推杆作用下，阀芯往右移动，液压油管与液压缸右腔（左腔）接通，液压油进入液压缸右腔（左腔），推动活塞杆向外移动，活塞杆带动侧机架向外移动，完成侧机架的双张动作。动作到位后，电液换向阀的电磁铁 2CD、4CD 断电，液压缸的活塞停止动作；当电液换向阀的电磁铁 3CD、5CD 通电后，推动阀芯向右移动，这时液压油通过换向阀进入液压缸左腔（右腔），推动活塞杆向内移动，活塞杆带动侧机架向内移动，完成侧机架的双合动作。液压缸右腔（左腔）的液压油经管道、电液换向阀（B21-1、B21-2）、单向阀（B13-1、B13-2）及回流管排回油箱 5。当双合到位后，电磁铁 3CD，5CD 断电，液压缸的活塞停止动作。

（2）机械手肋骨机 PLC 控制系统的硬件设计

目前，适用于工程应用的可编程序控制器种类繁多，性能各异。在进行机械手肋骨冷弯机 PLC 控制系统的硬件设计中应根据什么进行应用系统硬件设计，机型选择时应注意哪些性能指标都是比较重要的问题。

① 机械手肋骨机 PLC 控制系统的运行方式　用 PLC 构成的机械手肋骨冷弯机控制系统

有两种运行方式，即手动方式和程控方式。

a. 手动运行方式　在这种运行方式下，操作人员可以通过操作台上的各种按钮和选择开关（正弯、反弯、左夹紧、左夹松、中夹紧、中夹松、右夹紧、右夹松、双张、双合、进料、回弹等）使机械手肋骨冷弯机进行各种相应的动作。其中正弯、反弯、进料、回弹由相应的顺序控制器实现。

b. 程控运行方式　在这种运行方式下，除用手摇移动“弯曲量控制机构”控制弯曲量外，其他全部动作，如进料、夹紧、放松、弯曲和回弹等，均使用PLC进行加工控制，按程序自动完成上述一系列动作。

与系统运行方式的设计相对应，还必须考虑停运方式的设计。机械手肋骨冷弯机PLC控制系统的停运方式有正常停运和紧急停运两种。正常停运由PLC程序执行，当系统的运行步骤执行完且不需要重新启动执行程序时，或PLC接收到操作人员的停运指令后，PLC按规定的停运步骤停止系统运行；紧急停运方式是在系统运行过程中设备出现异常情况或故障时，若不中断系统运行，将导致重大事故或有可能损坏设备，此时必须使用紧急停运按钮使整个系统停止运行。

② 机械手肋骨机PLC控制系统硬件要求　系统硬件设计必须根据控制对象而定，应包括控制对象的工艺要求、设备状况、控制功能和I/O点数，并据此构成比较先进的控制系统。

a. 设备状况　对控制系统来说，设备是具体的控制对象，只有掌握了设备状况，对控制系统的设计才有了基本的依据。因此在掌握设备状况时，既要掌握设备的种类、多少，也要掌握设备的新旧程度。

在机械手肋骨冷弯机PLC控制系统中，机械手肋骨冷弯机的全部动作都由液压缸驱动。其中正弯，反弯动作由主弯曲液压缸带动中机架完成；左夹紧/左夹松动作由左夹紧液压缸来实现；中夹紧/中夹松动作由中夹紧液压缸来实现；右夹紧/右夹松动作由右夹紧液压缸来实现；左右两侧机架的双张/双合动作是通过进料液压缸来完成的。所有液压缸的动作是由相应的电磁阀来控制。

b. I/O点数和种类　根据工艺要求、设备状况和运行方式，可以对系统硬件设计形成一个初步的方案。但要进行详细设计，则要对系统的I/O点数和种类有精确的统计，以便确定系统的规模、机型和配置。在设计系统I/O时，要分清输入和输出、数字量和模拟量、各种电压电流等级、智能模板要求。在机械手肋骨冷弯机PLC控制系统中，它的I/O点数如下：DI共有44点，DO共有44点。根据上面的总点数可知采用一台小型PLC就能满足要求，I/O点数的确定要按实际I/O点数再加20%～30%的备用量。

③ 机械手肋骨冷弯机控制系统PLC机型的选择　可编程控制器机型的选择需遵循一定的规则来进行，主要要注意CPU的能力（包括处理器的个数、存储器的性能、中间继电器的能力等）、输入输出点数、响应速度、指令系统等。另外，还要注意所选机型的性价比、备品备件情况及技术支持等。

机械手肋骨冷弯机（以某船厂160kN程控机械手肋骨冷机为例）由PLC组成的控制系统有44个输入信号，均为开关量。其中热继电器2个，压力继电器3个，位移继电器10个，时间继电器5个，压差发讯器2个，按钮14个，波段开关输入信号8个。

该控制系统中有44个输出信号，有4个输出信号用于控制电动机的启动，有21个输出信号用于状态指示，有5个输出信号用于控制时间继电器，有14个输出信号用于电磁阀的控制。根据PLC选型的有关原则，机械手肋骨冷弯机的控制系统选用FX2-128MR，I/O点数均为64点，满足控制要求，而且还有30%多的余量。

由PLC构成的肋骨冷弯机控制系统如图3-99所示。由PLC构成的控制系统结构清晰，维修检测方便。所有逻辑运算通过PLC程序实现，控制系统可根据加工工艺要求，有效地完成指定的控制任务。

(3) 机械手肋骨冷弯机 PLC 控制系统的软件设计

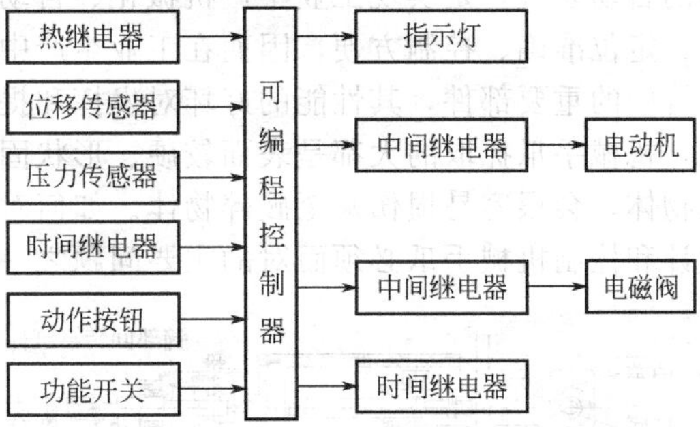

图 3-99　肋骨冷弯机 PLC 控制原理图

由 PLC 构成的机械手肋骨冷弯机控制系统，包括硬件系统和软件系统两部分。系统控制功能的强弱，控制效果的好坏是由硬件和软件系统共同决定的，有时一方对另一方虽有一定的弥补作用，但这总是有限的，因此研究开发出高质量的程序就显得非常重要了。在进行机械手肋骨冷弯机 PLC 控制系统的软件开发时经过这样几个步骤：了解机械手肋骨冷弯机控制系统的概况→熟悉机械手肋骨冷弯机→熟悉编程软件的使用方法和指令系统→定义输入输出表→进行框图设计→程序编写→程序测试等。

在设计机械手肋骨冷弯机 PLC 控制系统软件时分主电动机启动模块、辅电动机启动模块、指示灯处理模块、状态复位处理模块、"～"形操作子程序和"∧"形操作子程序进行编写和调试。采用外接模拟信号的方式对程序的逻辑功能进行验证，通过正确性检验后再在实际的肋骨冷弯机上进行调试，以免损坏电动机等设备。机械手肋骨冷弯机 PLC 控制的主程序流程如图 3-100 所示。其中主电动机启动模块的设计采用了佩特利网的设计方法。

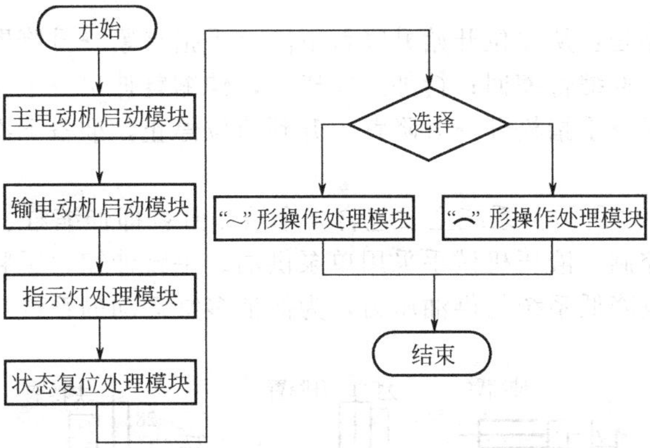

图 3-100　机械手肋骨冷弯机 PLC 控制的主程序流程

佩特利网（Petri Net，PN）是于 1962 年由德国的数学家 C. A. Petri 提出的，最初应用于计算机异步通信建模中，用来表示系统的输入/输出、系统的各种可能状态以及状态的动态变化。佩特利网是一种图示技术，可以用来模拟有规则的物料流系统和信息流系统的特性。

顺序控制佩特利网设计法是利用模拟离散动态系统结构及其行为的佩特利网来描述规定控制顺序，然后再将生成的佩特利网模型转变成梯形图，从而使顺序控制设计过程格式化。这个设计方法由顺序描述、过程接口和梯形图实施 3 部分组成。

使用表明系统控制简单，工作稳定可靠，检修维护方便，满足肋骨冷弯机的加工使用要求；同时，提高了加工效率。

3.5.3　液压驱动工业机械手 PLC 控制系统

(1) 机械手概述

工业机械手是模仿人的手部动作，按给定的程序、轨迹和要求实现自动抓取、搬运和操作的自动装置，是实现工业生产机械化、自动化的重要装置之一。由于工业机械手的结构紧凑、定位准确、控制方便，因而在工业生产中得到了广泛应用。机械手爪是工业机械手执行机构中的重要部件，其性能的好坏对发挥和提高机械手的作用和效率有很大的影响。一般来说，机械手爪抓取的大都是表面较硬、形状固定的金属物体，如果机械手爪以固定的力去抓取物体，会很容易损伤甚至破碎物体。如何对机械手爪进行有效的、精确的夹持力控制，是设计和控制机械手爪必须面对的主要问题之一。

一种基于 WinCC 和 PLC 控制的工业机械手，属于坐标式液压驱动机械手，由手腕回转机构、手臂伸缩机构、手臂回转机构以及手臂升降机构等构成，具有手臂伸缩，回转，升降，手腕回转四个自由度。系统结构如图 3-101 所示，夹持手指上安装有压力传感器，该传感器为膜片结构式，膜片的变形区贴有应变片以检测夹持力的大小，四个应变片构成全电桥以提高传感器的线性度和灵敏度，相互补偿由于温度等因素引起的误差和漂移。工作过程中，压力传感器将实测压力回传给控制器，通过适应的控制策略对夹持力进行控制。

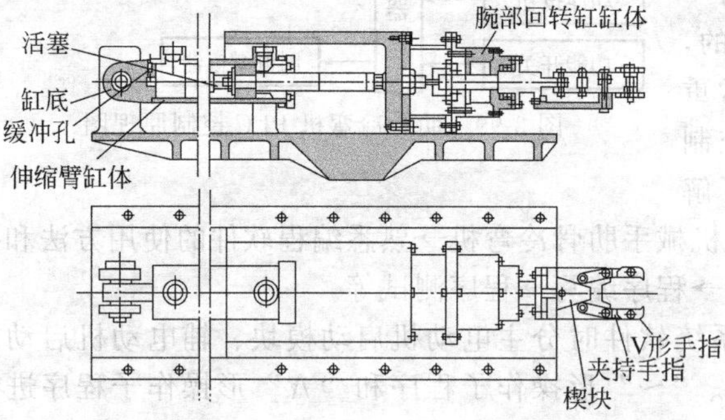

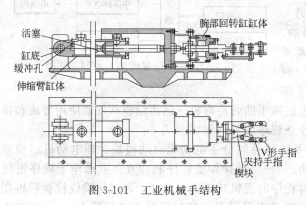

图 3-101 工业机械手结构

该机械手动作顺序是：从原位开始升降臂下降→手指夹紧→升降臂上升→手腕正转→伸缩臂伸出→手指松开→伸缩臂缩回；待加工完毕后，伸缩臂伸出→手指夹紧→伸缩臂缩回→手腕反转→升降臂下降→手指松开→升降臂上升到原位停止，准备下次循环。

(2) 液压系统

液压系统如图 3-102 所示。系统主要包含 3 个液压缸：即伸缩缸、升降缸和夹持缸，腕部采用摆动液压马达控制。液压机械手采用单泵供油。手臂伸缩、手腕回转、夹持动作采用并联供油，这样可有效降低系统的供油压力，为保证多缸运动的系统互不干扰，实现同步或

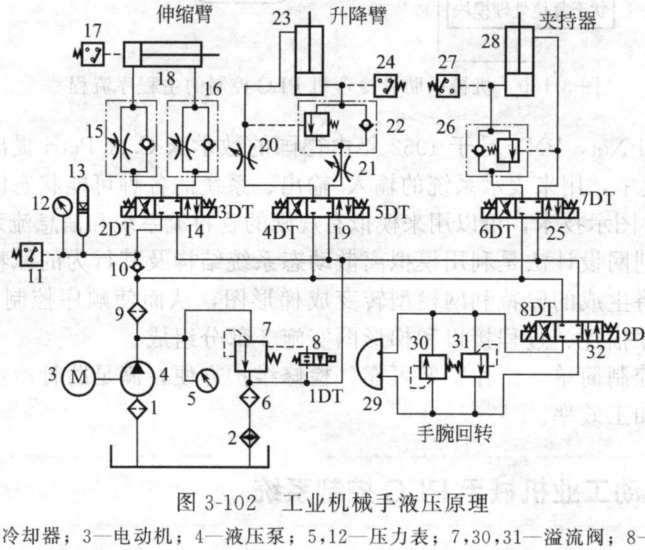

图 3-102 工业机械手液压原理

1,6,9—过滤器；2—冷却器；3—电动机；4—液压泵；5,12—压力表；7,30,31—溢流阀；8—换向阀；10—单向阀；11,17,24,27—压力继电器；13—蓄能器；14,19,25,32—换向阀；15,16—单向节流阀；18,23,28—液压缸；20,21—节流阀；22,26—平衡阀；29—摆动缸

非同步运动，换向阀采用中位 O 型换向阀。由于整个液压系统采用单泵供油，各缸所需的流量相差较大，因此各缸选择节流阀进行调速。此外，系统还设置锁紧保压回路、平衡回路，以防止断电、失压等意外发生。

（3）控制系统

① 工业机械手动作流程　机械手动作顺序、电磁铁动作状态如表 3-15 所示。

表 3-15　电磁铁动作顺序（“＋”表示得电）

项目	1DT	2DT	3DT	4DT	5DT	6DT	7DT	8DT	9DT
原位	＋								
升降臂下降				＋					
手指夹紧						＋			
升降臂上升					＋				
手腕正转								＋	
伸缩臂伸出			＋						
手指松开							＋		
伸缩臂缩回		＋							
伸缩臂伸出			＋						
手指夹紧						＋			
伸缩臂缩回		＋							
手腕反转									＋
升降臂下降				＋					
手指松开							＋		
升降臂上升					＋				
原位循环	＋								

② PLC I/O 分配图　根据输入输出的特点及数量，系统采用 S7-200CPU226 系列 PLC 为控制器，其 I/O 分配如表 3-16 所示。

表 3-16　工业机械手 I/O 分配表

输入(出)	功能说明	输入(出)	功能说明
I0.0	泵启动	I1.3	手腕反转
I0.1	泵停止	I1.4	上升按钮
I0.2	下限位	I1.5	下降按钮
I0.3	上限位	I1.6	夹持按钮
I0.4	正转限位	I1.7	松开按钮
I0.5	反转限位	I2.0	伸出按钮
I0.6	伸出限位	I2.1	缩回按钮
I0.7	缩回限位	I2.2	返回按钮
I1.0	正转脉冲信号	I2.3	单一工作方式
I1.1	反转脉冲信号	I2.4	返回工作方式
I1.2	手腕正转	I2.5	步进工作方式

续表

输入(出)	功能说明	输入(出)	功能说明
I2.6	单周期工作方式	Q0.5	手腕反转
I2.7	连续工作方式	Q0.6	手指伸出
I3.0	急停开关	Q0.7	手指缩回
Q0.0	上升	Q1.0	泵开启灯
Q0.1	下降	Q1.1	电动机 A 段
Q0.2	夹持	Q1.2	电动机 B 段
Q0.3	放松	Q1.3	电动机 C 段
Q0.4	手腕正转	Q1.4	泵启动

③ 手指夹持力控制策略　机械手指夹持力的控制策略如图 3-103 所示，主要采用神经网络和 PID 联合控制方式，这是因为常规 PID 参数是预先整定好的，在整个控制过程中是固定不变的，而实际情况中，由于系统的参数是经常发生变化的。利用 BP 网络的自学习特性，及时修正 PID 控制器的控制参数，找到 PID 控制规律下的最优 P、I、D 参数。

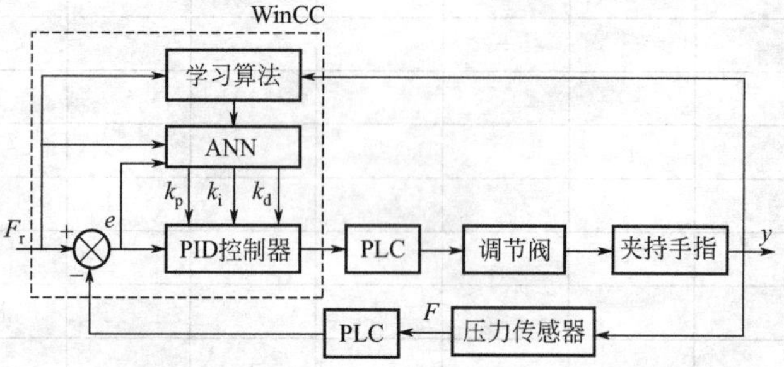

图 3-103　机械手夹持力控制器原理图

BP-PID 控制器可以在 WinCC 组态软件中完成，WinCC 组态软件中的全局脚本编辑器向用户提供了一个扩展系统功能接口，用户可以在此用 C 语言编写函数，以被系统调用。全局脚本编辑器可生成项目函数和动作函数，项目函数主要用来完成计算、显示、数据处理等功能，但本身不被执行，而动作函数则不同，在 WinCC 中可以给动作增加触发器，如果条件满足，动作即被执行。

a. 在 WinCC 全局脚本中生成一个项目函数 ANN _ PID ( )，用它来完成神经网络控制算法，源程序如下：

```
void ANN_PID( )
{
int inputNum;//实际的输入节点数
int hideNum;//实际的隐层节点数
int trainNum;//实际的训练次数
……
//从 WinCC 获取控制算法计算所需的变量
η= GetTagDouble("LearnSpeed");//学习速率
a= GetTagDouble("inertia");//获取惯性系统
e= GetTagDouble("ErrorLevel");//获取精度要求
}
```

b. 在 WinCC 中调用神经网络控制算法程序 ANN _ PID ( )。

```
# include"apdefap. h"//确保当前动作能够使用项目函数 ANN_PID( )
{
void gscAction(void);
int status;
status= GetTagBit("ANN_STATUS");
if(status= = 1)
{
ANN_PID( );//如果条件,执行 ANN_PID( )函数
}
retum 1;
}
```

这样，在触发信号（定时中断）的驱动下，定时调用 BP 控制算法一次，进而输出一组 PID 实时参数。该参数通过传输线传给 PLC，经过 PLC 模拟量输出模块，调节控制阀，最终实现对夹持手指的控制。

3.5.4 基于 PLC 的油罐清洗机器人控制系统

油罐清洗机器人是一种智能服务机器人，可以在油罐内部自由移动，对油罐进行冲洗、清扫和刮铲等动作，代替人工进行油罐清理作业。因此，为满足作业安全性和操作灵活性要求，机器人采用 PLC 和液压控制系统。

（1）系统组成

油罐清洗机器人的液压控制系统包括液压系统和控制系统。

机器人液压系统执行元器件主要有能实现直线往复运动的液压缸和能实现往复旋转运动的液压马达。执行元器件系统组成如图 3-104 所示，包括移动单元和清洗单元。移动单元由液压马达驱动的 3 个对称布置的全向麦克纳姆轮构成，可以使机器人实现平面内的全方位移动；清洗单元包括 3 个对称布置的清洗盘刷和机械臂，清洗盘刷由液压马达驱动进行清扫作业，机械臂的 3 个关节分别由 1 个液压马达和 2 个液压缸驱动，末端固定有射流喷嘴和刮铲，进行冲洗和刮铲作业。

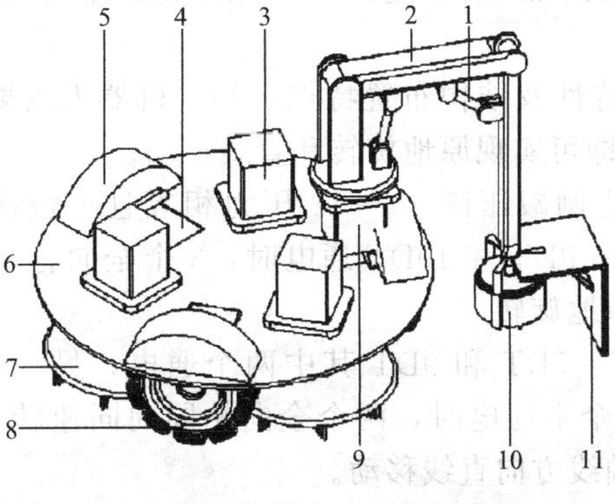

图 3-104　机器人液压执行系统

1—液压缸（2 个）；2—机械臂；3—清洗盘刷液压马达（3 个）；4—全向轮液压马达（3 个）；5—挡水板（3 个）；6—底盘；7—清洗盘刷（3 个）；8—全向轮（3 个）；9—机械臂液压马达；10—射流喷嘴；11—油泥刮铲

液压系统通过各种阀体等控制元器件控制执行元器件的运动。机器人液压系统控制元器件对液压回路的工作状态进行控制。溢流阀、蓄能器和压力监测器对回路进行减压和稳压，起安全保护的作用；三位四通电磁换向阀和调速阀控制液压缸和液压马达的伸出收回、转动方向和转速等；电液伺服阀通过调节流经各执行元器件的流量，对液压缸的工作位移及液压马达的转动角度进行控制。

根据功能和结构特点，油罐清洗机器人的控制系统包括PLC控制系统和电液伺服位置控制系统，二者联合实现对各执行元器件的工作方向、位移和角度进行控制。

（2）液压系统设计

根据上述机器人移动单元和清洗单元的工作原理和过程，设计如图3-105所示的液压系统原理图。

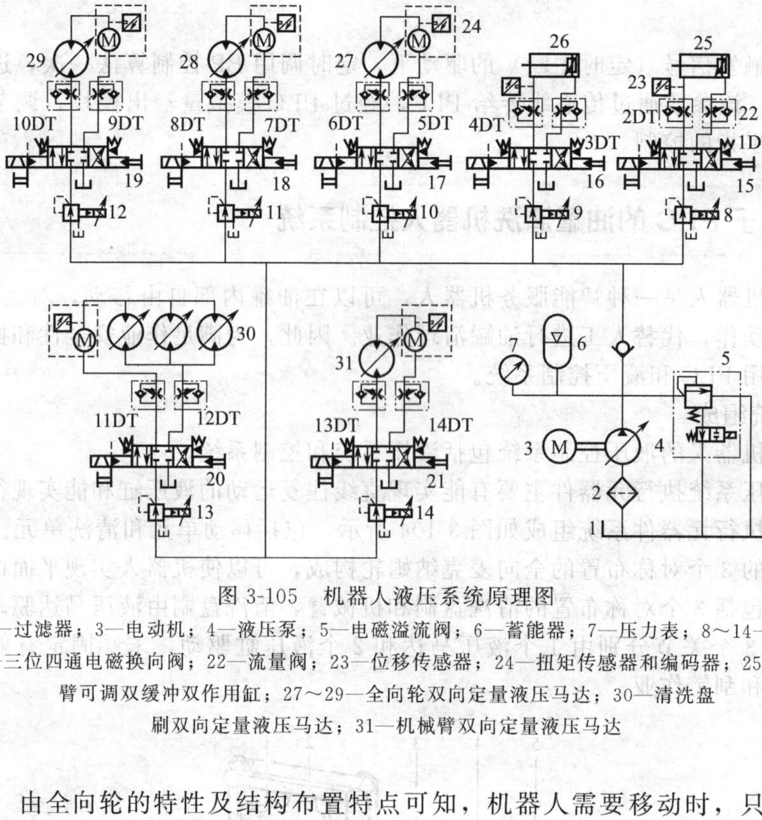

图3-105 机器人液压系统原理图

1—油箱；2—过滤器；3—电动机；4—液压泵；5—电磁溢流阀；6—蓄能器；7—压力表；8～14—比例减压阀；15～21—三位四通电磁换向阀；22—流量阀；23—位移传感器；24—扭矩传感器和编码器；25，26—机械臂可调双缓冲双作用缸；27～29—全向轮双向定量液压马达；30—清洗盘刷双向定量液压马达；31—机械臂双向定量液压马达

① 移动　由全向轮的特性及结构布置特点可知，机器人需要移动时，只需协调控制3个液压马达27～29的旋转即可实现原地旋转和直线移动。

a. 原地旋转。当电液比例减压阀10～12压力相等且三位四通电磁换向阀17～19的5DT、7DT和9DT或6DT、8DT和10DT通电时，3个全向轮均顺时针或者逆时针同速转动，机器人以形心为中心原地旋转。

b. 直线移动。当5DT、7DT和9DT其中两个通电，另一个不通电或6DT、8DT和10DT其中两个通电，另一个不通电时，两个全向轮同向同速转动，另一个全向轮不转动，机器人沿不转动全向轮的轴线方向直线移动。

非上述两种情况时，机器人沿不规则曲线转动或移动。

② 清洗

a. 清洗盘刷。3个清洗盘刷由3个液压马达30独立驱动，互不干涉，三者同步工作，由共同的电液比例减压阀13和三位四通电磁换向阀20进行控制，可以实现对盘刷转动力矩、速度和方向的控制。

b. 机械臂。机械臂整体的转动由基座液压马达 31 驱动，三位四通电磁换向阀 21 控制转动的方向。机械臂的伸展由两个双向作用液压缸 25 和 26 驱动，可以调整射流喷嘴和刮铲的工作位置和角度。当 1DT 和 3DT 通电，液压缸伸出，机械臂伸展；当 2DT 和 4DT 通电，液压缸收回，机械臂收缩。

(3) PLC 控制系统设计

上述各个液压缸和液压马达的动作由三位四通电磁阀来控制，为了实现 PLC 对回路的控制，用 PLC 的输入/输出信号控制 1DT～14DT 的状态而实现动作的先后顺序。

根据机器人工作过程，PLC 需要 19 个数字输入点和 16 个数字输出点。根据电液系统中有 7 个模拟量输入（2 个位移传感器和 5 个编码器）和 7 个模拟量输出（7 个比例放大器）的要求，扩展了 7 个 EM235 模块。

根据液压系统的功能分析，可以设计出 PLC 的部分输入/输出点分配及功能如表 3-17 和表 3-18 所示，PLC 的 I/O 端子接线如图 3-106 所示。

表 3-17 输入信号分配及功能对照表

功能	名称	地址
启动按钮	IB1	X0
停止按钮	IB2	X1
液压缸 1 伸出	IQ1	X2
液压缸 1 收回	IQ2	X3
液压缸 2 伸出	IQ3	X4
液压缸 2 收回	IQ4	X5
全向轮液压马达 1 正转	IQ5	X6
全向轮液压马达 1 反转	IQ6	X7
全向轮液压马达 2 正转	IQ7	X8
全向轮液压马达 2 反转	IQ8	X9
全向轮液压马达 3 正转	IQ9	X10
全向轮液压马达 3 反转	IQ10	X11
机械臂液压马达正转	IQ11	X12
机械臂液压马达反转	IQ12	X13
清洗盘刷液压马达正转	IQ13	X14
清洗盘刷液压马达反转	IQ14	X15
过滤器报警	ID1	X16
伺服报警	ID2	X17
报警复位	ID3	X18
位移传感器 1 输入	IE1	X19
位移传感器 2 输入	IE2	X20
编码器 1 输入	IF1	X21
⋮	⋮	⋮
编码器 5 输入	IF5	X25

表 3-18 输出信号分配及功能对照表

功能	名称	地址
准备	OB1	Y0
停止	OB2	Y1
液压缸 1 伸出	DT1	Y2
液压缸 1 收回	DT2	Y3
液压缸 2 伸出	DT3	Y4
液压缸 2 收回	DT4	Y5
全向轮液压马达 1 正转	DT5	Y6
全向轮液压马达 1 反转	DT6	Y7
全向轮液压马达 2 正转	DT7	Y8
全向轮液压马达 2 反转	DT8	Y9
全向轮液压马达 3 正转	DT9	Y10
全向轮液压马达 3 反转	DT10	Y11
机械臂液压马达正转	DT11	Y12
机械臂液压马达反转	DT12	Y13
清洗盘刷液压马达正转	DT13	Y14
清洗盘刷液压马达反转	DT14	Y15
液压缸 1 放大	OE1	Y16
液压缸 2 放大	OE2	Y17
液压马达 1 放大	OF1	Y18
⋮	⋮	⋮
液压马达 5 放大	OF5	Y22

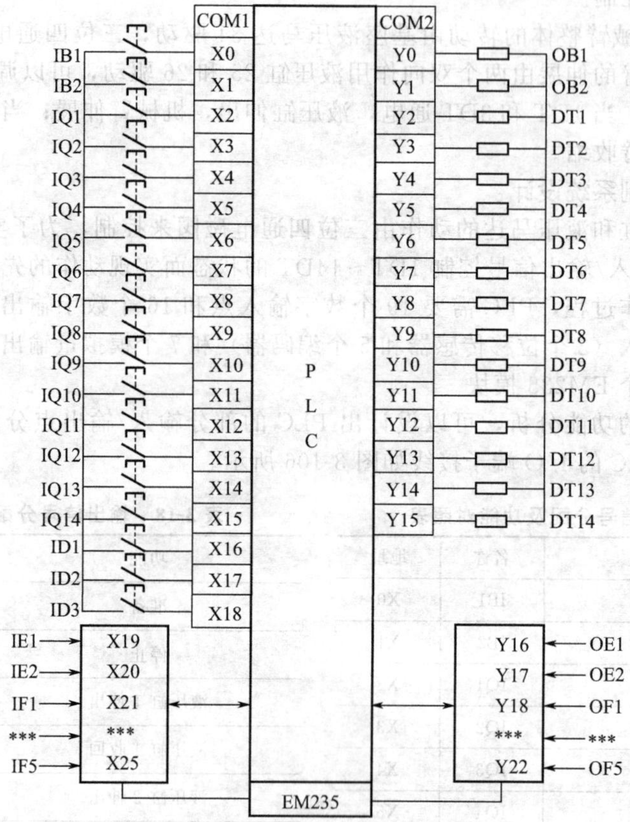

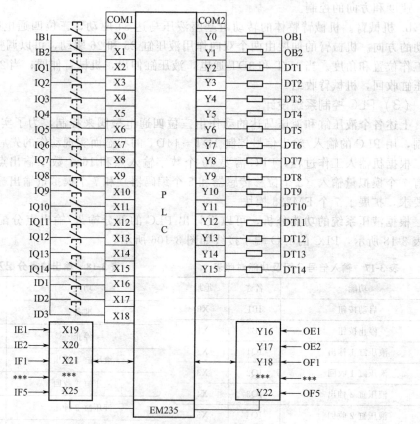

图 3-106　PLC 的 I/O 端子接线图

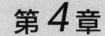

第4章 机器人PLC控制系统设计开发

这一章通过一系列实例，更加详细地介绍机器人 PLC 控制系统设计开发的思路、过程与方法。

4.1 PLC 控制系统设计开发概述

PLC 控制系统以 PLC 为程控中心，组成控制系统，实现对生产设备或过程的控制。PLC 控制系统是以程序形式来体现其控制功能的，大量的工作时间将用在软件设计，也就是程序设计之上。

4.1.1 PLC 控制系统设计应用步骤

PLC 应用设计，一般应按如图 4-1 所示的步骤进行。

（1）熟悉被控制对象明确控制要求

首先应分析系统的工艺要求，对被控制对象的工艺过程、工作特点、环境条件、用户要求及其他相关情况进行仔细全面的分析，特别要确定哪些外围设备是送信号给 PLC 的，哪些外围设备是接收来自 PLC 的信号的。确定被控系统所必须完成的动作及动作顺序。

在分析被控对象及其控制要求的基础上，根据 PLC 的技术特点，优选控制方案。

（2）确定控制方案，选择 PLC

根据生产工艺和机械运动的控制要求，确定电气控制系统是手动，还是半自动、全自动，是单机控制还是多机控制，明确其工作方式。还要确定系统中的各种功能，如是否有定时计数功能、紧急处理功能、故障显示报警功能、通信联网功能等。通过研究工艺过程和机械运动的各个步骤和状态，来确定各种控制信号和检测反馈信号的相互转换和联系。确定 PLC I/O 信号的性质及数量，综合上述结果来选择合适的 PLC 型号，确定其各种硬件配置。

（3）硬件设计

PLC 控制系统硬件设计包括 PLC 选型、I/O 配置、电气电路的设计与安装，例如 PLC 外部电路和电气控制柜、控制台的设计、装配、安装及接线等工作，可与软件设计工作平行进行。

（4）软件设计

① 控制程序设计　用户控制程序的设计即为软件设计，画出梯形图，写出语句表，将

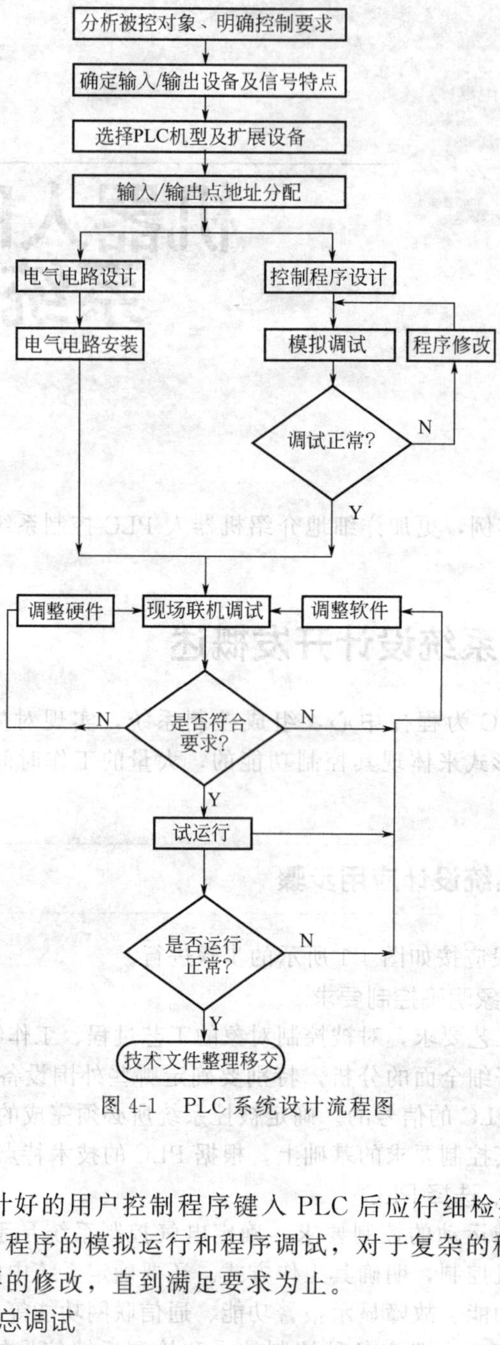

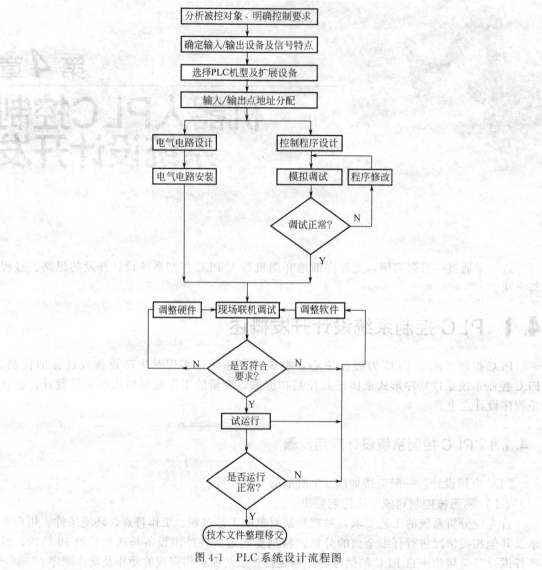

图 4-1 PLC 系统设计流程图

程序输入 PLC。

② 模拟调试 将设计好的用户控制程序键入 PLC 后应仔细检查与验证，并修改程序。之后在工作室里进行用户程序的模拟运行和程序调试，对于复杂的程序先进行分段调试，然后进行总调试，并做必要的修改，直到满足要求为止。

（5）现场联机运行总调试

PLC 控制系统设计和安装好以后，可进行现场联机运行总调试。在检查接线等无差错后，先对各单元环节和各电柜分别进行调试，然后再按系统动作顺序，逐步进行调试，并通过指示灯显示器，观察程序执行和系统运行是否满足控制要求，如有问题先修改软件，必要时调整硬件，直到符合要求为止。现场调试后，一般将程序固化在有长久记忆功能的可擦可编只读存储器（EPROM）卡盒中长期保存。

（6）技术文件的整理

系统现场调试和运行考验成功后，整理技术资料，编写技术文件（包括设计图样、程序清单、调试运行情况等资料）及使用、维护说明书等。

4.1.2 PLC 选型

可编程序控制器的选型主要从如下几个方面来考虑：

（1）PLC 功能与控制要求相适应

对于以开关量控制为主，带有少量模拟量控制的项目，可选用带有 A/D、D/A 转换、加减运算的中低档机。对于控制比较复杂、功能要求较高的项目，例如要求实现 HD 调节，闭环控制、通信联网等，应选择高档小型机或中大型 PLC。

（2）PLC 结构合理、机型统一

对于工艺过程比较稳定，使用环境条件比较好的场合，宜选用结构简单、体积小、价格低的整体式机构的 PLC。对于工艺过程变化较多，使用环境较差，尤其是用于大型的复杂的工业设备上，应选用模块式结构的 PLC，这便于维修更换和扩充，但价格较高。对于应用 PLC 较多的单位，应尽可能选用统一的机型，这有利于购置备件，也便于维修和管理。

（3）在线编程或离线编程

离线编程的 PLC，主机和编程器共用一个 CPU，在编程器上有一个“编程/运行”选择开关。选择编程状态时，CPU 只为编程器服务，不再对现场进行控制，这就是“离线”编程。程序编好后，当选择运行状态时，CPU 只为现场控制服务，这时不能进行编程，这种离线编程方式可以降低系统的成本，而且又能满足大多数 PLC 控制系统的要求，因此现今中小型 PLC 常采用离线编程。

对于在线编程方式，主机和编程器各有一个 CPU。编程器的 CPU 可以随时处理由键盘输入的编程指令。主机的 CPU 负责对现场控制，并在一个扫描周期开始，主机将按新送入的程序运行，控制现场，这就是“在线”编程。在线编程的 PLC 增加了硬件和软件，价格高，但使用方便，能满足某些应用场合的要求。大型 PLC 多采用在线编程。

对于定型设备和工艺不常变动的设备，应选用离线编程的 PLC；反之，可考虑选用在线编程的 PLC。

（4）存储器容量

根据系统大小和控制要求的不同，选择用户存储器容量不同的 PLC。厂家一般提供 1K、2K、4K、8K、16K 程序步容量的存储器。用户程序占用多少内存与许多因素有关，目前只能作粗略估算，估算方法有下面两种（仅供参考）：

① PLC 内存容量（指令条数）等于 I/O 总点数的 10～15 倍。

② 指令条数≈6（I/O）+2（T+C）。式中 T 为定时器总数；C 为计数器总数。还应增加一定的裕量。

（5）I/O 点数与输入输出方式

统计出被控设备对输入输出总点数的需求量，据此确定 PLC 的 I/O 点数。必要时增加一定裕量。一般选择增加 15%～20%的备用量，以便今后调整或扩充。

根据实际情况选定合适的输入输出方式的 PLC。

（6）PLC 处理速度

PLC 以扫描方式工作，从接收输入信号到输出信号控制外围设备，存在滞后现象，但能满足一般的控制要求。如果某些设备要求输出响应快，应采用快速响应的模块，优化软件缩短扫描周期或中断处理等措施。

（7）是否要选用扩展单元

多数小型 PLC 是整体结构，除了按点数分成一些档次如 32 点、48 点、64 点、80 点外，还有多种扩展单元模块供选择。模块式结构的 PLC 采用主机模块与输入输出模块、功能模块组合使用方法，I/O 模块点数多少分为 8 点、16 点、32 点不等，可根据需要，选择灵活组合主机与 I/O 模块。

（8）系统可靠性

根据生产环境及工艺要求，应采用功能完善可靠性适宜的 PLC。对可靠性要求极高的系统，应考虑是否采用冗余控制系统或热备份系统。

（9）编程器与外围设备

小型 PLC 控制系统一般选用价格便宜的简易编程器；如果系统较大或多台 PLC 共用，可选用功能强、编程方便的图形编程器；如果有现成的个人计算机，可选用能在个人计算机上使用的编程软件。

4.1.3 PLC 控制系统硬件设计

PLC 控制系统硬件主要由 PLC、I/O 设备和电气控制柜等组成。硬件设计基本要求主要如下：

（1）硬件设计的基本要求与实施方法

① 方案优化 选择的最优控制方案应该满足系统的控制要求。设计前，应深入现场进行调研，搜集相关资料，确定系统的工作方式和各种控制功能。通过各种控制信号与检测反馈信号的相互转换和联系，来确定 PLC I/O 信号的性质和数量，选择合适的 PLC 确定硬件系统的各种配置，以便制定系统的最优控制方案。

② 功能完善 在保证完成系统控制功能的基础上，应尽量地把自检、报警以及安全保护等各种功能都纳入设计方案，确保系统的功能比较完善。

③ 高可靠性 在 PLC 控制系统中，就 PLC 本身来说，其薄弱环节在 I/O 端口。虽然它与现场之间、端口之间以及端口 I/O 信号与总线信号之间有相当可靠的隔离，但由于 PLC 应用场合越来越多，应用环境越来越复杂，所受到的干扰也就越来越多，如电源波形的畸变、现场设备所产生的电磁干扰、接地电阻的耦合、输入元件触点的抖动等各种形式的干扰，都有可能使系统不能正常工作。因此，系统在硬件设计时应采取各种措施，以提高 PLC 控制系统的可靠性。

a. 将 PLC 电源与系统动力设备分别配线。在电源干扰特别严重的情况下，可采用屏蔽层隔离变压器供电，还可加电路滤波器，以便抑制从交直流电源侵入的常模和共模瞬变干扰，还可抑制 PLC 内部开关电源向外发出噪声。在对 PLC 工作要求可靠性较高的场合，应将屏蔽层和 PLC 浮动端子接地。

b. 对 PLC 控制系统进行良好的接地。在 PLC 控制系统中具有多种形式的"地"，主要有以下几种：

• 信号地。它是输入端信号元件——传感器的地。

• 交流地。它是交流供电电源的 N 线，通常噪声主要由此产生。

• 屏蔽地。一般是为了防止静电、磁场感应而设置外壳或全屏网通过专用的铜导线与地壳之间的连接。

• 保护地。一般将机械设备外壳或设备内独立器件的外壳接地，用以保护人身安全和防护设备漏电。

为了抑制附加电源及 I/O 端的干扰，应对 PLC 控制系统进行良好的接地。当信号频率低于 1MHz 时，可用一点接地；高于 10MHz 时，采用多点接地；1～10MHz 时，采用哪种接地应视实际情况而定。因此，PLC 组成的控制系统通常用一点接地，接地线横截面积应大于 $2mm^2$，接地电阻应小于 100Ω，接地线应为专用地线。屏蔽地、保护地不能与电源地、信号地和其他地扭在一起，只能各自独立地接到接地铜牌上。为减少信号的电容耦合噪声，可采用多种屏蔽措施。对于电场屏蔽的分布电容，可将屏蔽地接入大地即可解决。对于纯防磁的部位，例如强磁铁、变压器、大电动机的磁场耦合，可采用高导磁材料作为外罩，将外罩接地来屏蔽。

c. PLC I/O 配线，应该从下面两个方面来提高系统的可靠性。

• 将各种电路分开布线。PLC 电源线、I/O 电源线、输入/输出信号线、交流线、直流线都应分开布线。开关量与模拟量的信号线也应分开布线，后者应采用屏蔽线，且屏蔽层应接地。数字传输线要用屏蔽线，并将屏蔽层接地。由于双绞线中电流方向相反、大小相等，并且感应电流产生的噪声可以相互抵消，所以信号线应尽量采用双绞线或屏蔽线。

• PLC 的 I/O 信号防错。在 I/O 端并联旁路电阻，以减小 PLC 输入电流和外部负载上的电流。PLC 的 I/O 端并联旁路接线如图 4-2 所示。当输入信号源为晶体管或光电开关输出类型时，在关断时仍有较大的漏电流。而 PLC 的输入继电器灵敏度较高，若漏电电流干扰超过一定值时，就会形成误信号。同样，当 PLC 的输出元件为 VTH（双向晶闸管）或为晶体管输出时，而外部负载又很小时，会因为这类输出元件在关断时有较大的漏电流，引起微小电流负载的误动，导致 I/O 信号的错误，给设备和人身造成不良后果。在硬件设计中，应该在 PLC I/O 端并联旁路电阻，以减小 PLC 输入电流和外部负载上的电流。也可以在 PLC 输入端加 RC 滤波环节，利用 RC 的延迟作用来抑制窜入脉冲所引起的干扰。在晶闸管输出的负载两端并联 RC 浪涌电流抑制器，以减少漏电流的干扰。

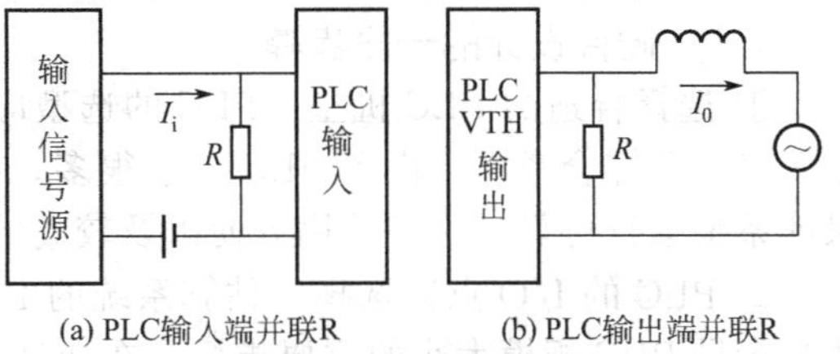

图 4-2　PLC 的 I/O 端并联旁路接线

d. 采用性能优良的电源抑制电网引入的干扰。

e. 电缆电路敷设的抗干扰措施。为减少动力电缆辐射电磁干扰，尤其是变频装置馈电电缆，不同类型的信号应分别由不同的电缆传输。信号电缆应按传输信号种类分层敷设，严禁同一电缆不同导线同时传输动力电源和信号，避免信号与动力电缆靠近平行敷设，以减少电磁干扰。

f. PLC 具有丰富的内部软继电器，如定时器、计数器、辅助继电器、特殊继电器等，利用它们的程序设计，可以屏蔽输入元件的错误信号，防止输出元件的误动作，提高系统运行的可靠性。

g. 在连续工作的场合，应选择双 CPU 机型 PLC 或采用冗余技术（或模块）。对于使用条件恶劣的地方，应选用与之相适应的 PLC 以及采取相应的保护措施。在石油、化工、冶金等行业的一些 PLC 控制系统中，要求有极高的可靠性。一旦系统发生故障会造成停产、设备损坏，给企业带来较大的经济损失。因此使用冗余系统或热备用系统就能有效地解决上述问题。

• 冗余控制系统如图 4-3 所示。整个 PLC 控制系统由两套完全相同的系统组成。正常运行时，主 CPU 工作，而备用 CPU 输出被禁止，当主 CPU 发生故障时，备用 CPU 自动投入，一切过程由冗余控制单元 RPU 控制，切换时间为 1～3 个扫描周期。I/O 系统的切换也是由 RPU 完成的。

• 热备用系统如图 4-4 所示。两台 CPU 通信接口连在一起，处于通电状态。当系统发生故障时，由主 CPU 通知备用 CPU 投入运行。切换过程比冗余控制系统慢，但结构简单。

④ 经济性　在保证系统控制功能和高可靠性的基础上，应尽量降低成本。

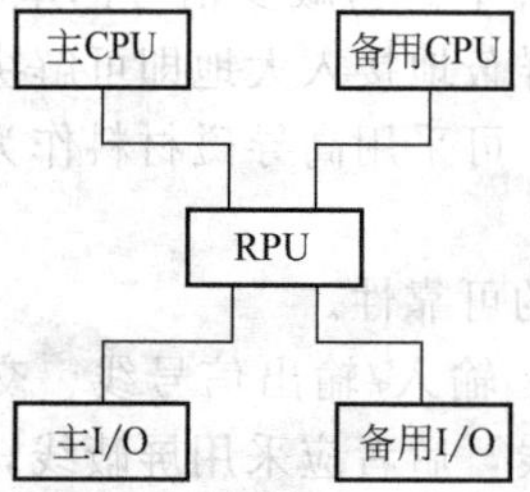

图 4-3 冗余控制系统

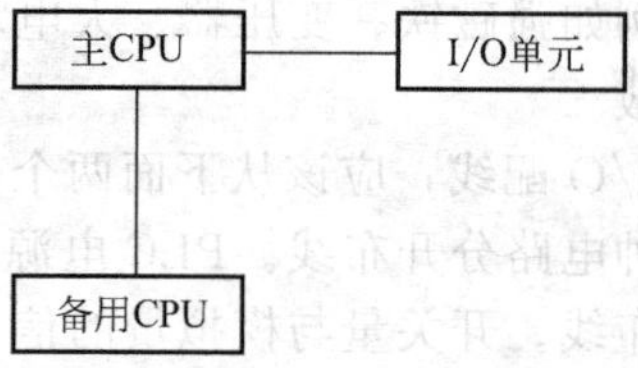

图 4-4 热备用系统

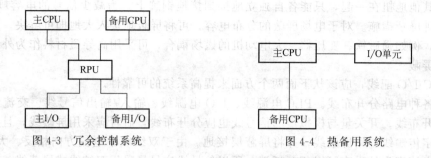

此外，在系统的硬件设计中还应考虑 PLC 控制系统的先进性、可扩展性和整体的美观性。

（2）硬件设计的一般步骤

① 选择合适的 PLC 机型 PLC 的选型应从其性能结构、I/O 点数、存储量以及特殊功能等多方面综合考虑。由于 PLC 厂家很多，要根据系统的复杂程度和控制要求来选择。要保证系统运行可靠、维护使用方便以及较高的性能价格比。

② PLC 的 I/O 点数选择 估算系统的 I/O 点数，主要是根据现场的 I/O 设备。I/O 点数是衡量 PLC 规模大小的重要指标。在选择 I/O 点数时，一定要留有 10%～15%点数余量以备后用。

③ I/O 模块的选择 对于 I/O 模块应从以下几个方面来考虑选择：

a. 输入模块应考虑如下两点：

• 根据现场输入信号与 PLC 输入模块距离的远近来选择工作电压，例如 12V 电压模块一般不应超过 12m，距离较远的设备应选用工作电压比较高的模块。

• 对于高密度的输入模块，例如 32 点的输入模块，允许同时接通的点数取决于输入电压和周围环境温度。一般同时接通的输入点数不得超过总输入点数的 60%。

b. 输出模块的选择。输出模块有继电器输出、晶体管（场效应晶体管）输出和晶闸管输出三种输出形式。继电器输出模块价格比较便宜，在输出变化不太快、开关不频繁的场合，应优先选用；对于开关频繁、功率因数较低的感性负载可选用晶闸管（交流）和晶体管（直流）输出，但其过载能力低，对感性负载断开瞬间的反向电压必须采取抑制措施。

另外，在选用输出模块时，不但要看一点的驱动能力，还要看整个模块的满负荷能力，即输出模块同时接通点数的总电流值不得超过该模块规定的最大允许电流值。对功率较小的集中设备，例如普通机床，可选用低电压高密度的基本 I/O 模块；对功率较大的分散设备，如料厂设备，可选用高电压低密度（即用端子连接）的基本 I/O 模块。

④ 估算用户控制程序的存储容量 在 PLC 程序设计之前，对用户控制程序的存储容量进行大致的估算。用户的控制程序所占用的内存容量与系统控制要求的复杂程度、I/O 点数、运算处理、程序的结构等多种因素有关，所以只能根据经验，参考表 4-1 所列出的每个 I/O 点数和有关功能器件占用的内存容量的大小进行估算。在选择 PLC 内存容量时，应留出 25%的备份量。

表 4-1 用户程序存储容量估算表

序号	器件名称	所需存储器字数	序号	器件名称	所需存储器字数
1	开关量输入	输入总点数×10 字/点	4	模拟量	模拟量通道数×100 字/通道
2	开关量输出	输出总点数×8 字/点	5	通信端口	端口数×300 字/个
3	定时器/计数器	定时器/计数器的个数×5 字/个			

⑤ 特殊功能模块的配置 在工业控制系统中，除开关信号的开关量外，还有温度、压

力、液位、流量等过程控制变量以及位置、速度、加速度、力矩、转矩等运动控制变量，需要对这些变量进行检测和控制。在这些专用场合，输入和输出容量已不是关键参数，而应考虑的是它们控制功能。目前，各 PLC 厂家都提供了许多特殊专用模块，除具有 A/D 和 D/A 转换功能的模拟量 I/O 模块外，还有温度模块、位控模块、高速计数模块、脉冲计数模块以及网络通信模块等可供用户选择。

在选用特殊功能专用模块时，只要能满足控制功能要求就可以了，一定要避免大材小用。用户可参照 PLC 厂家的产品手册进行选择。

⑥ I/O 分配　完成上述内容后，最后进行 I/O 分配，列出系统 I/O 分配表，尽量将同类的信号集中配置，地址等按顺序连续编排。在分配表中可不包含中间继电器、定时器和计数器等器件。最后设计 PLC 的 I/O 端口接线图。

4.1.4　PLC 控制系统软件设计

软件设计是 PLC 控制系统应用设计中工作量最大的一项工作，主要是编写满足生产要求的梯形图程序。软件设计应按以下的要求和步骤进行。

（1）设计 PLC 控制系统流程图

在明确了系统生产工艺要求，分析了各输入/输出与各种操作之间的逻辑关系，确定了需要检测的各种变量和控制方法的基础上，可根据系统中各设备的操作内容与操作顺序，绘出系统控制流程图（控制功能图），作为编写用户控制程序的主要依据。当然也可以绘制系统工艺流程图。总之，要求流程图尽可能详细，使设计人员对整个控制系统有一个整体概念。对于简单的系统这一步可以省略。

（2）编制梯形图程序

根据控制系统流程图逐条编写满足控制要求的梯形图程序。这是最关键也是较难的一步，设计人员在编写程序的过程中，可以借鉴现成的标准程序，但必须弄懂这些程序段的具体含义，否则会给后续工作带来问题。

目前用户控制程序的设计方法较多，没有统一的标准可循，设计人员主要依靠经验进行设计。这就要求设计人员不仅熟悉 PLC 编程语言，还要熟悉工业控制的各种典型环节。目前，现代 PLC 厂家能提供一种功能软件，即可以采用流程图（SFC）来编制程序，从而给顺序控制系统的编程带来方便。但并非所有 PLC 厂家都能提供这类功能软件，所以使用 SFC 编程也有一定的局限性。

（3）系统程序测试与修改

程序测试可以初步检查程序是否能够完成系统的控制功能，通过测试不断修改完善程序的功能。测试时，应从各功能单元先入手，设定输入信号，观察输出信号的变化情况。必要时可借用一些仪器进行检测，在完成各功能单元的程序测试之后，再贯穿整个程序，测试各部分接口情况，直至完全满足控制要求为止。

程序测试完成后，需到现场与硬件设备进行联机统调。在现场测试时，应将 PLC 系统与现场信号隔离，既可以切断输入/输出的外部电源，也可以使用暂停输入输出服务指令，以避免引起不必要甚至造成事故的误动作。整个调试工作完成后，编制技术资料，并将用户程序固化在 EPROM 中。

4.1.5　PLC 应用程序的常用设计方法

PLC 应用程序的设计就是梯形图（相当于继电接触器控制系统中的原理图）程序的设

计，这是 PLC 控制系统应用设计的核心部分。PLC 所有功能都是以程序的形式体现的，大量的工作将用在软件设计上。程序设计的方法很多，没有统一的标准可循。常用的设计方法通常采用继电器系统设计方法，如经验法、解析法、图解法、翻译法、状态转移法以及模块分析法等。

（1）解析法

解析法是根据组合逻辑或时序逻辑的理论，运用逻辑代数求解输入、输出信号的逻辑关系并化简，再根据求解的结果，编制梯形图程序的一种方法。这种编程方法十分简便，逻辑关系一目了然，适用初学者。

在继电器控制电路中，电路的接通与断开，都是通过按钮控制继电器的触点来实现的，这些触点只有接通、断开两种状态，和逻辑代数中的“1”和“0”两种状态对应。梯形图设计的最基本原则也是“与”“或”“非”的逻辑组合，规律完全符合逻辑运算的基本规律。

（2）图解法

图解法是靠绘图进行 PLC 程序设计。常见的绘图方法有 3 种，即梯形图法、时序图法和流程图法。

梯形图法是依据上述各种程序设计方法把 PLC 程序绘制成梯形图，这是最基本的常用方法。

时序图法特别适合于时间控制电路，例如交通信号灯控制电路，对应的时序图画出后，再依时间用逻辑关系组合，就可以很方便地把电路设计出来。

流程图法是用流程框图表示 PLC 程序执行过程以及输入与输出之间的关系。若使用步进指令进行程序设计是非常方便的。

（3）翻译法

所谓翻译法是将继电器控制逻辑原理图直接翻译成梯形图。工业技术改造通常选用翻译法。原有的继电器控制系统，其控制逻辑原理图在长期的运行中运行可靠，实践证明该系统的设计合理。在这种情况下可采用翻译法直接把该系统的继电器控制逻辑原理图翻译成 PLC 控制的梯形图。翻译法操作步骤如下：

① 将检测元件（如行程开关）、按钮等合理安排，且接入输入口。

② 将被控的执行元件（如电磁阀等）接入输出口。

③ 将原继电器控制逻辑原理图中的单向二极管用触点或内部继电器来替代。

④ 和继电器系统一一对应选择 PLC 软件中功能相同的器件。

⑤ 接触点和器件相应关系画梯形图。

⑥ 简化和修改梯形图，使其符合 PLC 的特殊规定和要求，在修改中可适当增加器件或触点。

对于熟悉机电控制的人员来说学会翻译法很容易，可将继电器控制的逻辑原理图直接翻译成梯形图。

（4）PLC 的状态转移法

程序较为复杂时，为保证程序逻辑的正确及程序的易读性，可以将一个控制过程分成若干个阶段，每一个阶段均设一个控制标志，执行完一个阶段程序，就启动下一个阶段程序的控制标志，并将本阶段控制标志清除。例如十字路口交通信号灯控制，可将整个控制过程分为两个分支（东西方向控制和南北方向控制），每个分支分为三个阶段，分别为绿灯亮阶段、黄灯亮阶段、红灯亮阶段。东西方向三个阶段可设立三个状态标志，选取内部继电器 M0、M1 和 M2；南北方向三个状态标志可选取内部继电器 M10、M11 和 M12。

所谓状态是指特定的功能，因此状态转移实际上就是控制系统的功能转移。在机电控制系统中，机械的自动工作循环过程就是电气控制系统的状态自动、有序、逐步转移的过程。

这种功能流程图完整地表现了控制系统的控制过程、各状态的功能、状态转移顺序和条件，它是 PLC 程序设计的好方法。采用状态流程图进行 PLC 程序设计时，应按以下几个步骤进行：

① 画状态流程图。按照机械运动或工艺过程的工作内容、步骤、顺序和控制要求绘出状态功能流程图。

② 确定状态转移条件，用 PLC 的输入点或 PLC 的其他元件来定义状态转移条件，当某转移条件的实际内容不止一个时，每个具体内容定义一个 PLC 的元件编号，并以逻辑组合形式表现为有效的转移条件。

③ 明确电气执行元件的功能。确定实现各状态或动作控制功能的电气执行元件，并以对应的 PLC 输出点编号来定义这些电气执行元件。

（5）PLC 的模块法编程

在编制一些大型系统程序时可采用模块法编程，就是把一个控制程序分为以下几个控制部分进行编程。

① 系统初始化程序段　此段程序的目的是使系统达到某一种可知状态，或是装入系统原始参数和运行参数，或是恢复数据。由于意外停电等原因，有可能 PLC 控制系统会停止在某一种随机状态，那么在下一次系统上电时，就需要确定系统的状态。初始化程序段主要使用的是特殊内部继电器 M8002（PLC 上电时继电器 M8002 闭合一个扫描周期）。

② 系统手动控制程序段　手动控制程序段是实现手动控制功能的。在一些自动控制系统中，为方便系统的调试而增加了手动控制。在启动手动控制程序时一定要注意的是必须防止自动程序被启动。

③ 系统自动控制程序段　自动控制程序段是系统主要控制部分，是系统控制的核心。设计自动控制程序段时，一定要充分考虑系统中的各种逻辑互锁关系、顺序控制关系，确保系统按控制要求正常稳定地运行。

④ 系统意外情况处理程序段　意外情况处理程序段是系统在运行过程中发生不可预知情况下应进行的调整过程，最好的处理方法是让系统过渡到某一种状态，然后自动恢复正常控制。如果不可能实现，就需要报警，停止系统运行，等待人工干预。

⑤ 系统演示控制程序段　该程序段是为了演示系统中的某些功能而设定的，一般可以用定时器，实现系统每隔一段固定时间系统循环演示一遍。为了使系统在演示过程中可以立即进行正常工作，需要随时检测输入端状态。一旦发现输入端状态有变化，就需要立即进入正常运行状态。

⑥ 系统功能程序段　功能程序段是一种特殊程序段，主要是为了实现某一种特殊的功能，如联网、打印、通信等。

4.2 基于 PLC 的喷涂机器人控制系统设计开发

喷涂机器人是工业机器人的重要机型之一，在印刷、涂装、表面处理等工艺和技术中有着广泛的应用，在中国市场的应用前景广阔。

4.2.1 喷涂机器人整体方案设计

（1）需求分析

目前，大幅平面工件的喷涂生产线，多为悬挂式流水线。中小企业的业务规模，又以多品种小批量生产为主。因此，为适应中小企业生产方式和规模，喷涂机器人系统设计应满足以下几点要求：

① 喷涂机器人涉及的工件类型有门板和门框两种，因此，机器人的功能设计主要是满足此两种类型的工件。在一个作业循环中，门板喷涂需要喷涂左右两侧面和正面，如图4-5(a)所示，由于防盗门板为大幅面平板工件，因此，选择合适的运动机构携带喷枪，平稳快速地做往复运动，遍历喷涂工件表面，并且形成均匀的涂层厚度是设计的关键；门框工件不仅需要喷涂横梁和立柱的正面，还要喷涂门框的内侧，如图4-5(b)所示。针对门框内侧喷涂时，运动机构还应具有灵活切换多作业面的功能，以兼顾质量和效率。

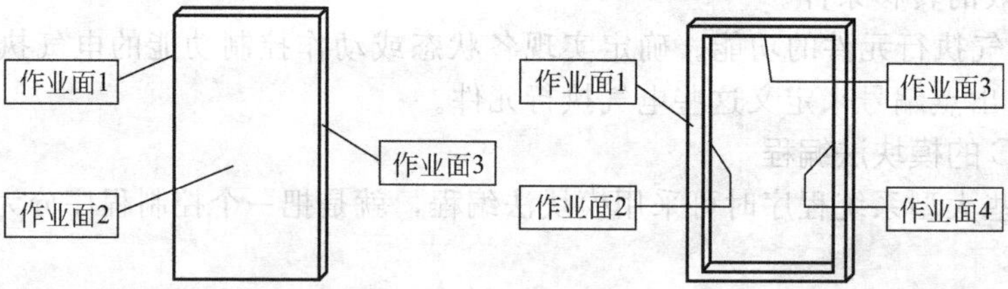

图4-5 防盗门工件的喷涂作业面

② 出于最大限度保留原有生产设施，以便更好地适应中小企业的生产，喷涂机器人的引入应尽可能降低因引入机器人而产生的成本（包括机器人自身的价格成本，涂料和新工艺成本以及聘用技术人员维护使用产生的成本等）以及减轻其配套设施的技改困难（如喷涂流水线，工件吊装方式及相应的物流设施等）。

③ 选择合适的作业模式。以适应当前中小企业的业务规模，喷涂机器人可以对同一生产在线进入喷涂作业区域内的门板和门框工件识别，从而做出不同的轨迹规划的判断，实现多品种小批量的生产模式。

④ 选配合适的控制器和驱动电动机，在保证功能和性能的前提下，兼顾机器人的成本；合理规划喷涂轨迹，设计算法控制，设置保护功能，使喷涂机器人运行稳定，在不同速率和加速度下均匀喷涂，提高工件表面涂层的质量。

（2）喷涂工艺方案设计

基于上述喷涂机器人待实现的功能分析，从喷涂工艺出发，选型机器人的设计方案，并设计软件和程序，控制机器人实现喷涂动作功能和喷枪运动轨迹，改善喷涂机器人动力学性能，实行安全、稳定地喷涂作业。在硬件设计阶段，首先，选用合适的喷涂方案，以适合企业的作业环境和生产规模。其次，根据节省涂料，低污染的目标和喷涂工艺要求选型喷枪。接着，选择机器人机构类型，并进行自由度分析。按照运动轨迹、点位、精度等控制要求，选型控制器和电动机，编辑程序，控制机器人实施喷涂作业。

图4-6 喷枪运动/工件静止的喷涂作业模式

① 喷涂机器人工作模式选择 目前，家具行业喷涂机器人的工作模式主要有2种：第一种是喷枪运动—工件静止模式，第二种是工件运动—喷枪扫掠的工作模式。

在喷枪运动—工件静止的模式中，工件先被送入喷涂工作区域中，并固定好位置，在喷涂过程中，工件保持静止，喷枪按照设定的轨迹，扫掠工件表面进行喷涂，如图4-6所示。这种喷涂工作方式的好处是涂料用量可控，工件位置固定利于涂料附着，喷涂质量高；由于喷涂轨迹易于规划和控制，喷涂机器人的位置和姿态可以任意切换，满足工件不同表面甚至内表面（如框型工件内侧等）的喷涂。

然而由于单工件作业的局限性，此种喷涂模式存在效率低下的缺点，不利于大批量生产。另外，此类喷涂模式喷涂设备需要特别定制，开发成本高，常用于特种工件（如火箭壳体、动车外壳等）和高附加值产品（如汽车车身等）涂装，对不同形状的工件喷涂适应性差。不适合在中小企业普及推广。

在工件运动/喷枪扫掠的喷涂模式中，在这种模式下，工件在传送带或者悬挂链的输送下，匀速通过喷涂区域，如图 4-7(a) 所示。安装于喷涂机器人手臂末端的喷枪垂直于工件的运动方向做往复喷涂运动，因此，在上述两个运动的合成下完成对工件表面遍历喷涂的目的。这种喷涂工作模式具有设备成本低，轨迹控制容易实现和生产效率高的特点，适合用于大规模生产。因此该种喷涂设备得到了广泛的应用。然而该种模式中涂料的用量难以控制。为保证喷涂质量，以及在针对不同形状工件喷涂的完整性，喷涂辐射覆盖区域往往要大于甚至远大于工件的最大尺寸，造成涂料附着率低。工业生产中常使用涂料回收设施和空气净化装置来改善工作环境质量和降低涂料浪费。此外，由于该种工作模式下喷涂机的自由度小，可调整的位置姿态过于单一，致使有效喷涂区域受限。一些工件内部表面和角落无法获得完整的涂层，仍需要人工补喷，如图 4-7(b) 所示，无法完全实现自动流水作业。因此该模式较适合于形状结构单一的平面类工件自动涂装作业。

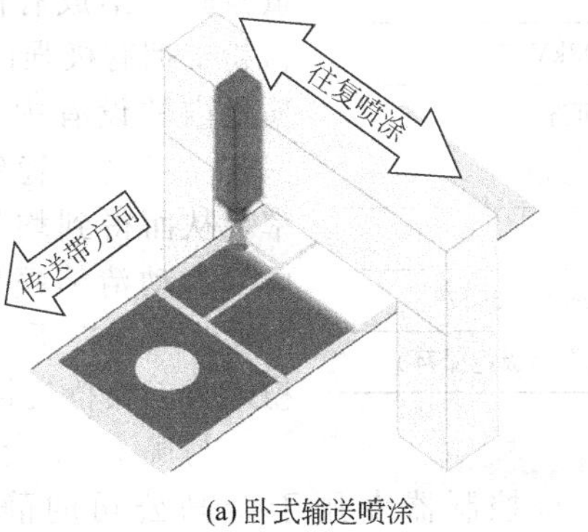

(a) 卧式输送喷涂

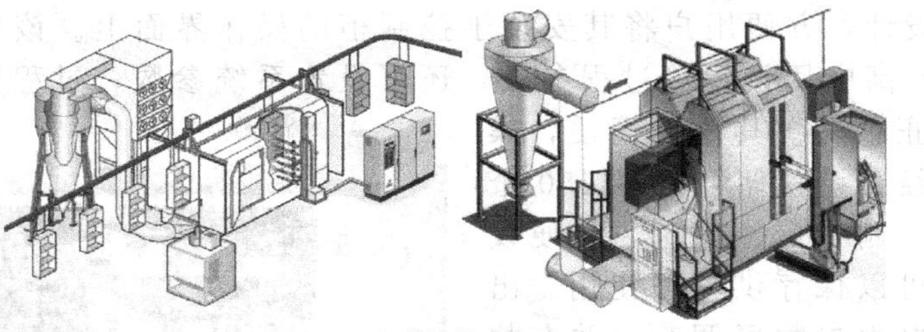

(b) 立式悬挂喷涂

图 4-7　工件运动/喷枪扫掠的喷涂作业模式

通过分析不难得出，门板喷涂作业中，往复直线喷涂是实现平面快速涂装的最优工作方式；喷涂机器人需要拥有多自由度的机构，以控制末端执行器切换不同的位置和姿态，以对不同工作面的有效喷涂作业；在保证喷涂质量的前提下，涂料用量的控制取决于轨迹规划和优化，喷枪的轨迹应扫描实体部分，尽可能避免喷枪跨过孔和缝等结构引起的无效喷涂和涂料浪费，以及不合理的过渡路径造成的效率延误。结合两种喷涂模式的特点，以及前述需求方案分析，采用新的作业模式——同步跟踪喷涂模式。在该喷涂模式下，工件垂直悬挂，以匀速通过喷涂工作区域，喷涂机器人不仅仅需要跟踪工件，达到和工件在输送方向上同步（两者等速，抵消工件运动速度），而且要针对门板和门框两种不同形状的工件做出判断，并调用相应的轨迹。其次，喷涂机器人喷涂过程中，需要根据工作面而改变喷枪的方向和角度，以最优轨迹执行作业，并对门板工件的两侧面和正面，门框工件的正面和内侧面进行定位喷涂。在此过程中，实现同步跟踪和最优轨迹是喷涂机器人提高作业效率的保证；对不同形状的工件定制轨迹规划，利于喷涂质量的提高以及涂料节省；此外，由于同步跟踪的工作模式可以很好地和中小企业现有的悬挂链式输送线衔接，无需复杂技改，最大限度地保留已有的生产设备，降低引入喷涂机器人设备引入的成本。因此，同步跟踪的工作模式被选为喷涂机器人的主要作业模式。

② 喷涂设备选择　鉴于环保和提高喷涂质量的考虑，选用了静电粉末喷涂工艺作为喷涂机器人的作业方式。使用静电粉末喷涂可厚涂，且不产生挂流；涂装工件具有更高的耐用性，涂层表面不易破碎，刮擦，褪色和磨损。此外，静电粉末喷涂是一种环保的喷涂工艺。涂料不含溶剂，容易实现自动化，并且具有涂料回收装置可使 90%以上的粉末涂料回收循环利用等优点，可以满足苛刻的 VOC 排放标准，作业环境也相对洁净。

使用瑞士金马（Gema）公司的 Opti 系列静电喷涂设备，包括 OptiGunGA02 型静电粉末自动喷枪、OptiStarCG06 型智能喷枪控制器和 OptiFlowIG02 粉泵。

表 4-2　OptiGunGA02 型静电粉末自动喷枪规格参数

额定输入电压	10V
额定输出电压	98kV
极性	负极(可选:正极)
最大输出电流	100μA
高压块	12 级
点火防护	类型 Aacc. EN 50177
重量	607g(740g,带超级电晕环)

OptiGun2-A（GA02）型喷枪为自动喷枪，专门用于静电有机粉末喷涂。枪体质量极轻，集成有高压静电发生器。确保涂料粉末拥有极强的穿透力和极高的带电率。喷枪内的设有中央电极放电针，不仅可以保证涂料高效稳定的传输效率和工件附着率，从而得到均匀稳定的粉末涂层，而且可以自动清洁喷枪内部，延长喷枪的使用寿命。表 4-2 所示为 OptiGunGA02 型静电粉末自动喷枪规格参数。

与喷枪配套使用的控制器为 CG06 型自动喷枪控制器（图 4-8）。该控制器专用于金马公司的静电粉末喷枪的控制。其外形为嵌入式设计，方便用户将其安装于控制柜的操作界面上。该控制器可以配置包括气量设置和高电压设置等过程参数，还可设置系统参数，过程数据，状态信息以及出粉量校正值等。其操作简便，操作人员可根据经验设置储存最多 250 个不同的程序。控制器操作简单，方便设置所有参数并可以保存供重复使用。出粉量的控制和电力参数可调节，并有数字显示。根据喷涂工件的表面类型，操作人员可以选择“平板工件模式”“复杂工件模式”和“返喷工件模式”来喷涂作业。此外，控制器还配有可选的数字总线和局域网总线连接以实现更高级的控制。表 4-3 所示为 OptiStar CG06 型智能喷枪控制器规格参数。

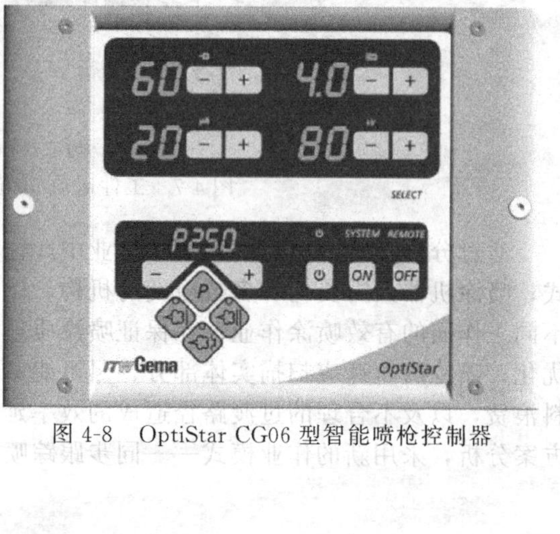

图 4-8　OptiStar CG06 型智能喷枪控制器

表 4-3　OptiStarCG06 型智能喷枪控制器规格参数

电气参数	额定电压/连接负载	100～240V AC
	频率	50～60Hz
	输入功率	40V・A
	额定输出电压	max 12V
	额定输出电流(到喷枪)	max 1A
	保护类型	IP54
	使用温度	0～+40℃
	最高温度环境温度	85℃
压缩空气参数	输入压力/bar	5.5　6.0　6.5
	最大输入压力	10bar(1MPa)
	最小输入压力(设备使用时)	6bar(0.6MPa)
	最大含水量	1.3g/m³
	最大含油量	0.1mg/m³
尺寸		248mm×250mm×174mm
质量		约 5.2kg

喷涂系统除了喷枪与控制器外，还有一些辅助元器件，包括压力过滤调节器、流化粉桶和粉泵等，其系统连接如图 4-9 所示。

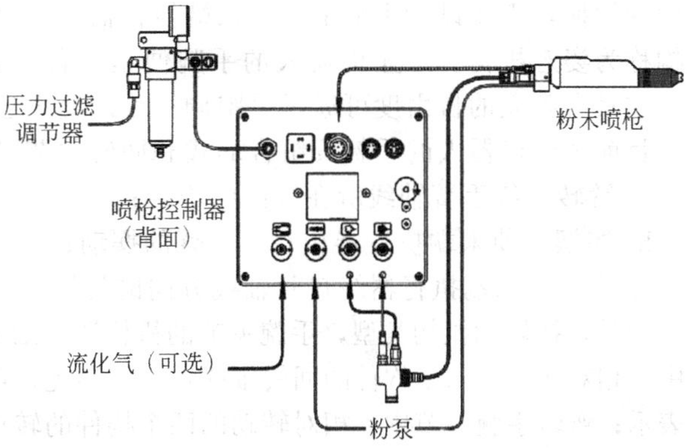

图 4-9　Opti 喷涂系统结构连接图

(3) 喷涂机器人机构设计

位置机构和姿态机构是串联式机器人的重要组成部分。用来确定末端执行器位置的机构称为位置机构，位置机构可基本确定喷涂机器人的工作空间范围，它所做的运动称为主运动。

① 坐标选择与三自由度位置机构设计　针对大幅面工件的喷涂，选择合适的坐标系和机构驱动形式，可以达到简化控制算法、增加机构的稳定性以及减低设备成本方面设计的目的。目前，工业机器人主体的三坐标结构形式主要有直角坐标式、圆柱坐标式、球面坐标式以及关节坐标式。四种主体结构类型各有特点。尽管后三款机器人位置机构在占地面积、避障性、关节密闭性以及空间可达性等方面有优势，然而，执行往复直线运动和快速定位，旋转式自由度的机构在稳定性方面都不如直线坐标式结构。再者，大幅平面喷涂中使用直线坐标式的驱动结构可简化运动控制设计。此外，从成本、刚度和运动耦合等方面考虑，直角坐标式结构是最佳的选择。选定水平运动方向为 X 轴，垂直运动方向为 Y 轴，前后方向为 Z 轴。布局如图 4-10 所示。

由于企业采用了悬挂式生产线吊装工件，使得喷涂机器人需要实现横向或者纵向大行程往复喷涂的功能。而快速往复的直线运动对机构的刚度以及惯量具有一定的要求。为此，X 轴方向上采用上下双边直线导轨平行支撑形式，Y 轴方向也采用双导轨支撑形式，以提高主体结构的整体刚度和强度。同时，X 轴在各轴向中负载最大，因此采用双边同步驱动，这

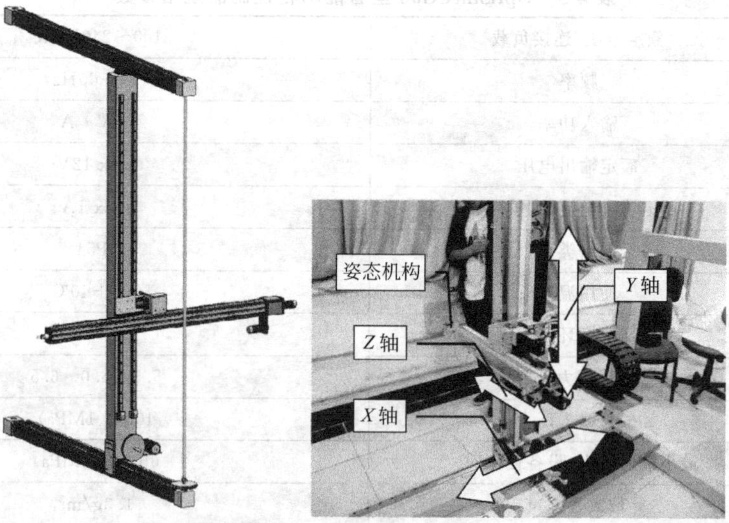

图 4-10 三自由度主体结构布局

样的结构既实现水平运动时的稳定性，也利于提高机器人的运动性能和喷涂作业的质量。另外结合精度要求和成本控制的原则，选择同步带驱动类型的线性模块。

② 二自由度末端执行器姿态机构设计　由于作业过程中，喷涂机器人要求实现不同工作面的切换，需要设计手腕来改变末端执行器——喷枪的朝向。用来确定末端操作器姿态的机构称为姿态机构。工业机器人的手腕便是一种姿态机构，连接末端执行器和主体位置机构，它具有独立的自由度可通过手腕调整或改变工位的方位。

目前工业机器人的手腕按组合形式和回转关节可分为以下三种：

a. 臂转　绕手臂轴线所在方向的旋转；

b. 腕摆　使末端执行器相对于手臂的摆动；

c. 手转　末端执行器绕自身轴线方向的旋转。

此外，按转动机构类型，手腕关节的机构还可细分为滚转和弯转两种类型。滚转型手腕关节中，相对转动的两个构件的回转轴线重合，因此，可以实现 360°无障碍同轴旋转输出，用R来表示；弯转手腕关节中，相对转动的两个构件的转动轴线相互垂直，此类机构的运动范围常会由于与其他结构干涉而受限，相对转动的角度一般小于 360°，弯转常用B表示。

为了满足门板喷涂作业正面和侧面喷涂作业的要求，同时兼顾机器人的成本、实用性和可靠性，在保证功能和性能的前提下，尽可能简化机构作为机器人手腕的设计。喷涂机器人选用前述位置结构中的 Z 轴作为手臂，以绕手臂所在轴线做滚转（R）运动的坐标为 R 轴，以相对于 Z 轴轴线弯转（B）运动的坐标作为 P 轴。由此，喷涂机器人的手腕确定为二自由度RB型，使机器人对门板侧面喷涂时可以调整喷枪的姿态。

手腕机构坐标轴分配如图 4-11 所示，喷涂机器人在通过位置机构（由 X、Y 和 Z 坐标

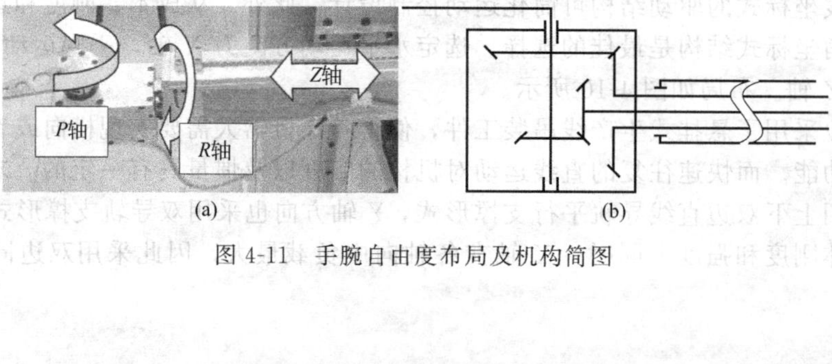

(a)　(b)

图 4-11 手腕自由度布局及机构简图

组成）为喷枪对作业范围进行定位后，由姿态机构——二自由度 RB 型手腕调整喷枪的姿态与朝向，从而为实现矩形体工作区域内不同作业面间的作业进行切换，以实现不同工作面内往复喷涂作业。

③ 驱动功率选型　基于上述位置坐标和姿态坐标的选型分析，确认涉及的喷涂机器人机构为五轴运动位置控制，选用交流伺服电动机为各坐标驱动电动机，以保证喷涂机器人的运行精度以及稳定性能。根据各坐标负载大小分别选择功率分别为 1500W、1000W 和 400W 的电动机分别驱动位置机构的 X 轴、Y 轴和 Z 轴。其中，Y 轴机构为垂直布局，选用带制动器的伺服电动机，可在意外情况或者断电时制动，防止机构坠落。喷涂机器人的手腕机构则选用两个 100W 的伺服电动机分别驱动 R 轴和 P 轴。

4.2.2　喷涂机器人控制系统设计

（1）工件数据采集系统

门框和门板是防盗门涂装线的主要工件。由于企业需要单悬挂线上混合有不同种类的工件进行喷涂的生产模式，使得喷涂机器人必须具备识别工件形状的功能，依据工件形状规划不同的路径进行喷涂。喷涂机器人使用的工件数据采集系统主要由测量光幕和单片机系统组成，相较于视觉系统具有结构简单，元器件成本低，经济实用等特点。可以识别送入喷涂作业区中工件的类型、大小、规格等数据。如图 4-12 所示，测量光幕主要由发射器和接收器组成，由发射器上射出的若干束红外光脉冲直射到接收器上，形成幕帘状的测量区域，即光幕。若有目标物体放置或运动通过发光器和接收器之间，光幕的部分红外光将会被阻挡。此时，测量光幕使用同步扫描来识别各光束通道的遮挡状态。即由一个接收器通道接收扫描对应的发射器产生的光脉冲信号，完成扫描后，接着转向下一个通道，如此依序进行，直到扫描完所有的通道，这一过程称为单一周期的扫描。光幕系统将在单一周期扫描完成后，记录各通道通光或被遮挡的状态，根据系统定义输出一个信号至控制系统中就，经过运算处理后，识别工件参数与设备状态，进而对相应的执行器进行控制。测量光幕广泛应用于工业生产中，如传送带差速、孔洞、灌装液位高低和物流包裹尺寸的检测识别。

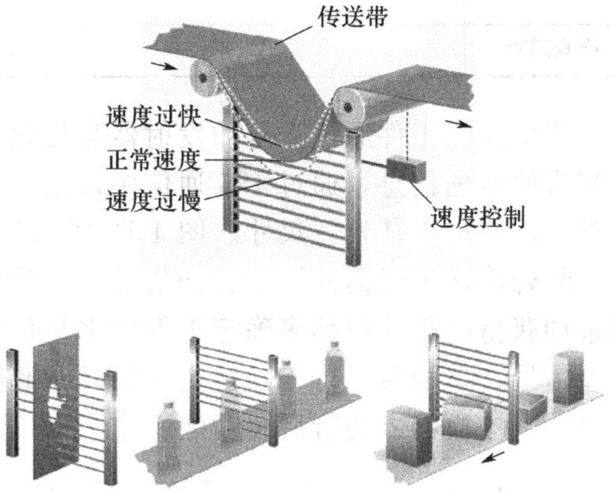

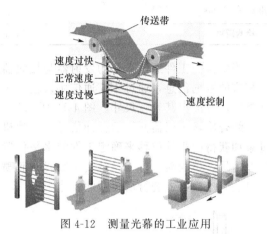

图 4-12　测量光幕的工业应用

机器人系统选用美国 STI 公司的 VS6400 型光幕作为工件数据采集系统的核心部件。该型光幕适合运动中的物体检测，是特别为车辆分类而设计的；相比于 STI 之前型号的光幕产品，VS6400 型光幕的功能更为丰富，结构更为简单。该产品为两箱式，所有控制电路已经集成在其中，没有独立的控制器，固态 NPN 输出用于检测输出和报警输出；带有 RS-485 接口与控制系统通信。再者，与其他同类光幕相比，VS6400 光幕特别的软件功能可以忽略雪花或小鸟的干扰，同时又可以检测出车体上细微的结构，如拖车挂钩等。因此，该光幕适合在粉末涂料飞扬的工作环境中进行运行工件的外形测量。

为了方便算法设计，机器人系统选配 VS641024-22-N-F001 型号的光幕。扫描高度（量程）为 1046mm 的光幕，该光幕技术规格参数具体如表 4-4 所示。

表 4-4 VS641024-22-N-F001 型号的光幕规格参数

工作电压	24V DC±20%，最大 14W。不包括输出负载电流	
光束间距	22mm(0.85in)	
串口通信	RS-485(19.2k 波特率)	
固态输出	NPN(current sinking)，150mA@30V DC max 输出 1：运动物体检测输出(带可编程的忽略小物体功能) 输出 2：故障报警输出	
报警条件	信号强度不够(当故障解除，系统自动恢复)，或系统其他故障	
扫描高度	1046mm(41.2in)	
光束数量	48	
项目	常规扫描	双倍扫描
响应时间/ms	2.9	5.8
响应时间(继电器延迟)/ms	8.7	17.4
检测距离	20m(66ft)过量增益为 2 倍	

当防盗门工件通过光幕的发射器与接收器之间时，光幕上量程内红外光束的遮挡情况形成相应的数据信息，通过 485 通信协议输入至单片机系统，经过进行分析比对，可以判断工件类型，并测出其长宽尺寸。图 4-13 所示为测量光幕与控制器通信机构。

结合旋转编码器回馈的脉冲信号，单片机系统还可以计算出悬挂线的实时速度，以及通过累加获得门板的位移来确定工件的水平位置。因此，单片机系统最终向主控制器输出工件类型信号、单程喷涂行程、往复次数以及起喷位置信号，使喷涂作业具有一定的智能性，可以自动引导机器人进行后续喷涂工作。

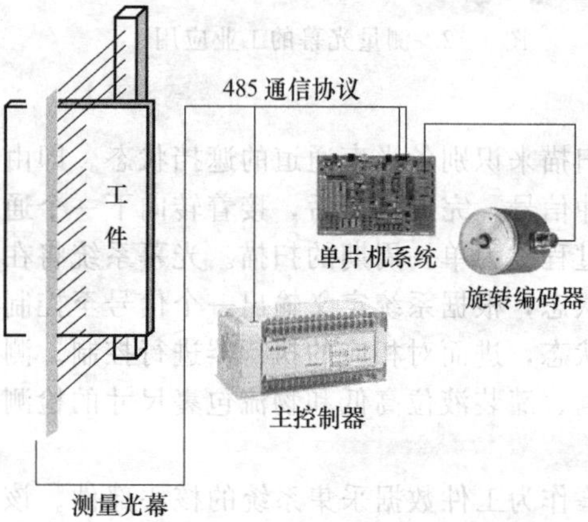

图 4-13 测量光幕与控制器通信机构

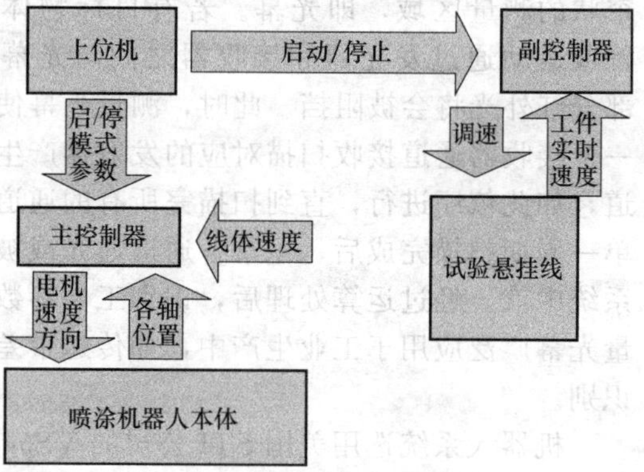

图 4-14 控制系统结构

(2) 喷涂机器人控制系统

① 硬件组成 如图 4-14 所示，控制系统的组成分为工件数据采集系统、上位机、主控制器和副控制器四个部分。

喷涂机器人的控制系统和低压供电器都集成于电气控制柜内，电气控制柜内布局为立式布局，分前后两层，前层安装低压电器、伺服电动机和 PLC。后层安装有 24V DC 开关电源以及变频器。此二层之间用金属底板隔开，以屏蔽变频器和电源产生的干扰。前排底板上，五轴的伺服驱动器都安装于最上排，以便其数显处于箱内最佳的可视高度。低压电器和 PLC 位于伺服驱动器之下，按“日”字形的布局安装于底板上控制柜的后盖板上安装有两个风扇，以便在运行时及时排出 PLC、变频器和伺服驱动器产生的热量，达到冷却柜内温度的目的。

② 上位机　喷涂机器人选用触摸屏作为上位机，可对主控制器 PLC 设定作业参数，并控制启停。运行时，上位机通过与主控制器上的 442 端口通信。

③ 主/副控制器　基于经济机型、多轴运动以及多工作面作业功能的控制设计要求，使用 PLC 作为喷涂机器人的控制器。PLC 主控制器 PLC 选用台达 DVP40EH00T2 机型作为喷涂机器人的主控制器。该型 PLC 输入输出点数的分配比为 24/16，运算能力优异，程序与数据存储系统配置庞大，支持超过 203 个应用指令。支持两轴直线/圆弧插补运动控制。此外，该机型可搭配多样化的高速特殊扩展模块，可以满足各种快速响应的应用。PLC 的 Y0～Y3、Y4 和 Y6 具有四路 200kHz 高速脉冲输出，其中 Y0 和 Y1、Y2 和 Y3 可以输出两路差分信号，因此完全适用于高速运动控制，满足喷涂机器人位置机构和姿态机构的匀速运动、加减速运动和对位置信号快速响应等运动控制要求。对于本喷涂机器人的机构驱动中。采用五轴根据运动速度的要求，确定 *X*、*Y*、*Z* 和 *R* 轴为高速运动轴，并分配相应的 PLC 高速脉冲输出点对其控制。

主控制器的输入点分配为机器人各轴的位置传感器，伺服电动机异常回馈，急停开关，线体跟踪编码器和调试按钮等信号输入，如图 4-15 所示。

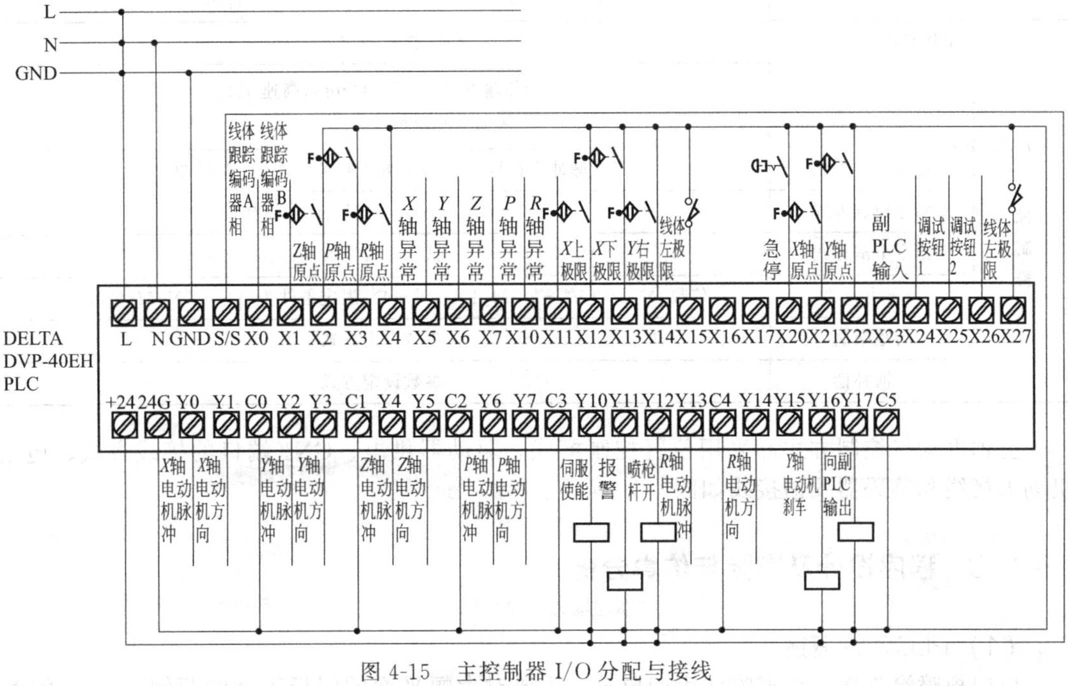

图 4-15　主控制器 I/O 分配与接线

DVP-EH2 系列机型具有 485 总线端子，可基于 ModBus 通信协议组成工业现场总线网络，实现不同控制器之间的通信和数据传输。由此，工件数据采集系统可以通过该端子实现工件定制参数赋值的功能。

为了模拟控制悬挂线体运动，选用台达 DVP20EH00R2 型 PLC 作为副控制器。模拟线体上两端安装有右极限和左极限两个滚子摆杆式限位开关，以及匀速始和匀速末两个接近开关，装有并与主控制器通信，用以回馈悬挂线体位置信号。

④ 伺服电动机选型　ASDA-B2 型伺服驱动器和系列电动机为通用类伺服产品，具有较

高的性价比。适合于搬运机械，加工机械以及裁切设备应用通用机型设备。

该系列产品的电动机编码器的配置为 160000p/r，分辨率较高，可满足高精度定位控制，以及低速平稳运转的设备应用需求。ASDA-B2 型伺服驱动器可以降低转矩的变动幅度，提升电动机的高精确度。此外，伺服驱动器配线、安装和操作简便，内置常规的位置、速度、扭矩 3 种模式。可接受 4Mpps 的高速差动脉冲命令，满足高精准位置控制的要求。该型驱动器还配置两组自动共振抑制滤波器，能有效抑制机构运作时产生的振动。此外，B2 系列伺服电动机还能应用于循环圆加工、Z 轴动作，及滚珠丝杠机构等场合，并提供前置摩擦力补偿参数；针对需要扭力控制应用的设备，提供防撞参数，保护机构不易损坏。

喷涂机器人各轴选用的伺服电机规格参数如表 4-5 所示。

表 4-5 ASDA-B2 型伺服驱动器主要规格参数

项目		X 轴	Y 轴	Z 轴	P 轴	R 轴
功率/kW		1.5	1.0	0.4	0.1	0.1
电源	供电规格	三相:170～250V AC,50/60Hz±5% 单相:220～250V AC,50/60Hz±5%				
	实际供电规格	单相:220V AC,50Hz±5%				
	连续输出电流/A	8.3	7.3	2.6	0.9	0.9
冷却方式		风扇		自然		
控制方式		位置模式				
位置控制模式	最大输入脉冲频率	差动传输方式:低速 500kpps;高速 4Mpps 集电极开路传输方式:200kpps				
	脉冲指令模式	脉冲＋符号;A 相＋B 相;CCW 脉冲＋CW 脉冲				
	指令控制方式	外部脉冲控制/内部缓存器控制				
	指令平滑方式	低通平滑滤波				
	电子齿轮比	倍数:N:1～$(2^{26}-1)$/M:1～$(2^{31}-1)$,限定条件为$(1/50<N/M<25600)$				
	转矩限制	参数设定方式				
	前馈补偿	参数设定方式				

五轴电动机控制方式都采用位置控制模式，驱动器供电、CN1 端口的接线方式、电动机动力接线和编码器反馈接线如图 4-16 所示。

4.2.3 程序设计及实验与仿真分析

(1) PLC 程序概述

以门板喷涂为例，根据喷涂生产要求，需要对大幅平面的门板工件的两侧与正面喷涂。作业前需在上位机组态中输入工艺相关的参数。结合光幕识别系统判断工件类型的结果以及测得的工件尺寸数据，PLC 将按如图 4-17 所示的顺序功能进行喷涂作业。

(2) 同步跟踪喷涂功能实现

采用跟踪喷涂的工艺模式，主控制器需要通过与悬挂线牵引装置上的速度编码器通信，获取悬挂线体的速度脉冲，经运算处理并赋值 PLC，以控制喷涂机器人的 X 轴运动，从而实现跟踪工件喷涂的目的。因此，需要先进行悬挂线体测速实验，获得一个悬挂线体牵引速度的估计值，由于该值存在误差，需要进一步用试错法推算出一个精确的值，以此求得线体

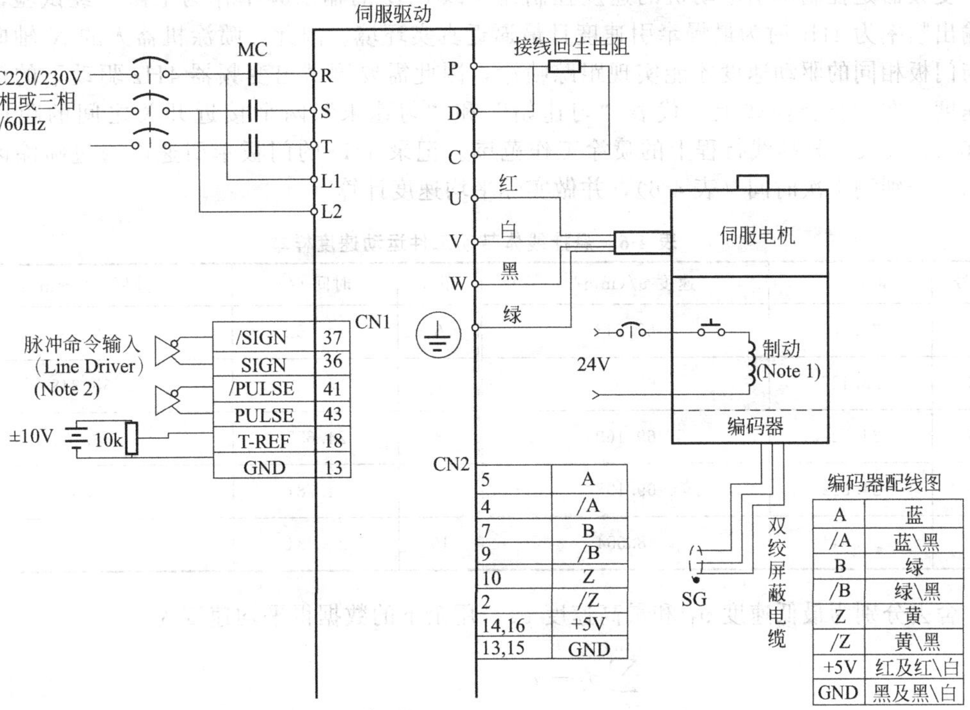

图 4-16　伺服电动机控制模式接线图

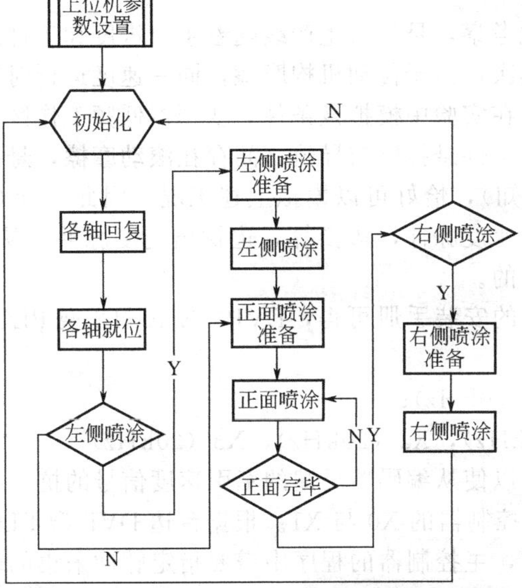

图 4-17　喷涂机器人 PLC 程序顺序功能图

速度频率采样值与机器人跟踪速度的关系，并获得可靠的控制参数。

依照企业喷涂生产的要求，门板通过喷涂工作区的速度较慢，通常只有 0.1m/s 左右，以确保作业安全和完整的单位喷涂工作周期。工件挂座受流水线上的钢索牵引，挂于其上的门板得以移动进入喷房，匀速通过喷涂机器人的工作区。喷房顶部的牵引电动机为交流异步电动机，其带动的牵引滚筒转动，控制钢索的牵引速度。

变频器是控制牵引电动机的速度控制器。以 8Hz 的输出频率作为上限。经试验，变频器输出频率为 4Hz 时为最慢牵引速度且最逼近真实环境。因此，喷涂机器人的 X 轴向需要以与门板相同的驱动速度才能实现跟踪喷涂，因此需要测试出变频器 4Hz 驱动下的钢索牵引速度。在试验悬挂线上，代表“匀速始”和“匀速末”两个接近开关之间的距离 $S=1710$mm 代表了悬挂线行程上的喷涂工作范围。记录 4Hz 的门板牵引速度通过喷涂区域的时间，分别测十次时间（表 4-6），并做实际平均速度计算。

表 4-6 悬挂线体带动工件运动速度样本

序号	时间 t/s	速度 v/(mm/s)	序号	时间 t/s	速度 v/(mm/s)
1	25.430	67.243	6	24.752	69.085
2	25.127	68.054	7	25.019	68.348
3	24.722	69.169	8	24.657	69.352
4	24.812	69.198	9	24.781	69.004
5	24.944	68.554	10	24.834	68.857

舍去分别为最低速度 v_1 和最高速度 v_8，用余下的数据得平均速度为

$$\overline{v}=\frac{\sum_{i=1}^{10}v_i-v_1-v_8}{10-2}=68.749\text{mm/s} \tag{4-1}$$

由此得变频器 4Hz 输出的情况下，平均速度约为 68.749mm/s。由此估算，悬挂线体运动速度上限为 136mm/s。

然而，经过企业实地考察，悬挂式生产线随着生产进度和工件悬挂密度的变化，其运行速度时常有快慢变化；其次，由于传动机构摩擦，同一速度运行时，也会出现微小的速率波动。鉴于这一情况，需要在实验中模拟该条件。变频器低频工作区域，电动机的输出速度会有细微的速率波动，加之工件悬挂座与导轨之间存在滚动摩擦，悬挂线的牵引速度也存在一定的误差（由表 4-5 亦可知），恰好可以模拟上述工况。因此，针对波动的牵引速度，主控制器需要边采集悬挂线的速度脉冲，边换算，边输出速度脉冲，从而达到喷涂机器人 X 轴向边调整边进给的控制目的。

据台达 DVP 型 PLC 的安装手册可得，DVP40EH00T2 型 PLC 拥有以下脉冲速度测量端口。

差分输入：X0/X1（200kHz）；

单端输入：X1（200kHz），X2（20kHz），X3（20kHz）。

选取差分输入方式，以使从编码器反馈的牵引速度信号的抗干扰能力增强。分别连接速度编码器的 A、B 相与主控制器的 X0 与 X1。根据台达 DVP 型 PLC 的指令“API56SPD 脉冲频率检测”的应用要求，主控制器的程序中需要指定脉冲采集的端口、频率采样周期和数据寄存器，数据寄存器用于储存指定时间内采样获得脉冲个数。

程序软件中，脉冲采集的端口和数据寄存器具体分配如下。

X0：工件脉冲采集的端口；

D0：指定时间内采集的脉冲个数。

由此可得 D0 的值与悬挂线体速度或 X 轴的跟踪速度成正比，即

$$v\propto \text{D0} \tag{4-2}$$

脉冲频率采样周期关系到 X 轴跟踪速度的调整频率，过长的采样周期会滞后机器人跟

踪响应能力，从而使跟踪速度呈明显周期性的波动，忽快忽慢，影响机器人与工件的同步精度。而过短的采集周期，会加快 D10 和 D20 的赋值更新频率，从而令控制器输出的跟踪速度脉冲变更过快，影响伺服电动机系统的稳定性。因此，需要设置合适的频率采样周期来确保机器人准确且稳定地跟踪近似匀速悬挂的工件。经试验，采样周期设为 20ms 较为适宜，既可保证稳定准确的跟踪速度脉冲输出，又可以确保伺服电动机的稳定运行，从而使机器人的 X 轴顺利跟踪。由此，应用“API56SPD 脉冲频率检测”指令，得如图 4-18 所示的梯形程序片段。

图 4-18　工件运行速度脉冲频率检测指令梯形图

利用 20ms 的采样周期的采集变频器 4Hz 频率驱动得到的工件速度脉冲值为 16 或 17。

驱动 *X* 轴跟踪运行需要用到“API58PWM 脉冲波宽调制”，根据指令应有规则需定义脉冲高电平时间、脉冲周期和脉冲输出装置。具体定义如下。

D10：*X* 轴跟踪速度脉冲高电平时间；

D20：*X* 轴跟踪速度脉冲周期；

Y0：*X* 轴脉冲输出装置；

Y1：*X* 轴运动方向。

其中 D10 和 D20 中为整数值，且 D20＝D10×2。

如图 4-19 所示为 *X* 轴跟踪速度设置指令梯形图。

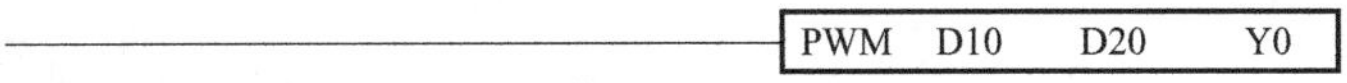

图 4-19　*X* 轴跟踪速度设置指令梯形图

喷涂机器人 *X* 轴的伺服驱动采用默认的电子齿轮比（1/1）。由于需要快速回退的驱动功能，主控制器采用最小单位为 0.01ms 的分辨率对 *X* 轴输出脉冲进行参数设定，以获得足够的速度设定空间。

令 *X* 轴跟踪速度的参数设置如下，试验中，令 D10＝K10，D20＝K20（K 在 DVP 型 PLC 中为整数标志），即 *Y*0 速度输出频率为 5000Hz。

同样以目测试验法测速，用 *X* 轴向 246mm 行程，*X* 轴的实际平均速度为 116.257mm/s。设此参数设置下，*X* 轴输出速度是工件运动的 *k* 倍。

$$k=\frac{116.257\text{mm/s}}{68.749\text{mm/s}}=1.691 \tag{4-3}$$

因此，*X* 轴跟踪的参数可初步取为

D10′＝1.691×D10＝16.91＝17（圆整）；

D20′＝1.691×D20＝33.82＝34（圆整）；

因此可以初步估算出 *X* 轴跟踪速度的参数值。

X 轴输出的 PWM 速度脉冲满足

$$v_X \propto \frac{1}{T}=f \tag{4-4}$$

亦即

$$v_X \propto \frac{1}{\text{D10}}=f \tag{4-5}$$

根据式(4-2) 可知

$$D0 \propto \frac{1}{D10} \tag{4-6}$$

因此，为实现 X 轴和悬挂线体相同的速度，可以设常数 C 来校正 D0 与 D10 之间的对应关系，则有

$$C = D0 \times D10 \tag{4-7}$$

取 D0＝16，由 D10′＝17 可以初步估算出

$$C' = D0 \times D10' = 272 \tag{4-8}$$

然而，由于上述测速法存在较大误差，因此，所得的 C' 值需要 PLC 程序运行校正。经运行，得 C' 为 319 时。变频器 4Hz 驱动下，X 轴跟踪工件速度满足设计要求，同步运动时误差为＜10mm/m。

如图 4-20 所示为 D10/D20 赋值换算梯形图片段。

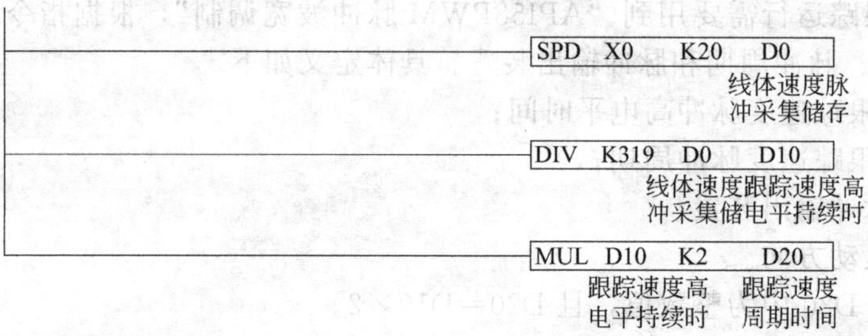

图 4-20 D10/D20 赋值换算梯形图片段

因此，

$$D10 = \frac{319}{D0} \tag{4-9}$$

$$D20 = D10 \times 2 \tag{4-10}$$

由此获得 X 轴跟踪控制脉冲的周期 T_f 和频率 f_f（取整数）分别为

$$T_f = D20 \times 0.01\text{ms} \tag{4-11}$$

$$f_f = \left[\frac{1}{T}\right] = \left[\frac{10^5}{D20}\right] \tag{4-12}$$

（3）Y 轴快速喷涂运动加速度参数

喷涂机器人的 X、Y 和 Z 三个轴向的传动机构采用同步带轮副和直线导轨副。利用实验室条件，通过喷涂机器人执行快速直线运动时的运动噪声测试，验证喷涂机器人设计的合理性，并探索 PLC 程序中 Y 轴速度曲线的最佳参数设置，通过比对不同加速度运行下机构产生的噪声，判断机构振动状况，并选择合适加减速运动提高设备运动性能。噪声测试设备希玛 AR814 型数显程式分贝计，该设备为 IEC651 标准Ⅱ型，精度可达±1.5dB，测量范围为 30～130dB。噪声测试实验中，使用落地三脚支架安装分贝计，以使实验中分贝计得以稳定固定，利于噪声检测。在不干涉喷涂作业的前提下，将安装好分贝计三脚架安置于喷涂室内合适位置，以获得较好的传声效果。分贝计的传声孔套上海绵球，可有效减小因空气流动引起杂音，提高测量精确度。

设定 Y 轴以 1m/s 的速度实行快速直线运动，以带动喷枪扫掠工件表面执行喷涂。使用“API59PLSR 附加减速脉冲输出”指令，控制 Y 轴执行图 4-21 的 T 型速度曲线。

其中，DPLSR 为指令名称，该指令从指令名之后的赋值含义，从左到右依次为脉冲输出最大频率为 44713Hz，对应 Y 轴 1m/s 的直线运动速度；脉冲输出端口共执行 44713 个脉冲；加减速时间分别为 150ms，脉冲输出端口为 Y2，该端口连接 Y 轴伺服控制器 CN1 端口

DPLSR K44713 K44713 K150 Y2

图 4-21 Y 轴快速喷涂速度指令梯形图

的脉冲输入信号点。

假设 Y 轴匀速阶段运行长度大于工件长度，因此喷枪掠过工件表面时执行等速运枪，可以在工件表面实行完整均匀的平行涂层。以最高速度 1m/s，分别使用不同的加减速度时间，对 Y 轴进行 14 次往复运枪试运行。

经过若干次试验，数据筛选和处理，绘制分贝变化曲线（图 4-22），以及各项重要数据比对（表 4-7）。

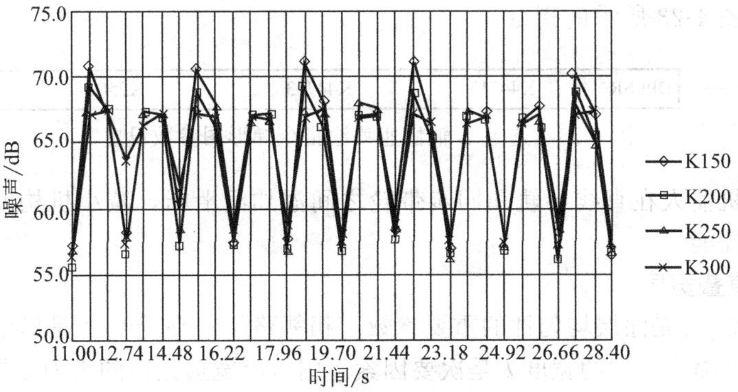

图 4-22 Y 轴四种带加速度的直线运动噪声曲线变化对比

表 4-7 Y 轴不同加速度参数设置和噪声数据统计

PLC 加减速设定值		K150	K200	K250	K300
加减速值/(m/s²)		6.67	5	4	3.33
运枪次数		14			
数据标记符号		◇	□	△	×
快速运动	单位运行时间	1s			
	样本数	14			
	最高值/dB(A)	71.2	69.4	68.1	67.5
	最低值/dB(A)	66.0	65.3	66.6	66.2
	平均值/dB(A)	68.1	67.2	67.0	66.9
	标准差/dB(A)	2.52	1.49	0.60	0.13
减速间歇	单位运行时间	约 0.75s			
	执行时间	28s			
	最高值/dB(A)	60.7	57.6	59.2	63.6
	最低值/dB(A)	56.7	55.4	56.1	56.2
	平均值/dB(A)	57.7	56.8	57.7	58.5
	标准差/dB(A)	1.20	0.36	0.60	3.64

图 4-22 中，K300 和 K200 对应的数据点连线的起伏最小，因此，可以初步判断此二设置有良好的加减速动力学性能。其次，经过分析比对 Y 轴快速直线运动和减速间歇换向两

个不同状态的平均值和标准具体数据，可发现随着加速度降低，快速直线噪声平均值和标准差数据均下降，呈现噪声数值较为集中运行较为稳定的态势。然而，在减速间歇换向运动期间，加速度值较低的运动产生噪声的均值和标准差均比较高。由 K300 的“减速间歇”栏的标准差值 3.64dB（A）可知，过低的加速度设置使得噪声对于均值的离散程度较高，此状态下运动稳定性有所下降。由此可判断，在保证作业行程和效率的前提下，适当降低快速喷涂直线运动的加速度值，利于提高喷涂机器人的快速直线运枪时的动力学性能，以减少快速运动的状态改变引起对喷涂机器人机构的冲击，延长同步带的使用寿命。同时，应该兼顾减速、运动间歇和换向是的运动性能以及生产效率，避免使用过低的加速度值控制快速直线运枪喷涂的作业动作。综上所述，K250 设置下各种噪声数据可呈现出喷涂机器人在高速运动和减速换向两状态下的运动都较为平稳。PLC 程序中，喷涂机器人 Y 轴梯形加速度曲线控制中，应使用如图 4-23 所示的指令。

DPLSR	K44713	K44713	K250	Y2

图 4-23　选定 Y 轴快速喷涂指令梯形图参数设置

此外，喷涂机器人在直线导轨和同步带轮之间添加润滑脂，减小机构摩擦产生振动，以次提高机构传动性能。

（4）喷涂重叠宽度

涂层平均厚度 f_m 是涂层均匀性的重要参数。相邻路径重叠宽度 d 是影响 f_m 的主要因素，起喷轨迹位置 g 和喷涂工件的宽度 l 是次要因素。门板沿宽边截面的表面涂层厚度方差 v 为

$$v=v_n+v_g+v_r \tag{4-13}$$

其中 v_g 和 v_r 分别为起喷和终喷轨迹的厚度方差。由于工件宽度较大，喷涂轨迹有 14 条，因此截面涂层累积模型有 14 个。两端不完整涂层对门板表面整体涂层厚度精度计算影响很小，因此忽略不计。由此，可将 14 个完整累积模型的方差 v_n 用以描述门板表面涂层均匀性，即

$$v\approx v_n=\frac{2n}{l}\left\{\int_0^{0.5-d}[t(x)-f_m]^2\mathrm{d}x+\int_{0.5-d}^{0.5-0.5d}[t(x)+t(x-1+d)-f_m]^2\mathrm{d}x\right\} \tag{4-14}$$

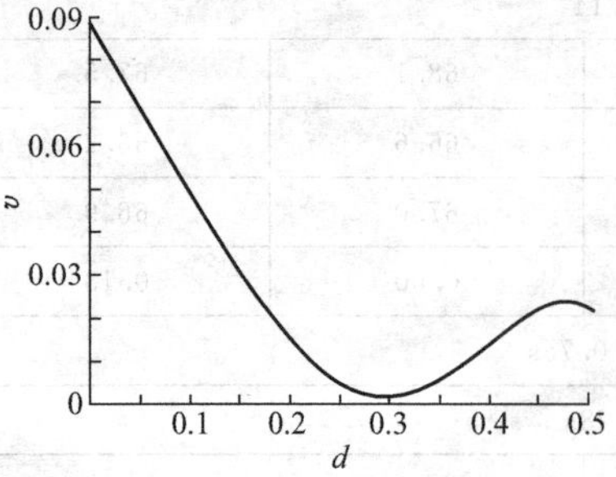

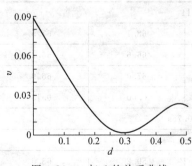

图 4-24　v 与 d 的关系曲线

根据使用 MATLAB 编程，并仿真 v 和 d 的变化规律，当 l 固定时 $g/(1-d)$ 取为不同常量，将得到一组类似 v 与 d 的关系曲线，如图 4-24 所示。

涂层最佳均匀度应出现在 v 取最小值时。v 取得最小值区间，关键取决于 d 的值，g 和 l 的影响可忽略。因此，往复平行喷涂过程中，喷涂轨迹重叠宽度 d 是影响涂层厚度均匀性的重要参数。在 d 为 0.29～0.31 时，v 有最小值区间 0.0025～0.0029。因此，单涂层最优均匀喷涂时，可以取 $d=0.3$ 进行喷涂作业。另外，若需要得到较大的平均厚度，在轨迹规划时应采用较大的 d 值，即以较大的轨迹重叠宽度取得均匀的厚涂层。因此，喷涂机器人在作业前，需要在上位机中喷涂轨迹的间距，间接设置 d 的宽度，以确保喷涂的质量。根据使用者的习惯和色泽目测能力，设置喷幅宽度 $W(1-d)$ 为工艺参数于上位机中，用户可凭喷枪的参数和作业经验来确定这一参数值。进而结合工件数据采集系统获得的工件喷涂区域尺寸数据，控制喷涂机器人喷涂作业。

4.3 基于工业机器人的铝合金管接头铸件去毛刺系统设计开发

4.3.1 项目概况

本项目设计开发以工业机器人为中心，配以专用的外围设备的铝合金管接头铸件去毛刺系统。

（1）项目的内容与意义

铝合金具有产品美观、质量轻、耐腐蚀和导热性好等优点，在航空业、动力机械行业、民用产品制造、化工用品和汽摩行业中得到广泛使用。铝合金铸件铸造成毛坯时，浇冒口会有残留。而铸件毛刺则是由于模具制造和铸造工艺等原因产生的。这不仅降低了装配精度，而且对于再加工定位和操作安全都有影响，无法满足使用要求。整个机械系统的工作性能因此下降，可靠性和稳定性大大降低。铝合金管接头铸件浇冒口多分布在铸件的两侧或者上方，而毛刺和飞边多以直线、圆弧为基底。现在浇冒口的去除主要由工人手持工件在锯床上进行切除。而毛刺仍然由工人在砂轮带上进行去除，这样的工作方式不仅有很大的劳动强度，而且浪费工时、效率比较低，由于人为因素导致的去毛刺后的产品质量均衡。另一方面，工人长期处于恶劣的工作环境中（高温、粉尘、噪声、空气污染等），对员工的人身安全和健康造成威胁。去毛刺过程中产生大量的金属分成，有发生爆炸的隐患。

因此迫切需要研制机加工前的冒口切除与去毛刺自动化预处理流水线系统来代替以往的手工操作。基于这一企业需求，项目的研究目标是研制一套基于工业机器人的能实现去除形状复杂铸件的浇冒口和表面毛刺的系统。该系统的主要功能是通过去毛刺辅助处理单元和工业机器人的配合工作来完成浇冒口切除和去毛刺的工艺过程。如图 4-25 所示为去毛刺系统的集成示意框图。

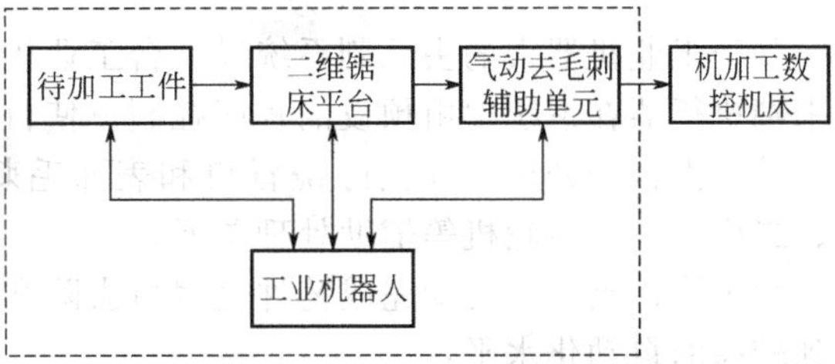

图 4-25　去毛刺系统集成示意图

基于机器人的去毛刺系统由通用工业机器人和去毛刺辅助处理单元两部分组成，协调工作。系统应用的目的是解决接触过程中的冲击问题和力控制问题，简化操作规划与编程。系统在满足去毛刺质量要求的前提下，降低了对专用去毛刺机器人设备的要求，降低成套设备的成本，有利于流水线集成与扩展，对于提高效率也发挥了积极作用，有利于改善工人的工作环境，降低工人危险，缓解高技术去毛刺专业熟练工的需求，具有广泛的应用前景。

（2）技术条件与要求

工业机器人系统是一套复杂的机电一体化设备。基于工业机器人的去毛刺系统在结构设计时有一定的特殊性。

① 去毛刺过程的工艺决定了工业机器人的结构形式。去毛刺的工艺决定了末端执行器的形式。去毛刺的质量要求，对轨迹跟踪精度、负载能力等参数也有要求。

② 为避免复杂的机器人操作和控制，除了需要选择相应的工业机器人之外，还需要设计去毛刺辅助设备。这样一方面降低了对工业机器人的负载要求，另外一方面通过辅助设备的配合工作将复杂的编程操作转化成了简单的流程控制。

③ 机器人去毛刺系统的结构设计要充分考虑机器人和辅助设备的布局。工业机器人的

主要分为悬挂式和立式。悬挂式结构不占用地面空间，与工件、辅助单元之间不会干涉，但是悬挂和固定需要特殊设计，并且不方便移动，机构的复杂程度也因此增加；立式结构便于工业机器人的安装和维修，同时移动方便，无需复杂的固定机构，但是地面空间占用较大。

④ 去毛刺系统的结构设计需要考虑所用工业机器人的结构形式。

图 4-26 铝合金铸件对象

项目来源于铝合金加工制造企业的生产需求，作业对象为铝合金铸件管接头，如图 4-26 所示的工件。

去毛刺对象是如图 4-26 所示的铝合金铸件，材料为铝合金，材料厚度为 5～10mm，工业机器人去毛刺系统的任务是完成铸件的浇冒口切除和表面毛刺处理这两项清理工作，要求不伤及铸件的结构尺寸，并满足后续精加工的精度要求。

通用工业机器人是一台机电一体化设备，单独的一台工业机器人如果不配套相关的周边设备，在生产过程中并不能完成期望的工作。只有确定了任务具体内容、目标工件尺寸和加工质量等工艺参数，为工业机器人设计相应的外围辅助设备，才能将机器人组成可用的加工设备。一个完整的基于工业机器人的加工系统还应该包括相应的辅助设备，而这些设备的复杂程度由被加工件的加工质量和效率要求所决定，周边设备决定工业机器人的使用效率。

4.3.2 整体方案设计

基于工业机器人的去毛刺系统以一台工业机器人为核心，辅以其他处理单元，工业机器人末端执行器在系统中由预设的程序控制，使目标工件与辅助处理单元相接触或作期望的相对运动，由辅助处理单元去除浇冒口和表面毛刺。系统包括工业机器人本体、机器人控制器、二维锯床、砂轮机等辅助处理单元。

为了能达到一次自动完成铸件浇冒口去除和去毛刺的工作，该工业机器人去毛刺系统要达到较高的自动化水平：

① 系统要有一定的柔性，可以完成不同规格的铸件毛坯浇冒口去除和去毛刺的工作；

② 工人不需要掌握复杂的操作，待加工的工件由工人放置到指定位置，已完成的工件码垛完成后由工人统一取走即可，其他工作由去毛刺系统完成。

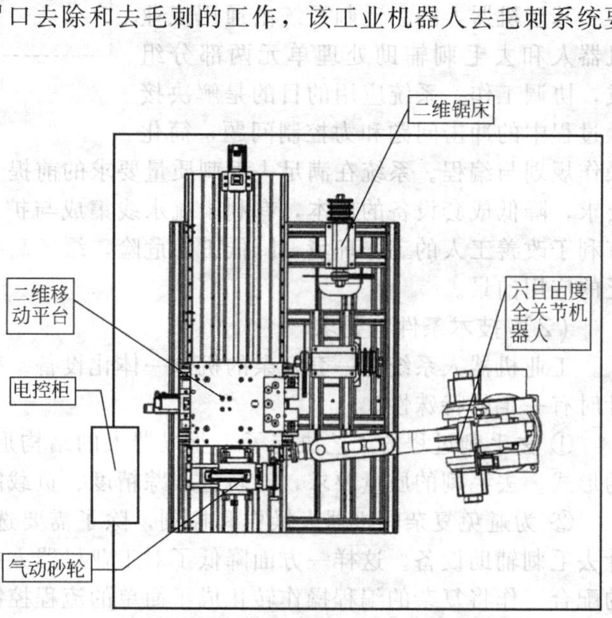

图 4-27 基于工业机器人的去毛刺系统的配置

基于工业机器人的去毛刺系统的配置如图 4-27 所示，工业机器人、二维锯床平台和气动砂轮等辅助处理单元共同组成去毛刺整体系统。其中机器人系统由机器人本体和机器人控制器组成；辅助处理单元则由 PLC 控制系统控制，这个 PLC 控制系统与机器人的控制器之间的 I/O 信号相互同步，完成相互协调动作。

基于工业机器人的去毛刺系统由通用工业机器人单元和去毛刺辅助处理单元两部分组成，相互协调工作。该系统完成去毛刺工作分两步实现：

第一步，工业机器人抓取工件，装夹至一个二维锯床平台，由锯床平台伺服进给系统移动工件，通过锯床切除浇冒口；

第二步由工业机器人抓取工件，完成去毛刺的既定轨迹，配合气动去毛刺辅助处理单元，完成表面去毛刺工作。

4.3.3 结构各部分分析与设计

（1）主体结构分析与选择

① 位置机构的分析与选择　工业机器人末端执行器在参考坐标系中的位置由前三个关节决定，这三个关节称为位置机构。根据三个关节的不同组合形式，可以分为四种类型：

a. 直角坐标型　直角坐标型的位置机构由三个移动关节（PPP）组成。这种形式的位置机构具有较高的定位精度、较强的系统刚度，运动学求解方便，结构简单，但是比较笨重，占用较多的空间。

b. 圆柱坐标型　圆柱坐标型由两个移动关节一个转动关节（（PRR）组成。它的几何结构简单，相比直角坐标型位置机构占用空间小，常用于搬运机器人。

c. 球（极）坐标型　球（极）坐标型是由两个转动关节和一个移动关节（CRRP）组成。这种结构比较紧凑，占地面积小，同时工作空间较大，但由于包含了一个移动关节，它的防护比较困难，因此目前较少使用。

d. 全旋转关节型　这种位置机构由三个转动关节（RRR）组成。通过三个关节的圆弧运动来完成空间中任意位置的变化，他的结构非常紧凑，有很强的灵活性，占用很小的面积，但是却有很大的工作空间。如图 4-28 所示为关节型坐标位置结构。

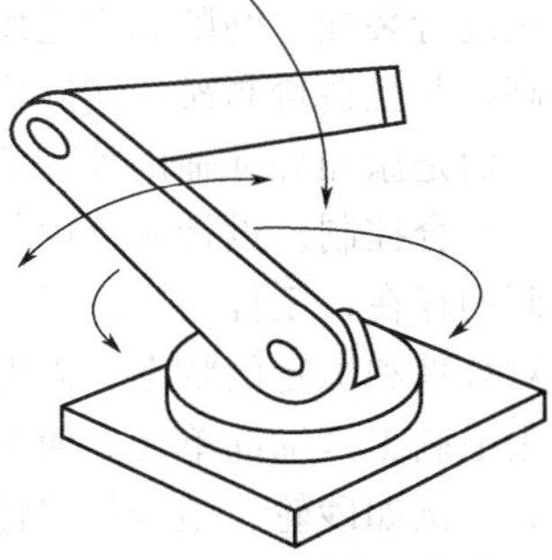

图 4-28　关节型坐标位置结构

由于去毛刺包括浇冒口切割与毛刺去除两个主要步骤，工作空间较大。关节坐标型机构的结构紧凑，工作范围大，动作灵活，适合扩展和与辅助设备配合，因此机器人采用全关节坐标型位置机构。

② 姿态机构的分析与选择　去毛刺过程不仅对工业机器人末端执行器的位置有要求，而且需要对其姿态进行控制。机器人姿态机构使末端执行器在参考坐标系中保持确定的姿态，这个机构一般称为机器人手腕，工业机器人末端执行器的灵活程度和其能完成的工作的复杂程度基本由它直接决定的。机器人手腕以自由度为划分标准，可以分为单自由度、双自由度和三自由度手腕等。其中三自由度手腕具有较高的灵活度，由于去毛刺过程对手腕的姿态要求比较高，因此选择三自由度手腕。

三自由度手腕的结构又分为汇交型和偏交型两种。汇交型结构的三个自由度 α、β、γ 轴线相互汇交于一点，它们的位置和姿态互相解耦，逆运动学分析简单，因此这种形式的手腕得到广泛运用。偏交型手腕三关节均能进行 360°的转动，非常灵活，但是姿态和位置相互祸合。由于汇交型手腕位置和姿态的解耦特性，其逆运动学分析简单等优点，决定采用三自由度普通汇交型手腕。

（2）浇冒口去除平台的分析与选择

目前国内被广泛使用的浇冒口切割设备主要是手动切割机，部分自动切割设备也并不通用，对于小型复杂铸件的浇冒口切割并不适合。另外存在烟尘污染大，自动化程度不够的问题，研发适合的小型铸件自动浇冒口切割设备势在必行。

小型铸件的浇冒口尺寸比较小，其材料为铝合金，不适宜用火焰切割、等离子切割等热清除法，而且材料韧性好锤击敲断法也难以完成。通过调研发现，锯床切割是一种较为可行的方法。锯床切割有其优点，首先其切割效率高，其次切割的浇冒口平整，残留根部小，易于后续的打磨工序，另外使用锯床切割比较容易实现自动控制。

从经济实用和提升自动化水平的角度出发，提出了二维锯床平台的浇冒口切割方案，能够满足浇冒口切除的精度和稳定性要求，简化了机械结构设计，节省了研发和制造成本，增加了推广的可能性。

（3）气动去毛刺辅助单元的分析与选择

在工业生产中，工业机器人在焊接和喷涂等场合已经有了较为成熟的应用。在这些工作过程中，工业机器人末端执行器与作业对象并不进行直接接触，因此在工作过程中工业机器人末端执行器只需要沿着既定的轨迹运动即可。但是在去毛刺、打磨等作业过程中，机器人的末端执行器与作业对象发生接触，这时不仅需要控制工业机器人的运动轨迹，还需要控制接触过程中的作用力。机器人去毛刺的过程是工业机器人夹持目标工件与作业工具接触并进行磨削的过程。这个过程存在一些不确定因素，例如目标工件与作业工具之间发生接触和碰撞，所以去毛刺过程是一种受约束的运动。为了保证去毛刺的效果，确保加工精度，对去毛刺的过程进行规划和控制时，对接触力约束和其他干扰的影响进行考虑，以保证操作过程的柔性。

通用工业机器人一般只有位置控制功能，虽然现代研究中引入了力反馈控制，理论上可以直接进行装配、磨削和去毛刺等工作过程，但是在工程应用中控制系统过于复杂，计算能力要求高，并且造价高昂，实际应用不多。为了解决这一应用难题，不对机器人本体进行复杂的改造，而是添加外部辅助处理单元，由辅助处理单元完成单独的力控制，配合工业机器人完成力位置复合控制。设计一个由气缸推动的砂轮机构，当机器人夹持工件进行去毛刺工作时，由于毛刺的存在，工件与砂轮机的位置发生变化，气缸能够控制砂轮机与工件的接触力保持在一个相对合理和恒定的状态，以保证加工的质量和精度。利用气缸的缓冲性能设计一个有缓冲能力的去毛刺工具辅助单元。使用气动高速开关阀控制伺服气压缸，伸出杆连接去毛刺加工需要的工具，例如砂轮。结合位移传感器和力传感器的反馈信号进行位置力复合控制。

（4）驱动方案的分析与选择

机械系统的驱动方式通常为液压、气动、电动三种。这三种方式各有优缺点：采用液压驱动的功率体积比大，但是不易维护，系统成本高，通常只有在大型工程机械领域，在负载很大时才用；采用气动方式系统简单，低成本，但一般只对小负载、低精度适用；电动机驱动则在中等负载比较适用，并且有一个明显特点就是能进行复杂动作、跟踪严格要求的轨迹，常以步进电动机、直流电动机和交流伺服电动机为驱动元器件。

作为经济型去毛刺系统，工业机器人和二维锯床平台要求较快的运动速度、较好的动态特性、较大的传动功率、较高的定位精度，使用电动机驱动是最理想驱动方案，执行器选择交流伺服电动机。这种方式具有良好的机械特性和调速特性，又具有维护方便、运行可靠等优点。去毛刺部分采用气动系统，既能满足一定的缓冲性能保护机械手的安全和工件的完整，又可以实现末端砂轮磨削力控制。

4.3.4 主要机电元器件选型

（1）工业机器人的选型

选择的工业机器人型号为：瑞宏工业机器人 RH12S，主要技术参数如表 4-8 所示。

（2）二维锯床平台的选型

二维锯床平台的进给需要 X、Y 两个方向的伺服运动，采用电动方案，由交流伺服电动机驱动滚珠丝杆，平台在线性导轨上直线移动，这个方案有如下优点：控制精度高，运行效率高，负载刚度大。

由于两个方向都需要带动工件完成锯切运动的进给过程，锯切过程为同一个元器件，同一种材料，两个方向上的受力可以近似等效一致。

① 滚珠丝杆和导轨的选型　工作参数如表 4-9 所示，由此选择丝杆参数如表 4-10 所示，导轨参数如表 4-11 所示。

表 4-8　工业机器人主要技术参数

自由度		6
坐标形式		全关节型
各轴运动范围/(°)	1 轴	±165
	2 轴	+43/−130
	3 轴	+144/−0
	4 轴	±360
	5 轴	±130
	6 轴	±360
定位精度		±0.05mm
负载能力		12kg

表 4-9　工作参数

参数	符号	数值	参数	符号	数值
工件与工作台的质量	W	65kg	重复精度		±0.01mm
最大行程	S_{max}	200mm	预期寿命	L_h	3000h
快速进给速度	V_{max}	300mm/s	直线运动导程摩擦系数	μ	0.02
加减速时间	T	0.15s	驱动电机转速	N	3000r/min
定位精度		±0.01mm			

表 4-10　丝杆参数

型号		R20-05T4-FSIN	导程		10mm
轴径		20mm	精度等级		C5
长度	X 轴	1060mm	行程	X 轴	1000mm
	Y 轴	410mm		Y 轴	350mm

表 4-11　导轨参数

型号		MSA20E2SSFC	动摩擦系数		0.02
精度等级		N	额定弯矩	M_x	1.42
长度	X 轴	1200mm		M_y	1.42
	Y 轴	500mm		M_z	1.42

② 交流伺服电动机的选择　根据机器人的最大运动速度，负载质量等结构参数，以及进给力等动力参数，同时考虑到锯切初始接触过程的巨大冲击和温升影响，确定伺服电动机的功率并选择伺服驱动器如表 4-12 所示。

表 4-12　伺服电动机及其驱动器选型

电动机型号	松下 MSMJ	驱动器型号	松下 MCDKT3520CA1
额定转速	3000r/min	额定转矩	2.8N·m
额定功率	750W	控制模式	位置、速度、全闭环

（3）气动辅助去毛刺单元的选型

气动去毛刺过程主要克服的是去毛刺打磨过程中的磨削力。先建立磨削过程的模型进行受力分析，确定磨削力，以计算气动系统的负载，并根据负载和定位精度等要求进行气动元器件选型和计算。

选择 FESTO 公司的 DNC-32-50-PPV-A，形式为标准复动型（即拉杆式），气缸缸径为 32mm，行程为 50mm，正常使用压力范围为 0.1～1.0MPa，工作温度为−20～80℃，活塞运动速度为 30～800mm/s，如图 4-29 所示为该型号气缸的内部结构。

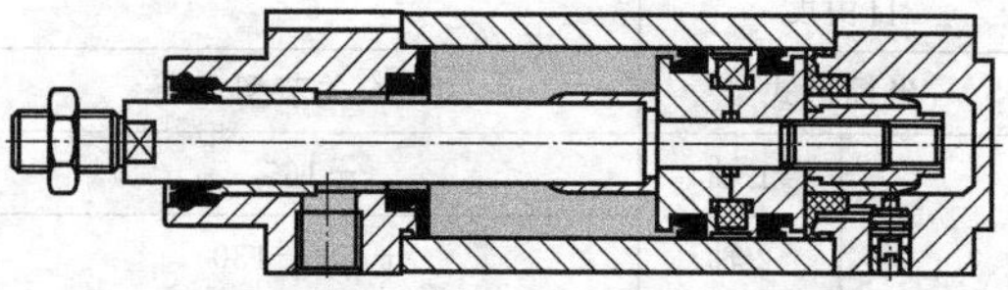

图 4-29 FESTO 气缸 DNC-32-50-PPV-A

它有很多优良特性：耐高压，耐高温，气密封性好，缓冲性能出色，除固定缓冲外，气缸还带终端可调缓冲，气缸能做到平稳无冲击换向。

高速开关阀采用美国 MAC35 系列型号为 35A-BCA-DDAA-1BA 两位三通电磁阀，最高开关速度 14000 次/分。通电响应时间 6ms，断电响应时间 2ms。压缩空气或者惰性气体都可以作为工作介质。压力范围从真空到 120psi（0.83MPa），温度范围为－18～50℃，不需润滑油，能够适应恶劣气源。

4.3.5 控制系统硬件设计

（1）整体方案

机器人去毛刺系统控制部分包括以下几个组成部分：工业机器人控制器、辅助处理单元控制器、传感器。控制系统组成如图 4-30 所示。

工业机器人控制器是去毛刺系统的核心设备，由计算机硬件、软件和一些专用电路构成，负责处理去毛刺系统中机器人工作过程的所有信息并控制所有运动。它的任务是规划机器人末端执行器的位置、姿态，并向机器人执行器发送控制指令，实现相应运动，机器人的控制器选用了 KEBA 控制器。

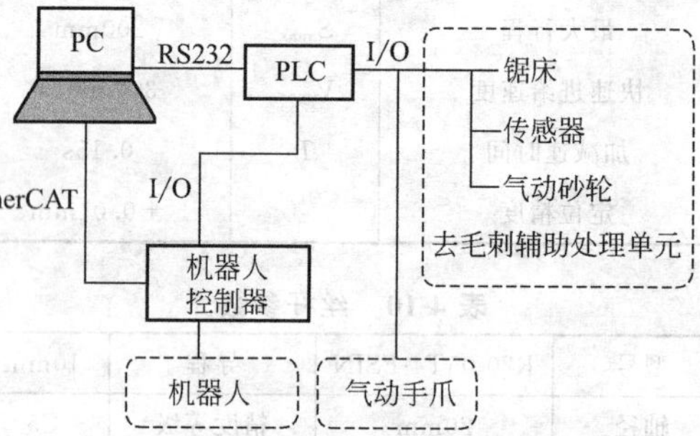

图 4-30 控制系统组成

辅助处理单元控制器负责控制二维移动锯床平台、锯床夹具、气动砂轮机的所有动作及所有这些设备之间的协调与配合。同时这个控制器也负责与工业机器人控制器之间的信号交换，用以协调控制机器人与周边外围设备的工作，利用 PLC 设计了该部分控制器。

传感器的作用是实现工件的定位、跟踪等信息的获取，从而使系统形成闭环控制。在去毛刺过程中，尽管工业机器人、装夹设备和工具能达到很高的精度，但被处理工件存在几何尺寸和位置误差，以及去毛刺过程中工件的热变形等影响，所以传感器是系统不可缺少的装备。

（2）PLC 选型

PLC 是工业机器人去毛刺的整个控制系统中核心的控制器，它不仅控制伺服进给锯床、气动砂轮机的所有动作，而且负责与工业机器人控制器之间的信号交换与 I/O 同步，以协调控制工业机器人与二维锯床和气动砂轮的工作，完成系统的流程控制。另外，PLC 还负责接收来自压力传感器等设备的检测信号。

在工业机器人去毛刺系统中，伺服进给锯床和气动砂轮需要自身按照设计的功能要求来完成一定的任务，例如锯床切割浇冒口，砂轮磨削毛刺等，除此之外相关信息需要通过程序的处理，与工业机器人的动作过程相互联系和协调，才能实现整个系统的自动运转。为了完成这些任务，采用德国西门子公司的 S7-200/226 型号的 PLC 控制器来实现。如表 4-13 所示为控制系统主要元器件。

表 4-13　控制系统元器件选型

名称	数量	型号	主要技术参数
PLC	1	西门子 S7-200/226	24 路数字量输入，16 路数字量输出（2 路高速脉冲输出）
PLC	1	西门子 S7-200/222	8 路数字量输入，16 路数字量输出（2 路高速脉冲输出）
PLC 扩展模块	1	西门子 EM231	4 路 4～20mA 模拟量输入，12 位分辨率
正交编码器	2	增量式标准编码器	编码器线数：2500PPR，15 针信号插座，输出 A、B 两项增量信号和 Z 项零位信号
位移传感器	1	MB500	量程：100mm；分辨率：5μm
压力传感器	1	ZSE/ISE30A	量程 0～100bar(1MPa)，精度 2.5%，模拟量输出 4～20mA
机器人控制器	1	KEBA 扩展板	8 路数字量输入，8 路数字量输出
开关电源	1	明纬 S-350-24	交流输入 200～240V/4.0A 直流输出 24V/6.4A

（3）PLC 控制系统的构成

PLC 控制系统的组成如图 4-31 所示。其中工业机器人的数字量扩展模块的 I/O 与 PLC 的数字量 I/O 口一一连接，实现工业机器人与 PLC 之间的信号同步；二维锯床平台的伺服驱动器与 PLC 的高速输出口相连，通过控制脉冲频率来控制伺服进给系统的速度，实现精确的位置控制；气动去毛刺辅助单元的电磁阀控制接口与 PWM 输出口相连接，位移传感器和压力传感器的检测信号由模拟量输入模块输入 PLC 中进行处理；上位机 PC 上的模拟状态指示和按钮信号通过 PPI 接口相互通信。

如图 4-32 所示为 PLC 接线图，如图 4-33 所示为模拟量输入模块接线图，如图 4-34 所示为伺服电动机接线图，如图 4-35 所示为工业机器人数字量 I/O 扩展接线图。

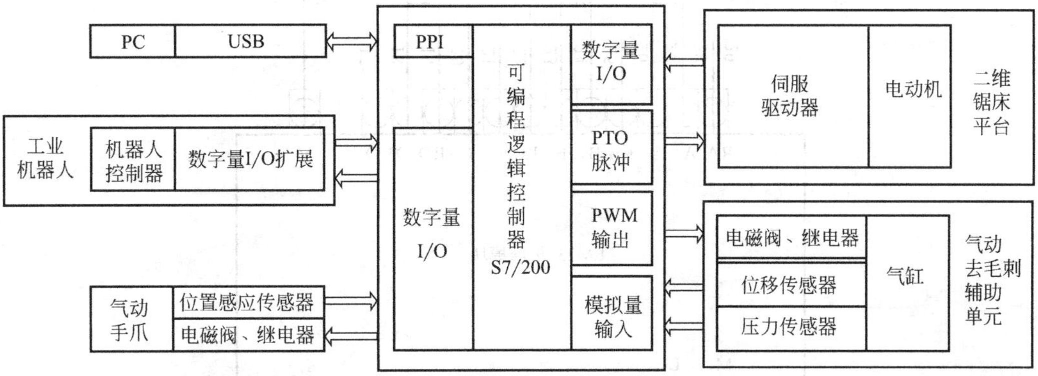

图 4-31　PLC 控制系统结构图

在去毛刺系统中，机器人控制系统和 PLC 控制系统相互关联的信号及相应工作环节的编程设计要经过仔细考虑。该机器人去毛刺系统的几个控制子系统是分别在机器人控制器和 PLC 中进行编程设计，所以一定要处理好信号的相互关系和设计合理的 I/O 同步方法，进行子系统间的协调控制。系统控制程序流程如图 4-36 所示。

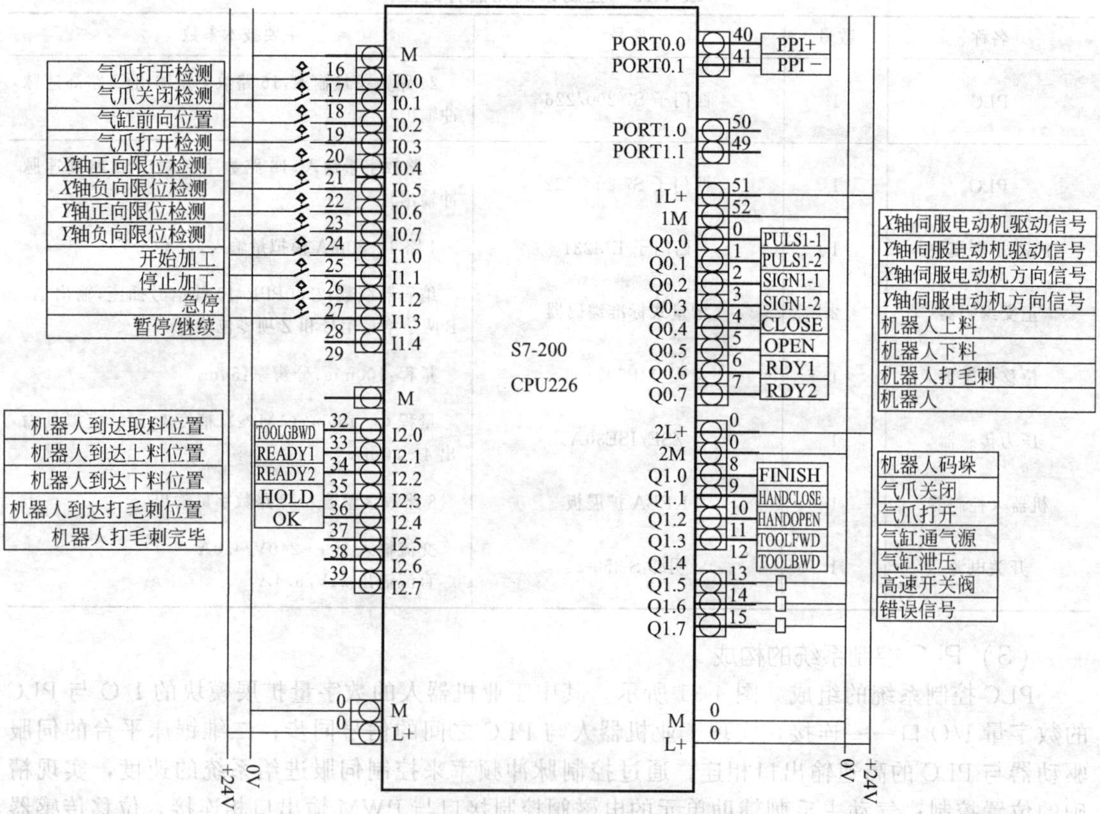

图 4-32　PLC 接线图

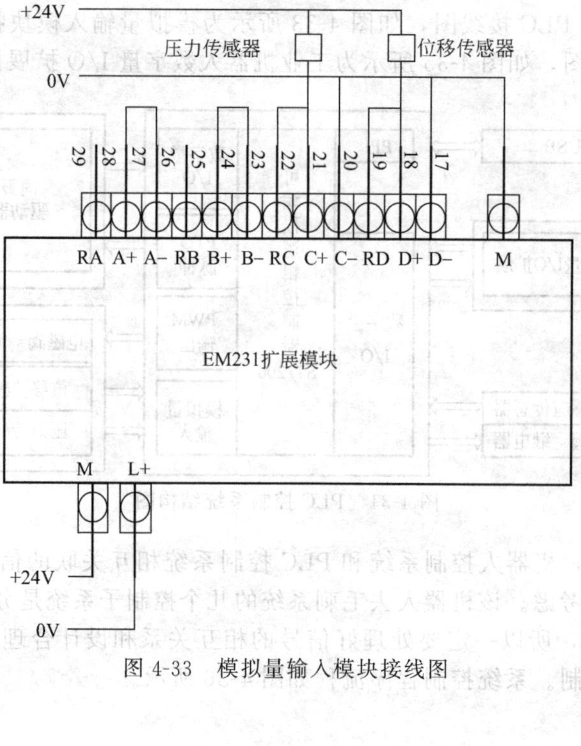

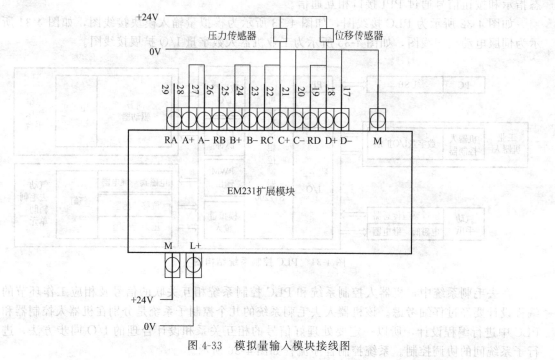

图 4-33　模拟量输入模块接线图

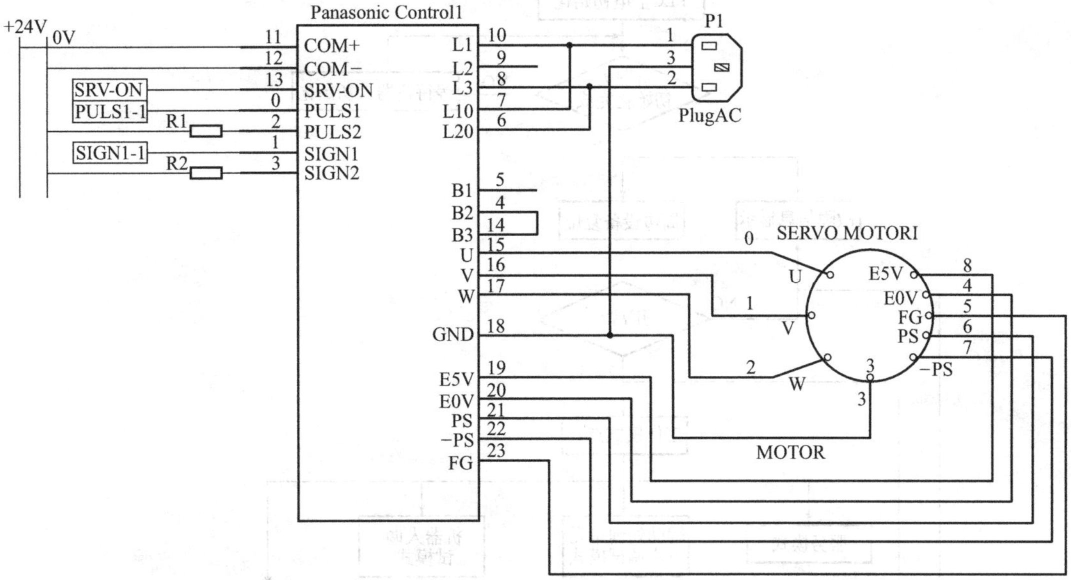

图 4-34　伺服电动机接线图

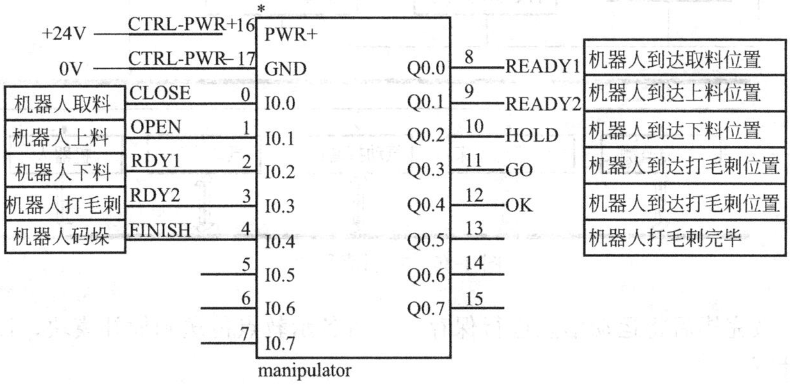

图 4-35　工业机器人数字量 I/O 扩展接线图

4.3.6　控制系统软件设计

（1）软件结构

主控系统软件采用模块化设计，整个软件系统包括配方管理、示教分析、运行功能三大模块，其软件结构如图 4-37 所示。

① 配方管理模块　配方管理根据不同型号的工件设置不同的工作工程，为现场的操作工人提供型号调用功能，避免操作工人进行复杂的编程过程。这个模块为系统提供工程的打开、新建、保存、打印和工程指令的插入、编辑、删除等等操作，与此同时显示工程占用的内存大小、保存时间等内容，以便实现工程文档的管理。

② 示教模块　去毛刺机器人采用在线示教/再现的工作模式，所谓机器人的示教，就是将工业机器人的运动位置、运动速度、过渡方法等运动信息预先保存至机器人控制器中，工作过程中通过相应的插值方法复现所需的运动过程。在此采用控制器单独控制各关节的方法

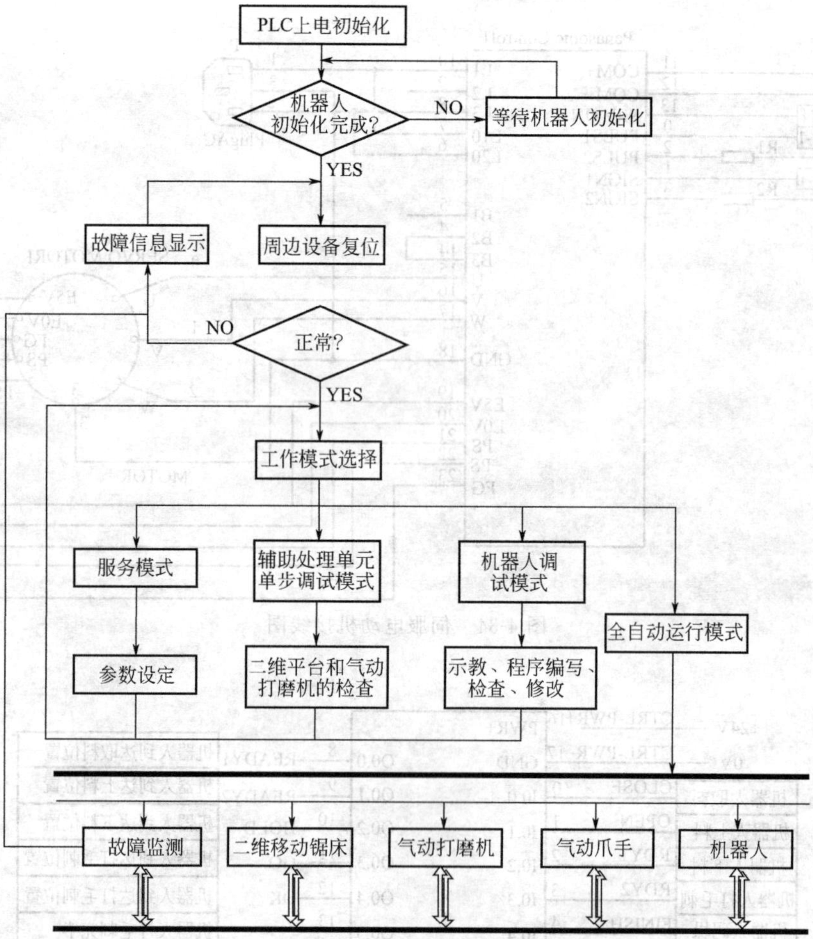

图 4-36 控制流程图

进行示教，示教完毕后将运动信息进行保存，并将各示教点传送到插补模块，以便对各示教点进行插补计算。

③ 运行功能模块 系统运动模块是机器人去毛刺系统控制系统起停、进行工作协调运动规划和运动监视的模块，该模块由工业机器人的控制器和 PLC 共同提供。该模块可以为不同的工件应用功能提供不同的运动规划方法，满足不同的工况需求。

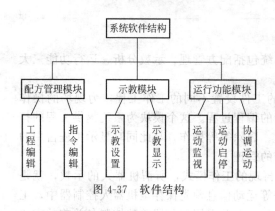

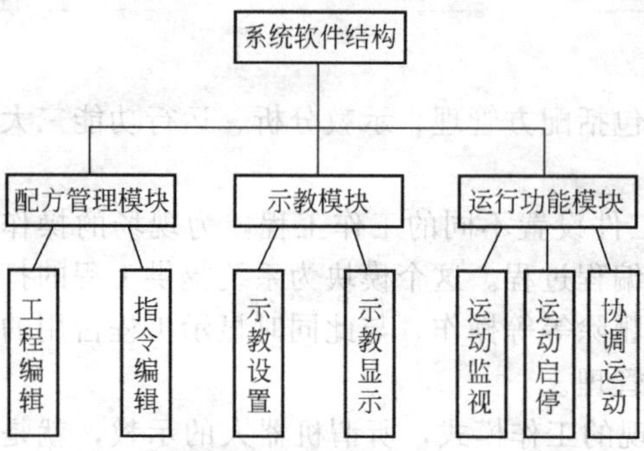

图 4-37 软件结构

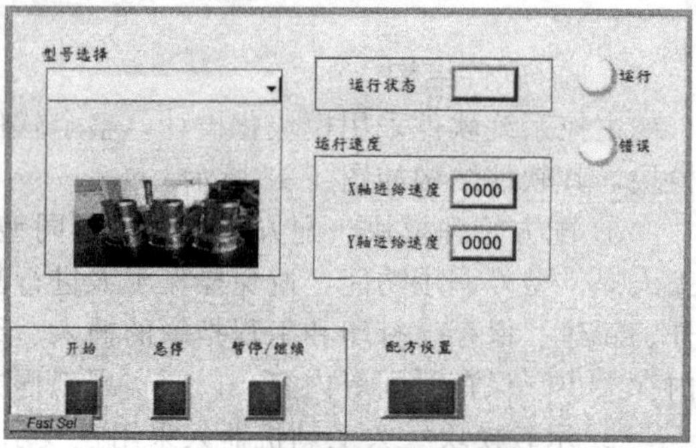

图 4-38 系统的控制界面

系统的控制界面如图 4-38 所示，主界面上包括运行状态、运行速度等信息显示部分，包括启停、配方设置、型号选择等设置部分。

(2) 配方管理模块

点击标签页上的“配方设置”，进入配方标签页，如图 4-39 所示，其软件流程图如图 4-40 所示。在开始示教一个新的工件去毛刺轨迹时，需要建立一个新的配方，从而保存系统各个单元之间的动作顺序、速度、位置等信息。配方模块即软件的工程管理模块，能够提供工程的新建、打开、保存和指令的新建、插入、删除以及工作参数等操作。保存后的配方可以提供以后工作调用，减少工人编程难度，提高生产效率。

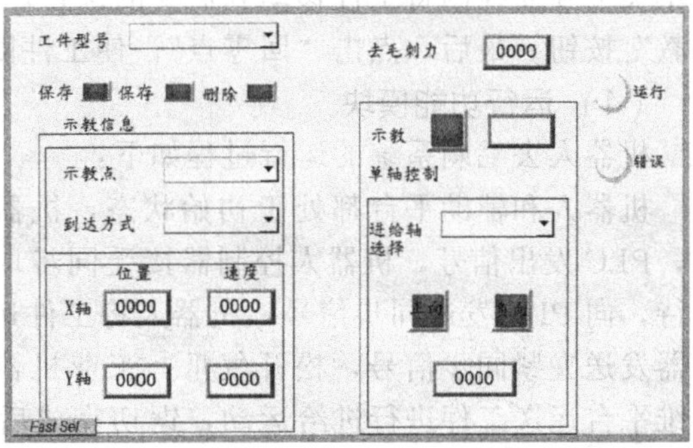

图 4-39　配方管理界面

(3) 示教功能模块

用工业机器人代替工人完成相应的工作时，首先需要设定工业机器人末端执行器应该完成的动作和作业的相关内容，需要设定每一个关节，详细到每一个步骤，每一个运动点。这个设定的过程就是对工业机器人的示教过程。要想让机器人实现所期望的动作，机器人必须被赋予各种动作信息，首先是工业机器人动作顺序以及机器人与外部设备之间的协调信息；其次是与工业机器人工作时的附加条件信息，例如速度约束、加速度约束、关节力矩约束；最后是机器人的位置和姿态信息。

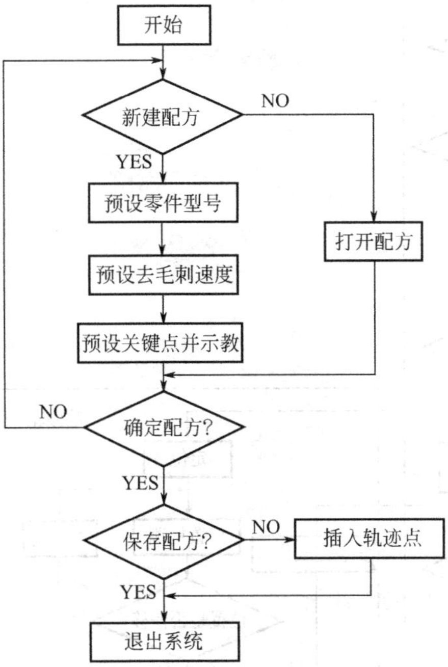

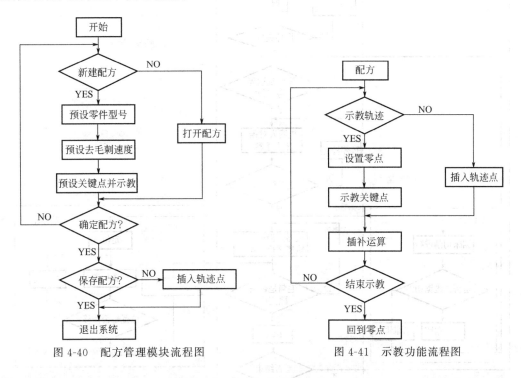

图 4-40　配方管理模块流程图

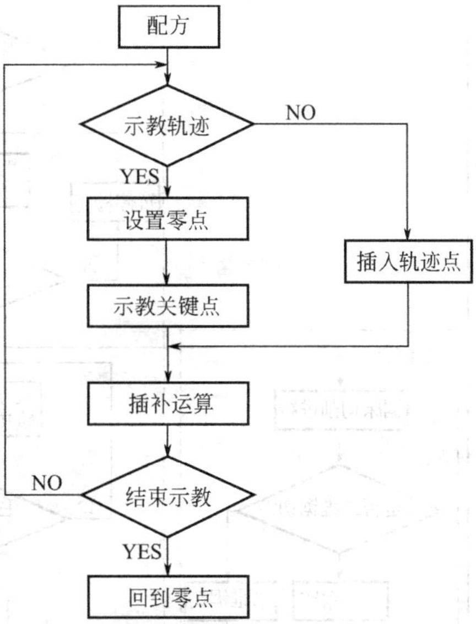

图 4-41　示教功能流程图

机器人的示教，是通过操作示教器或者在电脑端的模拟示教器，由机器人控制器记录示教的关键点，然后根据选择的插补规则进行插补运算，进而算出由这些关键点确定的机器人运动轨迹。

如图 4-41 所示为示教功能流程。

示教步骤为：首先，点击“设零点”按钮，弹出“原点设置”对话框。使用单关节独立控制将工件移动到零点位置，完成零点设置。然后，点击“开始示教”，程序进入示教状态，用单关节独立控制将工件移动到需要的位置，逐个记录轨迹上的点。示教完成后点击“结束示教”按钮。最后，点击“回零点”，使工件回到零点位置。

（4）运行功能模块

机器人去毛刺系统的运行过程如下：

机器人和辅助平台都处于初始状态，机器人从原点运动到目标工件位置，气爪抓取工件，PLC 发出信号，机器人控制器接受同步取件完成同步信号，后运动至锯床平台附近点等待，向 PLC 发送同步信号，机器人将工件送至夹具中，夹具加紧工件，PLC 向机器人控制器发送夹紧同步信号，松开气爪，工业机器人退回锯床等待点，向 PLC 发送同步信号，二维平台运送工件进行进给运动，锯切完成后二维平台退回至原点，PLC 向机器人控制器发送 I/O 同步信号，工业机器人运动到锯床平台附近，向 PLC 发送 I/O 同步信号，保持锯床辅助平台不能运动，机器人进入夹取工件位置，夹具松开，气爪夹紧工件，PLC 向工业机器人同步信号，工业机器人运动到气动系统，进行毛刺去除，气缸位移传感其检测到变化，切换至压力控制，知道位移信号在精度范围内，PLC 向机器人控制器发送同步信号，工业机器人停止去毛刺运动，将工件送至码垛点，向 PLC 发送 I/O 信号，气爪松开，工业机器人返回原点。流程图如图 4-42 所示。

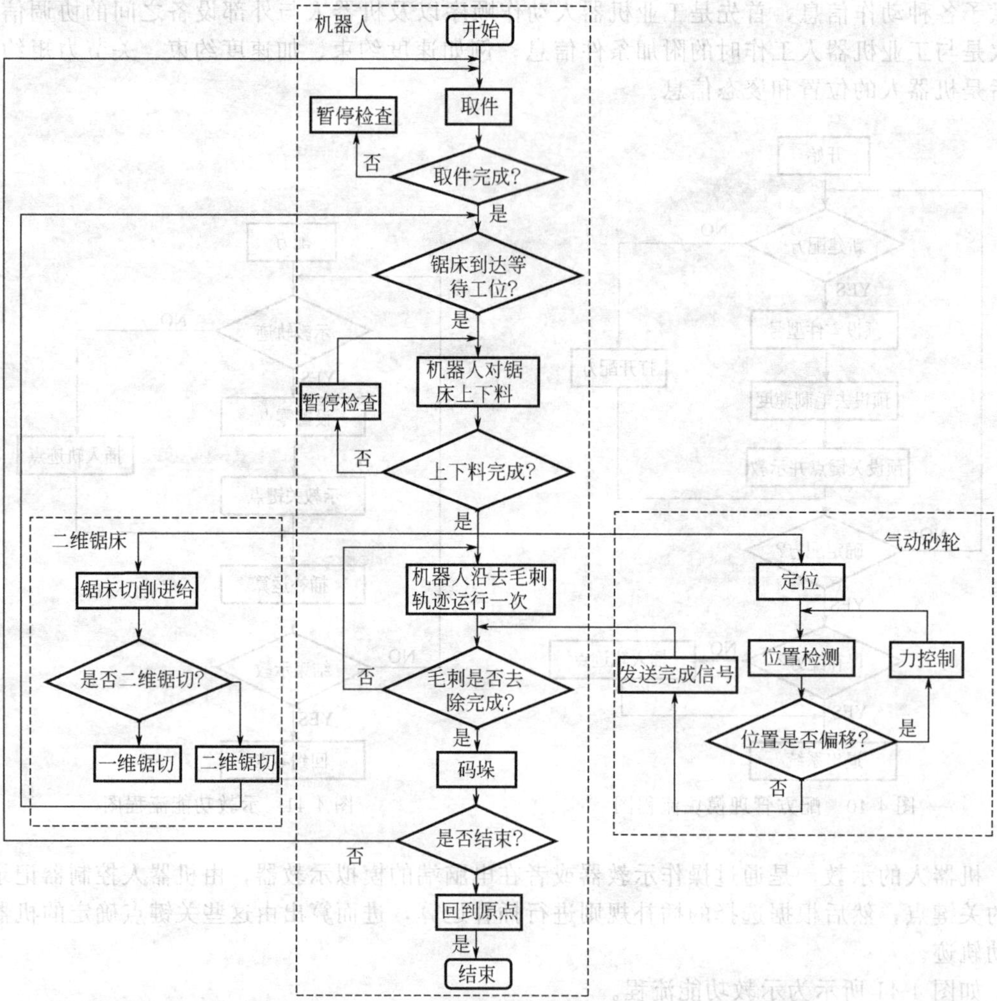

图 4-42 工作过程运行流程图

(5) 去毛系统程序

考虑到铸件有多种型号，在使用过程中不同规格型号的工件，它的毛刺的种类和部位都有不同。甚至同型号的不同毛坯，事实上需要加工的位置及力度都不是完全相同的。所以，设计去毛刺程序之初就考虑了系统和程序的通用性，为需要加工的工件制定规范的加工程序模板，不同的工件只需要在后期调整相应的几个参数，以便在需要时由主程序调用。在工件规格或由于模具变化而导致毛刺发生变化时，只需要在主程序中增加调用子程序的命令就可以了。因此，也就只需要很简单的工作就可以适应不同的规格的工件。

在编制每一种型号规格的工件的加工程序时，由于工件的外形比较复杂，每个加工部位的实际形状都有不同。在实际试验的编程中，由于本系统的动作主要是二维锯床平台的移动轴带动被夹具夹紧的工件进行加工和工业机器人夹持工件进行移动和加工，因此，主要是需要根据不同的加工部位选择合适的工具坐标。在子程序中，要实现加工工件的分型面毛刺，其中 PLC 程序中的一部分如下：

```
TITLE= 去毛刺
Network 1//X 轴初始化
LD    SM0.0
=     L60.0
LD    M0.0
=     L63.7
LD    M0.1
=     L63.6
LD    L60.0
CALL  SBR1,L63.7,L63.6,M0.2,
B0,VD2
Network 2//X 轴位置控制
LD    SM0.0
=     L60.0
LD    M0.3
EU
=     L63.7
LD    L60.0
CALL SBR2,L63.7,0,M0.5,M0.4,
VB0,VB10,VB12,VD2
Network 3//X 轴方向控制
LD    M0.2
S     Q0.3,1
Network 4//X 轴位置检测子函数
LD    SM0.0
CALL  SBR0,10000
Network 5//Y 轴方向控制
LDN   M0.6
R     Q0.3,1
Network 6//Y 轴位置检测子函数
LD    SM0.0
CALL  SBR1,10000
Network 7//气爪开合控制
LD    M0.7
R     Q1.0,1
```

机器人控制程序的一部分如下：

```
PTP(ap1)            //到达初始位置
Lin(cp1)            //到达取料等待位置
Lin(cp3)            //到达取料位置
Dout1.set(TRUE)     //取料
WaitTime(500)       //等待取料完成
Lin(cp1)            //移动至取料完成位置
Lin(cp5)            //移动至锯床上料等待位置
Lin(cp4)            //移动至锯床上料位置
Dout1.set(TRUE)     //放下工件
Din3.wait(TRUE)     //锯床夹具完成
Lin(cp5)            //移动等待锯床下料位置
WaitTime(500)       //等待锯床料完成
Dout2.set(TRUE)     //气爪夹取工件
WaitTime(500)       //等待夹取完毕
Lin(cp4)            //运动至去毛刺位置
WHILE(Din4.wait(TRUE))DO
Lin(cp5)
Cire(cp6)
END WHILE           //去毛刺循环
Lin(cp7)            //运动至码垛位置
Lin(cp8)            //运动至码垛完成位置
PTP(ap1)            //回到原点
```

机器人去毛刺加工系统根据不同的生产任务，通过简单的修改一些参数，可以对不同规格型号的铝合金管接头铸件毛坯进行去毛刺加工。系统柔性较高，只需要更换一些简单的夹具并修改工作程序就可以进行新的加工任务。机器人去毛刺加工系统达到了代替人工操作的初步要求，并满足了一定的高速、高精度和高可靠性的要求。

4.4 轮毂搬运机械手控制系统设计开发

某车轮轮毂加工厂生产线传送带用来传送待加工的轮毂，生产过程中，需要将轮毂从传送带搬运至工作台进行去毛刺、抛光等加工，为此研制一种轮毂搬运机械手以降低人工劳作并提高轮毂生产加工的效率。

4.4.1 机械机构设计

(1) 整体结构设计

传送带与工作台之间的距离约 1100mm，根据实际工作空间确定机械手的安装位置及整体尺寸大小如图 4-43 所示，圆环表示机械手末端执行器的运动范围。

考虑到轮毂的重量和体积较为庞大，所设计的轮毂搬运机械手必须具有良好的稳定性、抗干扰能力及较大的抓举力，因此选择整体模型为圆柱坐标型液压驱动机械手。

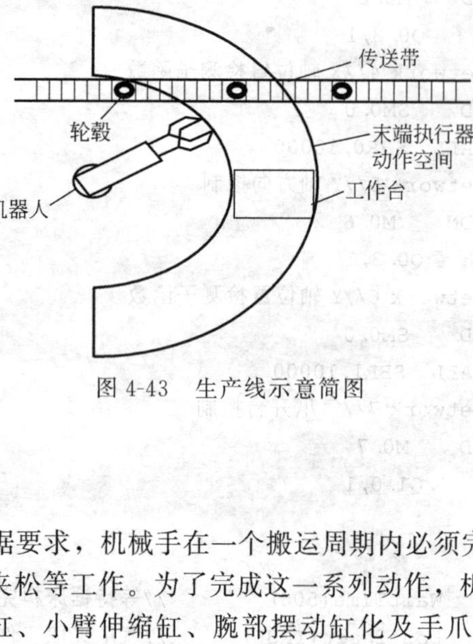

图 4-43 生产线示意简图

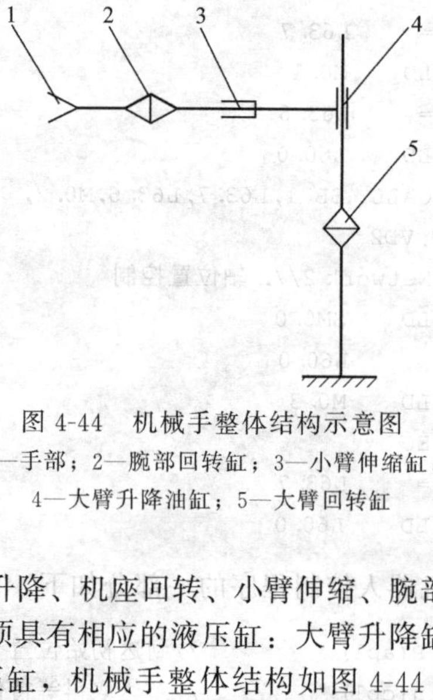

图 4-44 机械手整体结构示意图

1—手部；2—腕部回转缸；3—小臂伸缩缸；4—大臂升降油缸；5—大臂回转缸

根据要求，机械手在一个搬运周期内必须完成大臂升降、机座回转、小臂伸缩、腕部摆动及手爪夹松等工作。为了完成这一系列动作，机械手必须具有相应的液压缸：大臂升降缸、机座回转缸、小臂伸缩缸、腕部摆动缸化及手爪夹松液压缸，机械手整体结构如图 4-44 所示。机械手初始高度为 690mm，上升最大高度为 340mm，初始长度为 1060mm，最大伸出长度为 430mm。

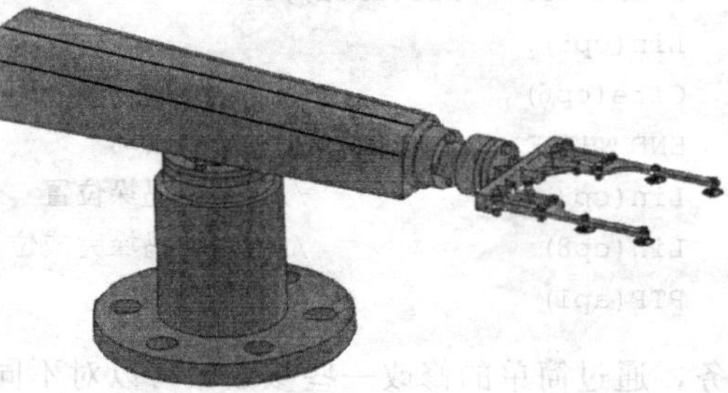

图 4-45 机械手的整体结构

将手爪、伸缩机构、升降机构、回转机构、底座等连接部件进行整体装配，其整体结构如图 4-45 所示。机械手共具有四个自由度，包括两个转动副和两个移动副，通过各关节间的相互运动，手爪在空间中的整体轨迹为一个圆柱体，运动平稳，因此适用于搬运物件等操作。

(2) 手部设计

手部，又称末端执行器。它是机械手直

接用于抓取和握紧工具进行操作的部件，安装于手臂前端，根据不同的抓取方式一般可分为夹持式和吸附式两种。

夹持式机械手通过手指的开、合实现对物体的抓取动作，手爪可直接与工件表面接触并抓取工件，也可通过托举力将工件固定并托起，以免对工件表面造成损坏，适用性强。吸附式机械手靠吸附力将工件抓取，适用于接触平面大、易碎、重量轻的搬运场合。

根据设计要求，由于轮毂本身体积较大，重量大，搬运过程中需要较大的抓取力，且不能刮伤表面，因此手爪的手部结构采用夹持式托举的形式。为保证机械手在夹持过程中的稳定性，必须满足手指始终处于平行状态，因此手爪采用连杆机构，两根手指分别通过两根连杆和手指架相连，手指架通过螺钉与回转油缸外壳固定，活塞杆穿过手指架，并连接两根活塞杆，以实现手爪的夹紧与松开，造型如图 4-46 所示，手爪的夹紧和松开由液压缸推动活塞杆进行控制，活塞杆缩回，手爪夹紧，活塞杆伸出，手爪松开。

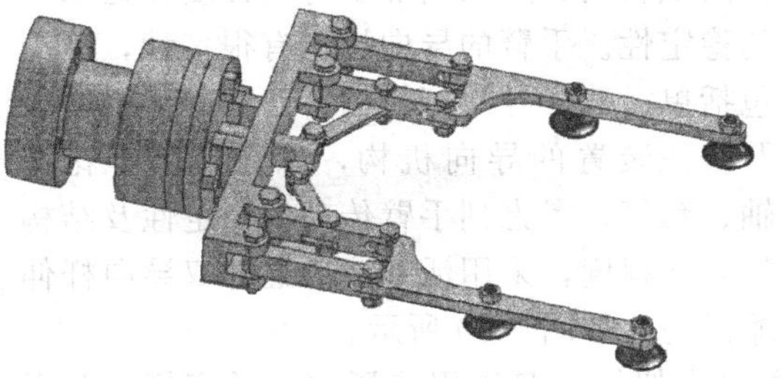
图 4-46　手部造型

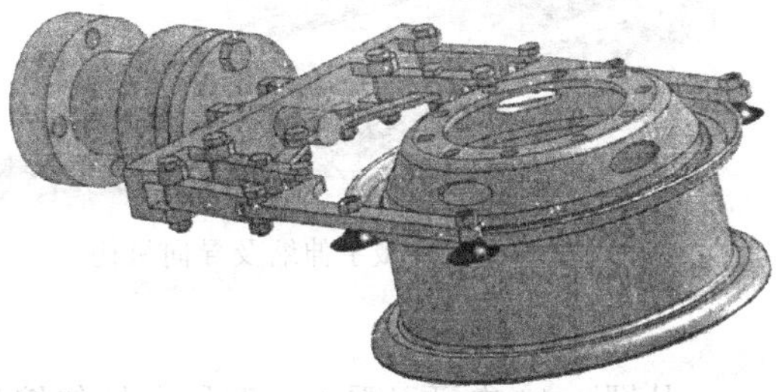
图 4-47　手爪与轮毂夹紧效果图

在两根手指上通过螺母分别固定两个锥形帽，锥形帽外部为橡胶材料，在机械手工作过程中直接与轮毂表面接触，以避免在夹持过程中对轮毂造成损伤。通过锥形帽与轮毂的外围相卡接，以实现手爪对轮毂的夹紧和托举，手部与轮毂的夹紧效果如图 4-47 所示。

（3）回转机构设计

回转机构的主要功能是实现机械手手臂及手腕的回转运动，常用的有回转油缸、齿轮传动机构、链轮传动机构和连杆机构。回转油缸是利用液压油推动连接在油缸内侧的转子绕轴转动，从而带动缸体及外接部件转动，常用叶片式结构。特点是结构简单、输出扭矩高、体积小且易于装配。

齿轮齿条机构中，齿轮与齿条相配合，通过齿条做往复直线运动带动齿轮回转，从而实现手臂的回转。特点是负载能力强、稳定性好、传动精度高、传动速度高，但是对加工安装精度要求高，传动噪声大，磨损大。

链轮传动机构是通过链轮与链条相配合，通过链条的直线运动带动链轮的回转运动的一种传动方式。特点是无弹性滑动和打滑现象，效率高，传递功率大，负载能力强，但是链轮传动的适用性较低，传动稳定性低、噪声大、冲击和振动强。

综合以上各种回转机构的特点，考虑到机械手的尺寸不宜过大、回转角度为 180°，以及运动的平稳性，选择回转油缸机构，如图 4-48 所示。其装配紧密，占用空间小，结构简单，转动惯量小，因此造成的冲击小，使用寿命长。

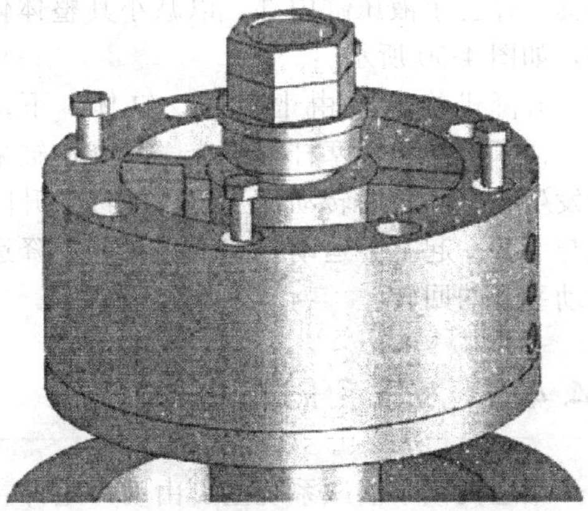
图 4-48　机械手回转机构

回转油缸的工作原理是利用带有一定压力

的油液推动扇形转子的侧面，使其绕轴转动，从而带动缸体回转。回转油缸主要由缸体、上端盖、下端盖、回转轴、动片、定片、轴承等组成。图中两个扇形结构分别为动片和定片，即转子和定子，转子通过螺钉安装在回转轴上，在一定角度内可以旋转，定子是不转的，通过螺钉固定在缸体上。在转子的两侧分别通有液压油管，一侧进油，另一侧必须回油。转子转到与定子相碰的时候，停止转动，然后改变进油方向反向回转。

(4) 伸缩及导向机构设计

手臂的伸缩运动属于横向的往复直线运动，目前使用较多的结构有活塞液压缸、齿轮齿条机构、丝杠螺母机构及活塞缸和连杆机构等。相比于其他几种机构而言，活塞液压缸具有重量轻、运动平稳、易控制等优点，因而在工业机器人中的应用范围更为广泛。

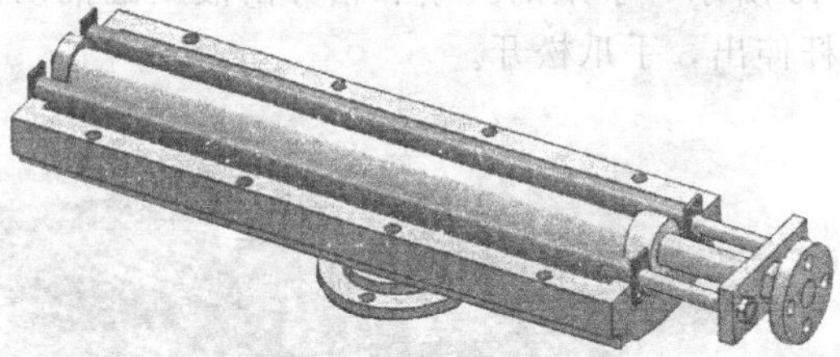

图 4-49　机械手伸缩及导向机构

当确定了手臂的伸缩方式后，还要确定其导向方式，以防止手臂做直线运动时发生偏离或转动，从而增加手臂的强度和运动时的稳定性。手臂的导向机构有很多种，其中包括单、双、导向杆机构、四导向杆机构以及其他装置的导向机构，如燕尾槽、花键轴、套等，考虑到手臂传动的稳定性及结构的复杂程度，采用活塞液压缸的双导向杆伸缩机构，如图 4-49 所示。

从图 4-49 中可以看出，双导向杆伸缩机构主要由架体、双作用液压缸、活塞杆、两根导向套、两根导向杆和支撑座以及其他连接部件所组成，活塞杆右端通过螺母与腕部及手部相连接。

当双作用液压缸的两个腔分别注入压力油时，推动活塞杆做往复直线运动，从而带动活塞杆右边的手腕及手部做伸缩往复运动，液压缸两侧的导向套通过螺栓固定在架体上，导向杆置于导向套中，当液压油推动活塞杆运动时，左右两边的导向杆随之在导向套内做直线运动，从而防止手臂伸缩时发生绕轴线的转动。由于两根导向杆分别对称安装在伸缩液压缸的两侧，由导向杆承受手臂的弯曲作用力，因此受力简单，传动平稳。

(5) 升降及导向机构设计

手臂升降机构和伸缩机构一样，属于直线运动，除了要实现其往复运动外，还要设计其导向装置，同伸缩机构一样，升降机构也采用活塞液压缸机构，导向装置采用花键轴套，并置于液压缸内部，以减小其整体体积，如图 4-50 所示。

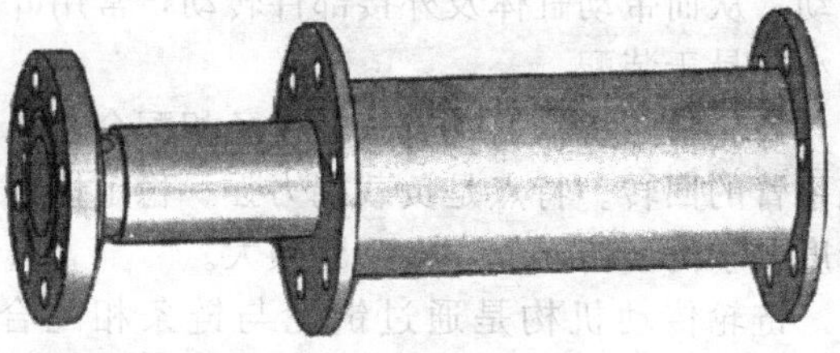

图 4-50　机械手升降机构

升降机构主要由上端盖、缸体、下端盖、活塞套筒、活塞杆等组成。升降油缸采用花键轴套进行导向，以防止活塞杆在升降过程中发生绕中心轴的转动。当压力油进入升降油缸时，推动活塞杆上下运动，从而带动回转油缸与手臂一起上下运动，实现手臂的升降运动。活塞杆上方通过螺母与回转油缸连接，从而带动手臂的回转。

4.4.2 液压系统设计

搬运机械手液压系统主要由动力组件、执行组件、控制组件、辅助组件和液压油五个部分组成。

动力组件即液压系统中的油泵向整个液压系统提供动力，输出压力油液，这里采用一个变量泵供油。

执行元器件的作用主要是利用动力元器件提供的压力油驱动外部负载运动，这里采用五个执行部件：机座回转马达、大臂升降缸、小臂伸缩缸、腕部摆动马达和手部夹/松缸。

辅助组件包括油箱、滤油器、油管及管接头、压力表、压力继电器等。在液压系统中起连接、输油、储油、过滤和保护等作用。

调压回路通过溢流阀所设定开口压力的大小，规定系统的最大压力，并且能够根据负载大小的变化进行调节。图 4-51 中的调压回路主要通过溢流阀 5 和换向阀 6 控制系统的工作压力保持恒定，限制其最大值，防止系统过载。

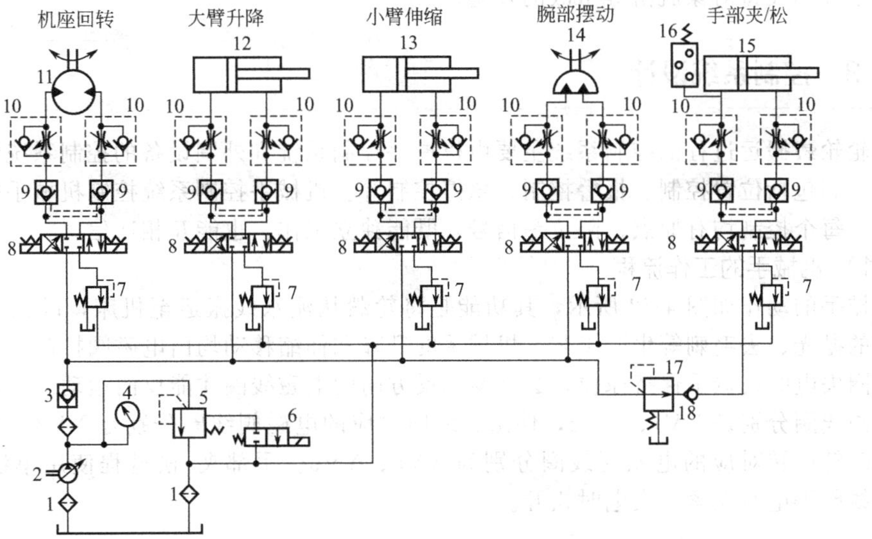

图 4-51　液压系统原理图

1—过滤器；2—液压泵；3,18—单向阀；4—压力表；5—溢流阀；6—换向阀；7—背压阀；8—三位四通换向阀；9—液控单向阀；10—单向节流阀；11,14—液压马达；12,13,15—液压缸；16—压力继电器；17—减压阀

调速回路按改变流量或排量的方法不同，可将液压调速回路分为三类：节流调速回路、容积调速回路和容积节流调速回路，节流调速回路是通过调节流量阀的通流截面面积的大小来控制流入液压执行元器件或自执行元器件流出的流量，以此来调节执行元器件的速度。

在液压缸和液压马达进、出油口分别串联一个可调节的单向节流阀，便可实现双向调速，通过调节节流阀开口的大小来控制执行元器件的运动，从而满足机械手各部分的实际运动需要。同时，通过节流阀的调节作用，能够使得系统运行的更加平稳，增加了系统的稳定性。

锁紧回路保证执行元器件（液压缸或液压马达）停止运动后不再因为外力的作用产生位移或窜动。这里在液压缸进、回油路中都串接液控单向阀，即液压锁，活塞可以在行程的任一位置锁紧，其锁紧精度只受到液压缸内少量的内泄漏影响，锁紧精度高。另一方面，双向液压锁能够防止系统在一缸工作一缸制动时两个缸窜动，能够长时间地被锁停在工作位置，不会因外力扰动影响而发生窜动，使得系统更加稳定。

对执行机构而言背压就是油液从执行机构回到油箱或油泵吸油口时，执行机构回油处的压力，对系统而言背压就是主换向阀 T 口压力。这里在换向阀的回油油路中串联背压阀 7，用于油缸动作时回油侧油液的背压，使得油缸在运动时更加平稳。

机械手液压系统原理图如图4-51所示。液压泵2输出的压力油经过滤精度为10μm的精过滤器1过滤后，通过单向阀3进入电磁换向阀8，再经过液压锁锁紧和节流阀节流，进入液压缸11-15推动活塞带动相应的机构运动，从而获得机械手各关节的动作。同时包含了压力表和压力继电器等辅助元件。

各关节的运动速度和方向由输入电磁换向阀的电流大小和方向进行控制，单向阀3的作用是用来防止泵2在不工作时压力油回流。系统的额定工作压力由溢流阀5调定。在各关节的运动回路中均设有液控单向阀组成的液压锁和节流调速回路，用来实现各关节在任意位置的锁紧和工作过程中的调速功能，所以机械手可以实现高速精确定位。

手部液压夹紧回路上设置减压阀17，以保证夹紧回路在所需压力小于系统调定压力的情况下压力的稳定，并设置单向阀构成锁紧保压回路，以防止因系统压力波动或意外断电导致手爪松开和夹持对象脱落等事故的发生。

4.4.3 控制系统设计

车轮轮毂搬运过程的控制系统主要由机械手控制系统和外围设备的控制系统组成。外围设备的控制包括位置控制、报警控制、急停控制等。机械手控制系统控制机械手完成轮毂搬运工作。每个控制均有原点、限位等信号，既能独立工作，也能互相通信。

（1）机械手的工作流程

机械手的动作如图4-52所示，其功能是将轮毂从流水线搬运至机床，以完成轮毂生产过程中的抛光、去毛刺等生产工艺。机械手的升降和伸缩移动均由电磁阀控制，在某方向的驱动线圈失电时机械手保持原位，必须驱动反方向的电磁线圈才能反向运动。上升、下降对应的电磁线圈分别是YV1、YV2，伸出、缩回对应的电磁阀线圈分别是YV3、YV4，机座顺、逆时针回转对应的电磁阀线圈分别为YV5、YV6。手部夹/松过程使用单线圈电磁阀YV7，线圈得电时夹紧，失电时松开。

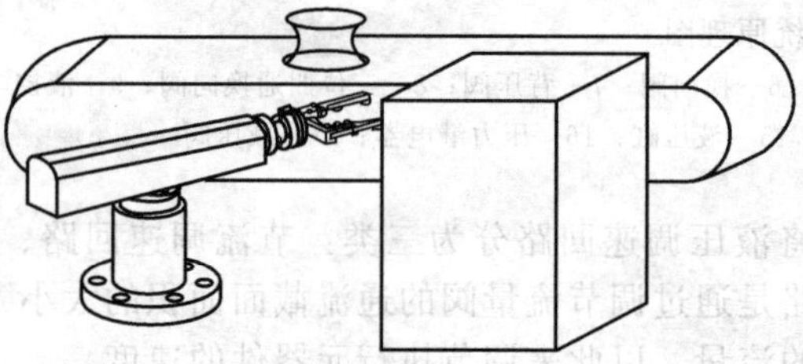

图4-52 机械手的动作示意图

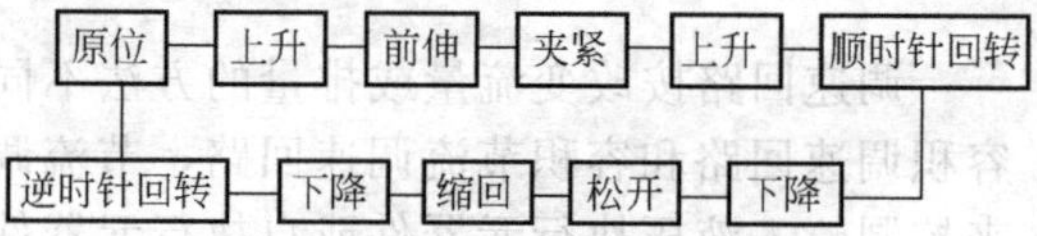

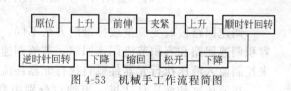

图4-53 机械手工作流程简图

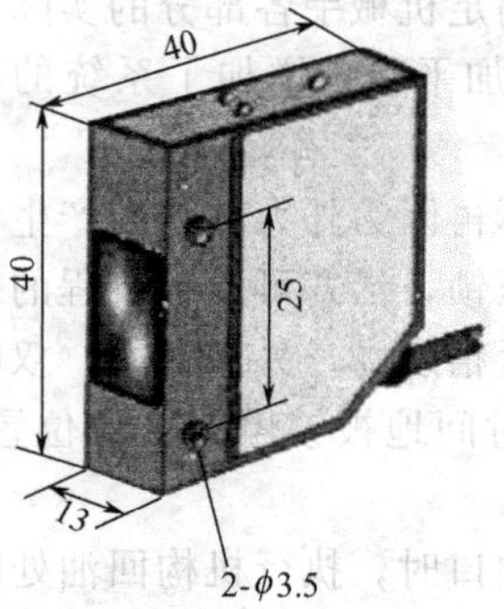

图4-54 HG-GF41-ZNKB型光电传感器

机械手各关节运动的开始和相互转换均由限位开关（又称行程开关）控制。根据机械手的实际工作需求，可以确定机械手在一个周期内的工作流程为：原位→上升→前伸→夹紧→上升→顺时针回转→下降→松开→缩回→下降→逆时针回转→原位，工作流程如图4-53所示。

（2）传感器的选择

传感器的种类有很多，由于光电传感器具有非接触、结构简单紧凑、抗干扰能力强、误差小等优点，因此被广泛应用。光电传感器是通过光学电路将所检测到的光信号的变化转化为电信号，然后通过电路将信号传递给控制系统。

采用遮断型光电传感器HG-GF41-ZNKB，如图4-54所示。

工作时安装于轮毂运输传送带两侧，用于检测工件的位置，当轮毂到达预期位置时，光电传感器检测到信号并反馈给系统，此时传送带停止传动，机械手从初始状态开始工作。

（3）PLC 的 I/O 配置

PLC 控制的 I/O 配置如表 4-14 所示。

表 4-14　PLC 控制的 I/O 配置

设备		继电器	设备		继电器
代号	功能		代号	功能	
SA_1	手动挡	X0	SQ_1	上限位开关	X20
SA_2	回原位挡	X1	SQ_2	下限位开关	X21
SA_3	单步挡	X2	SQ_3	上升限位开关	X22
SA_4	单周期挡	X3	SQ_4	下降限位开关	X23
SA_5	连续挡	X4	SQ_5	伸出限位开关	X24
SB_1	启动按钮	X5	SQ_6	缩回限位开关	X25
SB_2	停止按钮	X6	SQ_7	顺时针回转限位	X26
SB_3	上升按钮	X7	SQ_8	逆时针回转限位	X27
SB_4	下降按钮	X10	YV_1	上升电磁阀线圈	Y0
SB_5	伸出按钮	X11	YV_2	下降电磁阀线圈	Y1
SB_6	缩回按钮	X12	YV_3	伸出电磁阀线圈	Y2
SB_7	顺时针回转按钮	X13	YV_4	缩回电磁阀线圈	Y3
SB_8	逆时针回转按钮	X14	YV_5	顺时针回转线圈	Y4
SB_9	夹紧按钮	X15	YV_6	逆时针回转线圈	Y5
SB_{10}	松开按钮	X16	YV_7	松/紧电磁阀线圈	Y6
SB_{11}	回原位按钮	X17			

一共采用 24 个输入端子和 7 个输出端子。其中，工作方式选择有手动挡、回原位挡、单步挡、单周期挡和连续挡 5 种，分别对应 5 个输入端子，机械手的位置检测有上、下限位开关，上升、下降限位开关，伸出、缩回限位开关，以及顺、逆时针回转限位开关八个行程开关，分别对应 8 个输入端子。手动工作时有上升、下降、伸出、缩回、顺时针回转、逆时针回转、夹紧、松开和回原位按钮 9 个输入端子，另外还有启动、停止两个按钮两个端子。7 个输出端子，分别控制机械手的上升、下降、伸出、缩回、顺时针回转、逆时针回转和松开/夹紧动作，对应 7 个输出端子。

根据表 4-13 中的 I/O 配置，PLC 控制系统的 I/O 接线如图 4-55 所示。

4.4.4　PLC 控制程序设计

根据机械手不同的工作方式（包括连续工作、单周期、单步、回原位和手动等），设计了不同的 PLC 程序：公共程序、自动程序、回原位程序及手动程序，其中自动程序包括单周期、单步和连续程序。如当选择工作方式为手动方式时，工作方式选择开关 SA 的触点 SA1 闭合，输入继电器 X0 得电，系统将执行手动程序，同理，当工作方式选择开关的相应触点 SA2、SA3、SA4、SA5 闭合时，系统将执行回原位程序和自动程序，其中自动程序包括单步、单周期和连续程序。

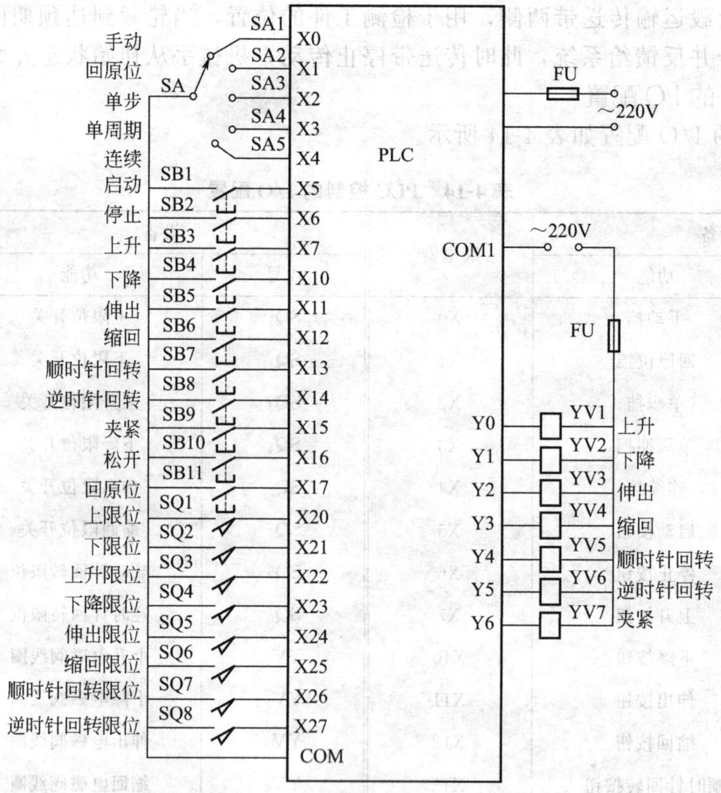

图 4-55 控制系统的I/O接线

（1）公共程序

公共程序的作用是根据实际控制需要实现自动程序和手动程序间的切换，如图4-56所示。当机械手满足Y6［1］复位（手爪松开）、缩回限位开关X25［1］、下限位开关X21［1］以及回转限位开关X27［1］的常闭触点得电闭合时，原位状态标志辅助继电器M0［1］得电，表示机械手此时处于原位状态。

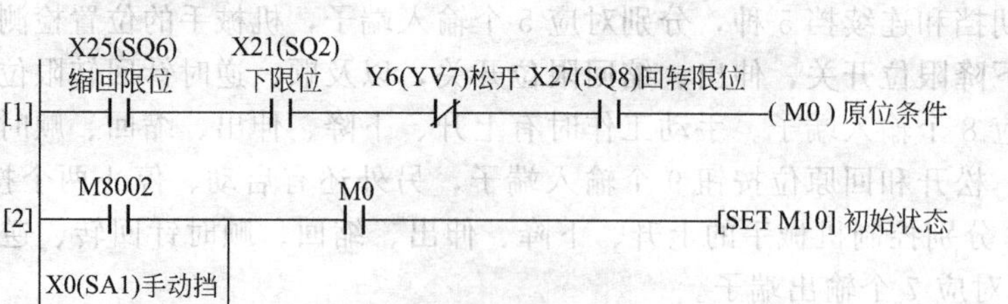

图 4-56 公共程序

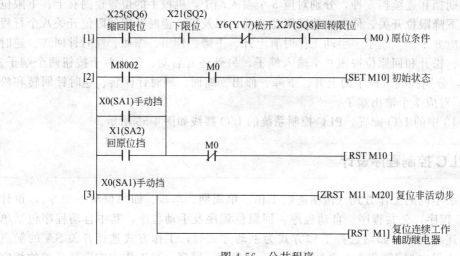

当M0得电后，机械手处于原位状态，此时执行用户程序，M8002［2］的状态为ON，

将根据需要选择手动或回原位状态，因此手动挡 X0 或回原位挡 X1 闭合，此时，初始状态辅助继电器 M10 [2] 得电，M10 的主要作用是在自动程序中区分步进、单周期和连续的工作状态，可以按照工作需求选择不同的工作状态。若 M0 [1] 没有得电，则常闭触点 M0 [2] 处于闭合状态，此时 M10 复位。当系统选择手动工作状态时，需要使用复位指令 ZRST 将自动程序中控制机械手运动的辅助继电器 M11-M20 复位，同时复位连续工作辅助继电器 M1 [3]，从而避免系统在手动和自动工作方式相互切换时，又重新回到原工作方式，导致系统出现错误。

（2）自动程序

自动程序可根据用户需要实现步进、单周期以及连续循环工作等不同的工作方式，三种不同工作方式的切换主要由连续工作辅助继电器 M1 和转换允许辅助继电器 M2 控制，如图 4-57 所示。

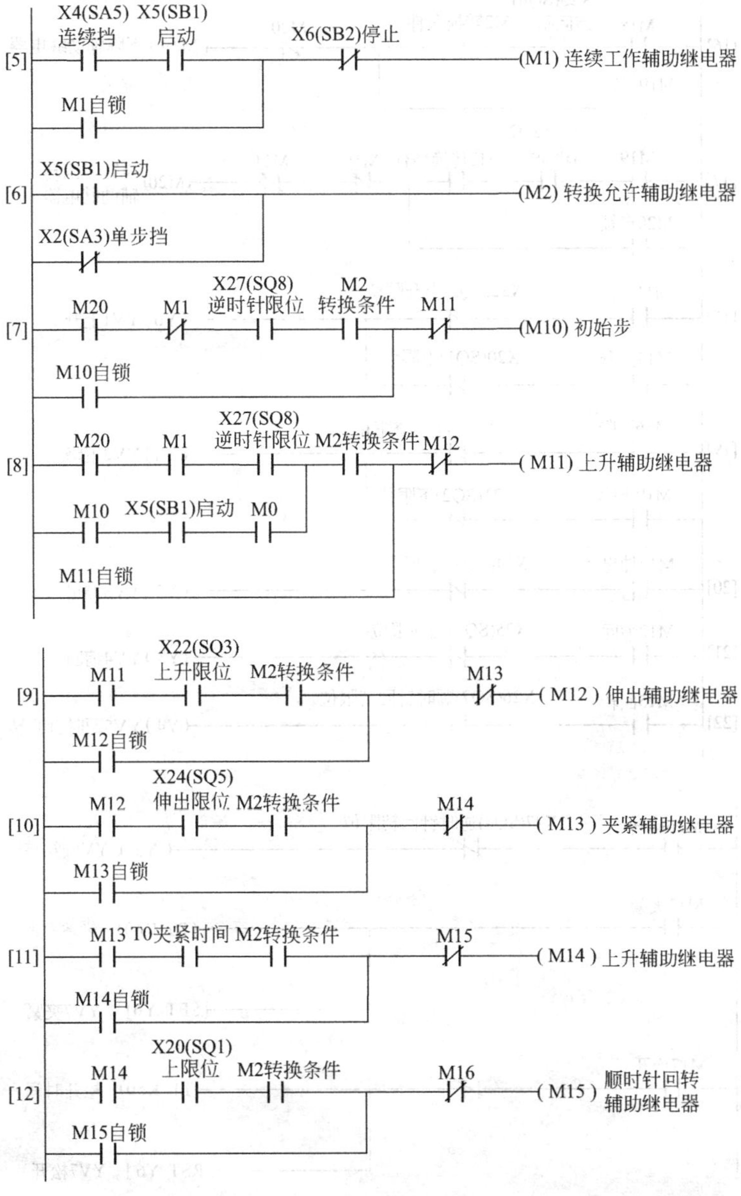

图 4-57

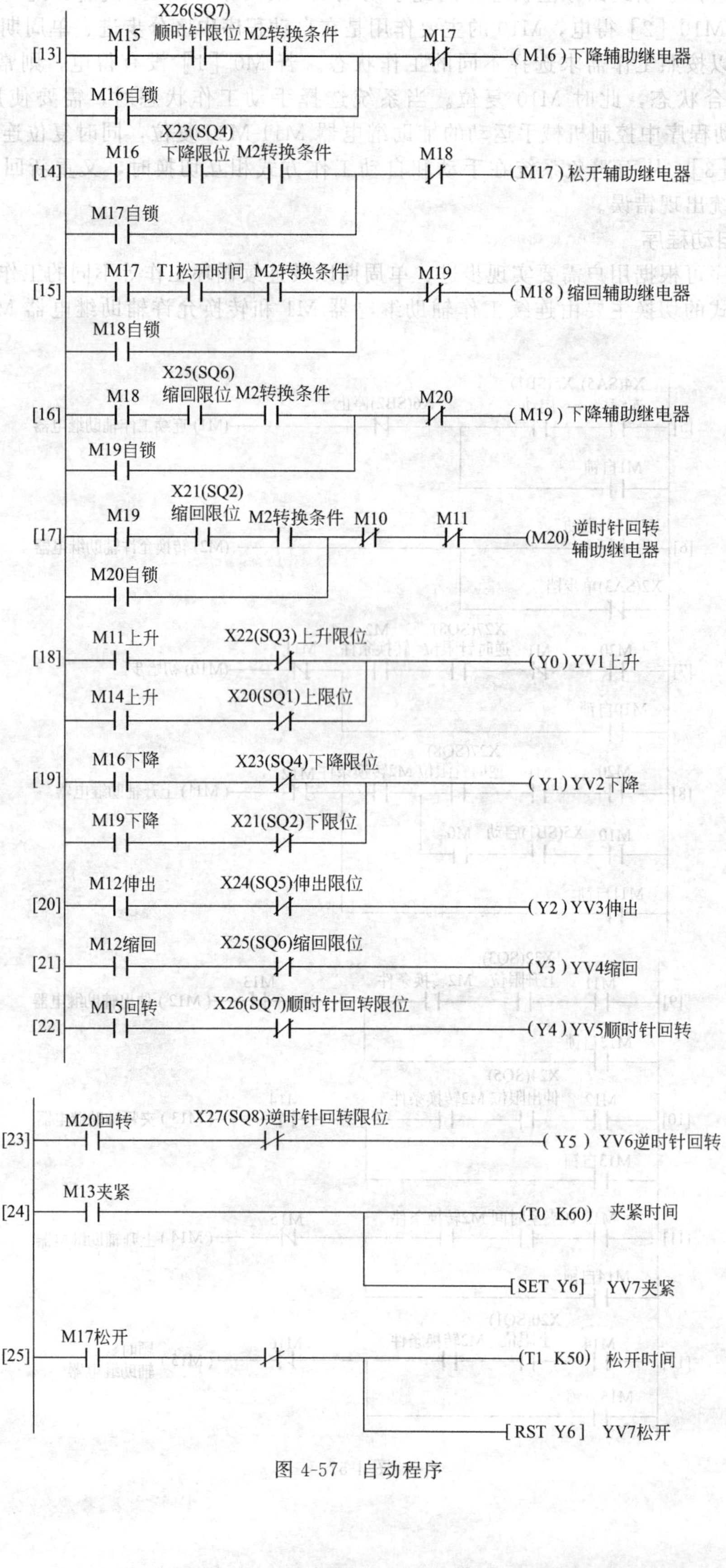
[13]
M15
X26(SQ7)
顺时针限位
M2转换条件
M17
M16 下降辅助继电器
M16自锁
[14]
M16
X23(SQ4)
下降限位
M2转换条件
M18
M17 松开辅助继电器
M17自锁
[15]
M17
T1松开时间
M2转换条件
M19
M18 缩回辅助继电器
M18自锁
[16]
M18
X25(SQ6)
缩回限位
M2转换条件
M20
M19 下降辅助继电器
M19自锁
[17]
M19
X21(SQ2)
缩回限位
M2转换条件
M10
M11
M20 逆时针回转
辅助继电器
M20自锁
[18]
M11上升
X22(SQ3)上升限位
Y0 YV1上升
M14上升
X20(SQ1)上限位
[19]
M16下降
X23(SQ4)下降限位
Y1 YV2下降
M19下降
X21(SQ2)下限位
[20]
M12伸出
X24(SQ5)伸出限位
Y2 YV3伸出
[21]
M12缩回
X25(SQ6)缩回限位
Y3 YV4缩回
[22]
M15回转
X26(SQ7)顺时针回转限位
Y4 YV5顺时针回转
[23]
M20回转
X27(SQ8)逆时针回转限位
Y5 YV6逆时针回转
[24]
M13夹紧
T0 K60 夹紧时间
SET Y6 YV7夹紧
[25]
M17松开
T1 K50 松开时间
RST Y6 YV7松开

图 4-57 自动程序

在非单步（单周期、连续）的工作方式下，单步挡选择开关 SA3 断开，X2 失电，常闭触点 X2［6］处于闭合状态，转换允许辅助继电器 M2［6］得电，允许每一步间相互自动转换，串联在每个机械手运动辅助继电器电路中动合触点 M2［8～15］得电闭合，步与步之间允许转换，即机械手可以做非单步（连续、单周期）运动。

在单步工作方式下，单步挡选择开关 SA3 得电，X2 得电，常闭触点 X2［6］处于断开状态，转换允许辅助继电器 M2［6］失电，串联在每个机械手运动辅助继电器电路中动合触点 M2［8－15］失电断开，步与步之间不允许转换，只能实现单步动作，机械手动作不会自动转换到下一步。但此时如果按下启动按钮 SB1，则动合开关 X6 得电，X6［6］闭合，重新 M2［6］得电，此时系统允许步与步之间的相互转换。

非单步工作方式包括单周期和连续两种，单周期指机械手完成一个周期的动作后立即停止，连续是指机械手能够循环往复地完成多个周期的动作。在单周期工作方式下，在机械手完成一个周期的动作，执行最后一步 M20［17］逆时针回转回到初始状态时，逆时针回转限位开关 SQ8 得电闭合，进而 X27 得电，动合触点 X27［7］得电闭合，此时连续工作辅助继电器 D 的常闭触点 M1［7］处于闭合状态，因此满足转换条件，系统将返回并停留在初始步 M10［7］，系统只执行一个周期的动作。

当系统选择工作方式为连续工作方式时，在机械手完成一个周期的动作，执行最后一步 M20［17］逆时针回转回到初始状态时，逆时针回转限位开关 SQ8 得电闭合，进而 X27 得电，动合触点 X27［8］得电闭合，由于处于连续工作状态，因此动合触点 X4［5］闭合，启动按 SB1 钮按下，X5［5］处于闭合状态，因此连续工作辅助继电器 M1［5］处于 ON 状态，动合触点 M1［8］闭合，因此上升辅助继电器 M11［8］得电，满足转换条件，系统将自动由一个周期的开始执行动作，并能够连续不断地重复周期性工作，直至停止按钮被按下。

按下停止按钮 SB2，X6 得电，常闭触点 X6［5］得电断开，由于在停止按钮被按下前 M1［5］处于 ON 状态，因此此时 M1［5］失电断开，此时常闭触点 M1［7］重新闭合，动合触点 M1［8］断开，但此时由于机械手正在执行当前的操作［8］～［17］，因此对本周期的动作不会有影响，机械手会继续执行周期内动作，直至最后一步机械手逆时针回转回到原位时，逆时针回转限位开关 SQ8 闭合，动合触点 X27［7］和 X27［8］得电闭合，但由于此时 M1［5］失电，M1［8］断开，因此 M11［8］不能得电，即不能转换到机械手上升步，M1［7］重新闭合，因此 M10［7］得电，系统返回初始步，即按下停止按钮后，机械手不会立即停止工作，而是完成当前周期的工作后，返回初始状态并停止工作。

机械手的输出继电器（Y0～Y6）直接由相应的辅助继电器（M11～M20）和限位开关控制，当辅助继电器得电时，输出继电器得电开始驱动机械手工作，直至机械手的运动到达指定位置，各限位开关得电时，限位开关对应的常闭触点得电断开，机械手停止当前的运动而转移至下一步。当手爪执行夹紧和松开操作时，对应的工作时间由时间继电器 T0 和 T1 控制，分别控制夹紧时间为 6s，松开时间为 5s，以确保机械手能够夹紧工件。

（3）回原位程序

如图 4-58 所示为机械手的返回原位程序。机械手在回原位过程中各关节的运动的开始和结束均由其对应的限位开关控制，例如在机械手下降过程中，当其下降到一定高度时，下限位开关的传感器检测到机械手的位置即得电闭合，机械手立即停止下降，并执行接下去的动作。

当系统选择工作方式为回原位工作方式时，回原位选择开关 SA2 得电，X1 得电，动合触点 X1［27］得电闭合。当按下回原位按钮 SB11 时，X17 得电，动合触点 X17［27］得电闭合，回原位辅助继电器 M3［27］得电闭合，进而 Y6 和 Y2 失电复位，Y3 得电置位，机械手松开并缩回。当机械手缩回至缩回限位开关 SQ6 时，动合开关 X25［8］得电闭合，进而 Y3 和 Y0 失电，Y1 得电，机械手停止缩回并下降。当机械手下降至下限位开关 SQ2 时，

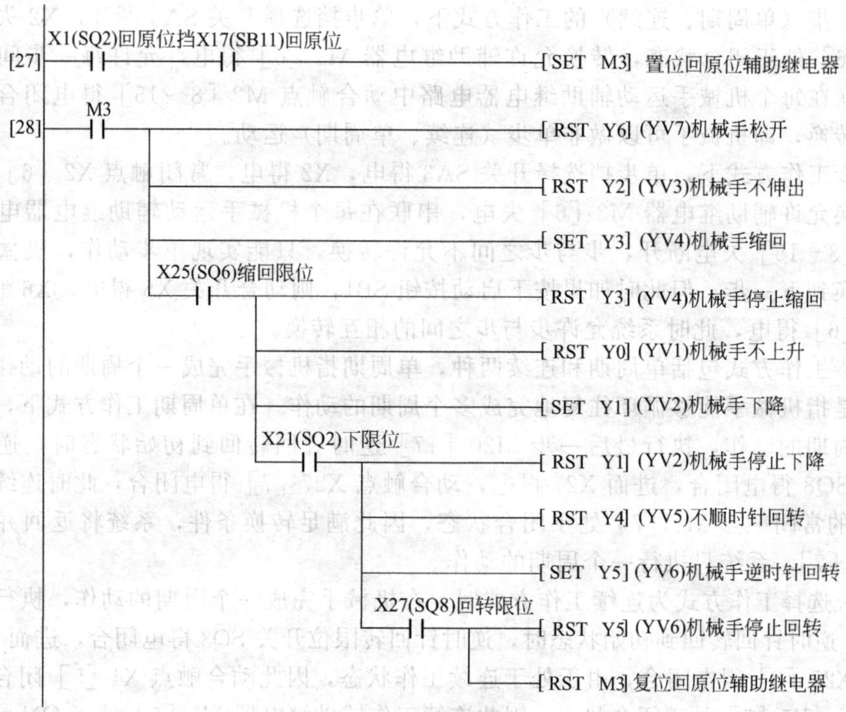

图 4-58 返回原位程序

动合触点 X21［28］得电闭合，进而 Y1 和 Y4 失电，Y5 得电，机械手停止下降并逆时针回转。当机械手回转至回转限位开关 SQ8 时，动合触点 X27［28］得电闭合，进而 Y5 和 Y3 失电，机械手停止运动，表示机械手已回到初始状态。

（4）手动程序

机械手 PLC 手动程序如图 4-59 所示。当系统选择工作方式为手动工作方式时，手动位

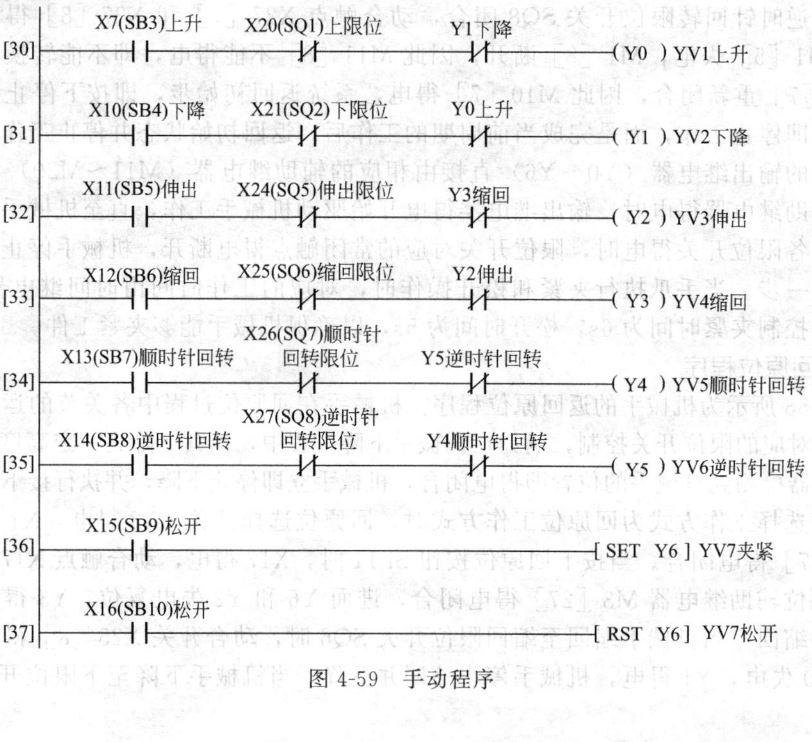

图 4-59 手动程序

选择开关 SAC 得电，X0 得电，公共程序中的动合触点 X0［2］和 X0［3］得电闭合，复位初始状态辅助继电器 M10、连续工作辅助继电器 M1 以及控制机械手运动时各步对应的辅助继电器 M11-M20。手动工作时，由 SB3-SB10（对应触点 X7［30］～X16［37］）8 个按钮控制机械手的各种动作，如按下上升按钮 SB3 时，动合触点 X7［30］得电闭合，上升输出继电器 Y0［30］得电，机械手上升，根据操作需求调整上升高度，当然，机械手的上升动作不会一直持续下去，上升的最大高度由限位开关控制，直至上限位开关 SQ1 动作，常闭触点 X20［30］得电断开，机械手停止上升。机械手的其他动作也是如此。

为了防止系统在运行过程中出现错误，针对机械手相互对立的运动，在手动程序中设置了一些相应的互锁功能，如伸出与缩回、上升和下降等，在每一步中串联与该步动作相反的常闭触点，从而防止出现相互对立的两个继电器同时得电的情况。

4.5 码垛机器人控制系统设计开发

自动化立体仓库又称为自动存储/检索系统（Automated Storage & RetrievalSystem，AS/RS)，是物流仓储中出现的新概念。它以高层货架为主要标志，以自动化搬运设备为核心，以先进的计算机监控技术为手段，集机械、电子、自动控制、计算机技术和通信技术等多种技术为一体。自动化立体仓库实现了机械化的货物搬运、智能化的自动控制、计算机化的科学管理和网络化的便捷通信，是现代物流仓储体系中产品加工和存储的枢纽。利用立体仓库设备可实现仓库高层合理化、存取自动化和操作简便化。

码垛机器人穿行于货架之间的巷道中，是自动化立体仓库中存、取货物作业的主要执行设备。它在货架的巷道中承载货物水平运行、升降、左右伸缩，完成入库、出库和倒库等各种作业。码垛机器人是决定整个自动化立体仓库智能程度的关键。

4.5.1 结构设计

码垛机械一般由机架、行走机构、升降机构、载货台上的存取机构和电气设备五部分组成。其中，单立柱巷道码垛机沿地轨运行，依靠天轨保持稳定，靠行走驱动水平运行，靠升降驱动起升载货台，靠货叉伸缩存取货物。

此处选择四自由度直角坐标落地式码垛机器人结构，如图 4-60 所示。这是一种典型结构的工业机器人，不仅具有结构简单、设计紧凑、占地较少等特点，而且其强度大、刚度高、定位精准、造价低廉，适用于自动化程度较高的小型立体仓库。

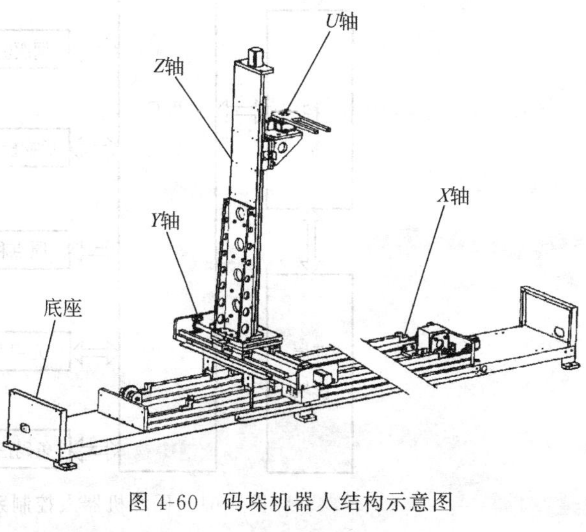

图 4-60　码垛机器人结构示意图

该码垛机器人由 3 个直线工作台（X 轴、Y 轴和 Z 轴）和一个旋转工作台（U 轴）组成，整体安装在底座上，由地脚螺栓固定在地面上。码垛机器人沿 X 轴方向水平移动，沿 Z 轴方向上下升降，沿 Y 轴方向伸缩货叉，并配合 U 轴的水平旋转完成对左右两排仓库的货物存取操作。

码垛机器人的 X 轴和 Y 轴采用相

同的结构形式，只是行程有所差别，它们都是由滚珠丝杠进行传动、沿直线导轨运行。Z 轴的承载重量相对较低，使用光轴进行支撑。X 轴、Y 轴和 Z 轴按照直角坐标系的方式互成直角安装，组成直角坐标结构，是一种工业上常用的机器人结构。U 轴为旋转轴，安装在 Z 轴升降平台上，采用蜗轮蜗杆传动，能水平旋转，可以同时兼顾左右两排仓库。

该码垛机器人借鉴了传统巷道码垛机的优点，采用直角坐标四自由度设计，其主要特点如下：

① 采用直角坐标落地式设计，结构紧凑、外观简洁、经济性好。仿巷道码垛机的单立柱设计使制造材料和加工工时大大减少，且在满足系统刚度的前提下摒弃了传统码垛机的天轨，更进一步提高了系统的经济性。

② 采用滚珠丝杠传动、直线导轨支撑，定位精度高、系统刚度高。滚珠丝杠螺母副的使用使系统的定位精度和重复定位精度都大大提高，且可以通过预紧消除间隙，提高轴向刚度，反向时无空行程死区，重复定位精度高。

③ 把货叉的伸缩运动机构由载货台挪到立柱（Z 轴）底部，降低了码垛机器人的重心，使系统的稳定性大大提高。摒弃了传统巷道码垛机货叉的齿条直线差动机构，采用 Y 轴移动和 U 轴转动来实现货物的存取，进一步精简了机构、提高了系统的刚度和稳定性。

4.5.2 控制系统总体设计

码垛机器人控制系统由工控机、PLC、伺服驱动器、伺服电动机、各种检测和限位传感器以及货物识别设备等组成。

如图 4-61 所示，该系统由工控机作为上位机，负责整个系统的通信、检测和控制，同时也作为人机界面，可以对系统参数进行设置和记录。工控机内置通信内插板，靠现场总线

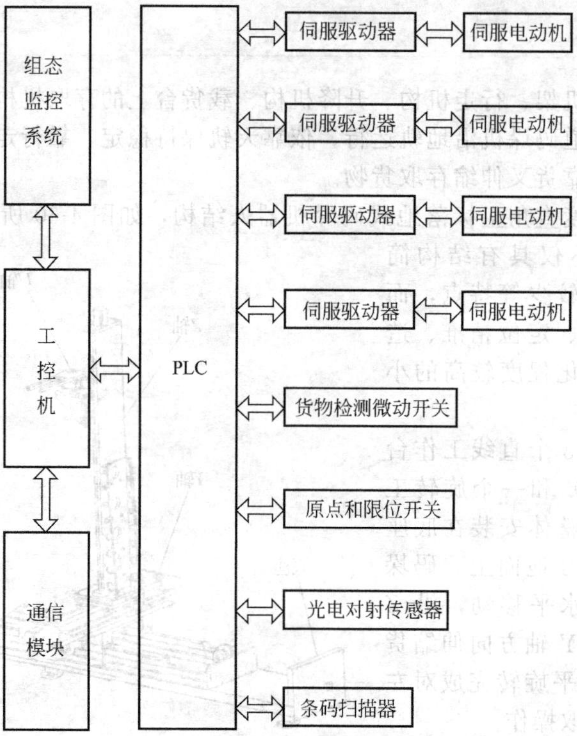

图 4-61 码垛机器人控制系统构架框图

技术实现系统各单元的实时通信互联。工控机上还装有组态监控软件，实现人机界面的编写和系统硬件组态。

PLC作为主控部件，是整个系统的核心。PLC的高速脉冲输出可以发出可变占空比的脉冲信号控制伺服电机运转，实现系统高精度定位；可扩展I/O模块可以控制各种机械微动开关和光电传感器，监控系统运行状态；通信模块负责信息的上传下达，保证系统各单元实时通信。

伺服驱动器是伺服电动机的驱动元器件，不但可以通过各种复杂的算法对伺服电动机实现位置控制、速度控制和转矩控制，还具有过载、过热、欠电压等各种保护电路、故障检测电路和软启动电路等，可以保证伺服电动机安全、稳定、高效地运行。

伺服电动机作为系统的执行部件，可以将PLC的脉冲指令转化为电动机转角，驱动码垛机器人实现入库、出库、复位等各种期望的动作，具有启动平稳、高速运行、定位精确等特点。伺服电动机的编码器可以将自身的转角动作实时反馈给伺服驱动器组成半闭环控制系统，保证每个脉冲指令的顺利执行。

该系统还配备了各种传感器和相应的检测设备，可以实时监测码垛机器人的运行状态，保证系统安全、顺利地运行。其中，货物检测微动开关用来检测货物有无，监测立体仓库状态；各种原点开关和限位开关用来保证码垛机器人安全无干涉地运行；光电对射开关用来检测货物到来提醒系统开始；条码扫描器用来识别货物信息，方便仓库管理。

4.5.3 控制系统主要模块选择

(1) 工控机

工控机是工业控制计算机（IPC）的简称，是对工业生产过程及其机电设备、工艺装备进行测量与控制的计算机，由计算机基本系统和过程I/O系统组成。与个人计算机比较，工控机具有强大的过程输入输出能力和强大的恶劣环境适应能力，抗干扰能力强、可靠性高，广泛应用于高压电传输、交通运输、化工能源、机械制造、环境和气象等领域。

选用研祥IPC-810B作为上位控制机，这是一款改进型4U19寸上架型计算机，可以完全兼容P3/iM等商业主板；驱动器架带有3个5.25in CD-ROM空间、1个3.5in FDD空间、1个3.5in HDD空间；标准250W带PFC工业电源；前置2个USB接口及PS/2键盘接口，内置高速进风风扇，散热性能好，方便清洗；驱动器仓具有防震功能，稳定可靠。该工控机平均无故障工作时间：MTBF≥5000h，平均维修时间：MTTR≤0.5h，并通过了防磁泄漏认证，具有抗辐射、抗干扰、抗震、抗冲击、可扩展能力强等特点。

(2) 可编程逻辑控制器PLC

根据需要且考虑到成本，OMRON公司的小型一体化CP1H系列PLC符合需求。型号为CP1H-X40DT-D的PLC是欧姆龙公司为满足工业控制领域对设备的高性能、高集成度以及高可维护性能的需求，而推出的具有高度扩展性能的小型一体化PLC。该型号的PLC具有以下特点：

① 处理速度快，其0.1μ/条的指令处理速度，比其他普通小型PLC提高了二十多倍。

② I/O扩展性能好，该型号的PLC内置了24点输入和16点输出，并且可以扩展至最高320点的输入和输出。

③ 具有4轴最大100kHz的高速脉冲输出功能，可从内置的输出点发出可调占空比高频脉冲信号，实现精确的定位控制和速度控制。

④ 具有4轴的单相100kHz、相位差50kHz的高速计数功能，将旋转编码器连接到内置输入，即可进行高速计数器输入。

⑤ 强大的串行通信功能，可以选装两个RS-232C或RS-422A/485通信板，方便地实现与可编程终端、变频器和条码扫描器之间的通信连接。

⑥ 可以扩展CJ系列高功能单元，通过扩展a单元适配器可以实现PROFIBUS-DP总线通信。

⑦ USB接口通信便捷，可以通过USB接口与上位计算机连接，实现对PLC的在线编程、调试和监视等操作。

另外，该PLC还具有体积小、能耗低、适用范围广、编程简便等特点。要实现对四个伺服电动机的控制，需要四轴的脉冲输出，两个立体仓库共56个仓格，需要56个货物检测微动开关，每个轴有两个限位开关和一个原点开关，再加上两个光电对射传感器，总共需要70多个输入口。单个CP1H PLC不能满足这么多的输入口要求，需要扩展两个CPM1A-40EDR（每个单元有24点输入，16点输出）I/O单元和一个CPM1A-20EDR（每个单元有12点输入，8点输出）I/O单元。为了将PLC接入PROFIBUS-DP总线，还需要扩展一个CJ系列CPU总线单元CJ1W-PRT21作为串行通信接口。

（3）伺服驱动器和伺服电动机

采用由伺服电动机和伺服驱动器组成的伺服控制系统作为码垛机器人的驱动系统。伺服控制系统是使物体的位置、方位、状态等输出被控量能够跟随输入目标或给定值进行任意变化的自动控制系统。

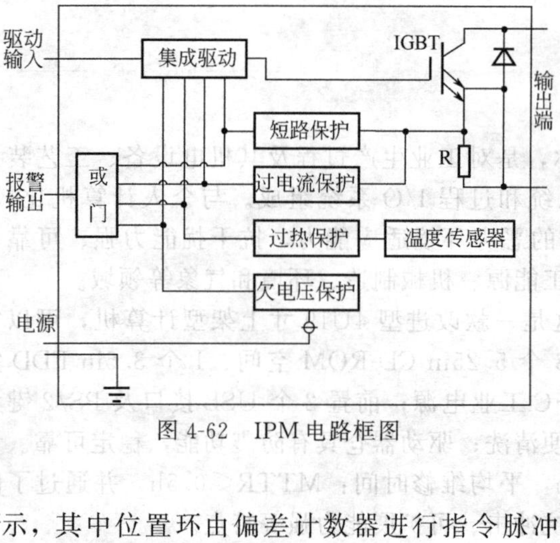

图4-62 IPM电路框图

伺服驱动器又称伺服放大器、伺服控制器，用来完成伺服电动机位置、速度、转矩的闭环控制。目前大部分的伺服驱动器都采用数字信号处理器（DSP）作为控制核心，可以实现各种复杂的控制计算。功率器件大都以智能功率模块（IPM）作为核心，IPM内部不仅包含集成驱动，还具有短路保护、欠电压保护、过电流保护、过热保护等功能。如图4-62所示为IPM电路框图，其中IGBT为绝缘栅双极晶体管，具有速度快、功耗低、抗干扰能力强等优点。

伺服控制系统的三环闭合回路如图4-63所示，其中位置环由偏差计数器进行指令脉冲的加算和编码器反馈脉冲的减算，将偏差脉冲经过D/A（数/模转换）传递给速度指令发生器发出速度指令，进入速度环；速度环将编码器反馈的脉冲频率信号（PPS，每秒脉冲数）经F/V（频率/电压变换器）处

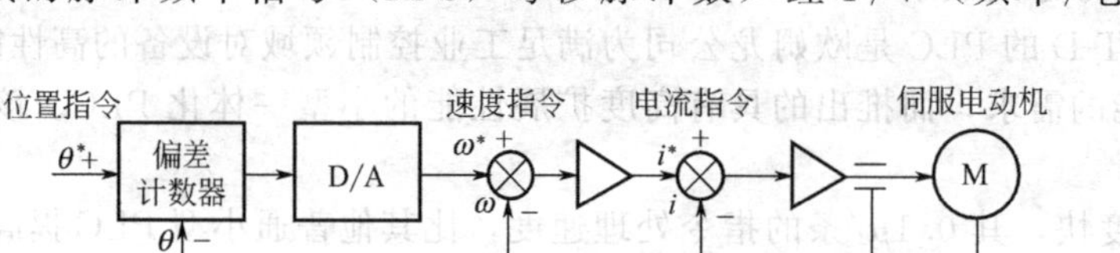

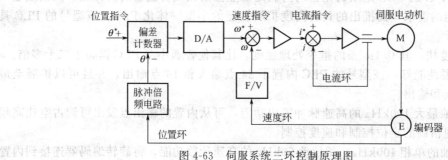

图4-63 伺服系统三环控制原理图

理后和速度指令经过 PI（比例积分）调节传递给电流环；电流环是伺服驱动器内部的闭环回路，将指令电流和电流互感器的反馈电流相减后经功率变换器传递给伺服电动机，驱动伺服电动机转动。如图 4-64 所示为电流检测电路，其中 LEM 为霍尔电流传感器，利用了霍尔元器件的磁敏特性，具有测量精度高、线性度好、响应速度快和电隔离性能好的特点。

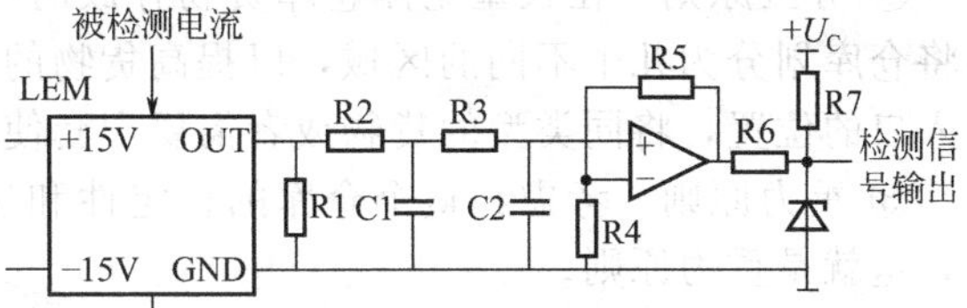

图 4-64　电流检测电路

伺服电动机将驱动器的电信号转化为角速度或角位移，同时又通过编码器将自身的转角信息实时反馈给伺服驱动器，可以实现位置、速度、转矩的闭环控制。伺服驱动器和伺服电动机组成的伺服驱动系统，具有调速范围宽、定位精度高、响应速度快、无超调、转矩波动小、过载能力强、可靠性高等特点。

根据伺服系统三环控制原理，伺服驱动器一般有位置模式、速度模式和转矩模式三种可选，分别用在精确定位、无级调速和转矩控制领域。此处正是利用伺服系统的位置模式来实现码垛机器人的精确定位功能。

选用富士 FALDIC-W 系列伺服系统，伺服电动机为交流小惯量系列 GYS401DC2-T2C，与其匹配的伺服驱动器为 RYC401D3-VVT2。该伺服系统具有减振控制功能，能最大限度地抑制机械振动；配备 17 位高分辨率 131072 脉冲编码器，具有极高的控制精度；配备两个 RS-485 标准通信接口，方便实现参数的一体化管理，且结构紧凑、调试简单、通用性强。

4.5.4　系统功能设计

(1) 码垛机器人出入库动作

自动化立体仓库中码垛机器人的主要工作是完成货物的入库和出库动作，货物出入库的方式、速度以及自动化程度直接影响到立体仓库的效率和自动化程度。

码垛机器人自动入库的基本流程是：带式输送机入库端的光电对射传感器检测到货物后开始运行（正转），途中经过条码扫描器时，货物条码信息会自动扫描传送至 PLC，并转换成脉冲坐标，确定仓格位置；货物传送至输送机出库端后，触发光电对射传感器，输送机停转，码垛机器人开始工作，经过抬起货物、加速、平稳运行、减速、停准、放下货物等一系列动作后，将货物入库到位；货物检测微动开关将信息返回至 PLC，确保货物到位，整个入库动作结束。出库的基本流程是：从工控机人机界面输入想要出库的货物信息，自动换算成脉冲坐标，码垛机器人收到脉冲坐标指令后开始动作，经过加速、平稳运行、减速、停准、抬起货物、运动至出库端、放下货物等一系列动作后，将货物放至带式输送机出库端，货物触动光电对射传感器，输送机开始运行（反转），途经条码扫描器时同样将货物信息扫描至 PLC 来核对出库货物是否正确，货物传送至入库端后，输送机停转，货物出库到位。

只用了一个带式输送机，既用作为入库端，又用作出库端，这样既节约了成本，又使整个结构更加紧凑。如果需要频繁的出入库动作，为了提高效率，可以在出入库端分别设置一个带式输送机，将出入库动作分离开来。除了通过提高码垛机器人的速度来提高整个自动化立体仓库的效率外，还可以通过货物的出入库原则和存放原则来决定出入库效率。货物的出入库原则一般有以下几种：

① 先入先出原则　先入先出原则是货物在出入库时最先考虑的原则，该原则可以避免陈旧货物的积压，防止货物出现过期失效现象。

② 分区原则　在大型立体仓库货物存放时一般要考虑分区原则，即根据货物的不同特性将仓库划分为几个不同的区域，以提高货物的出入库效率。通常可以将常用货物放在接近出入口的位置，将同类型的货物或者需要配套使用的货物放在临近的几个仓格等。

③ 重力原则　考虑到整个仓库的稳定性和运行效率，一般将较重的货物放在较低的仓格，这就是重力原则。

④ 均布原则　如果是有很多货架和码垛机器人组成的大型立体仓库，一般还要考虑均布原则，使货物和空位平均分配在每一个货架。这样可以避免出现个别码垛机器人闲置而出入库需求排队等待的现象，同时也不会出现某个码垛机器人因频繁使用而过早报废的现象。

为了提高出入库效率，一般要综合考虑以上几个原则，但并不是说每个原则都要满足，因为本身这几个原则就有矛盾（例如分区原则和均布原则），不可能同时满足。要根据立体仓库的大小和货物的不同性质合理选择使用这几个原则，尽量在满足先入先出原则的同时保证高效率的出入库动作，并尽量满足重力原则。

（2）快速精确定位

快速而又精确地定位是码垛机器人顺利工作的先决条件。为了正确找到货物或者将货物放到合适的仓格中，码垛机器人必须能在立体仓库中精确地定位；为了提高货物的出入库效率，码垛机器人必须尽量高速运行。

传统码垛机没有调速机构，码垛机运行时只有两个速度：高速运行和低速寻址。其寻址机构一般采用光电认址片，每个仓格上装有水平和垂直两个认址片，可以跟堆操机上的认址片配合，确定仓格的位置。为了保证码垛机的精确定位，其低速运行时速度很慢；高速时速度也受到了寻址的限制，无法继续提速。这种类型的码垛机虽然解决了认址问题，但是却需要大量的传感器支撑，系统结构臃肿且出错率较高。更大地问题是该方案不能自动调速，出入库效率非常低，已经逐步被淘汰。

现在主流的码垛机一般采用激光测距和认址片寻址配合的方案。例如水平方向上使用激光测距传感器实时测距，根据码垛机距仓格的距离进行变频调速，并根据距离信息定位停准；在竖直方向上采用光电认址片寻址，不设调速机构。这种方案算是一种折中，只在水平方向进行调速，竖直方向的效率依然很低。该方案并没有脱离光电认址片寻址的思想，并且激光测距系统受环境影响较大，精度不高。

采用半闭环控制理念，在码垛机器人末端和仓格上都不设置认址机构，在末端开环的情况下利用伺服系统的位置闭环功能，保证PLC的脉冲指令能及时精准地反映到伺服电动机，并依靠伺服电动机和滚珠丝杠螺母副的高精度传动来实现码垛机器人的准确寻址和精确停准。考虑到所述码垛机器人主要用于小型和轻工业场合，货物重量不会太大，完全可以满足较高的定位精度。

为了保证码垛机器人末端有足够的精度，选定伺服电动机旋转一周脉冲量为12800，则伺服系统电子齿轮比为256/25，脉冲当量为0.00078125，可使码垛机器人在理论上达到1μm的定位精度；同时PLC高达100kHz的高速脉冲输出，可以使码垛机器人末端达到78mm/s的移动速度。

（3）货物识别

货物的识别和分拣也是关系到自动化立体仓库智能与否的关键环节，想要提高货物出入库的效率和自动化程度，必须进行合理化分类存储。例如将常用货物放在距离出入口较近的仓格、将同类型的货物集中存储、将最先入库的货物先出库等，这些都需要货物的自动识别技术，其中，条码技术是一种常见的便捷、高效、低成本的自动识别技术，也是首选方案。

条码又称条形码（Barcode），利用宽窄不同的多个黑条和空白组成图案，按照一定的规律进行适当排列，用来代表相应的信息。条码技术随着计算机与信息技术的快速发展应运而生，包含了编码技术、打印技术、激光识别技术、数据采集技术、信息处理技术等多种技术，是迄今为止最经济实用的一种自动识别技术。条码技术具有输入速度快、可靠性高、信息采集量大、灵活性高和经济实用等优点。条码一般分为一维码、二维码和复合码等几种，其中一维码技术简单，一般只在横向上包含信息，纵向上闲置，信息量较少；二维码可以在纵横两个方向上包含大量的信息，应用比较广泛。因为货物信息量较少，所以采用较简单的一维条码技术。条码扫描器和条码打印机是条码技术应用中不可或缺的硬件设备，分别负责条码信息的读取和条码的打印。此处采用美国 Symbol LS-9208 全方位激光条码扫描器，该设备体积小巧、操作简便，拥有高达 230rnm 的扫描景深，备有高速闪存，便于系统升级。条码打印机选用 ARGOX OS-214TT，该打印机具有独特的"即时温控技术"，可在高速下保证清晰整齐的打印质量。

（4）通信功能

现场总线技术是为了解决工业现场的智能化仪器仪表、控制器、执行机构等现场设备间的数字通信，以及这些现场控制设备和高级控制系统之间的信息传递问题，而发展起来的一种工业数据总线技术。现场总线可以实现全数字化双向串行多节点多主站通信，能节省硬件数量和安装费用，且具有简单、可靠、方便维护等优点，受到越来越多商家的高度重视。

PROFIBUS 现场总线属于国际标准 IEC61158 的第 3 种类型，并于 2006 年成为我国的国家标准 GB/T20540—2006，是面向工厂自动化、流程自动化的一种国际性的现场总线标准，具有广泛的应用范围和开放的数字通信。PROFIBUS 是开放的、与生产厂商无关的、无知识产权保护的通信标准，因此任何人都可以利用该标准并设计各自的软硬件解决方案。根据码垛机器人系统的特点，选用 PROFIBUS-DP（Decentralized Periphery，分散型外围设备）总线类型。

PROFIBUS-DP 的物理层采用 RS-485 协议，支持多点对多点的通信，传输速率高达 12Mbps，传输距离长达 1200m，抗干扰能力强、可靠性高且具有自诊断功能，可以使用双绞线或者光纤作为传输介质。

采用单主站结构，其中工控机搭载西门子 CP5611 网卡作为主站，PLC 扩展 PROFIBUS-DP 通信单元作为从站，各种传感器和条码扫描器连接在 PLC 上，如图 4-65 所示。CP5611 卡和 PLC 的扩展通信接口之间使用西门子标准的网络接头和通讯电缆进行连接，一般一块通信卡通过 DP 总线可以连接多台 PLC。

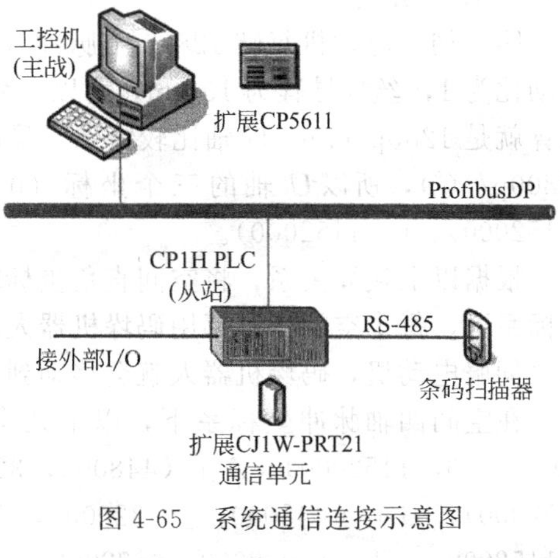

图 4-65　系统通信连接示意图

在工控机上安装西门子 STEP 7 编程软件和 Simatic net 6.0 的通信配置软件和授权，通过 Set PG/PC interface 为 CP5611 配置 DP 协议（主站）；并通过 STEP7 编程软件为 PLC 上的扩展通信接口配置 DP 协议（从站）。物理层采用 RS-485 协议，双绞线作为通信电缆，组成整个系统的网络通信。CP5611 通信卡是西门子公司推出的基于 PCI 总线的 PROFIBUS-DP 网络接口卡，可以插在工控机以及其他兼容 PCI 总线的插槽上。CP5611 板卡自身不带微处理器，可运行多种软件包，经济性好且能适应复杂的工业环境，作为工控机上的编程接口，可使用 NCM PC 和 STEP7 编程软件；作为监控接口，可使用组态王、WinCC、RSView32 等工程组态软件。

选用的欧姆龙 CP1H PLC 扩展了一个 CJ 系列 CPU 总线单元作为 PROHBUS-DP 通信

接口，无需转换就可以很方便地实现对上连接工控机主站，通过 RS-485 选件板又可以轻松实现对下连接条码扫描器。该通信构架方便扩展，如果有另外的 PLC 或者其他设备可以作为从站连接在主站下面，最多可以扩展 32 个从站，且每个从站可以不受其他从站干扰而独立工作，一个从站故障也不会影响其他从站的通信。

4.5.5 空间四轴脉冲坐标系的确定

码垛机器人为了实现货物的出入库动作，需要在空间几个固定点（例如出库端、原点、各仓格点等）之间来回运行，对其各轴的运动轨迹并无要求，也不需要进行插补运算，所要求的只是不要与仓库发生干涉并快速高效地移动。所以提出“空间四轴脉冲坐标系”的概念，以简单直白的形式实现码垛机器人的出入库动作编程。

所谓空间四轴脉冲坐标系，就是以直角坐标系为原型，建立以各轴脉冲量为坐标的空间坐标系来确定码垛机器人末端的空间位置。

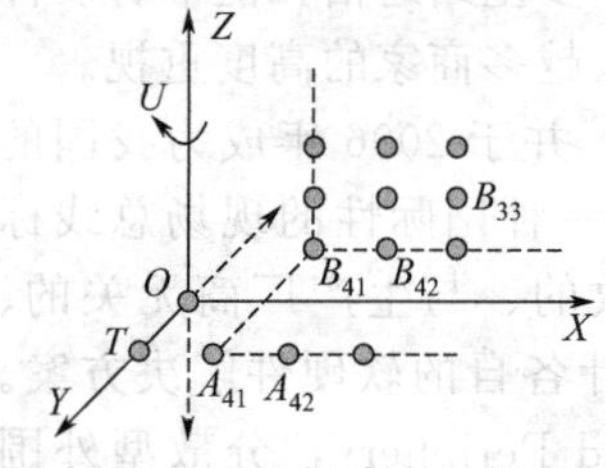

图 4-66 空间直角坐标系

首先建立以码垛机器人四轴为基准的空间直角坐标系，如图 4-66 所示。其中 U 轴为旋转轴，只有三个状态：复位（0°）、仓库 1（90°）、仓库 2（−90°），分别定义其坐标为（0）、（1）、（−1）。O 点为坐标原点，也是码垛机器人的复位原点，即各轴的原点开关位置，T 点为出入库端点，A_{41}、A_{42} 分别为仓库 1 的四行一列和四行二列（其余各仓格没有列出），B_{41}、B_{42}、B_{33} 分别为仓库 2 的四行一列、四行二列和三行三列（其余各仓格没有列出）。码垛机器人和仓库安装时的相对位置是固定的，所以可以分别给出各点的空间四轴直角坐标：O（0，0，0，0）、T（0，250，0，1）、A_{41}（350，250，0，1）、A_{42}（600，250，0，1）、B_{41}（350，−250，0，−1）、B_{42}（600，−250，0，−1）、B_{33}（850，−250，250，−1），其中 X、Y、Z 坐标单位都是 mm。

因为伺服电动机每转 12800 个脉冲（pulse），伺服电动机通过联轴器与滚珠丝杠直连，传动比为 1，丝杠导程为 10mm，所以每移动 10mm 需要 12800p，脉冲数与移动距离之间的换算就是 1280p/min。U 轴比较特殊，采用的是蜗轮蜗杆传动，脉冲数与角度之间的换算是 12800p/（°），所以 U 轴的三个坐标（0）、（1）、（−1）分别对应的脉冲量是（0）、（1152000）、（−1152000）。

根据以上换算关系，将空间直角坐标转换成脉冲量，就得到了空间四轴脉冲坐标系，该坐标系下，每个空间位置都用码垛机器人四轴的脉冲量来唯一表示，只要将脉冲坐标指令发送给伺服电动机，码垛机器人就会移动到该坐标相应的空间位置，实现精确定位。

在空间四轴脉冲坐标系下，以上几个点的脉冲坐标分别为 O（0，0，0，0）、T（0，320000，0，1152000）、A_{41}（448000，320000，0，1152000）、A_{42}（768000，320000，0，1152000）、B_{41}（448000，−320000，0，−1152000）、B_{42}（768000，−320000，0，−1152000）、B_{33}（1088000，−320000，320000，−1152000），坐标单位都是 p（脉冲量）。

4.5.6 PLC 系统设计与编程

（1）CX-Programmer 梯形图编程支持软件

CX-Programmer 梯形图编程支持软件是欧姆龙公司的专业 PLC 编程软件，有全中文的编程环境，具有和常见计算机操作系统相似的编辑操作，即使是初学者也很容易上手。该软件还提供了完善的搜索功能和标准指令快捷输入功能，具有方便的用户体验。CX-Programmer 梯形图编程支持软件适用于 C、CV 和 CS1 等系列的 PLC。该软件不仅为用户提供了新建工程、指令编辑、程序编译、程序调试以及在线监控等操作，还可以实现程序的综合仿真。

CX-Programmer 编程软件还可以实现 PLC 功能的设定、程序的上载及下载、监控和测试 PLC 的运行状态或内存数据、程序清单的打印以及文档管理等功能，另外还支持对语句表的编程操作，以满足不同用户的需求。此处编程使用的是 CX-Programmer 7.3 版本，具有人性化的便捷操作界面，和强大的指令编辑功能。

（2）编程前的准备

在开始编程之前，一定要做好准备工作，以避免出现条理不清、程序冗杂和一些低级错误。准备工作主要包括绘制清晰直观的流程图、确定 I/O 接口分配、程序内部变量说明和选用合适的指令等。

① 确定程序流程图　流程图可以直观地看出程序的走向，简洁的流程图更能帮助简化程序，起到事半功倍的效果。如图 4-67 所示为系统运行总流程图，有“手动模式”和“自动模式”可选，手动模式可以用来标定和示教，自动模式主要进行出入库动作。在手动运行模式下，还可以选择“位置模式”或者“速度模式”，方便操作人员进行变速运行或者定位运行。自动模式下有“入库”和“出库”两种运行方式，通过指定货物入（出）库的行列号，来进行入（出）库运行。

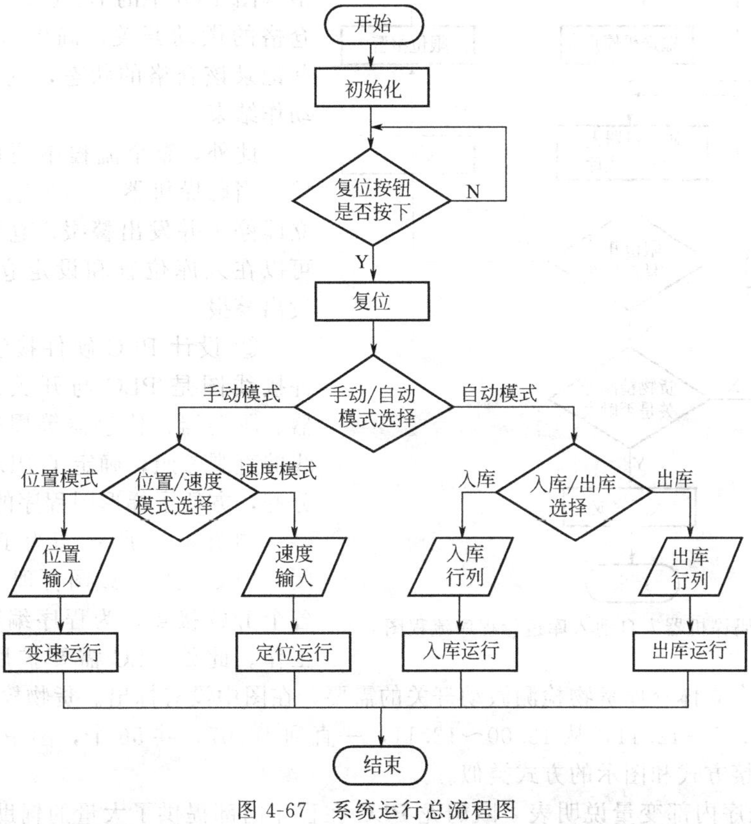

图 4-67　系统运行总流程图

如果没有进行“手动/自动模式”选择，则系统会进入自动出入库运行演示模式，通过输送机光电传感器自动判断是出库还是入库运行。在此以码垛机器人自动入库运行为例，介

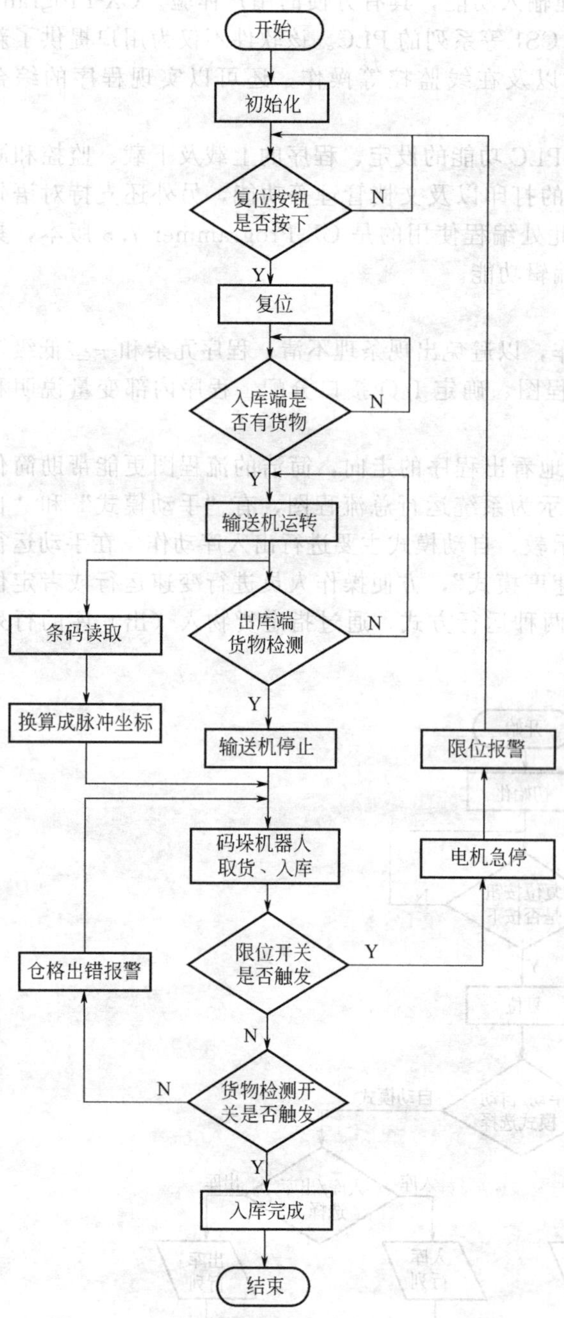

图 4-68 码垛机器人自动入库运行程序流程图

绍其动作流程，如图 4-68 所示为码垛机器人自动入库运行程序流程图。

首先，按下“启动”按钮，系统上电启动并开始初始化，初始化完成以后，系统进入等待状态，如果“复位”按钮按下，码垛机器人开始复位，各轴回到原点位置。复位完成后，系统进入准备状态，随时等待指令的下达。如果带式输送机入库端检测到货物，即入库光电传感器触发，输送机开始运行（正转），将货物运向出库端。在此期间，货物经过条码扫描器，条码信息被扫描并传送至 PLC，然后转换成脉冲坐标（仓格位置）传递给码垛机器人。货物到达出库端（图 4-66 中的 T 点）时，触发出库光电传感器，输送机随即停止，码垛机器人开始动作。按照程序设定的路线和速度，码垛机器人将货物传送至既定的仓格（图 4-66 中的 B_{33} 点），这时会触发该仓格的微动开关，确保货物正确到位，并记录该仓格的状态，到此，整个入库动作结束。

此外，整个流程中还设置了限位报警，当码垛机器人某个轴超出行程时会立即停车并发出警报。仓格出错报警则可以在入库位置和设定仓格不一致时，发出警报。

② 设计 PLC 硬件接线图　PLC 硬件接线图是 PLC 与开关、按钮、继电器、驱动器、传感器等周边硬件物理连线的直观参照，确定了 PLC 的 I/O 接点分配，方便了梯形图程序的编写。

如图 4-69 所示即为 PLC 硬件接线图，PLC 硬件接线图合理分配了 PLC 的各个 I/O 接点，为程序编写做好了准备工作。此处 PLC 需要扩展通用 I/O 模块，以满足两个立体仓库货物检测微动开关的需要，在图中没有标出。货物检测微动开关作为输入，从 12.00～12.11，从 13.00～13.11，一直到 16.07，共 56 个，图中只给出了两个示例，其余连接方式和图示的方式类似。

③ 编制程序内部变量说明表　欧姆龙 PLC 在程序内部提供了大量的辅助 I/O 存储器，正确合理地使用它们可以大大简化程序的编写。为了更清楚便捷地使用这些存储器，需要给它们有目的地命名，部分所用存储器的变量说明如表 4-15 所示。其中 D 代表数据存储器，是以字（16 位）为单位读写的通用数据存储器，在 PLC 上电或者模式切换时也可以保持数

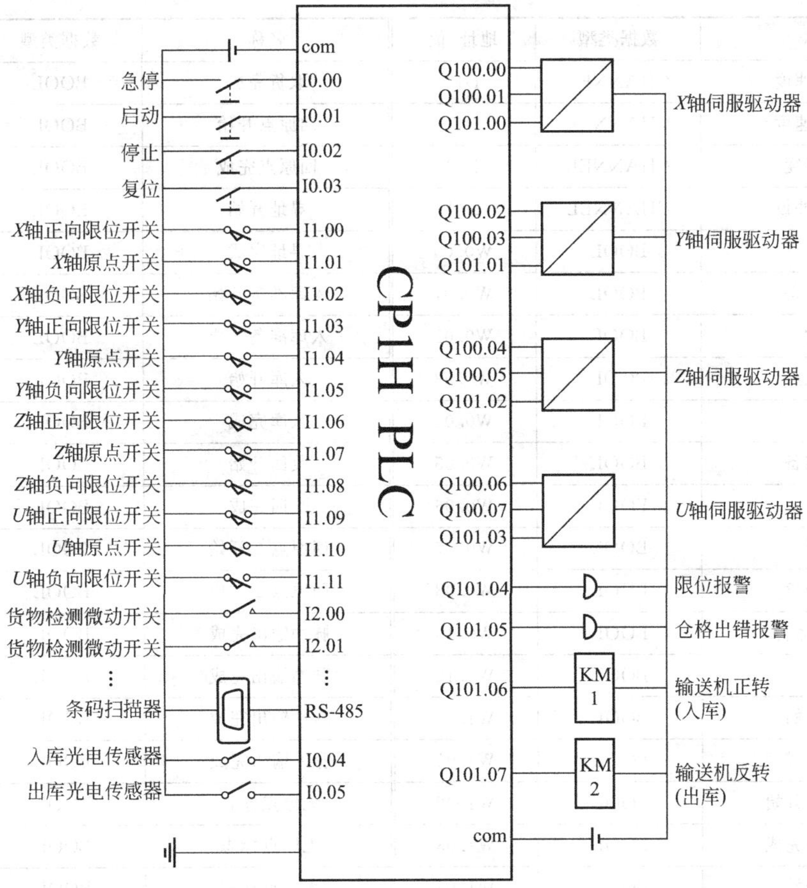

图 4-69 PLC 硬件接线图

据；W 代表内部辅助继电器，跟普通实体继电器具有相同的功能，但仅可以在程序内部使用；A 代表特殊辅助继电器，被系统分配了特殊的功能，需要参照特殊辅助继电器功能对照表使用，而不能随便乱用。另外，数据类型中“CHANNEL”代表通道（字），以字（16 位）为单位使用，“BOOL”（布尔型）代表位，只有“0”和“1”两个值，分别代表“假”和“真”。表 4-15 列出了部分存储器的名称，用作 PLC 与外部数据交换的 I 系列和 Q 系列 I/O 接口，在 PLC 硬件接线图中有了清楚的体现，没有列出。

表 4-15 程序内部变量使用说明表

名称	数据类型	地址/值	名称	数据类型	地址/值
X 轴启动频率	CHANNEL	D0	*Y* 轴加速度	CHANNEL	D20
Y 轴启动频率	CHANNEL	D2	*Y* 轴减速度	CHANNEL	D21
Z 轴启动频率	CHANNEL	D4	*Y* 轴速度	CHANNEL	D22
U 轴启动频率	CHANNEL	D6	*Y* 轴脉冲量	CHANNEL	D24
X 轴加速度	CHANNEL	D10	*Z* 轴加速度	CHANNEL	D30
X 轴减速度	CHANNEL	D11	*Z* 轴减速度	CHANNEL	D31
X 轴速度	CHANNEL	D12	*Z* 轴速度	CHANNEL	D32
X 轴脉冲量	CHANNEL	D14	*Z* 轴脉冲量	CHANNEL	D34

续表

名称	数据类型	地址/值	名称	数据类型	地址/值
U 轴加速度	CHANNEL	D40	取货完成	BOOL	W1.05
U 轴减速度	CHANNEL	D41	回原点开始	BOOL	W1.06
U 轴速度	CHANNEL	D42	回原点完成	BOOL	W1.07
U 轴脉冲量	CHANNEL	D44	寻址开始	BOOL	W1.08
复位	BOOL	W0.00	寻址完成	BOOL	W1.09
取货准备	BOOL	W0.01	入库准备开始	BOOL	W1.10
取货	BOOL	W0.02	入库准备完成	BOOL	W1.11
回原点	BOOL	W0.03	入库开始	BOOL	W1.12
寻址	BOOL	W0.04	入库完成	BOOL	W1.13
入库准备	BOOL	W0.05	收回开始	BOOL	W1.14
入库	BOOL	W0.06	收回完成	BOOL	W1.15
收回	BOOL	W0.07	回原点 2 开始	BOOL	W2.00
回原点 2	BOOL	W0.08	回原点 2 完成	BOOL	W2.01
输送机运转	BOOL	W0.10	脉冲输出完成	BOOL	A280.03
超限	BOOL	W0.12	脉冲输出完成	BOOL	A281.03
复位开始	BOOL	W1.00	脉冲输出完成	BOOL	A326.03
复位完成	BOOL	W1.01	脉冲输出完成	BOOL	A327.03
取货准备开始	BOOL	W1.02	无原点标志	BOOL	A280.05
取货准备完成	BOOL	W1.03	无原点标志	BOOL	A281.05
取货开始	BOOL	W1.04	无原点标志	BOOL	A326.05

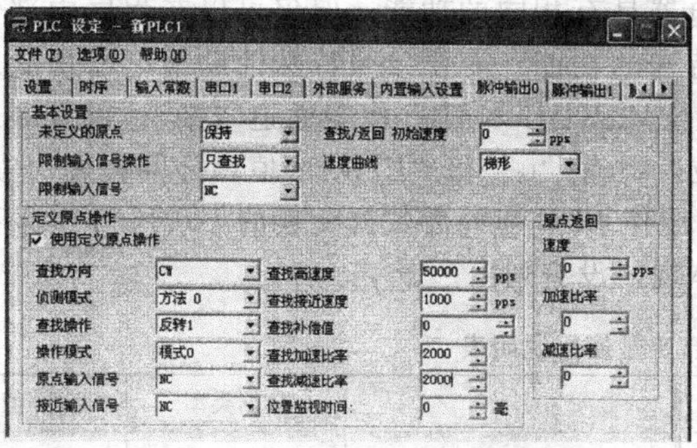

图 4-70 PLC 原点搜索设置

(3) 程序编写

在程序编写开始前需要对 PLC 进行设置，选择所需 PLC 和扩展模块的型号，设置合适的网络连接类型，编写全局和局部符号表，并设置原点搜索，如图 4-70 所示，其余各轴设置一样。下面以码垛机器人将货物入库至（图 4-66）仓格为例，简单介绍程序梯形图的编写。

① 初始化 “启动”按钮按下时系统开始初始化，将各轴所需要的数据信息传送至相应的数据存储器，如图 4-71 所示，按照同样的方式，分别将 *X*、*Y*、*Z*、*U* 轴的启动频率、加速度、减速度、速度等数据传送至相应存储器，同时将各轴“伺服 ON”输出。@MOV 指令的上升沿微分性使传送动作整个周期内只执行一次，避免了重复执行造成的系统延时。

② 动作链锁准备 码垛机器人各轴动作是按照步骤分别进行的，有着严格的先后顺序，必须事先规划好各轴动作执行的时间顺序，才能实现所需要的动作。利用了 PLC 程序内部的辅助寄存器和指令的上升沿（下降沿）微分性，编写了“准备”程序段来实现码垛机器人各轴先后动作的区分。

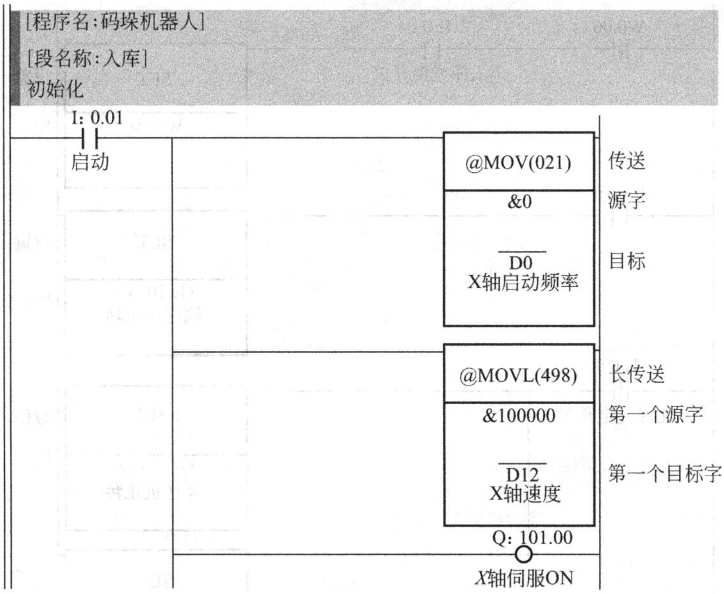

图 4-71　初始化梯形图（部分）

如图 4-72 所示，“复位完成”置位时触发 W0.00 复位，下段程序则由 W0.00 的下降沿触发，确保了“复位”动作完成后才会执行接下来的指令，使码垛机器人的动作具有规划性。

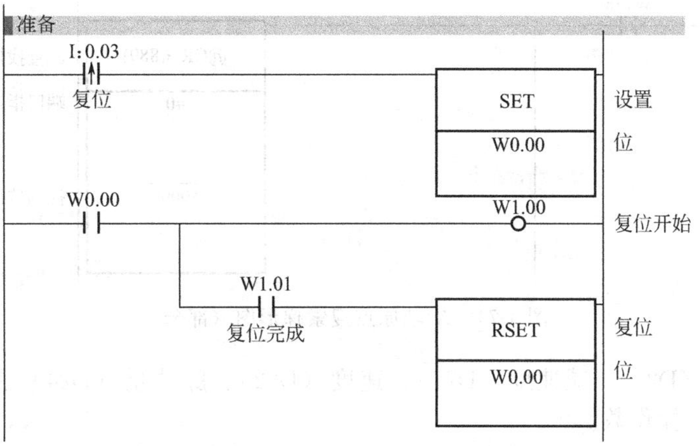

图 4-72　准备梯形图（部分）

③ 输送机控制　如图 4-73 所示为带式输送机的运行控制梯形图，该段程序承接上文的“复位”动作，在复位动作完成以后，输送机的入库光电开关如果被触发（有货物），输送机则开始运行，货物运送至出库端时，输送机停转。

④ 原点搜索（复位）　如图 4-74 所示为 *X* 轴原点搜索梯形图，码垛机器人复位开始后，各轴利用 PLC 的原点搜索功能进行原点搜索复位。其中 W1.00“复位开始”是在图 4-74 中复位按钮的上升沿置位的，保证了复位按钮按下后，系统才开始复位。

⑤ 脉冲输出　系统经过准备和复位以后就可以开始执行出入库动作了，首先指定脉冲输出量，由 MOVL 指令传送至相应的数据存储器，然后由 PLS2 指令输出脉冲。如图 4-75 所示，PLS2 指令可以执行带斜率的速度变更，即加减速比率不等的脉冲输出，可以分别指

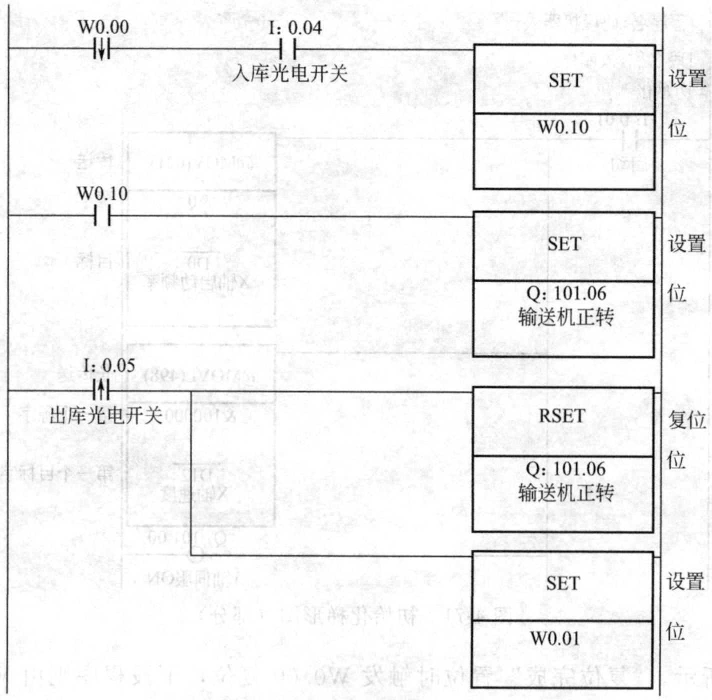

图 4-73　输送机运行控制梯形图

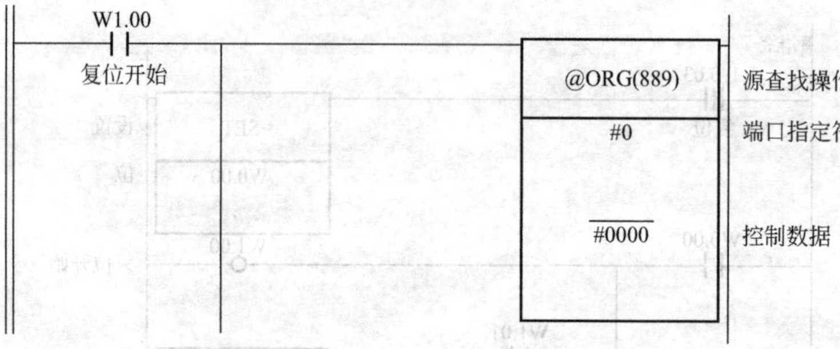

图 4-74　*X* 轴原点搜索梯形图（部分）

定 *Y* 轴的加速度（D20）、减速度（D21）、速度（D22）、脉冲量（D24）和启动频率（D2）等，但只需要 4 个操作数。

图 4-76 是图 4-75 的延续，当脉冲输出完成，即指定动作到位以后，使 W1.03 “取货准备完成”置位，为执行下一个动作做准备。其中，串接的“脉冲输出完成标志”保证了脉冲全部输出完成（动作到位）后才有后续动作。只给出了 *Y* 轴执行“取货准备”动作的脉冲输出梯形图，其余各轴的各个动作具有类似的脉冲输出方式。

⑥ 仓格出错报警　仓格的出错报警，利用了各仓格中的货物检测微动开关，如图 4-77 所示。在“入库”动作的脉冲输出完成之后，理论上货物已经到位，微动开关 5.01 也已经触动，此时才使 W1.13 “入库完成”置位，进行下一步动作。如果中间发生错误，如误放、货物掉落、货物倾斜等，造成 5.01 没有触动，系统则发出警报，暂停动作，提醒工作人员注意。当故障排除以后，也就是人工将货物放上后，5.01 触发，系统才继续执行下一步动作。

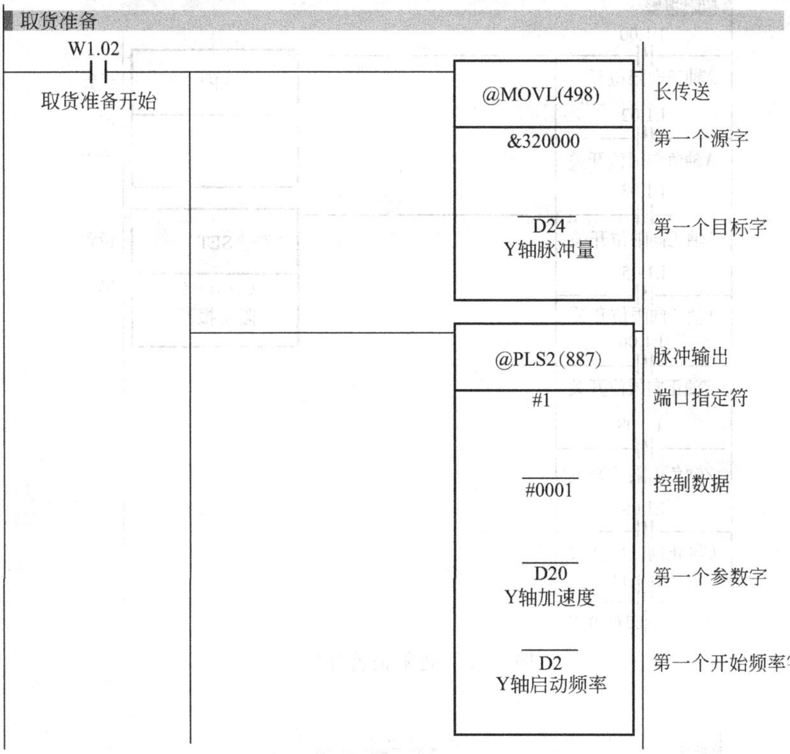

图 4-75　脉冲输出梯形图（部分）

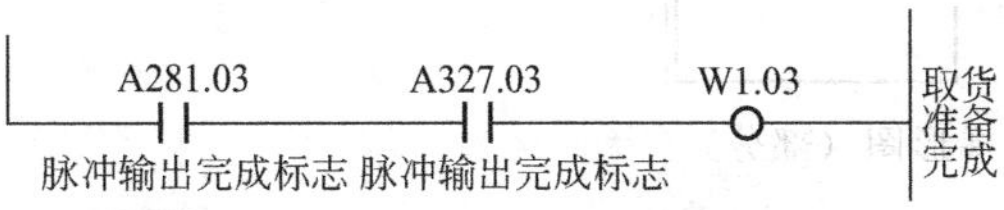

图 4-76　脉冲输出梯形图续（部分）

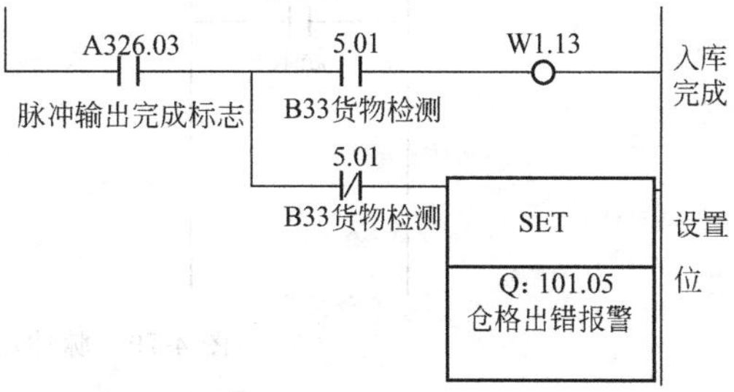

图 4-77　仓格出错报警梯形图（部分）

⑦ 超限报警　码垛机器人四个轴上都设置了极限行程开关，如果某轴出现超行程运行（编程人员疏忽或者硬件故障），就会触发限位开关，使伺服电动机急停，并发出警报，避免出现事故。

如图 4-78 所示，码垛机器人四个轴的正向和负向限位开关并接在一起作为输入，其中任何一个开关的上升沿动作时都会使超限寄存器 W4.00 置位，立即停止脉冲输出，同时也使电铃输出 Q101.04“限位报警”置位，发出警报，提醒工作人员注意。

⑧ 急停　为了使系统更加安全地运行，设置了“急停”按钮，当故障出现的时候，可以人工干预，使系统立即停机，码垛机器人停止动作，避免发生意外。如图 4-79 所示，当按下“急停”按钮，或者“超限”继电器触发的时候，触发 INI 指令动作，立即停止所有的脉冲输出，使伺服电动机立即停转，码垛机器人立即停止动作，以避免意外的发生。只列出了 *X* 轴的脉冲输出停止指令，其余各轴类似。

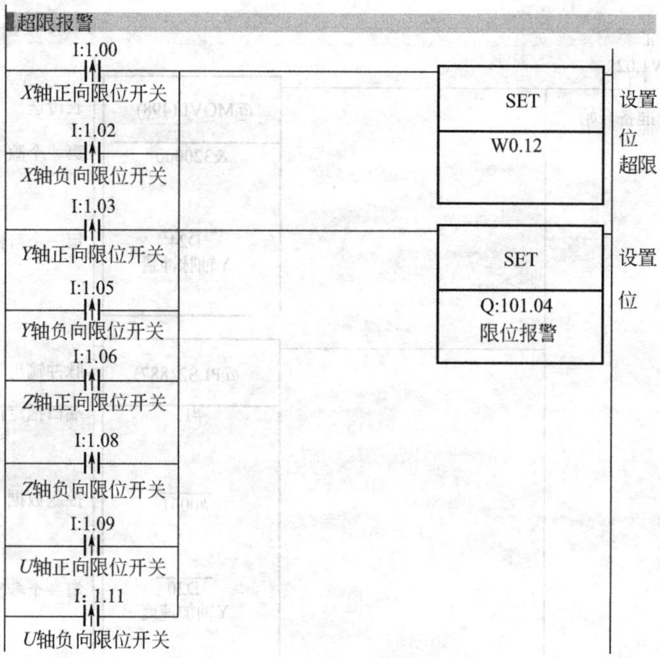

图 4-78 超限报警梯形图

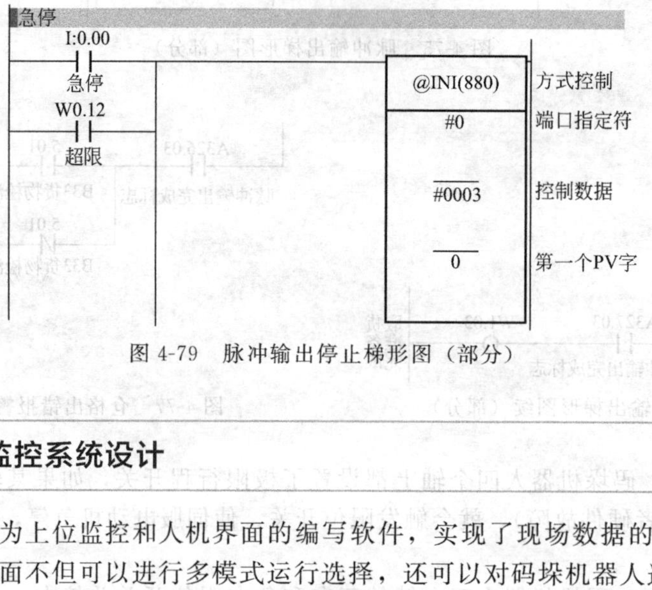

图 4-79 脉冲输出停止梯形图（部分）

4.5.7 运行监控系统设计

采用组态王作为上位监控和人机界面的编写软件，实现了现场数据的实时采集和处理，通过友好的人机界面不但可以进行多模式运行选择，还可以对码垛机器人进行手动操作和人工干预。在上位工控机上正确安装组态王 6.52 版，在工程管理器中创建码垛机器人运行监控系统新工程，在工程浏览器中对该工程进行相应的参数设置、变量定义和界面制作，最后还可以在运行系统中对该工程进行模拟运行演示。

（1）创建“码垛机器人监控系统” 新工程

首先要创建一个新工程，作为码垛机器人运行监控系统各相关文件的存放目录。运行组态王 6.52，启动组态王工程管理器，新建“码垛机器人监控系统”工程，如图 4-80 所示。在工程管理器中可以新建、删除、重命名工程，修改工程属性等，对所有工程进行统一管理。

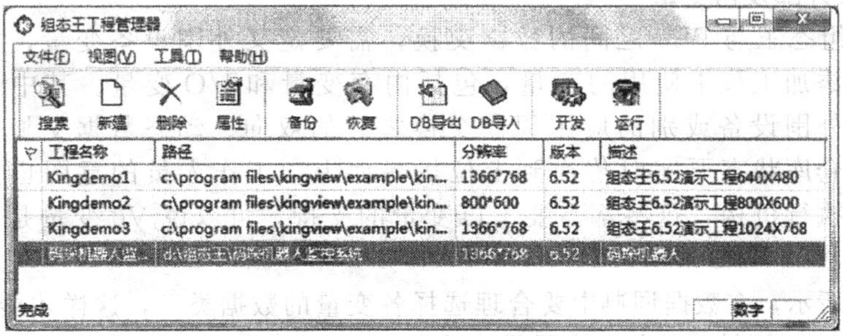

图 4-80　工程管理器

双击“码垛机器人监控系统”工程，打开工程浏览器窗口，在左侧可以看到一个“树型”菜单，该菜单包含该工程的所有组成元素，例如文件、数据库、设备、系统配置、SQL 访问管理器等。如图 4-81 所示，选中“数据词典”可以在窗口右侧查看定义过的各种变量。

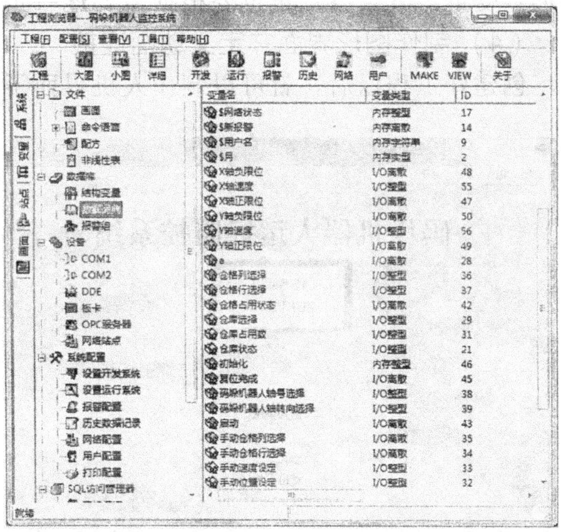

图 4-81　工程浏览器

（2）添加 PLC 并设置通信参数

建立好工程以后，需要向工程中添加外部设备，通过设备配置向导可以向工程中添加所需的硬件设备，在向导中选择制造商、相应设备和通信方式，并设置串口通信参数。

需要添加一个 PLC，在工程浏览器中点击“设备”，新建一个 PLC 设备，根据设备配置向导选择所需的 PLC，本系统需要选择西门子公司的“S7-300 系列（Profibus）”PLC，并选择通信方式为“DP”，如图 4-82 所示。虽然使用的是欧姆龙 CP1H PLC，却扩展了 CJ 系列“DP”通信接口，可以使用 PROFIBUS-DP 总线协议进行通信，另外，组态王也支持标准的 PROFIBUS-DP 通信协议协议。为了保证组态王与 PLC 之间的顺利通信，在设备配备完成以后，还需要对串口通信参数进行设置，如图 4-83 所示。

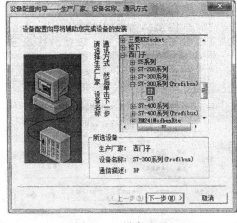

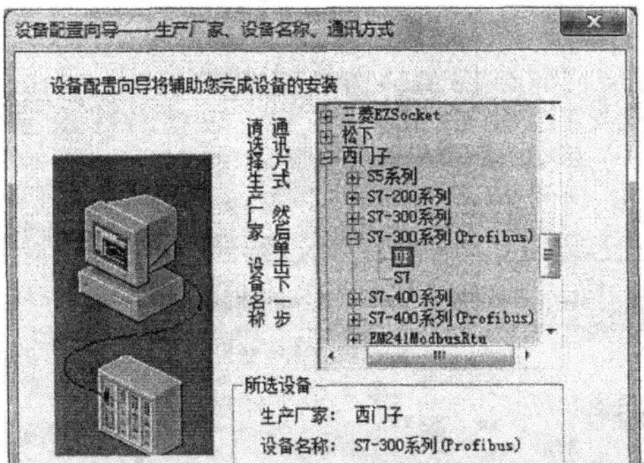

图 4-82　设备配置

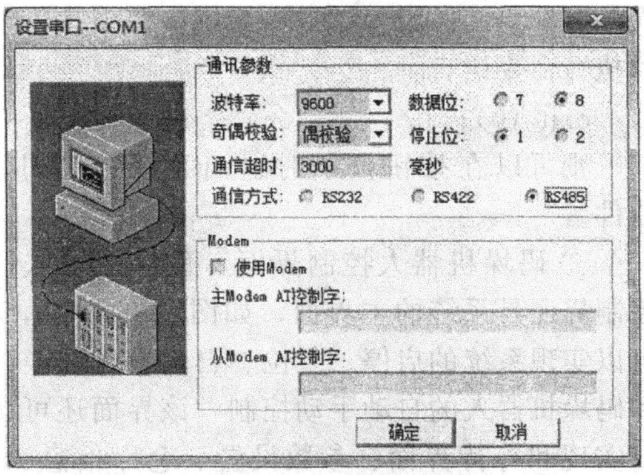

图 4-83　设置串口通信参数

(3) 定义外部设备变量

为了完成组态王与 PLC 之间的数据交换，需要定义外围设备变量，根据需要可以在数据词典中添加工程中使用的变量，包括内存变量和 I/O 变量。其中 I/O 变量用来完成组态王与外围设备或别的应用程序交换之间的双向、动态数据交换，码垛机器人的运行状况和仓库状态要实时传递到上位机界面上，工作人员的意图也要快速传递给码垛机器人等执行机构，这些都需要 I/O 变量的支持，可以说 V0 变量是联系上位机和下位机的桥梁。

如图 4-81 所示，在数据词典中要合理选择各变量的数据类型，这样才能保证各数据的顺利交换。例如，“*X* 轴正限位”变量是开关量，只有“0”“1”两个值，所以要定义为“I/O 离散”变量；“仓库占用数”变量是从“0”～“56”之间的任意整数，需要定义为“1/O 整形”变量。其余各变量也要根据需要逐一定义。

(4) 制作图形界面并定义动画连接

创建好工程以后，就可以制作人机界面了，在工程浏览器的画面选项中新建码垛机器人运行监控系统的各个画面，添加所需的控件并定义动画连接，建立人机交互界面。本系统共制作了等待界面、码垛机器人控制、参数设置、仓库信息、货物信息、报警信息、速度实时趋势曲线七个界面。

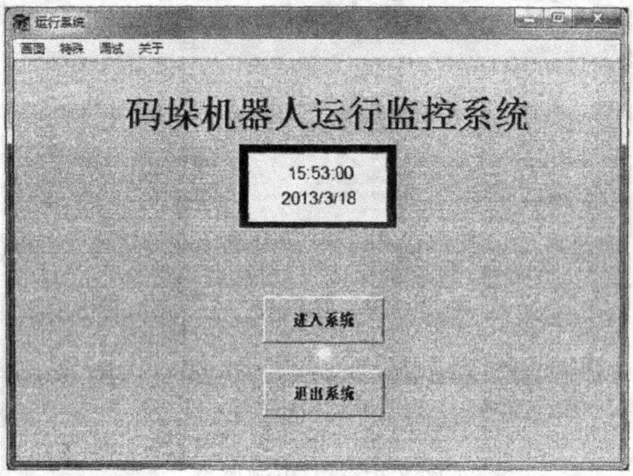

图 4-84 等待界面

① 等待界面 等待界面是运行软件后首先显示的界面，也是系统初始化时的等待界面，运行软件后系统首先进行初始化，初始化完成以后就可以进入监控系统了。如图 4-84 所示，等待界面显示了系统工程名称、本地日期和时间等信息。点击“进入系统”按钮就可以进入“码垛机器人控制”主界面，点击“退出系统”按钮则退出系统并关闭软件。

为了实现不同界面之间的切换，要用到动画连接中的命令语言连接，组态王为用户提供了类似 C 语言的命令函数库，可以方便地进行自定义设置。以图 4-84 的“等待界面”和系统主界面切换为例，设置“进入系统”按钮按下时执行命令语言

showpicture（'码垛机器人控制'）;

则可以在按钮按下时切换到“码垛机器人控制”界面。设置“退出系统”按钮按下时执行命令语言

exit（0）;

则可以在按钮按下时退出系统，关闭软件。

② 码垛机器人控制界面 码垛机器人控制界面是系统的主界面，如图 4-85 所示，可以实现系统的启停、复位、自动手动切换和码垛机器人的自动手动控制，该界面还可以实现和等待界面、参数设置、仓库信息、货物信息、报警信息以及速度实时趋势曲线

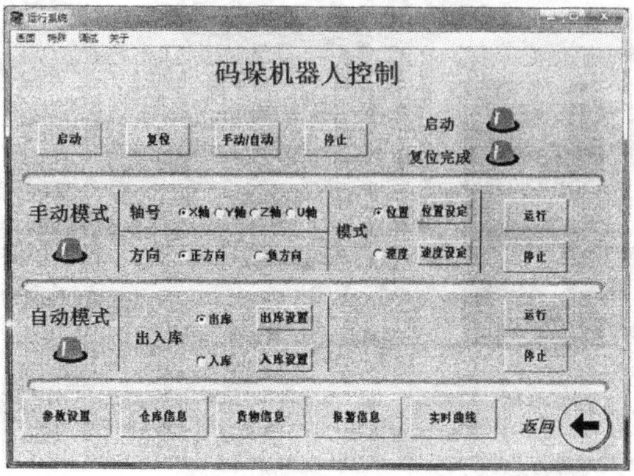

图 4-85 码垛机器人控制界面

界面之间的相互切换。界面切换动画以“返回”按钮为例，设置按钮按下时执行命令语言

showpicture（"等待界面"）；

则当“返回”按钮按下时可以切换至“等待界面”，其他界面切换命令语言类似。

按下“启动”按钮启动系统，同时点亮“启动”指示灯，按下“复位”按钮系统开始复位，复位完成后点亮“复位完成”指示灯。“自动/手动”切换按钮用来切换码垛机器人的操作方式，并可以分别点亮“手动模式”和“自动模式”指示灯。

组态王提供了热键命令语言，可以设置工控机键盘上的按键为人机界面操作的快捷键。以“自动/手动”切换按钮为例，可以将键盘上的“F1”键设置为“自动/手动”按钮的热键，在热键命令语言中新建“F1”，并设置按下“F1”键时执行命令语言

```
if(\\本站点\自动手动切换= = 1)
\\本站点\自动手动切换= 0;
else
\\本站点\自动手动切换= 1;
```

则键盘上的“F1”键按下时先判断“自动手动切换”变量的状态，如果为手动(1)则切换为自动(0)，反之则切换成手动。

组态王还对按钮设置了闪烁效果，以自动模式下“运行”按钮为例，设置闪烁条件表达式为

```
\\本站点\自动运行中= = 1;
```

并设置闪烁速度为 500ms/隔，则系统在自动运行时也就是“自动运行中”变量为“1”的时候，“运行”按钮就会以 2Hz 的频率时隐时现。如图 4-86 所示即为“运行”按钮隐藏时的状态。

图 4-86　“运行”按钮隐藏

③ 参数设置界面　按下“码垛机器人控制”界面的“参数设置”按钮或者是手动模式下的“位置设定”“速度设定”按钮或者是自动模式下的“出库设置”“入库设置”按钮都会进入“参数设置”界面。

参数设置界面可以设置手动模式下码垛机器人各轴的速度或者是位移量，也可以设置自动模式下码垛机器人出入库仓库号和行列号。其中" 位置设定”和“速度设定”采用游标的形式，通过拖动滑块可以设置位移量和速度大小，并可以在游标下部显示设置的具体数值。如图 4-87 所示，设置了手动模式下某轴的移动位移为 588mm。

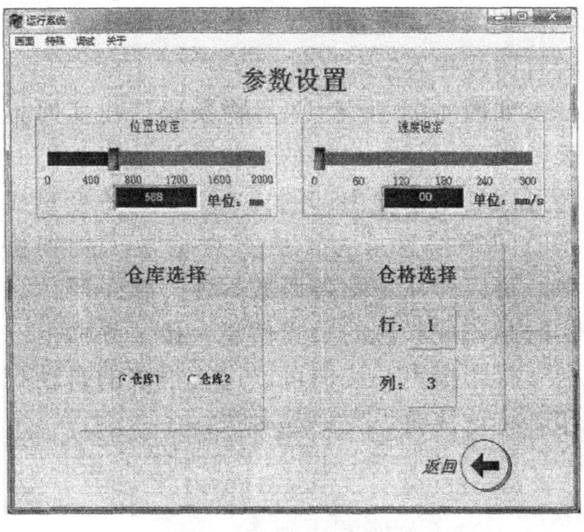

图 4-87　参数设置界面

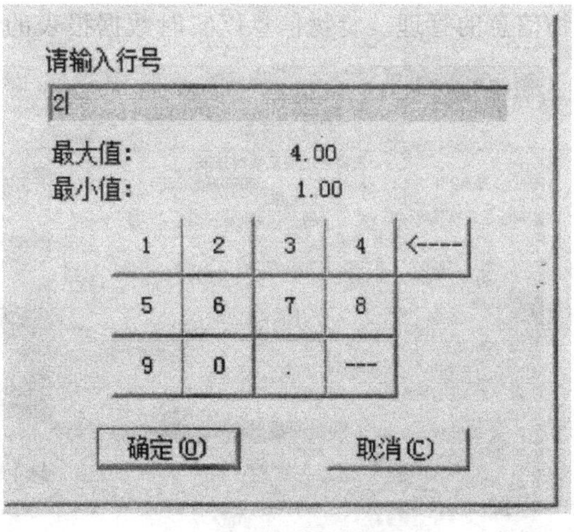

图 4-88　行号输入对话框

自动模式下“仓库选择”使用了单选按钮，可以用鼠标点选自动出入库的仓库号。“仓格选择”使用模拟值输入和输出连接来选择行号和列号，当鼠标点击“行”或者“列”后面的数字时会弹出数字输入对话框，如图 4-88 所示，可以鼠标点击或者用键盘输入出入库行号，在“最大值”和“最小值”提示下输入行号并按“确定”按钮确认，对话框自动消失，输入行号“2”，同样的操作可以输入列号。

④ 仓库信息界面　仓库信息界面可以实时、直观地显示仓库的存储状态，方便对仓库状态的掌握，如图 4-89 所示，可以分别看到“仓库 1”和“仓库 2”的仓格占用位置，并以滑块和数值的形式显示总的仓格占用数。组态王提供了隐含动画连接，可以选择性的隐藏或者是显示所需信息，以“仓库已满”提醒为例，设置其隐含条件表达式为

```
\\本站点\仓库占用数= 56;
```

并设置表达式为“真”时显示。则当所有仓格占满即“仓库占用数”变量为“56”时，显示“仓库已满”提醒，其余时间则隐藏起来（如图 4-89 所示）。如图 4-90 所示，仓库中所有仓格都已占用，则显示“仓库已满”提醒。

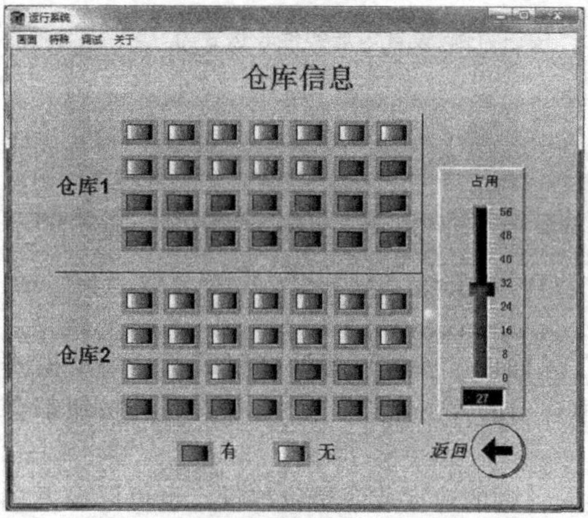

图 4-89　仓库信息界面

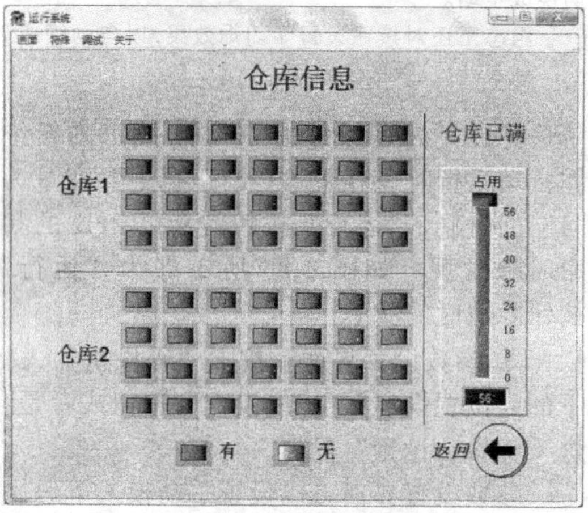

图 4-90 “仓库已满”提醒

⑤ 货物信息界面　按下“码垛机器人控制”界面下方的“货物信息”按钮可以切换至“货物信息”界面，该界面可以实时、直观地显示每个仓格的货物条码信息，方便对仓库货物信息的管理。货物信息以实时数据报表的形式（类似 Excel 表格）显示，可以根据需要进行打印或保存。

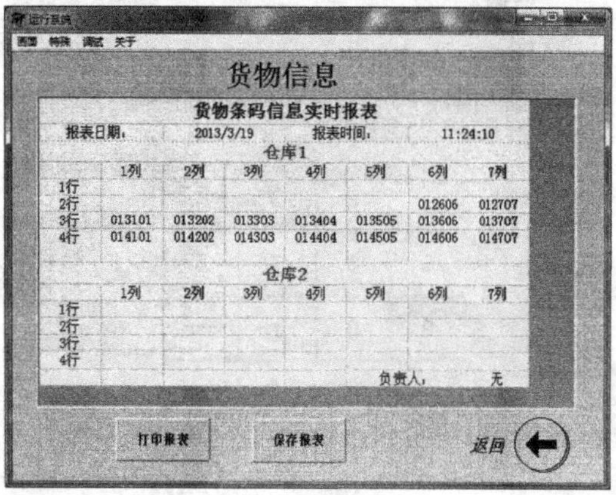

图 4-91　货物信息界面

如图 4-91 所示，“货物条码信息实时报表”中显示了各仓格的货物条码信息，同时还可以利用系统内部的日期、时间等变量显示时间等信息。为了更直观地显示货物信息，可以建立货物条码数据库，将条码信息实时翻译成具体的货物信息。按下界面下方的“打印报表”按钮可以进行报表的自动打印，将该按钮设置弹起时执行命令语言

```
ReportPrint2("Report0",1);
```

其中“Report0”为该数据报表的名

称，变量“1”代表按照预定的格式自动打印。将“保存报表”按钮设置为弹起时执行命令语言

```
string filename;
filenaine= InfoAppDir()+ "\实时报表\"+
StrFromReal(\\本站点\$年,0,"f)+
StrFromReal(\\本站点\$月,0,"f)+
StrFromReal(\\本站点\$日,0,"f)+
StrFromReal(\\本站点\$时,0,"f)+
StrFromReal(\\本站点\$分,0,"f)+
StrFromReal(\\本站点\$秒,0,"f)+ ".xls";
ReportSaveAs("Report0",filename);
```

则可以实现报表的自动保存，保存路径为当前工程路径下的“实时报表”文件夹，文件格式为 Excel 表格，文件名为保存报表的日期和时间，类似“201331911233.xls”。

⑥ 报警信息界面　生产安全是每个工业现场都不能忽视的重要的一环，也是生产顺利进行的基本保证，为了保证安全，组态王为用户提供了强大的报警和事件系统，可以及时发出警告并做好记录，方便以后查看。首先根据需要定义报警组，报警组用来划分报警的种类和所属设备，此处定义了各轴限位、仓库报警、传送带以及通信报警等。在数据词典中可以设置各变量的报警属性，包括报警组、优先级、报警界限和报警文本等，组态王为每个变量都设置了报警定义选项卡，用户可以根据需要自行设置。下面以 *X* 轴正限位为例，来说明报警定义的设置。

在数据词典中双击 *X* 轴正限变量，打开定义变量对话框，点击报警定义选项卡，如图 4-92 所示，设置报警组为“各轴限位”，设置报警优先级为“1”，在开关报警量里设置“开通（1）”报警，并设置报警文本为“X 轴正极限”，点击“确定”按钮保存报警定义。

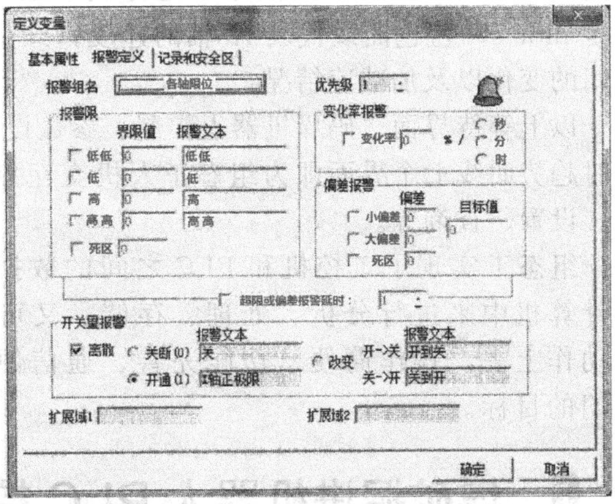

图 4-92　*X* 轴正限位报警定义

根据需要依次定义每个变量的报警属性，然后就可以建立报警窗口了。在新画面中绘制报警窗口，并设置合理的报警窗口配置属性，例如报警组和优先级等。在这里解释一下优先级的概念，组态王为了区别对待报警的紧急程度，设置了“优先级”属性，优先级数值越小，报警级别越高，其报警的紧急程度就越高，而且只有变量的优先级高于报警窗口的优先级时，才会在报警窗口中显示变量的报警，所以要合理设置报警优先级。

组态王系统内部提供了“$新报警”变量，通过设置可以在系统出现报警信息时自动弹出报警窗口，在事件命令语言中新建描述为“\\本站点\$新报警==1;”的新事件，并设置事件发生时命令语言为

```
showpicture('报警');
\\本站点\$新报警= 1;
```

则当系统有报警事件时会自动弹出报警信息窗口，如图 4-93 所示，该界面显示了报警

日期、报警时间、触发报警的变量名和其所属的报警组等等，报警类型是报警定义中设置的报警文本。当系统处于运行状态时，用户还可以通过报警窗口上方的工具箱对报警信息进行操作，例如报警确认、报警删除以及更改报警类型等。

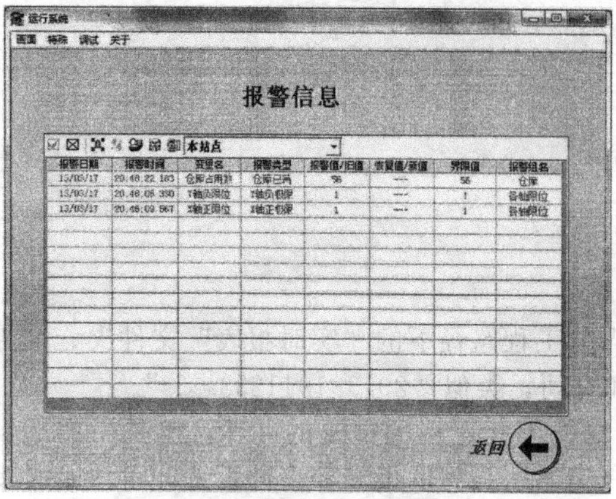

图 4-93 报警信息界面

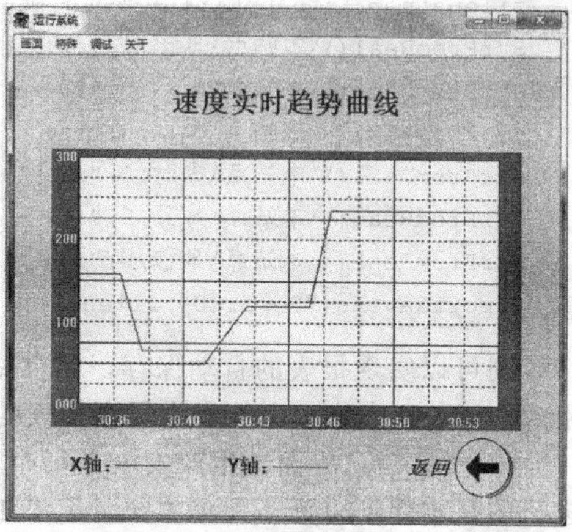

图 4-94 码垛机器人 X、Y 轴速度实时趋势曲线

⑦ 速度实时趋势曲线界面 组态王提供了实时趋势曲线和历史趋势曲线功能，可以用来反映变量随时间的变化情况，定义了速度实时趋势曲线，用来反映码垛机器人各轴的速度变化情况。点击“码垛机器人控制”界面上的“实时曲线”按钮，可以切换至“速度实时趋势曲线”界面，如图 4-94 所示，坐标横轴是时间，用分和秒来记录，坐标纵轴是速度，单位是 mm/s。蓝色曲线代表 X 轴的速度，红色曲线代表 Y 轴速度，可以直观地看出速度随时间的变化以及加减速情况。

以上等待界面、码垛机器人控制、参数设置、仓库信息、货物信息、报警信息以及速度实时趋势曲线七个界面即为组态王人机交互界面，工作人员可以通过对相应的界面进行操作、设置、查询等。

组态王实现了工控机和 PLC 之间的数据通信，既可以将工业现场的各种信息采集到计算机中来进行分析、处理、存储，又可以将操作者的意图反映到码垛机器人的具体动作上去，操作简便、功能完善、通信便捷、人机界面友好，达到了整个监控系统预期的目标。

4.6 煤矿掘进机器人 PLC 控制系统设计开发

随着科学技术不断发展和现代化生产的深入需要，面对煤矿产业诸多新条件，矿山机械将朝着大型化、智能化、自动化趋势发展。目前在我国应用最广泛的掘进机是悬臂式部分断面掘进机，可建立安全、高效、省力的施工巷道。传统的掘进机虽然能够进行机械化工作，在一定程度上满足基本的巷道安全，但机械的操作仍然是手工的，劳动强度高，危险性大，工作效率较低，另外，施工的安全和质量在很大程度上都受人为因素限制，因此事故及伤亡人数也持续不低，所以，世界各地的科学家都积极地在矿山机械方面上应用机器人。矿山机器人在各种工作环境中能够高强度、长时间的从事简单的复杂工作，使矿工从繁重的体力劳动和恶劣的工作环境中解脱出来，另外机器人对于工作环境的适应能力很强，能够在较不稳定和恶劣的环境下进行作业。基于以上诸多因素，开发具有自动掘进功能的掘进机器人的意义重大。

4.6.1 控制系统分析

（1）控制系统总体结构分析

① 机器人传感器组　掘进机器人的截割机构主要由截割头、悬臂段、截割减速器和截割电动机组成。截割机构工作时，截割电动机经减速器驱动截割头旋转，利用截齿破碎煤岩。伸缩液压缸提供截割头的纵向推动力。截割机构铰接于回转台上，并借助于升降液压缸和两个回转液压缸，实现截割机构的升降和回转运动，并且截割头可以沿着径向伸缩。因此，机器人的悬臂可以完成三维空间中的运动。在悬臂上，安装有转角传感器，用来测量悬臂的水平转角和俯仰角。在截割头的径向方向安装一个位移传感器，用来测量截割头的伸缩长度。除了这三个测量机器人悬臂姿态的传感器外，机器人的机体上还安装有测量机器人机体姿态的传感器，主要包括机体倾角传感器和俯仰角传感器。传感器组的安装位置如图 4-95 所示。各传感器和 PLC 中心控制器之间的关系如图 4-96 所示。

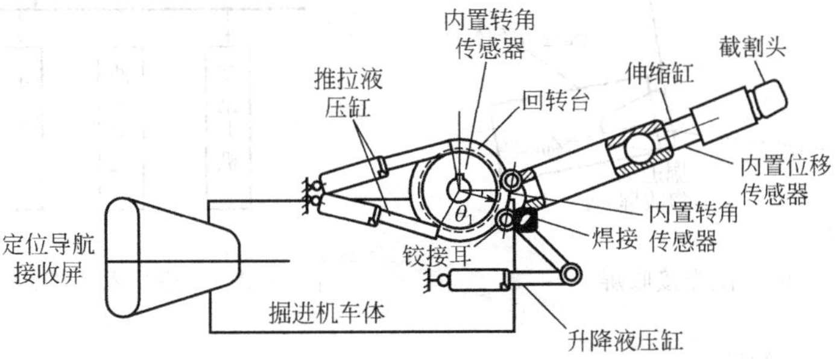

图 4-95　传感器组位置示意图

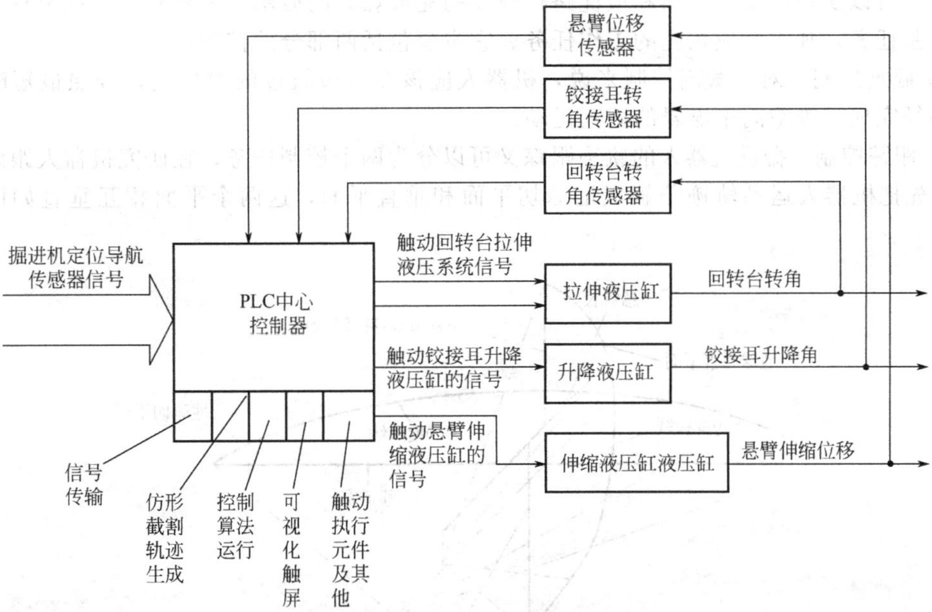

图 4-96　传感器与 PLC 控制器的关系

② 掘进机的导航定位系统　在掘进机器人机体上面设置两块相互平行距离可测的激光接收屏，如图 4-97 所示。在巷道的一端放置一个激光发射器，当激光束打到接收屏 1 和接

收屏 2 上的时候，就可以在接收屏上产生一对坐标（x_1，y_1）和（x_2，y_2），结合机体俯仰角传感器和倾角传感器的数据，经过坐标换算，可以得出机体横滚角，机体在巷道中的位置坐标也可以经过换算得出。此系统称为掘进机的导航定位系统。

③ 控制系统的组成　本机采用 PLC 作为中心控制器，并配合工业触摸屏系统来共同控制掘进机器人，由西门子 S7-200 系列 PLC 作为主控制器，可以驱动和控制掘进机器人中的所有电动机、电控装置和照明装置。掘进机器人的其余动作均由液压系统驱动，PLC通过对电磁阀的控制来控制液压缸或者液压马达的动作，从而实现对应机构的动作。其控制系统组成如图 4-98 所示。

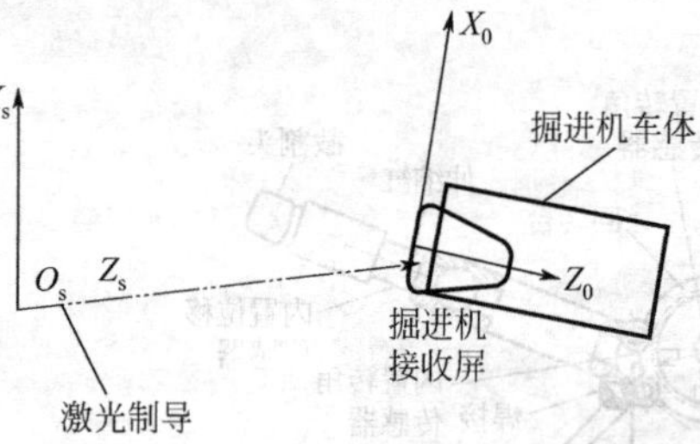

图 4-97　激光接收屏

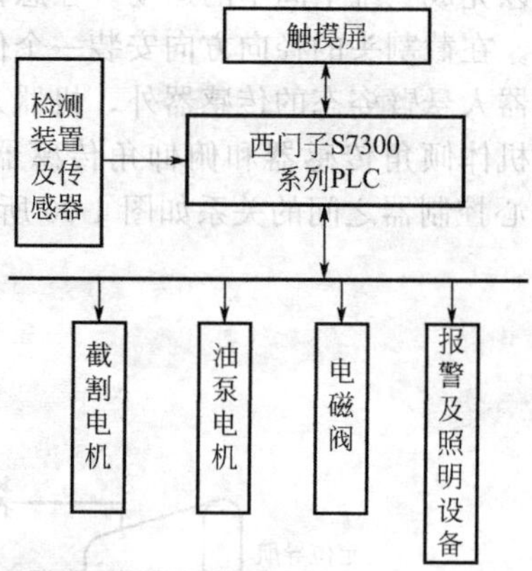

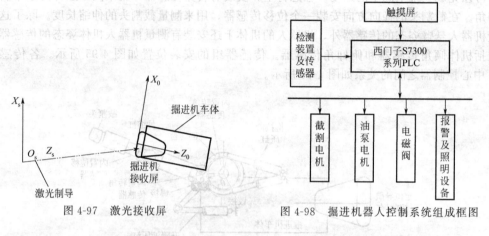

图 4-98　掘进机器人控制系统组成框图

（2）控制任务分析

掘进机器人的功能主要是机器人可以自主地跟踪预先给定的三维坐标轨迹，并且在运动过程中，可以实现以最短时间和最优路径独立的完成煤岩的截割。另外它还可以根据人们下达的控制任务，独立完成相应的工作任务。它主要包括两部分的控制任务。

① 截割控制　对于截割控制来说，机器人应该在约束轨迹的前提下，按照最短时间和最优路径完成三维空间中煤岩的截割运动。

② 跟踪控制　掘进机器人的轨迹跟踪又可以分为两个控制任务，在研究机器人跟踪控制之前，先把机器人运动轨迹分解成地球切平面和垂直平面，这两个平面相互垂直如图 4-99 所示。

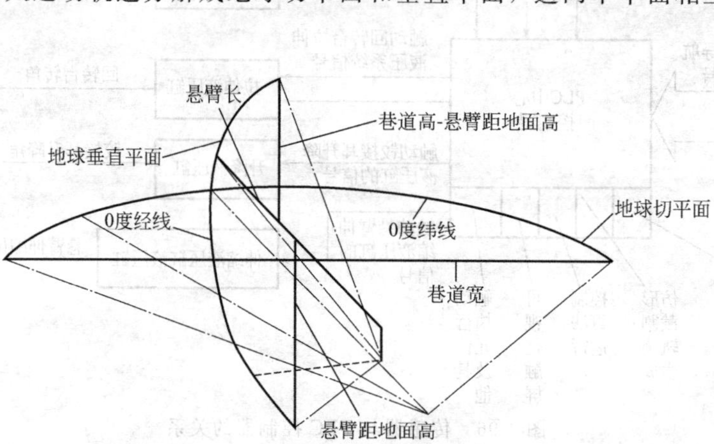

图 4-99　巷道截面经纬

由于需要解决两个轨迹跟踪问题，在控制系统工作前，要先对掘进机器人进行初始化。

当完成机体姿态和截割头姿态检测、截割头外包络线计算、路线规划和自动控制策略等初始化任务以后，监控系统就会进入监控状态，可实时反映和显示掘进机工作状态。机器人收到初始化数据之后，进入到完全自主的工作状态中。在自主运行的状态中，机器可以实时的获取其三维空间中的位置信息，然后将测得的数据进行分析，并且与给定的运动轨迹进行比较，完成跟踪控制。在完成截割控制任务时，PLC 获取掘进机器人的姿态数据和截割臂的位置数据，然后进行数据分析，再根据监控系统给定的任务要求，进行机器人的作业规划。由于在机器人的自动行进过程中，有可能会产生误差，为保证机器人能够实时的跟踪预先设定的运动轨迹，应该在轨迹约束条件下，完成掘进机器人截割头运动路径寻优规划。掘进机器人控制功能如图 4-100 所示。

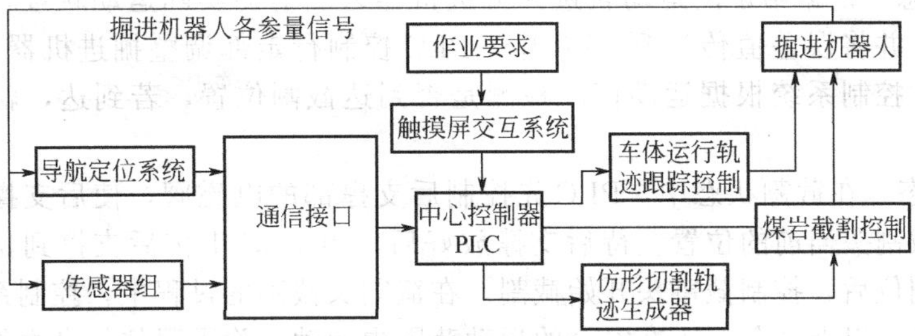

图 4-100　掘进机器人控制功能框图

（3）机器人的姿态参数

机器人的姿态参数主要包括：

① 机体姿态参数　它主要包括机体偏航角、俯仰角和横滚角。三个角的位置关系如图 4-101 所示。掘进机器人机体的偏航角和俯仰角是掘进机位姿的重要参数，它们可以通过激光束打在两块接收屏上的一对坐标以及俯仰角传感器的数据来计算。机体横滚角是掘进机位姿的另一个重要参数，可以通过倾角传感器测量的数据，再结合接受屏的一对坐标，以及俯仰角和偏航角联合计算。这三个角度可以准确的反应掘进机当前的位姿。掘进机器人在巷道中的位置坐标可以反应机体当前位置的准确信息，位置坐标可以通过接收屏上的一对坐标和三个位姿变换角换算得出。

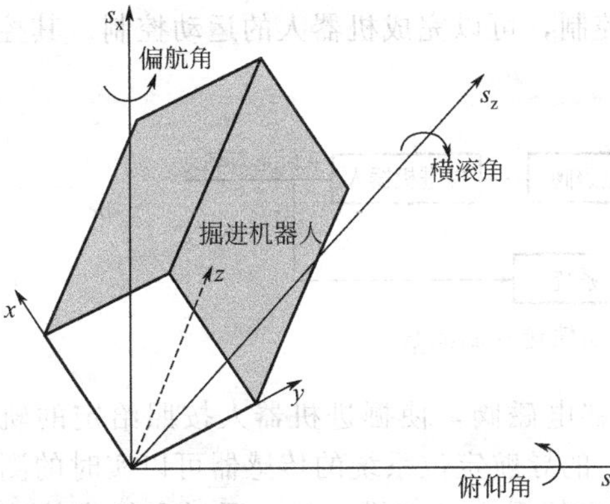

图 4-101　位姿变换角示意图

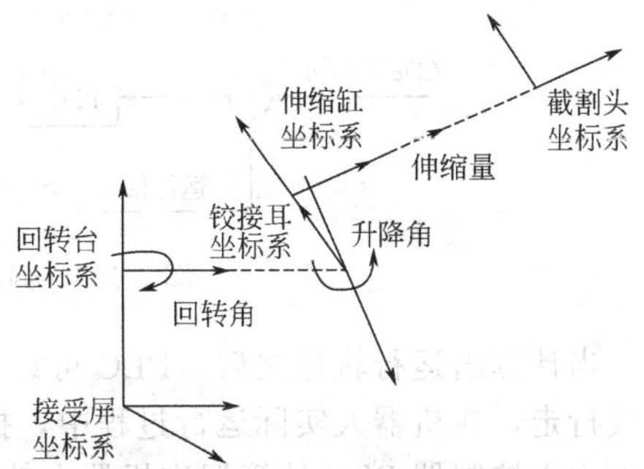

图 4-102　掘进机器人各关节坐标系示意图

② 机器人截割头的姿态参数　它主要包括：回转台的回转角、回转台铰接耳的升降角以及悬臂的伸缩量。这三个参数可以准确地反映截割头的当前位置信息，利于人们在机器人工作之前的调试工作以及进行仿型截割的轨迹规划设计。掘进机器人各关节坐标系如图 4-102

所示。

（4）控制过程及状态的分析

本机采用PLC作为中心控制器，并配合工业触摸屏系统来共同控制掘进机器人。将掘进机器人的工作状态分为5个部分。

① 开始状态　系统开机就可以进入到开始状态，在开始状态中，计算截割头的仿形截割过程各节点的位置坐标、计算截割头的外包络线，掘进机器人完成自检。控制系统可以通过传感器实时读取掘进机器人的机体的姿态信息和截割头的姿态信息。

② 等待状态　当系统进入到等待状态时，判断掘进机器人是否应该前进。如果需要前进，PLC控制行走机构向前行走。

③ 运行状态　根据给定的运动轨迹和掘进机器人当前的实际运动轨迹，可以计算出机体运行的误差，并将误差值传送到PLC中，PLC控制行走部调整掘进机器人的运行轨迹。在这个过程中，控制系统根据运动情况检测是否到达截割位置，若到达，就将进入截割状态中。

④ 截割状态　在截割状态中，PLC先控制后支撑部的电磁阀，使后支撑放下，并且读取掘进机器人截割头当前的位置。待后支撑放好后，由PLC上传后支撑到位信息。控制系统得知后支撑到位后，控制截割头开始截割。在截割头截割的过程中，控制系统需要获取截割头的限位信息，以保证截割头在安全的运动范围内运动。除了限位信息之外，控制系统还要获得软硬岩的判断信息，软硬岩的判断信息可以直接地反映在截割电动机的电流变化上，根据电流的变化来调整悬臂的摆动速度。在当前横截面截割完成之后，发送后支撑抬起的命令到PLC中，等到PLC接收到后支撑抬起的完成命令以后，就进入等待状态。

⑤ 截割断面轮廓修型状态　在掘进机器人完成当前断面截割工作之后，可能由于种种原因，造成断面边缘部分截割情况不理想，例如断面边缘处截割轮廓不光滑，有毛刺或者截割不完整，所以在当前断面截割完成以后，必须要对截割后的断面进行修型。修型过程如下：调整截割头回到左下角截割开始的位置，再控制截割头沿着断面的外轮廓截割，直到出现截割断面轮廓理想状态为止。

（5）控制流程分析

掘进机器人的控制流程主要分为运动轨迹控制流程、截割头控制流图。

运动轨迹控制流程图主要包括PLC控制器、行走部控制电磁阀、PLC通过控制电磁阀和导航定位系统中的机器人位置坐标，构成反馈控制，可以完成机器人的运动控制。其控制流程如图4-103所示。

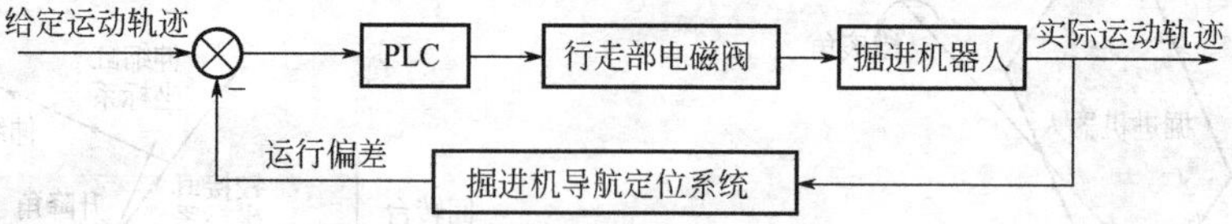

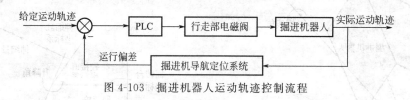

图4-103　掘进机器人运动轨迹控制流程

当计算出运行轨迹之后，PLC可以控制行走部电磁阀，使掘进机器人按照给定的轨迹路线行走，在机器人实际运行过程中，掘进机器人的导航定位系统的传感器可以实时的测量并由中心控制器PLC计算掘进机器人轨迹在绝对坐标系中的三维坐标，通过和给定轨迹进行比较，得出轨迹偏差，并实时反馈，中心算法根据反馈数据进行计算，给出PLC控制量去控制行走部电磁阀，以此不断地纠正掘进机器人的路线偏差。

截割头控制流程共分为截割头水平转角控制、仰俯角控制和长度控制三个流程。因为俯仰角、水平转角和长度控制三个控制过程相互独立。截割头的水平转角、俯仰角和长度的控制流程如图 4-104～图 4-106 所示。

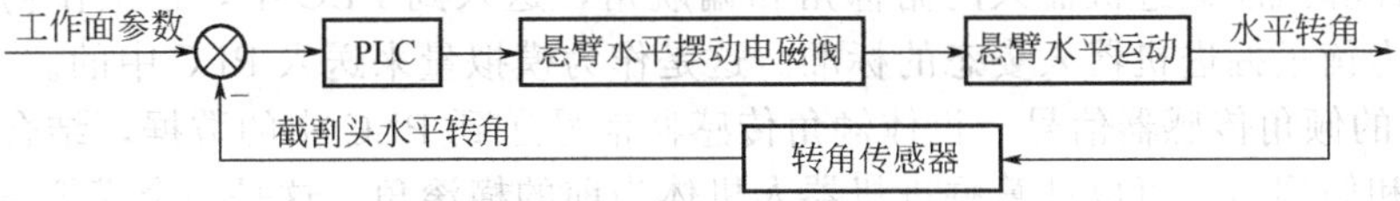

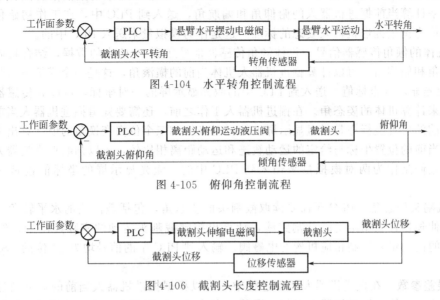

图 4-104　水平转角控制流程

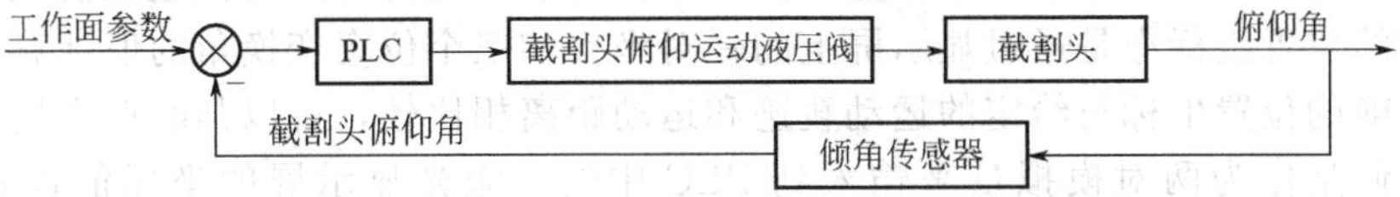

图 4-105　俯仰角控制流程

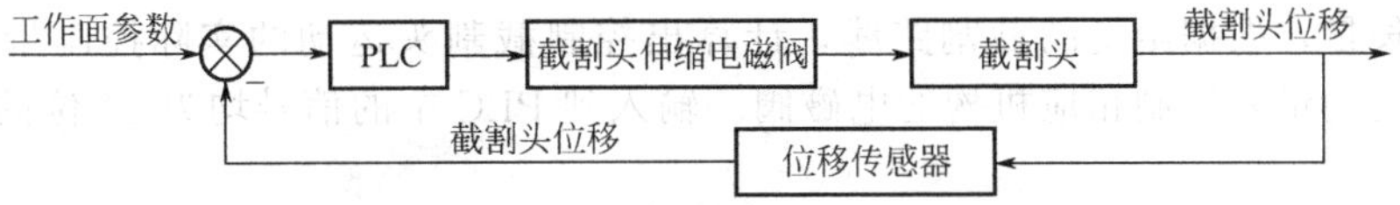

图 4-106　截割头长度控制流程

以悬臂水平摆动控制为例，当载入工作面的参数之后，PLC 控制悬臂水平运动的电磁阀进行截割，转角传感器会实时的检测悬臂的水平转角，数据不断的反馈，中心算法根据反馈的数据进行计算，判断当前任务是否截割完成，如果没有完成，PLC 则继续控制水平摆动电磁阀，若当前任务截割完成，则进入到一个工作任务当中。同理，悬臂的俯仰运动控制和截割头的伸缩控制亦如此。

（6）截割机构恒功率控制的分析

随着煤岩的硬度值的变化，油缸的压力也相应地变化。若煤岩硬度值变大，油缸压力增大，表现为截割头摆动速度相应增加。这时，系统需要自动调节减小油泵流量，油泵流量减小，油缸的压力也随之减小，截割头摆动速度减小。由于煤岩的硬度值增大，截割头的伸出速度也要适当的减小。这样使掘进机器人的截割工作始终保持恒功率。同理，若硬度值变小，油缸压力减小，系统要调节使油泵流量增大，截割头摆动速度增大。

对于变量泵的恒功率控制，掘进机器人采用的是负载敏感补偿液压系统。负载敏感压力补偿系统是能时刻检测负载压力和液压泵的输出压力，并且根据负载的瞬时需求，自动进行流量和压力的控制，提供系统所需的液压回路。对于掘进机器人的液压控制系统而言，泵的输出压力要与负载压力相适应，也就是负荷传感在最高负载回路上起作用，对其他负载压力较低的回路采用压力补偿，利用压力补偿器进行节流使之与高压回路的负载压力相同，以使阀口压差保证一定值。

截割电动机的电流变化可以很直观的反映掘进机器人截割头外载荷的变化情况，外载荷增大，电流也随之增大、所以将截割电流的当前量作为反馈信号，输入到 PLC 中，可以实时的判断外载荷的变化情况，可以及时地对执行机构的工作状态做出调整。

4.6.2 PLC 控制系统设计

（1）掘进机器人的控制变量

掘进机器人的控制变量主要分为输入变量和输出变量。PLC 的输入变量主要包括以下参数。

① 机体俯仰角传感器信号　机体俯仰角传感器送入到PLC中的数据结合激光显示屏的一对坐标来计算当前掘进机器人的俯仰角和偏航角，送入到PLC中，在工作初始化的过程中，可以作为衡量掘进机器人姿态的标准。这是作为模拟量来送入PLC中的。

② 机体的倾角传感器信号　机体倾角传感器信号送到PLC中的数据，结合接收屏坐标以及偏航角和俯仰角，可以计算掘进机器人机体当前的横滚角，这是一个模拟量信号。

③ 激光显示屏坐标值　送入到PLC中的激光显示屏的一对坐标，可以和传感器送来的数值一起来计算机体的姿态角。在掘进机器人工作之前，还需要知道掘进机器人当前位置的坐标，当前的位置坐标亦是通过显示屏上的一对坐标和三个位姿变换角的值计算出来的，掘进机器人当前的位置坐标与给定的运动轨迹和运动距离相比较，可以判断掘进机器人是否应该前进。它们是作为两对模拟量来输入到PLC中的。激光显示屏的坐标值也是一种模量输入。

④ 截割头姿态角　PLC还需要读取截割头的姿态角，包括截割头的水平转角、俯仰角和截割头伸长量，根据给定的截割路线，计算出控制截割头运动的实际控制量，然后PLC根据实际的控制量来控制相应机构的电磁阀。输入到PLC中的信号均为14位的SSI同步串行信号。

⑤ 误差参数　在掘进机器人运动过程中，可以根据掘进机器人当前的运动轨迹和给定的运动轨迹，计算出掘进机器人运行的误差，在给出掘进机器人的理论轨迹后，根据掘进机器人的实际运行轨迹的情况，取实际运行轨迹中的某一点，找出在理论轨迹中与其距离最小的点，该点称为实测点在理论轨迹中的同步点。这两点之间的距离作为控制变量送入到PLC中，中心算法根据输入到PLC中的误差参数，计算出调整掘进机器人运行轨迹偏差的控制量，PLC根据控制量来调整掘进机器人的实际运行轨迹，达到纠偏的目的。误差信号也是作为一个模拟量输入到PLC中的。

⑥ 截割电动机的电流值　截割电动机的电流值是判断煤岩软硬性质的一个标准，为了实现掘进机器人的恒功率截割控制，要适时的判断煤岩的软硬性质，这就需要PLC不断的读取截割电动机的电流值，根据电流的变化来改变截割头摆动的速度。

⑦ 电机温度检测信号　在掘进机器人工作过程中，为了防止电动机过载或绕组温度过高，通过电流互感器检测油泵和截割电动机的电流，并通过热敏电阻对电动机绕组温度进行检测。当电动机温度过高，就会通知PLC产生高电平并且报警。

⑧ 漏电检测信号　通过零序电压互感器可以检测电动机是否漏电，如果电动机有漏电信号，则通知PLC产生高电平并且报警。

PLC的输出主要控制各组电磁阀：这里所说的电磁阀，是一种插装换向阀，它们是一种用于控制油液开启、关闭的电磁阀。根据当前掘进机器人的工作状态，判断掘进机器人下一步的工作任务，根据掘进机器人下一步的工作任务，控制相应的执行机构伺服阀动作，PLC的任务就是控制插装换向阀的开启与关闭，以间接控制各机构的伺服阀。

（2）掘进机器人控制系统硬件设计

① PLC的选型及模块选择　经过对掘进机器人控制系统的分析，决定选用西门子S7-200系列PLC。S7-200系列PLC适用于各行各业，各种场合中的检测、监测及控制的自动化。S7-200系列的强大功能使其无论在独立运行中，或相连成网络皆能实现复杂控制功能。因此S7-200系列PLC具有极高的性价比。S7-200系列PLC的出色表现体现在以下几个方面：

a. 可靠性极高；

b. 指令集丰富；

c. 容易掌握；

d. 操作便捷；

e. 丰富的内置集成功能；

f. 实时特性；

g. 通信能力强劲；

h. 扩展模块丰富。

S7-200 系列 PLC 在集散自动化系统中充分发挥其强大功能。使用范围可覆盖从替代继电器的简单控制到更复杂的自动化控制。应用领域极为广泛，覆盖所有与自动检测，自动化控制有关的工业及民用领域，包括各种机床、机械、电力设施、民用设施、环境保护设备等。所以掘进机器人电控系统采用西门子 S7-200PLC 来控制，能够实现所要求的控制任务，而且也可以达到良好的控制效果。

PLC 的中央处理单元选择 CPU226 型号，此 CPU 集成 24 路输入/16 路输出共 40 个数字量 I/O 点。最多可连接 7 个扩展模块，最大扩展至 248 路数字量 I/O 点或 3～5 路模拟量 I/O 点。并具有 26K 字节程序和数据存储空间。6 个独立的 30kHz 的高速计数器，2 路独立的 20kHz 高速脉冲输出，具有 PID 控制器。2 个 RS48-5 通信/编程口，具有 PPI 通信协议、MPI 通信协议和自由方式通信能力。I/O 端子排可很容易地整体拆卸。用于较高要求的控制系统具有更多的 I/O 点，更强的模块扩展能力，更快的运行速度和功能更强的内部集成特殊功能。可完全适应于一些比较复杂的中小型控制系统。

根据掘进机器人的控制要求，需要扩展一块型号为 EM222CN 的 8 路数字量输出模块。还需要扩展两块型号为 EM231CN 的 4 路模拟量输入模块，用来接收模拟输入控制变量。

② PLC 的 I/O 口分配　掘进机器人控制系统 I/O 口分配如表 4-16 所示。PLC 接口分配如图 4-107 所示。

表 4-16　控制系统 I/O 分配表

输入信号		输出信号	
I0.0	启动按钮	Q0.0	油泵电动机启动
I0.1	停止按钮	Q0.1	截割电动机启动
I0.2	急停按钮	Q0.2	控制截割头伸出电磁阀
I0.3	水平转角传感器信号	Q0.3	控制截割头缩回电磁阀
I0.4	竖直转角传感器信号	Q0.4	控制截割头水平向左运动电磁阀
I0.5	伸缩位移传感器信号	Q0.5	控制截割头水平向右运动电磁阀
I0.6	截割电动机温度检测信号	Q0.6	控制截割头抬起运动电磁阀
I0.7	油泵电动机温度检测信号	Q0.7	控制截割头落下运动电磁阀
I1.0	电动机漏电检测信号	Q1.0	控制铲板上升电磁阀
AIW0	显示屏 1 坐标 X	Q1.1	控制铲板下降电磁阀
AIW2	显示屏 1 坐标 Y	Q1.2	控制左星左轮旋转电磁阀
AIW4	显示屏 2 坐标 X	Q1.3	控制左星轮右旋转电磁阀
AIW6	显示屏 2 坐标 Y	Q1.4	控制右星轮左旋转电磁阀
AIW8	机体俯仰角传感器信号	Q1.5	控制右星轮右旋转电磁阀
AIW10	机体倾角传感器信号	Q1.6	控制一运电磁阀 1
AIW12	截割电动机电流值信号	Q1.7	控制一运电磁阀 2
AIW14	轨迹偏差信号	Q2.0	控制左行走前进电磁阀
		Q2.1	控制左行走后退电磁阀

续表

输入信号		输出信号	
		Q2.2	控制右行走前进电磁阀
		Q2.3	控制右行走后退电磁阀
		Q2.4	蜂鸣器报警
		Q2.5	照明组

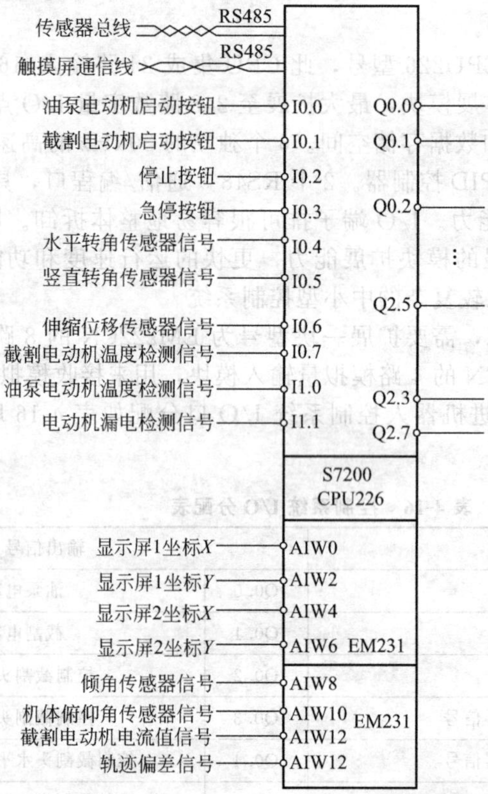

图 4-107 PLC 接口分配示意图

（3）PLC 输出控制电磁阀的方式

PLC 输出为弱电信号，输出功率不能直接驱动电磁阀，所以电磁阀需要外接电源供电，PLC 通过控制继电器间接控制电磁阀，这样便可以驱动电磁阀工作。掘进机器人 PLC、继电器与电磁阀的接线图如图 4-108 所示。

（4）掘进机器人控制程序流程图设计

在设计 PLC 程序时，应该根据工艺的要求和控制系统的实际情况，画出程序的流程图，这是 PLC 程序设计过程中的核心部分。在程序的编写过程中，可以参考已经设计好的标准程序以及继电器控制原理图。目前最普遍使用的编程语言是梯形图语言，具体使用哪种设计方法，可以根据设计者的个人爱好来采用经验设计法，也可以依据顺序功能来采用其他种类的设计方法。在程序的编写过程中，要及时对编写的程序加以注释，以便于增加程序的条理性和最后阶段程序的调试。注释的内容包括程序的功能说明、逻辑关系声明、设计思路、信号的走向等。

掘进机器人设备启动控制程序流程如图 4-109 所示。掘进机器人启动控制流程如图 4-110

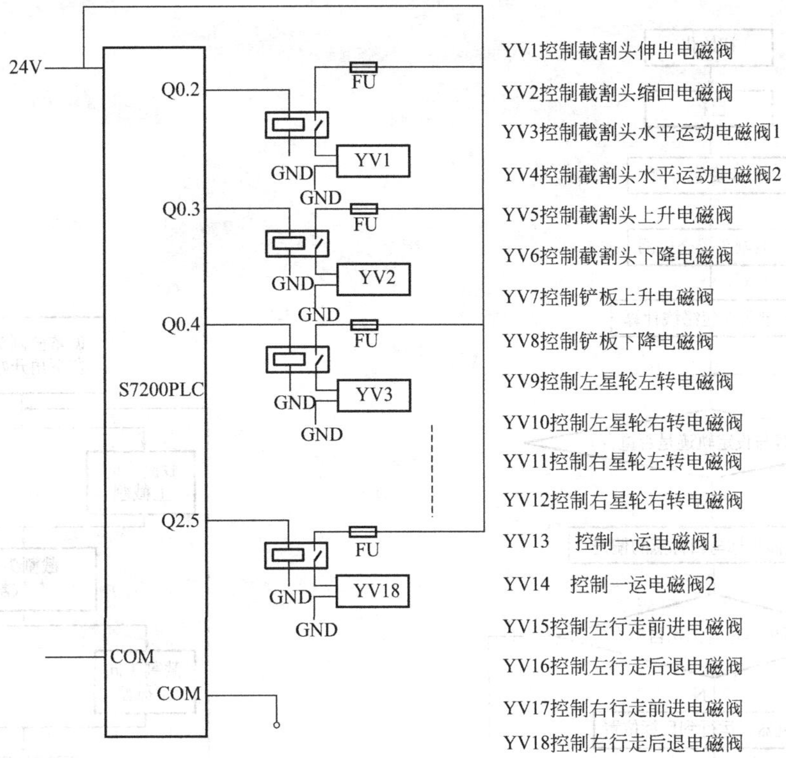

图 4-108　PLC、继电器和电磁阀接线图

所示。掘进机器人截割头工作程序流程如图 4-111 所示。以梯形断面为例，修整截割断面轮廓的程序流程如图 4-112 所示。

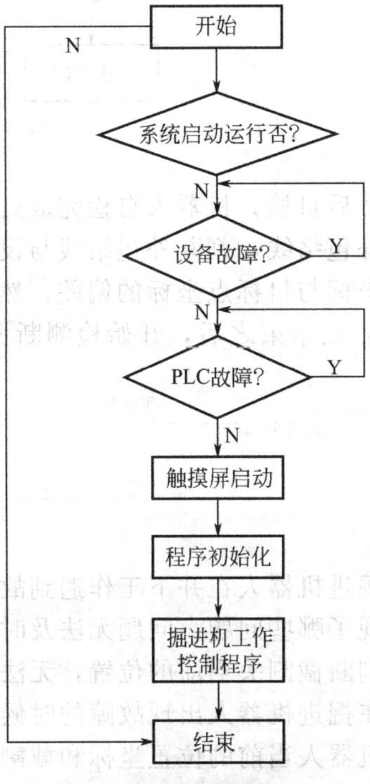

图 4-109　设备启动控制流程图

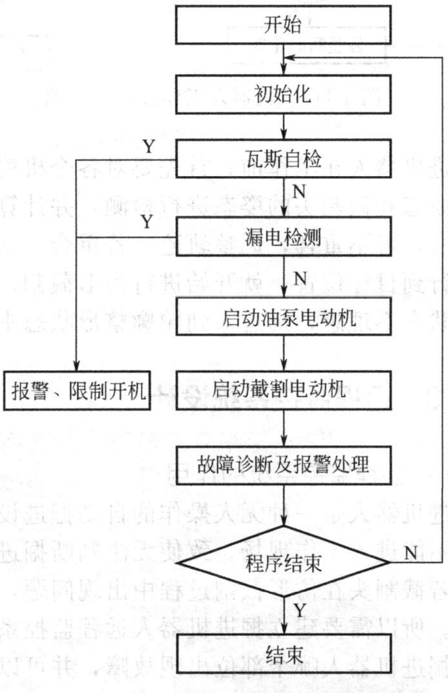

图 4-110　掘进机器人主程序控制流程图

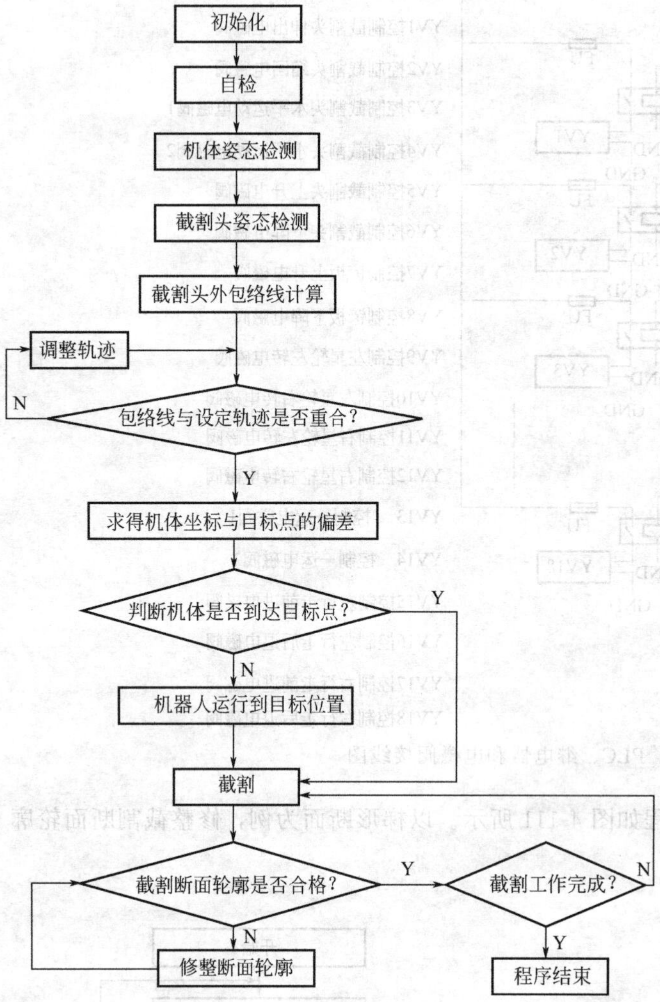

图 4-111 机器人工作程序流程图

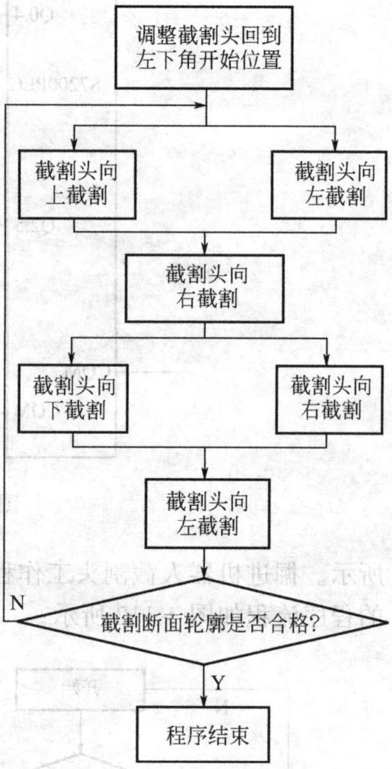

图 4-112 断面轮廓修型控制流程图

掘进机器人在工作前，首先要对各个机构初始化，然后自检，机器人自检完成后，要对机体的姿态和截割头的姿态进行检测，并计算截割头的外包络线，判断外包络线与设定轨迹是否重合，若不重合，调整轨迹，若重合，则计算机体坐标与目标点坐标的偏差，然后使机器人运行到目标位置，就开始进行仿形截割。当前断面截割结束之后，开始检测断面轮廓，若截割状态不理想，则进入到轮廓整形状态中。

4.6.3 远程监控系统设计

（1）远程监控系统的作用

掘进机器人是一种无人操作的自动掘进设备，所以掘进机器人在井下工作遇到故障的时候，人不能进入工作现场，致使无法判断掘进机器人出现了哪些问题，问题无法及时的得到解决。若截割头在仿形截割过程中出现问题，更加不能判断截割头当前的位置，无法进行位置调整。所以需要建立掘进机器人远程监控系统，可以在掘进机器人出现故障的时候，及时的判断掘进机器人哪个部位出现故障，并可以读出掘进机器人当前的位置坐标和截割头的姿态角，发现问题后，并能够及时的解决问题。而且在掘进机器人开始工作前，可以通过远程监控系统进行断面参数的写入。

掘进机器人采用 PLC 作为中心控制器，PLC 作为一种新型的工业控制计算器，运算速度快、程序设计简单、修改程序灵活、功能强大、可靠性高、抗干扰能力强、能在恶劣的工业环境下长期工作等显著特点，已经广泛应地应用于工业自动化控制的各个领域。但是 PLC 有其自身的缺陷，不具备人机交互功能，不能在控制过程中随意改变控制参数，也不能随时地了解系统的控制情况。随着人机界面技术的出现，解决了 PLC 不能与人交互的难题，让 PLC 控制技术在工业控制领域有了更加广阔的发展空间。

（2）触摸屏技术

触摸屏技术是一种新型的人机交互方式，触摸屏比传统的键盘和鼠标输入方式更直观。配合相应的识别软件，触摸屏还可以进行手写输入，使用十分方便。触摸屏技术使得人们得以与计算机进行亲密接触，显示屏幕带来的不再是单纯的眼球体验，而逐渐转化成互动体验。触摸屏具有坚固、耐用、反应速度快、易于交流、节省空间等许多优点。利用这种技术，通过使用者的手指触摸来实现对计算机的操作、定位，最终实现对计算机的查询和输入，从而使人机交互更为直接，这种技术也极大地方便了不懂电脑操作的人员。随着触摸屏技术的不断发展，触摸屏与 PLC 的结合日趋完善，触摸屏为 PLC 的广泛应用开辟了一个新领域，其联合控制技术日益接近具有多功能操作界面的工控机。随着计算机的逐步发展，触摸屏技术必将会有它更加广阔的发展和应用前景。

① 触摸屏的原理　触摸检测部件和触摸屏控制器组成了触摸屏，显示器屏幕前面安装有触摸检测部件，用来检测用户触摸的位置，当用户手指或其他介质接触到屏幕时，根据感应方式的不同，侦测电压、电流、声波或红外线等，并且测出触压点的坐标，并将它转换成触点坐标送给 CPU。它同时能接收 CPU 发来的命令，然后加以执行。

② 触摸屏的种类　按照触摸屏的工作原理和传输介质的不同触摸屏可分为以下四种。

a. 电阻式触摸屏　电阻式触摸屏是利用压力感应来进行控制的，主要部分是一块与显示器表面非常配合的多层的复合薄膜屏，并由两层导电层构成，中间透明的隔离点让触摸屏在没有工作的状态下，使两层导电层隔离开来。当触摸屏幕时，使两层导电层在触摸点位置有了接触，电阻变化，在 X 坐标和 Y 坐标两个方向上产生信号，并送到触摸屏控制器中。当控制器侦测到这一接触的时候，随即计算出（X，Y）的位置，再根据模拟鼠标的方式运作。电阻式触摸屏主要分为四线式、五线式和八线式。

b. 电容式触摸屏　电容式触摸屏利用人体的电流感应进行工作，是一块四层复合玻璃屏，当有导电物体触碰时，就会改变触摸屏触点的电容，从而可以得出触摸点的位置。电容式触摸屏能够快速触摸而且感应速度快、可以防止刮擦、不怕灰尘、水及污垢等影响，适合在较恶劣环境下使用。但由于电容会随着温度、湿度或环境电场的变化而变化，所以稳定性差，分辨率不高，容易产生漂移现象。

c. 红外线式触摸屏　用户的触摸是通过 X、Y 方向上密布的红外线矩阵来检测并定位。一个电路板外框安装在红外触摸屏显示器的前面，屏幕的四边设有红外发射管和红外接收管，一一对应的形成了横竖交叉的红外线矩阵。在触摸屏幕同时，手指会挡住经过该位置的两条横竖红外线，所以可以准确判断出触摸点在屏幕某个位置。

d. 表面声波式触摸屏　竖直或水平向超声波发射换能器及接收换能器分布在表面声波式触摸屏的四角，四边刻有反射条纹，发出类似参照波般的超声波信号。当接触屏幕时，就会吸收一部分声波能量，控制器依据减弱的信号计算出该触摸点的位置。

③ 威伦通触摸屏及其编程软件　根据掘进机器人系统的控制要求，结合 PLC 的型号，选择威伦通 MT8000 系列中的 MT8121X 型号触摸屏作为控制系统的人机界面，它具有 500MHz 的 CPU，256MB 大容量内存，65536 色 TFT LCD，分辨率 800×600，1 个以太网

端口，3 个 COM 端口，3 个 USB 2.0 接口，符合控制系统的要求。

威伦通触摸屏基本上可分为 DOP-A（标准功能型）、DOP-AS（简易轻巧型）、DOP-AE（进阶扩展型）三类。DOP 触摸屏不仅拥有高速的硬件架构，也拥有人性化的使用接口。威伦通触摸屏具有的功能如下：

a. 应用范围广　DOP 触摸屏支持包括西门子、欧姆龙、三菱等 20 多种不同 PLC 厂商的产品。

b. 灵活的画面编辑器　DOP 触摸屏画面编辑器编辑文本可应用英文、简体中文、繁体中文等不同语言版本，另外用户还可以使用 Windows 操作系统所自带的字体。

c. 高效的运算功能和通信宏指令　DOP 触摸屏通过利用运算宏来辅助 PLC 处理运算功能复杂的工作同时配合通信宏指令，用户可通过 COMPort 自由编写通信协议与特定系统相连。

d. 便捷的 USB 功能　USB 的快速传输特性大大缩短了传输程序的时间，而且 USB Disk 在触摸屏上的使用，大大增加了存储空间，另外还可支持 USB 接口的打印机。

e. 实用的配方功能　在 DOP 触摸屏的编辑器中，提供了类似 Excel 表格的配方编辑器，用户可以同时输入多组配方或一次下载多组配方，使得用户使用起来更加轻松、便捷。

f. 强大的联机功能和模拟功能　DOP 触摸屏内部有内置的两个甚至三个通信口，因此可以支持两到三台不同的 PLC，另外，DOP 触摸屏还可通过机身的 COM2 RS-485 连接多台 RS-485 控制器。在编辑完成后，可以直接利用计算机模拟测试触摸屏是否正常工作（在线模拟），另外也可在不连接控制器的情况下，直接使用计算机模拟测试触摸屏是否正常工作（离线模拟）。

EasyBuilder 8000 简称 EB 8000 图控软件，是人机界面领域的经典软件，也是目前市场上最流行的软件之一，已经升级到了 EB 8000 V4.65.14 版本。新版本仍旧保持了良好的对之前版本的兼容性能，可以轻松应用 MT6000T、MT8000T、采用 500MHz CPU 的 MT8000X 系列，以及威伦通推出的采用 16：9 宽屏设计、400MHz CPU 的 MT6000i 和 MT8000i 系列触摸屏上。而且最重要的是，新版本软件新增加了穿透通信功能。安装了新版本软件的 MT8000T、MT8000X、MT8000i 系列触摸屏，允许 PC 上的应用程序透过 HMI 直接连接 PLC。此时触摸屏相当于一个数据转接器，PC 上的应用程序可以通过这个转接器对 PLC 程序进行读取、写入；监控 PLC 的数据以及相关 PLC 调试。EB 8000 的软件界面如图 4-113 所示。

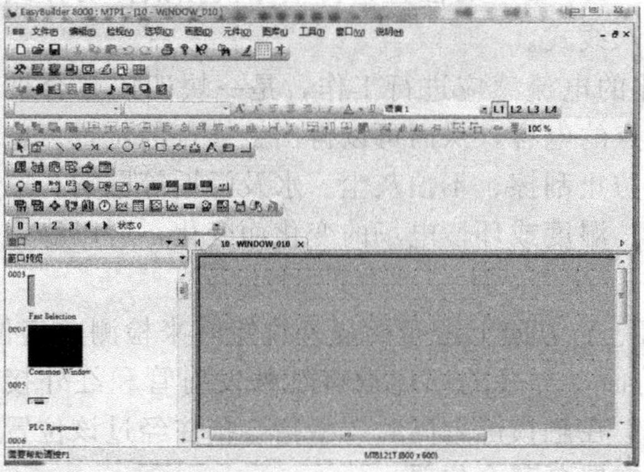

图 4-113　EB 8000 编程界面

（3）掘进机器人监控界面

打开 EB 8000 编程软件后，首先建立一个新的窗口文件，设置窗口名称，然后选择触摸屏和 PLC 的型号，其具体的操作流程如图 4-114 所示。触摸屏型号选择 MT8121T（800×600），PLC 型号选择西门子 S7-200PLC，设置完成以后，就可以开始对窗口界面进行设计。

根据掘进机器人控制系统的要求，触摸屏的控制界面主要有五个窗口组成：开机画面、监控系统主界面、手动调试界面、参数设置界面和参数和运动轨迹监控界面。窗口之间的关系如图 4-115 所示。通过监控系统的主界面可以进入手动控制、参数设置界面和参数和运动轨迹监控界面等。手动调试界面主要是对掘进机某一部位进行手动调整，参数设置界面主要对断面参数进行设置，参数和运动轨迹监控界面主要是在机器人工作过程中，对机器人的机体姿态角、截割头的姿态角和仿形截割轨迹进行监控。

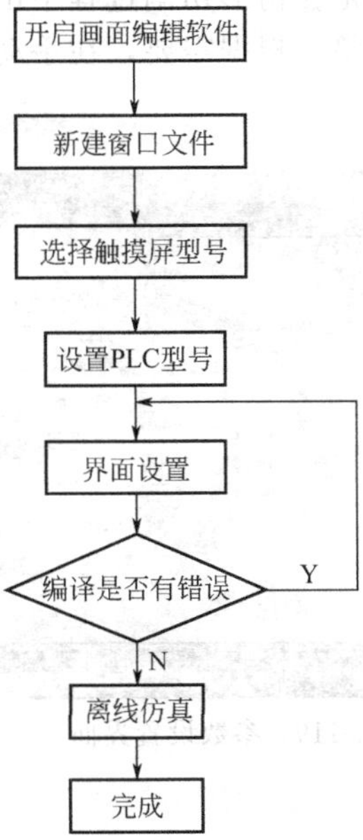

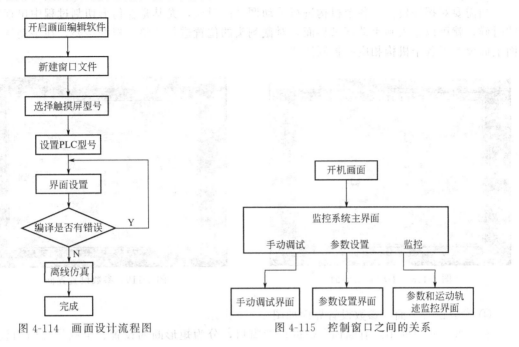

图 4-114　画面设计流程图

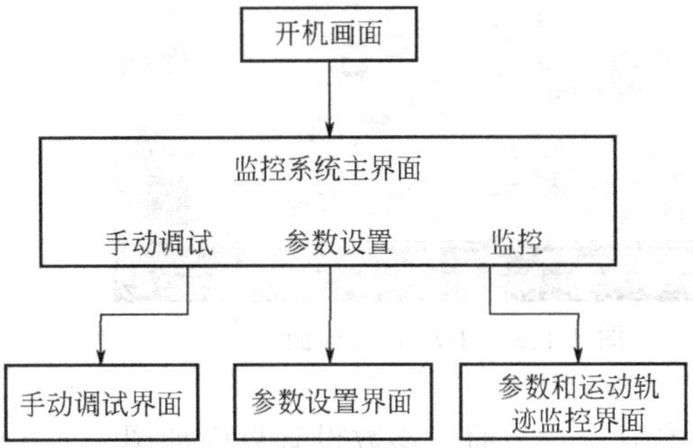

图 4-115　控制窗口之间的关系

① 开机界面　开机界面如图 4-116 所示。

工作时，点击“进入”按钮，会弹出密码输入框，当输入正确密码之后，可以进入下一界面，即监控主界面。

② 监控系统主界面　监控系统主界面如图 4-117 所示。

图 4-116　开机界面

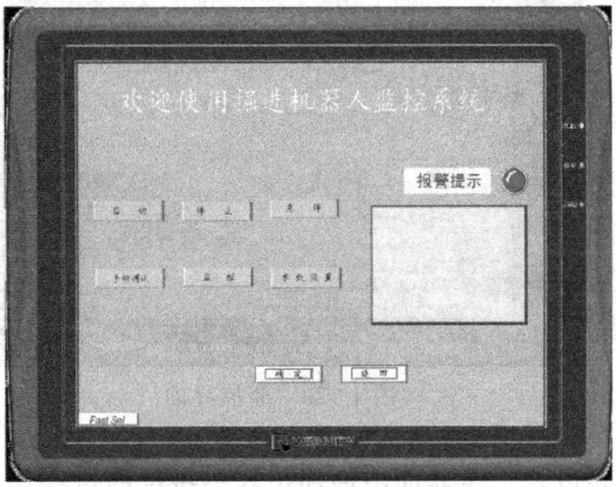

图 4-117　监控系统主界面

监控系统主界面是掘进机器人操作的主界面，在主界面中可以通过按“开始”按钮对机器人进行启动，如果设备发生故障，界面上设有“急停”按钮，按下“急停”按钮，可以让整个设备立即停止工作。按下“手动调试”按钮可以进入手动调试界面，按下“参数设置”按钮可以对断面的参数进行设置，按下“监控”按钮，可以对掘进机器人当前的运行状态和姿态参数进行检测。在这个界面中，设置一个报警提示框，当掘进机器人在工作过程中出现安全隐患或者故障的时候，报警提示就会出现，并伴随着警铃报警和警示灯的闪烁，并在报警信息框中显示详细信息。

③ 手动调试界面　手动调试界面如图 4-118 所示。

当需要对掘进机器人各个机构进行手动调试的时候，尤其是在仿形切割过程中出现故障的时候，就可以进入到手动调试界面，对截割头的位置进行调整。根据需要，在手动调试界面上面设置了各个机构相应的控制按钮。

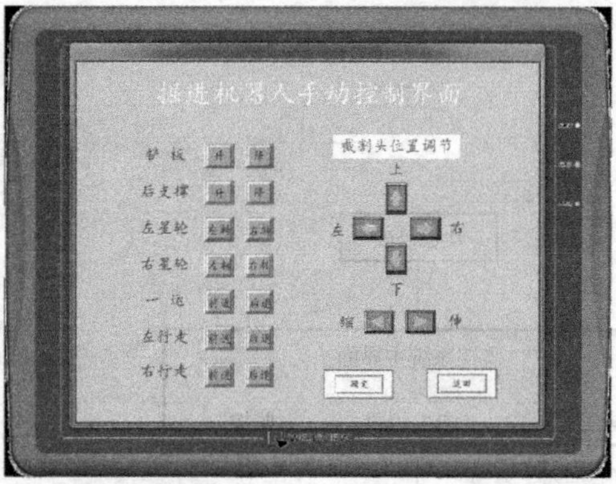

图 4-118　手动调试界面

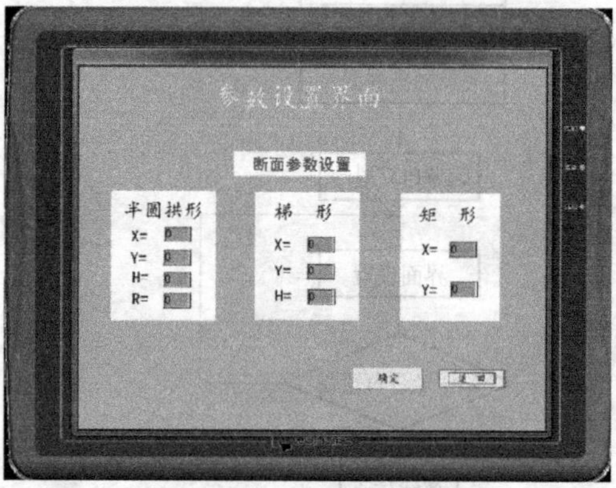

图 4-119　参数设置界面

④ 参数设置界面　参数设置界面如图 4-119 所示。

在参数设置界面中，有断面参数的设置窗口，分为矩形断面设置、半圆拱形断面设置、梯形断面设置，数值写入 PLC 中，要选择好存储器的类型和地址，当完成此数值的输入之后，就可以实现 0～9999 之间整数值的输入。

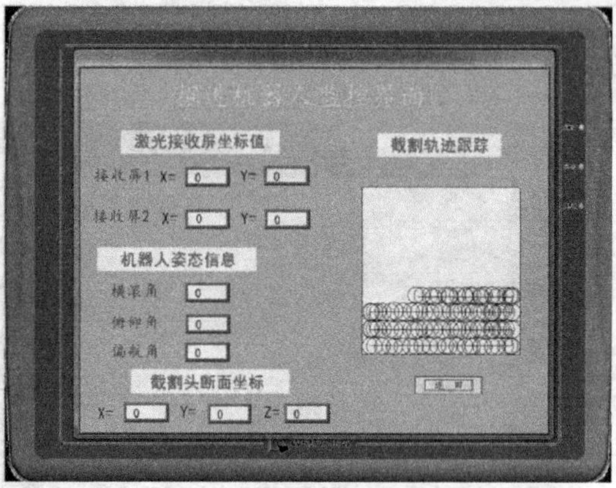

图 4-120　监控界面

⑤ 监控界面　在掘进机器人监控界面中，可以实时的观测到两块激光接收屏的坐标信息，也可能很容易的观测到当前机体横滚角、偏航角和俯仰角的值。通过右边的轨迹跟踪显示区，可以观察到截割头的运行轨迹。掘进机器人监控界面如图 4-120 所示。

（4）界面建立过程

在界面中有一系列的静态文字，如掘进机器人手动调试界面、参数设置等文字，利用画图菜单下的 A 文字选项建立的。

控制功能键主要分为位状态控制键和功能键两种。位状态按键主要是对机器人各机构进行控制的按键，即需要和 PLC 进行关联设置。在界面中增加位状态按键的过程如下：在 EB 8000 软件中按下位状态按钮，新增一个位状态设置元件，将其拖到期望的位置，弹出一个属性设置窗口，并根据的需要，对按键的属性进行设置。以“启动”按钮为例，按钮属性如图 4-121 所示。

功能键是指能够在界面中实现某种功能的按键，例如确定键、返回键和各个窗口之间的切换按键等。在界面中增加功能键的过程如下：在 EB 8000 软件中按下 F 到按钮，新增一个功能键，将其拖到期望的位置，并弹出一个属性设置窗口，可以根据需要和各个窗口之间的关系来设置功能键的属性，以主监控界面中的参数设置功能键为例，属性设置如图 4-122 所示。

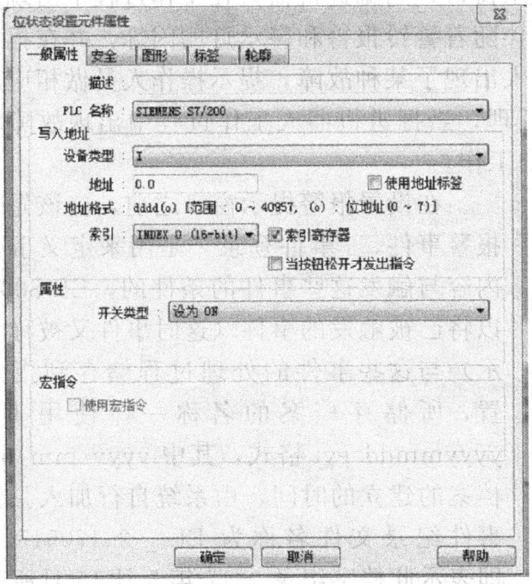

图 4-121　位状态设置元件属性

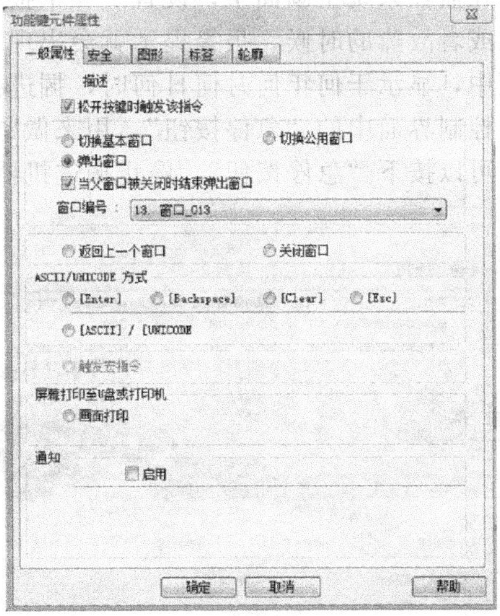

图 4-122　功能键元件属性

在参数设置界面中，有断面参数的设置窗口，分为矩形断面设置、半圆拱形断面设置、梯形断面设置，按数值输入键 999，可以建立一个数值输入框，并将其拖到所需要的位置，然后会弹出一个属性设置对话框，在属性设置中，可以根据需要进行详细的设置，如图 4-123 和图 4-124 所示。要将数值写入 PLC 中，就要选择好存储器的类型和地址，这里选择 PLC 的设备类型为 I，地址设置为 MW，是以字为存储单位，即将输入的数据经过转换之后，以字的形式存储到 PLC 的存储器中。当完成此数值的输入之后点击“确定”按钮，就可以实现 0～999 之间整数值的输入。

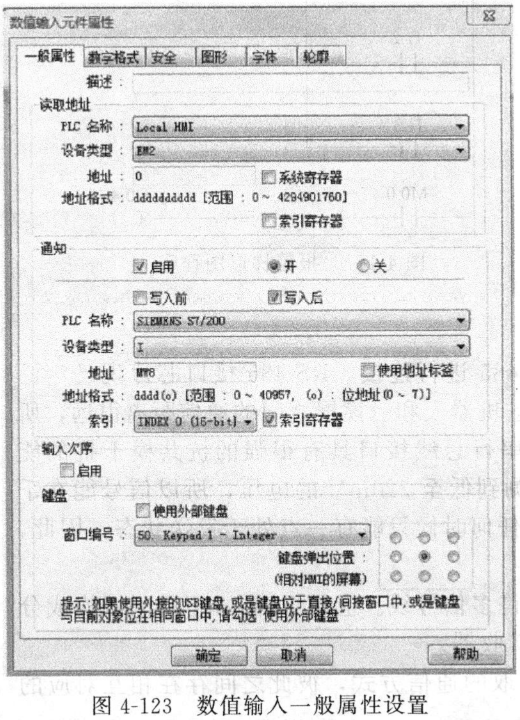

图 4-123　数值输入一般属性设置

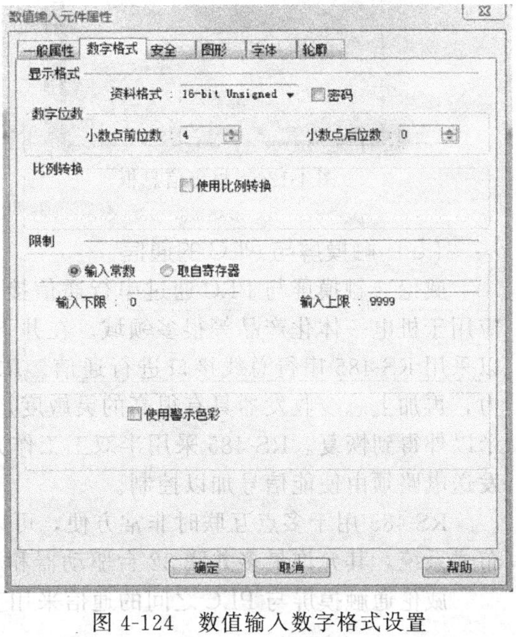

图 4-124　数值输入数字格式设置

在监控系统主画面中，设置了一个报警提示窗口，当掘进机器人在工作过程中出现安全隐患或者故障的时候，报警提示就会出现，并伴随着警铃报警和警示灯的闪烁，并在报警信息框中，显示于何年何月何日何时，掘进机器人出现了某种故障，提示操作人员做相应的处理。控制界面中的“急停按钮”，用来做紧急处理，当掘进机器人工作过程中出现故障的时候，可以按下“急停按钮”，停止掘进机器人的工作。

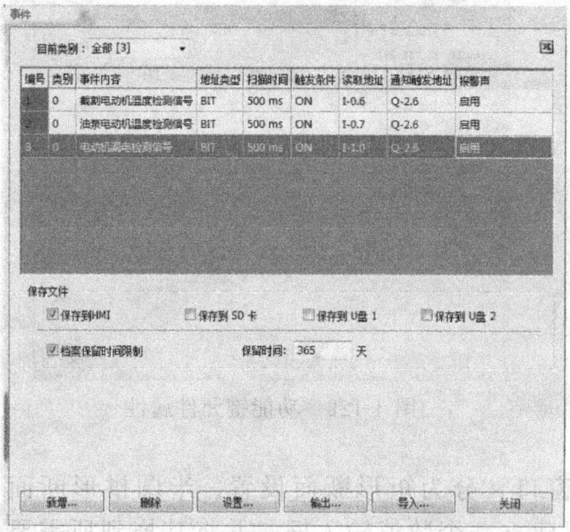

图 4-125 报警事件登录窗口设置

在设置报警提示窗口之前，应该先登录报警事件，“事件登录”是用来定义事件的内容与触发这些事件的条件的，EB 8000 可以将已被触发的事件（这时事件又被称为警示）与这些事件的处理过程储存到指定位置，所储存档案的名称一律使用 EL _ yyyymmdd. evt 格式，其中 yyyy/mm/dd 为档案的建立的时间，由系统自行加入。例如事件纪录文件名称为 EL _ 20170515. evt，即表示此档案纪录 2017 年 5 月 15 日所发生的事件。按菜单下的报警选项，选择事件登录选项，在所弹出的窗口中，按照控制要求，填写详细的内容，如图 4-125 所示。报警信息框如图 4-126 所示。报警梯形图程序如图 4-127 所示。

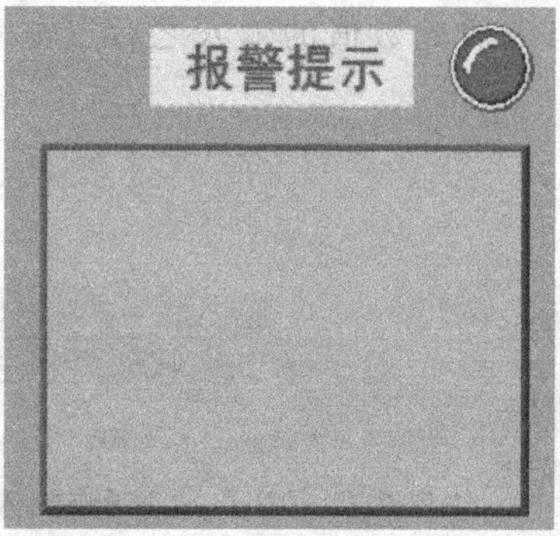

图 4-126 报警信息框

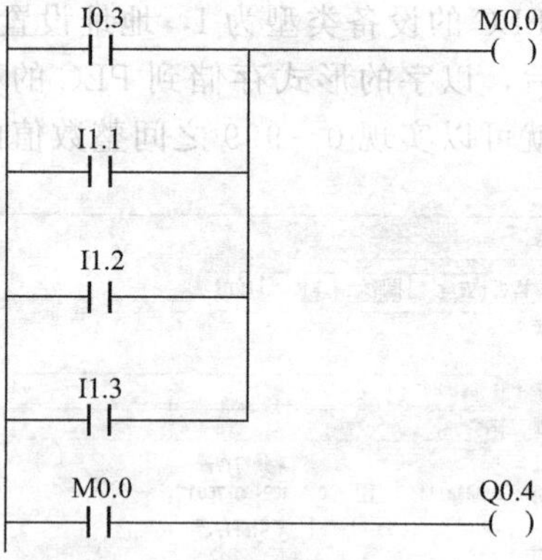

图 4-127 报警梯形图程序

(5) 触摸屏与 PLC 的通信

威伦通触摸屏与 PLC 通过串行通信接口 RS-485 进行连接。RS-485 接口芯片现已广泛应用于机电一体化产品等很多领域。在井下的掘进机器人和触摸屏之间的通信距离很远，所以采用 RS-485 串行总线接口进行通信。RS-485 串行总线接口具有很强的抗共模干扰的能力，再加上总线收发器具有很高的灵敏度，能检测到低至 220mV 的电压，所以信号能在千米以外得到恢复。RS-485 采用半双工工作方式，任何时候只能有一点处于发送状态，因此，发送电路须由使能信号加以控制。

RS-485 用于多点互联时非常方便，可以省掉许多信号线。应用 RS-485 可以联网构成分布式系统，其允许最多并联 32 台驱动器和 32 台接收器。

威伦通触摸屏与 PLC 之间的通信采用直接存取的通信方式，彼此之间存在相互对应的数据存储区和控制区，不需要另外单独编写程序就能实现数据的发送和接受，很大程度上简化了程序的设计过程。在运行过程中，触摸屏自动地把触摸屏面板所需要的数据向 PLC 发出请求，并接收数据，同时触摸屏自动地把触摸键的操作输入送给 PLC。

PLC 与触摸屏进行连接，需要对 EB 8000 软件进行设置，设置内容如表 4-17 所示。S7-200 系列 PLC 和触摸屏的详细接线如图 4-128 所示。

表 4-17　EB 8000 软件设置

参数项	推荐设置	可选设置
PLC 类型	SIEMENS S7/300	
通信口类型	RS485	RS485
数据位	8	7or8
停止位	1	1or2
波特率	19200,38400	9600～115200
同位	Odd	
HMI 站号	0	0～255
PLC 站号	2	0～255

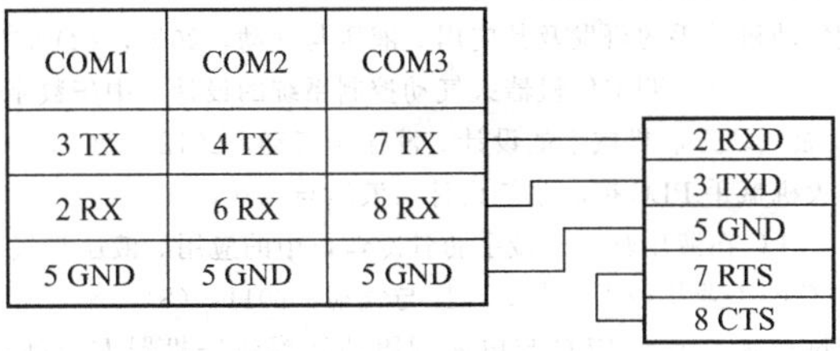

图 4-128　PLC 与触摸屏接线图

参考文献

[1] 姚艳彬，毕树生，员俊峰，梁杰．飞机部件机器人自动制孔控制系统设计与分析．中国机械工程，2010，(17)．

[2] 王全刚，程良伦．九轴水火弯板机器人运动控制系统设计．组合机床与自动化加工技术，2016，(3)．

[3] 张兴国．气动喷胶机器人系统设计及研制．液压与气动，2008，(6)．

[4] 徐祥兵．基于PLC的汽车车门焊接机器人控制研究，铸造技术，2013，(9)．

[5] 陈涛，李艳文．基于S7-200控制的动车挡风玻璃装配机器人设计．制造业自动化，2015，(9)．

[6] 王志斌，薛姣益．基于PLC的KTV自助机器人控制系统的研究．机械制造与自动化，2014，(6)．

[7] 张飞云．基于S7-200PLC的苹果采摘机器人控制系统研究．江苏农业科学，2013，(7)．

[8] 郑建俊．PLC在工业机械手的应用研究．中小企业管理与科技旬刊，2012，(24)．

[9] 李成群，马利平，路春光，李华明．牵引式排水管道清淤机器人的研究．制造业自动化，2014，(11)．

[10] 程鹤鸣，龙飞，任才等．智能侦查灭火机器人．控制工程，2009，增刊．

[11] 李良，张文爱，冯青春，王秀．温室轨道施药机器人系统设计．农机化研究，2016，(1)．

[12] 沈阳．PLC在工业机器人中的应用研究．工业控制计算机，2010，(9)．

[13] 杨文博，方杰，郁敏杰，翟弘毅．开放式结构交流同步伺服电动机控制系统在单轴机器人、机械臂上的应用．制造技术与机床，2013，(9)．

[14] 张丰华，韩宝玲，罗庆生等．基于PLC的新型工业码垛机器人控制系统设计．计算机测量与控制，2009，(11)．

[15] 吕川，钱钧，胡桐等．全向移动机器人控制系统设计与实验研究．现代制造工程，2016，(1)．

[16] 齐继阳，吴倩，何文灿．基于PLC和触摸屏的气动机械手控制系统的设计．液压与气动，2013，(4)．

[17] 李建永，王云龙，刘小勇，李荣丽．连续行进式气动缆索维护机器人的研究．液压与气动，2012，(12)．

[18] 马俊峰，唐立平．气动爬行机器人设计．液压与气动，2010，(10)．

[19] 杨振球，易孟林．高精度气动机械手的研发及其应用．液压与气动，2006，(2)．

[20] 神祥龙，谢叻，孟纪超．六自由度穿刺定位机器人气动控制系统的设计．中华数字医学，2012，(10)．

[21] 王增娣．基于PLC的安瓿瓶气动开启机械手的设计．液压与气动，2012，(8)．

[22] 刘建春，刘振铭．高频淬火机械手PLC控制系统设计．液压与气动，2010，(5)．

[23] 周冬生，余浩然，王呈方．PLC在液压驱动机械手肋骨冷弯机中的应用．液压与气动，2009，(3)．

[24] 王红玲，胡万强．基于PLC的工业机械手控制．液压与气动，2011，(8)．

[25] 李悦，周利冲，冯建伟，付贵永．基于PLC与电液伺服的油罐清洗机器人控制系统设计．机床与液压，2014，(9)．

[26] 姜寅．基于PLC的五轴喷涂机器人控制系统设计．杭州：杭州电子科技大学硕士学位论文，2013.

[27] 王贤华．基于工业机器人的铝合金管接头铸件去毛刺系统的研制．杭州：浙江大学硕士学位论文，2016.

[28] 胡阳．轮毂搬运机器人设计及控制系统研究．淮南：安徽理工大学硕士学位论文，2016.

[29] 侯辉．码垛机器人控制系统研究．郑州：郑州大学硕士学位论文，2013

[30] 许琢．掘进机器人PLC控制系统的研究．阜新：辽宁工程技术大学硕士学位论文，2009.